環境問題を考えるヒント
SOME HINTS FOR THINKING ABOUT THE ENVIRONMENT

水野 理

ASAHI
ECO
BOOKS 9

アサヒビール株式会社発行■清水弘文堂書房編集発売

環境問題を考えるヒント

目次

Some Hints for Thinking About the Environment

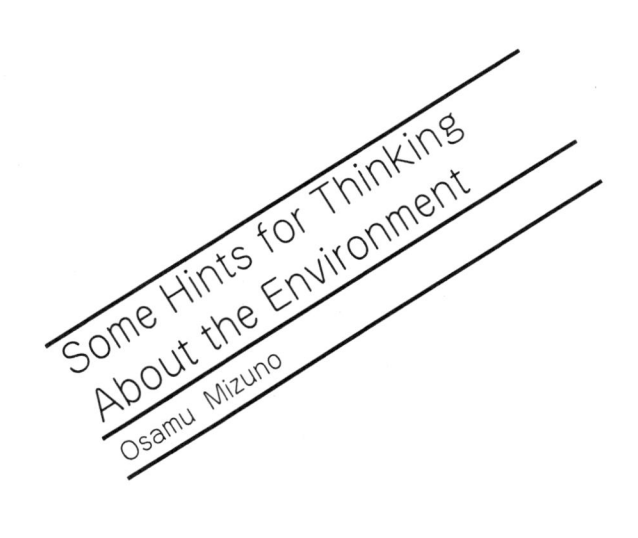

Osamu Mizuno

プロローグ　　　　　　　　　　　　　　　　　　　　　6

第1章　考えはじめるために　　　　　　　　　　　13
第1節　間違いがあるのは問題か？（モデルによる思考）　　13
第2節　なぜ環境問題は「問題」なのか？（稀少性という概念）　31
第3節　科学的であるためには、客観的な定量評価が不可欠か？（基数と序数）　39
第4節　個人的価値観の尊重（効用概念の意義Ⅰ）　　47
第5節　財の平等な配分について（効用概念の意義Ⅱ）　58
第6節　環境や命のかけがえのなさについて（代替性と限界分析）　65
第7節　個人の消費活動の定式化　　　　　　　　　73

第2章　社会について考えるということ　　　　　84
第1節　規範と記述　　　　　　　　　　　　　　84
第2節　社会の改善（パレート最適とパレート改善）　96
第3節　経済学的コスト　　　　　　　　　　　　106
第4節　需要と供給（均衡と社会的余剰）　　　　127
第5節　市場の力（厚生経済学の第一、第二基本定理）　151

第3章　環境問題を考えるための基本モデル　　161
第1節　外部効果とピグーの解決策　　　　　　　161
第2節　問題の所在としての所有権（コースの議論とコースの定理）　181
第3節　公共財　　　　　　　　　　　　　　　　208
第4節　誰が環境問題を起こすのか？　そして、どんな場合に行動を起こすべきか？
　　　　　　　　　　　　　　　　　　　　　　　226

第4章 環境問題の始まりから終わりまで　　242

　第1節　環境の価値　　243

　第2節　環境の価値の調査技術　　260

　第3節　環境対策の選択　　277

　第4節　環境対策の手段　　286

第5章 環境問題を考える上でのいくつかの重要な視点　　299

　第1節　危険なリスク（不確実性への対応Ⅰ）　　300

　第2節　さまざまな不確実性（不確実性への対応Ⅱ）　　324

　第3節　協調の困難（ゲーム）　　341

　第4節　時間（世代間衡平）　　350

終章　ヒントの限界と可能性　　387

　第1節　完全なる社会の幻想　　387

　第2節　自由の問題としての環境問題　　413

　第3節　統一理論を超えて（反照的均衡に向けて）　　445

あとがき　　462

参考文献　　463

索引　　469

■『アサヒ・エコ・ブックス』シリーズ（第1期刊行全20冊）では、学術書の場合には表記・用語をできるだけ統一する方針で編集しておりますが、本書は著者の強い要望により、装丁の一部（本文用紙選択を含む）と表記・用語など文章表現は著者の方針に従いました。

STAFF

PRODUCER 二宮 襄（アサヒビール株式会社環境社会貢献担当執行役員）　礒貝 浩
DIRECTOR あん・まくどなるど
ART DIRECTOR & CHIEF EDITOR 礒貝 浩
DTP EDITORIAL STAFF 小塩 茜
COVER DESIGNERS 二葉幾久　黄木啓光　森本恵理子
PROOF READER 上村祐子
■
STAFF 秋葉 哲（アサヒビール環境社会貢献部）

※この本は、オンライン・システム編集と新DTP（コンピューター編集）でつくりました。

ASAHI ECO BOOKS 9

環境問題を考えるヒント

水野 理

アサヒビール株式会社発行■清水弘文堂書房発売

プロローグ

　この本は、環境問題を「考えるヒント」を集めたものである。
　ヒントというのは、さまざまな環境問題について考える時に役立つ、問題の捉え方・考え方というほどの意味である。なぜそんな本を書こうと思い立ったのか、その理由はおよそこんなところにある。

　環境問題について、その科学的メカニズムや問題の深刻さなどを丁寧に説明した本は数多い。少し大きな本屋に行って、環境問題のコーナーに立ち寄れば、さまざまなタイプの本がいくつも並べられている。おかげで我々は、地球温暖化や環境ホルモンについて知りたいと思えば、いくらでも情報を仕入れることができるようになった。

　けれどもそうした本に比べ、どのように環境問題を考えたらよいのかということを解説した本は少ない。それは、個人的な考え方を紹介した本という意味ではない。そうではなくて、先人たちの努力の上に培われてきた考えるための技術、つまり少し前にベストセラーになった本にならっていえば、「知の技法」について論じた本という意味である。

　環境問題の解説書が多くなったということは、環境問題を考える上で、正確な情報の提供や入手が重要だと広く認識されつつあるということだろう。それはそれで大切なことに違いない。
　しかし一方で、こうした正確な情報を手にした後で、どのようにその情報を消化し、環境問題を考えたらよいのかということについては、あまり真摯な関心が向けられてこなかったように思う。実際のところ、得られた情報を基に何を主張しようが、それは個人の問題であるかのように考えられたり、逆に、一定の情報を得たからには、同じような結論に至るのが当然であるかのような主張がなされたりしている現状から見れば、考えるための方法論、すなわち考える技術が存在するということ自体、あまり意識されてこなかったといってもあながち言い過ぎではないだろう。

たとえていうなら、家を建てるための材料集めには熱心なのに、家の建て方にはほとんど無頓着といったありさまなのである。

　しかし、材料さえそろえば家が建つというわけではもちろんない。自分の好きなように材料を組み立てても、それなりの家の形にはなるかもしれないが、一定水準以上の耐久性や居住性を確保した家を建てるためには、長い年月をかけて蓄積されてきた建築技術を、少なくとも最低限度、修得してから建築に取りかかる必要があるだろう。

　環境問題もこれと同様である。よい情報があつまっても、それだけで立派な結論を導けることが保証されるわけではない。一人で考えをめぐらせているだけでは、どうしても大切なことがらについての配慮が欠けてしまったり、検討の掘り下げが不足したりということが起こりがちになる。だから、一見立派な結論をつくりだすことはできるかもしれないが、鋭い批判や反論には耐えられない。きちんとした結論を導くためには、何をどうやって検討しなければいけないかということについての方法論をまずしっかりと理解した上で、手順を踏んで検討を進めていかなければならないのである。

　そこで、「考えるヒント」が役に立つ。それは、結論に至るまでに考えなければならない課題やその検討方法を明らかにしてくれるし、場合によっては、一度組み立てた主張の問題点や矛盾点を検出し、その修正の手がかりも与えてくれる。もちろん、的確な結論の導出を保証してくれるわけではないけれど、正確な科学的知識と環境問題への向き合い方との間を正しく架橋するための、いろいろな手助けをしてくれるのである。

　近年のさまざまな環境問題の取りあげられ方を見ていると、地球温暖化問題が大きな関心を集めたかと思えば、しばらくすると環境ホルモンの問題がそれに取って代わり、その次はダイオキシンの問題が脚光を浴びるなど、議論の中心がめまぐるしく移り変わり、まるでファッションの流行を見ているかのようである。話題の中心となれば、新聞やテレビの報道量や出版される関連本の数などは、たちまちのうちに激増する。そして、その問題こそが、あたかも最重要な環境問題であるかのような論調も横行しがちになる。
　けれども少し冷静に考えてみれば、こうした関心の流行り廃りが、問題の真の重要性

の変遷を反映しているものでないことは明らかだろう。地球温暖化の問題が解決に向かいつつあるから、ダイオキシン問題の重大性が浮かびあがってきたというようなことではないはずだ。

だとすれば、多くの情報が提供されること自体は歓迎すべきことだとしても、こうした風潮につられて環境問題への視座が右往左往するのは、各個人の環境問題への向き合い方としても、あるいは環境問題に対する世論の形成のされ方としても、決して健全とはいえまい。

見聞きする情報の表面的なインパクトに動じることのない、環境問題に対するしっかりとしたスタンスを確保することが大切である。そしてそのためにも、視座の確立の手助けをしてくれる考えるヒントを手に入れることの意義は小さくないに違いない。

こうしたわけで、いくつかの環境問題を考えるヒントを取りあげて、それらをわかりやすく紹介したいと考えたのである。

では、どんなヒントをどのように説明するのか？　このことにも少し触れておこう。

先ほどは少し大風呂敷を広げてしまったけれど、なにもここで、すべての考えるヒントを紹介しようと考えているわけではないし、それができるとも思わない。本書では、数ある考えるヒントのうちのごく一部、具体的にいうと、経済学の中から拾いだすことのできたヒントを中心に、焦点を絞って紹介したいと考えている。なぜかといって、それほど特別な理由があるわけでもなく、ただ、経済学の中にいくつか役立ちそうなヒントを見つけることができたからである。

ただし、ヒントを主に経済学から拾うことにしたとはいっても、経済学、あるいは環境経済学そのものの紹介を試みるつもりはない。むしろ、環境経済学の入門書の類とはかなり異なったかたちで、議論を進めていきたいと考えている。

なぜかというと、この本は、ごく普通の、しかし真剣に、環境問題を考えようとしている人びとを対象としているからである。

一般的にいって、環境経済学の入門書は、学問としての環境経済学への誘いであった

り、政策立案者への有用な情報の提供であったりといったところに力点をおいている。だから、ホットな研究課題や政策課題を中心にして議論を展開している場合が多く、考えるヒントを読者に伝えるようにはできていない。このため、研究者にも政策立案者にもなるつもりのない、ごく一般の人びとに対して広く環境問題を考えるヒントを紹介していくつもりなら、これらの書物とはどうしても違ったかたちのものが必要だと考えたのである。

そうしたわけで、本書は、考えるヒントを伝えることを優先に組み立ててある。だから、環境経済学の入門書の中では当然の前提として明示的に触れていないようなことでもあえて積極的に取りあげることもある。また、必要があれば経済学の範囲も飛び越えるし、一方で不要と思えば普通の経済学のテキストなら必ず触れているような事項でもまったく触れないつもりだ。

さらに、経済学とのいわば距離感を大切にすることによっても、一般の経済学の入門書とは一線を画すことにしたいと考えている。均衡のとれた視野の確保のためには、それが不可欠だと思うからである。

どうも、ひとつの学問についてある程度の知識を得ると、その知識の普遍妥当性を信じるということが起こりがちになるようだ。経済学者の中にもそうした人びとはいて、たとえば環境問題は経済学的な問題にすぎないとか、さらにはもっと狭く、ゲーム理論ですべて説明できるとかいったような主張も後を絶たない。しかしこうした見方は明らかにいき過ぎである。だから、こうした議論のいき過ぎを理解するためにも、経済学的なものの見方にどっぷり浸かってしまうのではなく、そこから一定の距離を保っておくことが大切だと思う。

そこでここでは、経済学からヒントを拾いだして有用な道具として解説する一方で、その限界や問題点についての説明もつけ加え、バランスに気をつけながら紹介していくつもりである。

この本は、一般向けとはいっても、専門知識を前提としないというだけのことで、やさしさを最優先にしているわけではない。だからそれほど簡単ではないかもしれない

が、理解しやすさにはできる限り注意するつもりだし、なにより予備知識が不要な仕方で書くので、丁寧に読んでいただければ必ず理解できると思う。数式もしばしば登場するけれど、それらも読者の理解の一助になると考えられる限りで用いる予定だから、いとわずに取り組んでみていただきたい。

　また、単にヒントそのものを紹介するのではなく、ヒントに至る思考のプロセスをできる限りはっきり示すつもりだから、「それは経済学に偏った一面的な見方にすぎないのではないか？」とか、「それはある場合にはあてはまるかもしれないが常に正しいわけではないのではないか？」とか、そういった疑問を持ったとしても、その疑問への答えを独力で見つけられるはずである。

　本書は、環境問題に対してどう向き合うのが正しいのかといったことではなく、環境問題を考える手がかりを提供するにすぎない。答えではなくて、むしろ疑問の方法が詰まっているといってもよい。文字どおり、「考えるヒント」の紹介である。
　そういうとつまらなく聞こえるかもしれないが、筆者はだからこそ意義があるのだと思っている。本書に最後までつき合ってくださった読者が、この意図を汲みとり、いくらかでもそれに賛同してくださるなら、筆者としてこれに勝る喜びはない。

■

　さて、いよいよヒントの説明を始めよう。
　と、言いたいところだが、その前にあとひとつだけ言っておきたいことがある。

　それは、日常会話でよく使う「経済」と、経済学でいう「経済」とは、まったくの別物だということ、そしてこれからの説明の中で取りあげるのは、そのうち後者だけだということである。実は、同じ経済という言葉を用いているとはいえ、この両者にはかなりの違いがある。この違いをきちんと理解しておかないと、これから説明するヒントの意義を、了解しにくくなってしまう恐れがある。

　日常会話で経済といった場合、それはビジネスという意味であることが多い。平たく

いえば「仕事をして収入を得ること」である。そういうと、意味がはっきりしているように聞こえるかもしれないが、実は、その意味するところは明確に定まっているわけではない。そこで我々は、曖昧な部分を自分なりのイメージで埋めて、この経済という言葉を使うことになる。

その結果、ある立場の人から見れば、経済を重視するということは、お金儲けのために環境や人の健康を犠牲にしているということになるし、一方で、別の人から見れば、経済を顧みないということは、生活の基盤を蔑ろにしているということになる。

要するに、意味を曖昧にしたまま言葉を用いることの代償として、我々はたがいに異なったイメージを抱えつつ、この経済という言葉を使わなければならなくなっている。そしていったん、よいイメージやわるいイメージを持って言葉を使いはじめると、そのイメージをひっくり返すことは容易ではない。だからたとえば、環境と経済とのかかわり合いに関して議論をすると、議論が一向に進まないということが起こる。経済という言葉に対するイメージの対立が、議論の進展を妨げるからである。

一方、経済学で経済といった時には、その意味は、日常会話の場合とはまったく異なる。経済学でいう経済とは、「経済的なお値打ち価格」という時の、あるいは飛行機の「エコノミー（経済）クラス」という時の経済という言葉にニュアンスが近い。先の経済が「ビジネス」だとすれば、この経済は「お得度」とか「節約度」とかいう言葉にあたるだろう。

さらに、経済学ではこの「お得度」の意味が厳密に規定されているので、個人的なイメージを差し挟む余地がない。この点でも、日常用語としての経済とは相当な違いがあるといってよい。

ちなみに、この「お得度」のことを、経済学の用語では「効率性」(efficiency)という。具体的にいうと、たとえばケーキを二人で分ける状況で、ケーキを半分ずつ分ければ効率的、二人が1/3ずつとって、残りの1/3を捨ててしまったら非効率的というような評価をする[1]。

---

1 ただし、一人が2/3をとって、もう一人が1/3をとった場合にも、もっと極端には一方の人がすべてとってしまった場合にも、経済学的には効率的であるという。不公平ではあるかもしれないが、無駄はないからである。要は、無駄があるかどうかがポイントになる。

そして経済学とは、この効率性としての経済を分析する学問ということができる。それは、社会があるかたちでモノを利用した時、その利用方法を効率的とみなせるかどうか、あるいは効率的にモノを利用するにはどういう方法があるか、そういったことを取り扱うのである。

このように、日常用語としての経済と、経済学でいう経済とはほとんど別物だといっても過言ではない。別の言葉を使った方がすっきりするくらいである。
にもかかわらず、日常用語の経済と、経済学でいう経済との違いは、必ずしも明確に意識されず、両者はしばしば混同されてきた。そしておそらく、この両者の混同が、環境問題に関心を持つ人びとの多くを、経済学から遠ざけてきた。なぜなら、両者を混同してしまうと、日常用語としての経済という言葉のイメージを通して、経済学というものの意義を評価してしまうことになるからである。その結果、経済についてよくないイメージを持っていると、経済学の意義もなかなか耳に届かないことになる。

だからこそ、本論に入る前に、日常用語としての経済と経済学でいう経済とは異なるものであるということを、まず強調しておきたかったのである。
これから先の議論に出てくる経済とは、効率性のことを意味している。どんなイメージとも関係がない。このことを確認して、さあ、いよいよ本題に入ることにしよう[2]。

---

2 なお、本書の記述の一切は、筆者の属する団体とはなんらの関係もない。

1 考えはじめるために

　議論は、焦点をはじめから絞り込むと、その論旨がかえって見えにくくなるということもある。急がば廻れ。環境問題を本格的に検討するのは少し後回しにして、まずは基礎固めから始めよう。

　出発点は、そもそも考えるとはどういうことか、我々は何を目指す存在なのか、といったことについての検討である。こうしたことをはじめに検討しておくことで、やがて環境問題を本格的に考える時に、視界がずっと良好になるはずである。

第1節 間違いがあるのは問題か？
　　　——モデルによる思考

モデルによる思考とは何か？

　仮説や仮定をまずきれいに分類整理した上で、そこから論理的に整合のとれた推論によって結論を導く。このような思考の方法を、「モデルによる思考」と呼んでもいいだろう。このモデルによる思考は、良質な科学であればおよそ身につけている方法論であり、さまざまな学問分野において、論議の質の向上におおいに貢献してきた。
　この思考法は、専門家に限らず誰にでも使えるし、さまざまな場面で活用できる。そこで本節のテーマは、このモデルによる思考の勧めである。

　どのような思考や主張であっても、物事のパターン化による把握と推論というかたち

を取っている以上、それなりのモデルに依拠しているといえる。しかし、我々の日常的な論議では、どのような仮定の上に立った、どのような推論に基づく論議であるかが、必ずしも明確に示されているとは限らない。

これに対してモデルによる思考では、議論のよりどころとしている仮定をはっきりと示すことが出発点となる。その上で、それらの仮定をどのように用いたのかを示しながら、論理的に整合のとれた推論によって結論を導くのである。

モデルによる思考では、仮定や推論のプロセスを明示する方法として、数学的な表現（数式）を用いることも多い。数学的表現は、個人的解釈の入り込む余地が限られているため、誤解を生じさせにくいという利点を持っているからである[1]。

ただし、重要なことは仮定と推論のかたちを明確にすることだから、明確でさえあれば数式ではなく、文章で表現しても一向にかまわないし、逆にいえば、たとえ数式を使っていても、その前提となる仮定を明確に示していなければ、適切なモデルとは認められない。

つまり、この思考法は、数式化ということになんら囚われたものではない。

だから実は、モデルによる思考と、通常の思考や主張とには、それほど大きな違いはない。要は、仮定や推論のプロセスを自覚的に把握、明示し得ているかどうかの違いにすぎない。このため、曖昧なままに主張されてきた議論であっても、意識的な作業によって、モデルによる思考へと鍛えあげることができる。主張のポイントは何か、それはどういう仮定と推論に基づいていたのか、その仮定はなぜ妥当であると考えられたのか。そういったことを、曖昧さや直感的論議をできるだけ取り除きつつ、順次、分類整理し、明示していけばよい。

ここでいうモデルによる思考であるか否か、それは、仮定や推論のプロセスが明確になっているかどうかの一点にかかっているのである。

---

1 ただし数学への依存には弊害もある。数式に依存しすぎると、的確な分析を行うためではなく、単に数学的エレガントさを競うために議論が行われる恐れがある。そして、結論そのものも、それが現実によく妥当するからではなく、数学的エレガントさを備えているがゆえに信じられるというようなことも起こりかねない。数式を多用した議論に向き合う時には、このことを忘れないようにしておきたい。

モデルによる思考の利点

　さて、はじめに述べたように、このモデルによる思考法は、とても優れた方法論であるといってよい。どうしてそう断言できるのか、その有効性は追々明らかになっていくはずであるが、まずはざっと、この思考法の利点を説明しておこう。

　まずひとつには、なんといっても、モデルによる思考が、我々自身の主張の改良を手助けしてくれるという点が挙げられるだろう。自分がどのようなモデルの上に立って主張を行っているのかを理解し、それを構成要素に分解し、的確に表現してみる。すると、依拠した仮定が本当に疑いの余地のないものか、あるいは推論に論理的なギャップはないかといったことを確認することが可能になる。そうすれば、自分で問題を見つけだし、自身の主張を改良することができる。
　たとえば、矛盾する複数の仮定の上に立って主張していることがわかれば（そういう場合は思っている以上に多い）、仮定の立て方に修正を加えられるし、検証すべき課題が明確になれば、さまざまなデータで補強することも可能だろう。

　2つめの利点は、他人と議論をする時に明らかになる。モデルによる思考をしていると、他人との議論が格段に建設的なものになるのである。
　我々の日常的な論議では、たがいの仮定や推論の方法が必ずしも明示されていないから、相手の議論がなんとはなしにおかしな議論だと思ってみても、そもそも何に反論すればよいのかすら、はっきりわからないこともある。しかし、モデルによる思考では、そうしたことは起こらない。主張の根拠が明示されるので、相手方の主張に反論するとすれば、何にどうやって反論すればよいかがはっきりと見てとれる。だから、議論が堂々めぐりをするといったことが起こりにくくなり、建設的な議論を展開できるようになる。
　実際、多くの科学は、そうした方法で仮説や推論を星の数ほどの才能で鍛えあげてきた。そうすることによって、生き残った議論は洗練され、現象分析能力と説得力とを少しずつ強化してきたのである。

第1章　考えはじめるために

　最後の利点は、どのような思考や主張も、多かれ少なかれ現実世界を単純化して捉えたモデルに依拠しているのだという事実に気づかせ、そのことを通じて、さまざまな主張を評価するための適切な視点を教えてくれるという点に見いだせる。

　この最後の利点については、少し詳しい説明を要するだろう。

　我々は、通常、特定のものの見方が真実を言いあてており、絶対的に正しいと信じ込んでいる。しかしながら、こうした見方も、構成要素に分解し、的確に表現してみると、実は必ず、さまざまな仮定や仮説に支えられているものだということに気づくことになる。
　するとそこから、現実世界は複雑を極めているから、何を主張するにもまず、現実を単純化して認識することが不可避なのだということが、自然と了解できるようになるはずだ。

　実際のところ我々は、現実の社会なり、自然界なりで生じている現象を、ある種のモデルを通して、簡単なパターンにあてはめて認識している。そして、そのモデルというフィルターからのぞいて、現実を構成している要素や、その要素間の関係・構造といったものを読みとり、現実がどういうメカニズムで動いているのか、あるいは、社会にはどういう課題があり、その解決のためには何をすればよいのか、などといったことについての主張を展開している。残念なことかもしれないが、物事を「ありのままに」見たり、聞いたりすることなどできないのである。

　だからそこでは、意識的であるにせよ、そうでないにせよ、現実のどのような要素をどのようなかたちで取りあげるのかということについて、取捨選択が行われる。その結果、取りあげられない要素、こぼれ落ちる要素も、当然出てくる。どのような主張でも、それを支えているモデルでは説明できない現実の側面が必ず存在するということになる。

　モデルによる思考を通じた、こうした事実の了解は、次のような認識を導くことにな

るだろう。すなわち、モデルの問題点を指摘することは、それほど難しいことではないし、重要なことでもない。重要なのは、そのモデルが何のために要請されているのか、その要請に照らしてモデルによる現実の単純化は許容される範囲に収まっているのか、そういったことを考察することである。必ずしも真実——そういうものがあるとしての話だが——との距離が問題なのではない。要請との距離が問題なのである[2]。

　たとえば、経済学的考え方も、ある種のモデルに依拠しているから、その気になれば問題点を見つけることはさほど困難なことではない。実際、環境問題とのかかわりの中で、経済学的考え方はしばしば批判されてきた。いわく、「すべてのものを金銭に換算することはできない。かけがえのない命や自然には価格はつけられない」、「環境の価値の金銭換算は個人の主観に頼っているのだから無意味である」などなど。こうした主張は、実に多くの人びとによって行われてきたし、いまも行われ続けている。
　こうした批判が間違っているというつもりはない。むしろ、真理を含んでいるといっても言い過ぎではないだろう。
　けれども経済学も、モデルによる思考である以上、問題点を指摘し得るということ自体は、ある意味ではあたりまえの話なのである。だから、問題を見つけたのだからもうよい、これ以上経済学にかかずらう必要はない、というように考えるのは適切ではない。なぜなら経済学というものは、社会の諸現象をわかりやすく説明するという要請に応えるために、複雑な現実をある側面からあえて単純化し、問題を自ら抱え込んだものだからである。経済学は、そうした問題を進んで受け入れたからこそ、有用なヒントを提供できるようになったのである。
　真実に十分接近していないという批判は、事実を言いあてているかもしれないが、だからといって経済学のモデルが不適切ということには必ずしもならない。モデルによる思考をよく理解しておけば、このことに容易に気づくことができるだろう。

　もうひとつ例をあげよう。
　ある環境問題への既存の対処方法（たとえば規制措置と考えてみよう）があったとして、そこに新たな問題解決の方法（ここでは環境税の導入としよう）が提案されたとす

2　もちろん、真実に近づくことがその要請である場合もある。

る。こうした場合、新規の提案は、いろいろな問題があるということが指摘され、そのことを根拠にして、簡単に否定されるということがしばしば起こる。やれ、価格転嫁できるというのは非現実的だとか、課税によって排ガスが抑制されるとは限らない云々と批判され、そうした問題があるのだから税を導入するのは不適切だとされてしまう。

しかし、そもそも問題のないモデルというものが存在しないことを理解していれば、新規提案の問題点を見つければすむ問題ではないことがわかる。従来からの対処方法の方にも問題があるに違いないと、容易に想像できるからである。

正しいアプローチは、従来からの対処方法と新規提案とを比較し、その上でより的確に要請に応える比較優位な選択肢を探ることにある[3]。このように、提案の絶対的評価ではなく、提案どうしの相対的評価の方が重要な場面も、決して例外的なことではない。しばしば誤解されるが、新規提案の問題点さえ指摘できれば、従来からの対処方法、つまり現状維持は、妥当性の検討を免れると考えるのは誤りなのである[4]。

問題はモデルが正しいか、間違っているか、ではない。どういった問題を考える時に、そのモデルにどの程度の問題があるのか、そしてその誤りの程度は、要請に照らして許容されるべきものなのかどうか、あるいは他のモデルとの比較の中で、どのように相対的に評価できるのか、そうしたことを問うことが大切なのである。

そしてその正しい問いかけの手がかりを与えてくれるのが、モデルによる思考である。モデルによる思考とは、思考や主張というものの、特定のモデルへの依存性に、自覚的になるということにほかならない。さまざまな主張は、特定のモデルよって支えられている、そしてそれぞれのモデルには必ず限界があるということへの理解は、多くの主張の妥当性を的確に評価するために、おおいに役立つことになるだろう。

---

3 もちろんその際には、理論的側面のみならず、社会的受容性、制度的可能性など、さまざまな角度からの検討が必要になる。

4 同じような議論は、環境か開発かといった論争の場面にもあてはまる。環境問題は一般に極めて複雑で多様な要素を包含しているので、都合のよい側面だけを切りとってモデルをつくれば、環境保全論であれ、開発推進論であれ、それなりに跡づけることができる。そして、一方の主張に好意的である論者は、えてして他方の主張の難点だけを探しだして、こと足れりとしがちである。しかし、我々の課題はそうしたことではないはずである。

モデルによる思考の適用例

　モデルによる思考は、自分自身の主張の強化、他人との議論の発展、そしてさまざまな主張の的確な評価のために役立つということを調べた。次に、これらを簡単な具体例で確認してみよう。環境問題をめぐる（必ずしもその前提や推論のプロセスがはっきり明示されていない）議論を想定し、これをモデル化することによって、何が見えてくるかを探ってみることとしたい。モデル化するといっても、先に述べたように必ずしも数式で表現するには及ばないが、ここでは理解の一助とするためにごく簡単な数式を用いてみたい。

　簡単な例から始めよう。とある国の国立公園の中にある、とある町での話である。そこで、公園内の開発をもっと認めるべきだと主張する人びとの集会が開かれていた。公園内には開発された地域が少なすぎる、十分に自然はあるのだからもう少し開発を進めるべきだ、その方が地域にとって望ましいはずだ。彼らはそういって、熱心にその主張の妥当性を政府の役人に説明した。

　さて、彼らの主張は次のようにモデル化できる。
　彼らは、公園地域の福祉（w）の最大化を目指している。そして、w の値は公園地域における開発地域面積（d）と自然保護地域面積（n）によって規定されているから、w 値を最大化するような最適なdとnとを見つける必要があると考えている[5]。

$$\max w = f(d, n) \qquad (1-1)$$
$$\text{s.t.} \ \ d + n = \ell$$

5　以下の式で、max w とは、w を最大化する（ような w の関数の要素、すなわちdとnの値を見つける）ことを表記したものである。さらに、s.t.とは、s.t.以下の式、つまり、開発地域と自然保護地域の面積の合計が公園全体の面積に等しくなる、という条件（制約）のもとで、max w を求めることを要請している。なお、この表記方法は、これからも何度か登場するので、記憶にとどめておいていただきたい。

w： 公園地域の福祉
d： 公園地域内の開発地域の面積
n： 公園地域内の自然保護地域の面積
ℓ： 公園地域の面積

彼らの主張は、この式の答え、すなわち最適な土地利用の組合せ（d^*, n^*）と現在の土地利用状況（$\bar{d}$, $\bar{n}$）とを比較した時、

$$\bar{d} < d^* \qquad (1-2)$$
$$\bar{n} > n^* \qquad (1-2')$$

となっているから、もっと開発地域面積（d）を大きく、そして自然保護地域面積（n）を小さくすべきだ、ということにほかならない。

一方、政府がこの地域の開発はこれ以上進めるべきでないと考えていたとして、その理由をどのように説明するか想像してみよう。この土地を国立公園として指定していることから考えると、以下のようなモデルに基づいて説明するかもしれない。

$$\max W = F(D, N) \qquad (1-3)$$
$$\text{s.t.} \ D + N = L$$

W： 国全体の福祉
D： 国全体の開発地域の面積
N： 国全体の自然保護地域の面積
L： 国全体の土地面積

つまり、政府は、全国の福祉（W）の最大化を目指し、そのための最善の土地利用方法を探っているのかもしれない[6]。

6　これらのモデルも、要請に照らしてかなり単純化している。たとえば、ここではあたかも土地の特性が

こうしてモデル化してみると、この議論の問題の所在がはっきりと見てとれる。公園地域の住民は、公園内の土地のみに焦点をあてたモデルに基づいて政府を説得しようと考えているが、政府の方は、そもそもそのようなモデルでは考えておらず、国全体の中での土地の割り振りを考慮して、その地域を国立公園に指定したのかもしれないのである。そうだとすると、住民側は、モデルを式1－1のように想定したまま、その土地の利用方法が適切でないと主張しても始まらないことがわかる。相手が式1－3のようなモデルに基づいて考えている以上、まずしなければならないことは、式1－1のモデルの方が式1－3のモデルよりも適切な問題設定の方法であると相手を納得させることだということがはっきりする[*7]。

さらに、式1－1と式1－3とを並べてみれば、どちらにも一理あることが読みとれるから、おそらく式1－1の一方的優位を立論することは困難であると判断できるだろう。そうすれば、両者を組み合わせたモデルを考えるべきであって、地域的視点からの土地利用と全国的視点からの土地利用との両方の視点を合わせ持った議論を展開すべきだということもわかってくる。

このように、モデル化してみると、論点が明確になり、議論の的確な方向性を見いだすことが可能となる。

次にもう少し複雑な例として、環境ホルモンの問題を取りあげよう[*8]。
環境ホルモンによる環境汚染が明らかとなった時、ある専門家がコメントを寄せた。

均一であるかのように仮定し、すべての土地を単純に開発用途と自然保護用途とに振り分け可能であるかのようなモデルを想定しているが、実際にはそれぞれの土地の状況（利用状況・土壌の特性・水源や都市との距離・起伏・気象など）は異なり、その状況によって、土地をどのように利用すべきかの結論も変わるだろう。また、自然保護地域は単に合計で何万ヘクタールあればよいというものではなく、各保護地域がある程度の一体性・多様性・広域性を持っている必要があるし、開発地域の方も、その機能を度外視して、単純にその地域面積だけで評価できるものではない。いやそもそも、地域の福祉が土地の割り振りだけで決まるというのはあり得ない話である。

7　もちろん政府の側も、地域住民の理解を得たいならば、全国レベルでの土地の割り振りが適切であるといってみても始まらないことを知るべきである。

8　ただし以下では、モデルによる思考の意義を強調するために、実際の環境ホルモンをめぐる議論よりも、議論をかなり単純化している。

問題のありそうなすべての環境ホルモンの毒性と汚染実態とを一刻も早く明らかにし、早急に対策を検討すべきだというのである。このコメントについても、以下のような数式で表現して考えてみよう。

$$D \leq D^* \quad (1-4)$$
$$D = f(c_1 t_1, c_2 t_2, \ldots, c_n t_n) \quad (1-5)$$

D：汚染のひどさ
D^*：目標とする汚染のレベル
c_i：環境ホルモン i の濃度
t_i：環境ホルモン i の毒性

式1-4は、汚染のひどさ(D)を(早急な対策の実施によって)一定の目標レベル以下に抑えることを示しているし、式1-5は、汚染のひどさが各環境ホルモンの濃度と毒性とを掛け合わせたものによって決定されるということを示している[*9]。

このようにモデル化すれば、この専門家が主張するような「早急な対策」を行うための課題がはっきりしてくる。まず、現実の汚染のひどさ(D)を知らなくては始まらないから、そのDを決定づけているすべての環境ホルモンの濃度c_iと毒性t_i($i=1$〜n)とを調べる必要があることがわかる。これは専門家も指摘したことだ。

しかし同時に、それだけでは不十分であることも見てとれる。つまり、汚染のひどさ(D)を決定するためには、環境ホルモンの濃度や毒性だけでなく、それらと汚染のひどさとの関係式、つまりfも決定しなければならないし、さらに、目標とする汚染のレベル(D^*)も決定しなければいけない。

課題はさらに浮かんでくる。このモデルによれば、対策の強度は、まずDがわかっ

---

9 このモデルは、たとえば、個人の暴露量(人体が各環境ホルモンにさらされる量)や暴露人口(環境ホルモンにさらされている人口)を考慮していない、各環境ホルモンの濃度と毒性とを単純に掛け合わせて評価できると考えている、各種の対策による環境ホルモンの濃度低減効果などを数式の中に盛り込んでいない、といった点で現実を単純化している。

て、これをD^*と比べることによって、はじめて決定できる。ところがDは、すべての環境ホルモンの濃度と毒性とによって規定されているから、これらがすべて明らかにならないと求めることができない。ゆえにそれまでの間、対策もできないということになる。もちろん、環境ホルモンの種類が少なく、その濃度や毒性を調べることも容易であれば問題はないが、そうでなければ問題は深刻である。だから環境ホルモンの種類はどの程度か、あるいはその濃度や毒性の評価はどの程度の手間がかかるのか、そういったことをまず考える必要があるということも明らかになるだろう。

さて、実際には、環境ホルモンと呼ばれる化学物質は何百とあるし、毒性の評価も容易ではないことが知られている。そこで、先の提案はほとんど役に立たないと考えた別の専門家は、各物質による汚染のひどさを一定水準以下にすることを提案した。この提案は、次のようなモデルにできる。

$$d_i \leq d^{**} \qquad (1-6)$$
$$d_i = c_i t_i \qquad (1-7)$$

d_i：環境ホルモン i による汚染のひどさ
d^{**}：目標とする汚染のレベル
c_i：環境ホルモン i の濃度
t_i：環境ホルモン i の毒性

式1－6および式1－7は、全体の汚染のひどさではなく、ひとつひとつの環境ホルモンによる汚染のひどさを一定の目標レベル以下に抑えることを目指している。

これらの式を見比べると、新提案には旧提案にはない利点があるということが一目瞭然である。すなわち、旧提案のように、すべての環境ホルモンの濃度や毒性がわからないと汚染のひどさがわからないといったモデルの構造になっていないから、ひとつひとつの環境ホルモンの濃度と毒性さえわかれば、直ちに対策を検討することが可能である。これは確かに優れた特徴である。

しかし一方で、新提案の問題点も浮かびあがってくる。

そもそもなぜ、式1-7のような簡単な式にできるのか？ 式1-5では、それぞれの環境ホルモンを別々に見ていたのでは汚染のひどさは評価できないのではないか、という認識が前提にあったはずだ。だからこそ、汚染のひどさはあらゆる環境ホルモンの濃度や毒性の関数だったのではないのか？ それなのに新提案では、すべての環境ホルモンの(濃度×毒性)(d_i)が目標とする汚染のレベル(d^{**})以下になっていればよいということになっている。

だから、たとえば環境ホルモンaだけが存在し、その(濃度×毒性)がd^{**}を少しだけ超えている状態と、環境ホルモンが100種類存在し、いずれの(濃度×毒性)もd^{**}をほんの少しだけ下回っているという状態とで比べてみても、後者の方が安全ということになってしまう。本当にそういえるのだろうか[*10]？ また、新提案では各物質の毒性を単独で評価できるとしているが、他の物質の存在によって毒性の強さが影響を受けることもあるのではないか？ そもそも数百も物質の種類があるのに、どの物質からどう手をつけるべきかがまったく示されていないではないか？

たとえばこうした疑問点・問題点が見えてくるだろう。

このように、仮説や思考のプロセスをモデル化すれば、それぞれの提案の特徴や問題点などをきちんと整理することが可能になる。そしてそれを踏まえて、提案を的確に評価したり、改良を試みたりすることができるようになる。

いまの例に沿っていえば、もしもこの新旧提案の中からひとつを選ばなければならないとすれば、途方もない時間と労力とを要する旧提案ではなく、新提案を選ぶほかはないということが、まず、はっきりと見てとれるはずだ。さらに、新提案にも相当の問題があるという認識を持つことができれば、たとえば、以下のような第三の提案を思いつく人が出てくるかもしれない。

---

10 ただし現実には、そうした心配をすることが必要な状況は起こりそうもない。環境ホルモンの(濃度×毒性)は物質毎にその値のオーダー(桁数)からして異なることが常であり、それほど微妙なリスクの差を議論することが有意味な場合は少ないからである。

$$D \leq D^* \quad (1-8)$$
$$D = f(g(c_1t_1, c_2t_2, \ldots, c_nt_n)) \quad (1-9)$$
$$ = f(g) \quad (1-9')$$

　これは旧提案のモデルを少しだけ修正して、g という要素を関数 f の中に入れ込んだものである。g とは、個別の環境ホルモンの濃度なり毒性なりを知らなくとも、汚染のひどさを直接評価できるような、そんな総合的な指標のことだと考えればよい。

　この第三の提案は、ある面で、先の2つの提案よりも優れている。なぜなら、g の値のみに基づいて対策を検討することが可能になるので、旧提案のように対策の検討に先立ってすべての環境ホルモンの濃度や毒性を調べつくす必要はなくなるし、一方で新提案のように全体的視野が欠落してしまうということもないからである。問題はただひとつ、g という指標が本当に見つかるかどうかということだけだ。(もちろんこれは、決定的に重大な問題だが……)

　ここまで思いが及べば、g という指標をすぐに確立できないとしても、旧提案と新提案とのあれかこれかの議論に終始するのではなく、たとえば当面、新提案の方法で問題に取り組むと同時に、信頼できる g の開発にも平行して取り組むべきだといった提言も可能になるかもしれない。

　以上見てきた事例は、もちろんひとつの思考実験にすぎない。しかし、モデルによる思考に基づいて検討を行っていけば、より的確で生産的な議論を展開できるようになるということは示せただろう。

「モデルによる思考」という方法の奥行きの深さ

　さまざまな主張や提案も、少しの工夫でモデル化することが可能だし、モデルを明確

にできれば、主張を鍛えあげることが可能になる。

しかし議論はこれで終わらない。モデルによる思考の利点をめぐる話には、もう少しだけ続きがある。先に説明した、「どのような思考や主張も、多かれ少なかれ現実世界を単純化して捉えたモデルに依拠しているのだという事実に気づかせ」てくれるという命題の意味は、実は、もう少し奥が深いのである。

環境ホルモンの例をもう一度振り返ってみよう。環境ホルモンをめぐる議論では、順番に3種類の提案を取りあげた。はじめからこうして並べてしまうと、どれも簡単に思いつきそうな提案に見えたかもしれない。

だがもしも、最初の提案が示された時に、モデルによる思考を十分に理解しておらず、ある思考の基本的枠組みをモデルとしてではなく真理として受け入れていたとしたら、新提案は考えついたかもしれないが、第三の提案は思いつかなかったかもしれない[11]。その思考の枠組みが、その外側にまで発想を広げることを妨げてしまったかもしれないからである。

確かに通常我々は、その枠組みを真理として受け入れている。けれどもモデルによる思考を真に理解するということは、必要とあれば、そうした極めて基本的な枠組みでさえ疑ってみるという、思考の幅を身につけることなのである。

さて、その基本的枠組みとは何か？
それは、「環境汚染は化学物質によって引き起こされている」という認識である。

第三の提案のモデルは、この枠組みを疑うことができないと、なかなか思いつきにくい。逆にいうと、この思考の枠組みを相対化し、要請に照らして発想していくと、この提案も比較的容易に思いつくことができるのである。

何が問題なのか（モデル化の要請なのか）と考えてみれば、ここではそれが、汚染レベルを的確に評価し、必要な対策の検討を可能とすることにあるのは明らかである。する

---

11 本章注9で指摘した旧提案の問題点（モデルの限界）は、その思考の枠組みの中でも十分に思いつくことが可能なもののみを示している。

と、環境ホルモンという概念、ひいては化学物質という概念がなくとも、g というものが存在し、それが汚染を引き起こしていると考えることができれば、それでよいではないか、という発想を持つことができる。そしてそう考えることで、式1 - 9′ のようなモデル化のアイディアも浮かんでくるし、また、そのモデルの真の意義も明確になる。

そんなことをいうと、「化学物質が有害性を持っているのであって、仮にそのような指標が見つかるとしても、それはあくまで化学物質の特性を示す便宜的な指標にすぎない」といった声が聞こえてきそうだ。

けれども、化学物質を基本単位とする考え方が、常に正解だと決めてかかるべき理由はない[12]。我々は、化学物質を基本単位として考えることに強い信頼を寄せているが、こうした考え方もモデルのひとつであって（もちろん大変優れたモデルではあるが）、必ずしもそれに執着するには及ばない。どのモデルが適切であるかは、要請に照らして考えるべきなのである[13]。

モデルによる思考という方法は、我々が疑うことなく真実として受け入れ、我々の思考を奥深いところで制約している、こうした多くのことがらでさえ、実は、真実というよりも、現実を単純化したモデルなのだということに目を向けさせてくれる。そして、我々の思考の壁を取り払い、発想に広がりを与えてくれる。

---

12 「すべての物質は化学物質でできている。だから、化学物質こそすべての物質の本質であり、物質の性質はすべて化学物質が規定している」というような考え方は非常に根深く浸透しているので、この考えを相対化することはなかなか困難かもしれない。しかしたとえば、化学物質は実際には最小単位ではなく、それより小さな素粒子といった構成単位があることはよく知られているのに、なぜ「すべては素粒子からできている」といわないのか、と考えてみるとよいかもしれない。
　なお、物事を細かく分解し、基本単位にまで還元することによってのみ事象の真の理解が可能になるとするこうした考え方は、昔から要素還元主義とか、単に還元主義とか呼ばれてきた。
13 したがって、還元主義に対峙するかたちで、全体論（ホーリズム）——すべては全体を全体として捉えてこそ、はじめて理解できると考える態度。エコロジー思想などによく見られる——の絶対的優位を説くことも適切とはいえない。もし還元主義を批判するとすれば、還元することが必ず間違っているとして批判するのではなく、そのモデルにどんな時にも固執しようとする思考の硬直性をこそ批判すべきである。還元主義にせよ、全体論にせよ、いずれも現実を単純化して捉えたモデルなのだ。

第1章 考えはじめるために

　こうした思考の壁は、いったん取り払ってしまうと、とたんに見晴らしがよくなるものだ。たとえば、我々自身がすでに式1－9′にあたるようなモデルを使っていたのだという事実にも気がつくことができるかもしれない。

　実際、我々は式1－9′のようなモデルを使ってきたのである。たとえば、水質汚濁を考える時には、従来からCOD（化学的酸素要求量）とかBOD（生物化学的酸素要求量）とかいった指標を用いてきた。水質汚濁が、さまざまな化学物質によって引き起こされているなどとは考えず、汚濁は先のgに相当する「有機質」なるものによって引き起こされていると考えてきた。つまり、実は、いままでも化学物質を絶対的な単位として考えていたわけではなかったのである。
　不思議なことだが、言われてみればあたりまえのこうした事実も、既成の思考の枠組みに囚われていると、なかなか見えにくいものである。

　我々は、多くのことを真実として受け入れている。もちろんそれは、さまざまな意味でとても大切なことだろう。しかしそれは、時に発想を妨げる。そうした思考の枠組みが、発想の幅をはじめから制限してしまうからである。

　モデルによる思考は、必要な時に、その枠を取り外す手助けをしてくれるだろう。
　なぜならそれを身につけるということは、「どのような思考や主張も、多かれ少なかれ現実世界を単純化して捉えたモデルに依拠している」ということを理解し、思考の柔軟性を取り戻すことだからである。

■

「そんな、まさか？ それじゃあコペルニクスが間違っていたっていうのかい？」
「そんなことは言ってないよ。ただ、天動説と地動説のどちらが正しいとも言い切れないと言っているだけだよ」

「それでもほとんど同じさ。そんなのはどう考えたっておかしいよ。天動説が間違っていて、地動説が正しかったってことは小学生だって知ってるぜ」
「いや、2つの説は、単に視点のおき場所が違うだけで、地球から見たら太陽が回っているように見えるし、太陽から見たら地球が回っているように見えるということにすぎないよ」
「それはそうかもしれないけれど、そんなのは理屈になってないよ。宇宙空間から天体の動きを観察したと考えてみろよ。宇宙空間に止まって地球と太陽の動きを眺めれば、太陽が止まっていて地球が回っていることが観察できる。地動説っていうのはそういうことだろう?」
「そう言うんじゃないかと思ってたよ。でも、それは間違ってるぜ」
「どこが?」
「君は『宇宙空間に止まって』眺めるって言ったけど、いったいどうやって『宇宙空間に止まる』んだい? 言ってみてよ」
「……」
「宇宙空間に止まるっていうのは、太陽とか地球とかが見える方向とか、そこまでの距離とかを固定するってことだろう? それ以外に『止まる』なんてことできないよね?」
「……まあ、そういうことになるかな」
「だったらそれは結局、地球の上から見るとか、太陽の上から見るとかということと同じだろう? 太陽が見える方向とか距離を固定したら、太陽は止まっているように見えるし、地球を基準にすれば地球が止まっているように見えるのはあたりまえだよ。だとすれば、結局、天動説と地動説のどちらが正しいなんて言えないことになるよね。だって、もともと地球の上から眺める方が正しいとか、太陽の上から眺める方が正しいとかが決まっているわけじゃあないんだから」
「……じゃあなんで、みんな地動説が正しいって言うんだよ」
「それは、地動説の方が天体の動きを簡単なモデルで説明できるからだよ。地動説なら万有引力の法則で説明できるって知ってるだろう?」
「……」
「簡単に説明できるってことを、正しいってこととまぜこぜにしているのさ」
「簡単なことと正しいことをまぜこぜに?」

「そうさ。でも、簡単ってことと、正しいってことは、どう考えたって同じことなんかじゃあないよね」
「そりゃあ、もちろん違うさ。だけどちょっと妙な気分だな。だって……」
「まあ、すぐに納得してくれとはいわないよ。ただ、少し気にとめておいて欲しいんだ。僕らは、モデルに基づいて考えているんだってことをね。なぜって、そうするといろんなことが見えてくるんだ。とってもおもしろいんだよ」

【ヒントその1： モデルによる思考】

■主張のモデルを理解し、構成要素に分解し、的確に表現することは有益である。
■仮定や推論のプロセスを明確に示した、反論可能な主張であってこそ、他人と議論を戦わせる意味がある。
■モデルを評価する基準は、真実との距離ではなく、要請との距離にある。
■モデルの絶対的な評価よりも、モデル相互の比較優位を考える方が重要な場合がある。
■どのような思考や主張も、現実を単純化したモデルによって支えられている。

第2節 なぜ環境問題は「問題」なのか？
―― 稀少性という概念

経済学の使命感

　経済学は、社会における、モノの利用の効率性を分析する。社会があるかたちでモノを利用した時、その利用方法を効率的とみなせるかどうか、あるいは効率的にモノを利用するにはどういう方法があるか、そういったことを研究のテーマにしている。このことはすでに述べた。

　ではなぜ、そもそも経済学は、効率性を研究することにしたのだろうか？ 研究しなければならないほど、効率性が重要だと考えた理由はどこにあったのだろうか？
　結論からいってしまえば、その答えは、社会が利用するモノ、すなわち財が足りないからだということになる[14]。財が足りないから、財を効率的に使うための検討が必要だということになったのである。

　もし仮に、あらゆる財がいくらでも手に入る世界があったなら、そこでは、財の使い方にどれほど無駄が多くても、なんら問題ではないだろう。無駄に使ったのと同じ分だけの財を追加で持ってきて、それを充当すればよい。だから、そうした世界では、財の使い方など気にする必要はないし、効率性ということについて真剣に考えるべき理由も見あたらない。
　けれども、我々が住まう世界は、残念ながらそうした世界とはほど遠い。財という財はどれもこれも不足している。だから、財をできるだけ効率的に利用するということが必要になってくる。
　そこで、経済学では効率性を研究の第一の課題に定めたのである。貴重な財を無駄に使ってしまってはもったいない、そう考えたわけである。
　ちなみに、この「足りないこと」を経済学では「稀少性」（scarcity）と呼ぶ。稀少

---

14 これまでモノと呼んできた対象を、以降、「財」と呼ぶことにする。

価値のある宝石というような言い方をする時の、あの稀少である。財が稀少性を有していること、この命題があってはじめて、経済学は自らの課題を設定し、発展することができた。そうした意味では、財の稀少性という命題こそが、経済学の一丁目一番地だといってよい。

財が稀少だということが、環境問題と何の関係があるのか？ そう思った人もいるかもしれない。確かに、我々が財という言葉を使う時には、財宝とか財政とかいった言葉からの連想のせいか、環境とは一見なんの関係もない金銭や土地のようなものをイメージしていることが多い。だから、財の稀少性をめぐる議論と環境問題との関係をいぶかる人があったとしても、それは無理からぬ話である。

しかし実は、両者の間には、密接な関係がある。なぜかというと、経済学における「財」（goods）とは、金銭や金銭によって購入できる土地のようなものだけを指しているわけではなく、ほかならぬ環境などをも含んだ、とても幅の広い概念だからである。

経済学でいう財という概念、それは、個人が（単独または共同で）消費できるあらゆるものを指していると考えた方がむしろ正確である[15]。たとえば、テレビ、車、橋など形が目に見えるものから、保険、医療など目に見えないもの、あるいは自然環境やきれいな空気など市場で売り買いされていないものまで、すべて一括りにして財と呼ばれる。さらには、公害や交通事故が起こっている状況なども、「公害の防止（対策）」や「交通事故の防止（対策）」を財として考え、それらの財が不足している状態と解釈されて、議論の中に組み込まれる。こうして並べてみると、経済学でいう財という概念が、いかに幅の広いものであるかがわかるだろう。財が稀少性を有しているという命題は、こうした財の概念を踏まえて語られたものなのである。

つまり、我々の関心事である環境を含め、教育や道路や社会保障に至るまで、ありとあらゆるものが、この世の中には不足している。そういう認識が、経済学の根幹にはあるのだ。そして、その財の不足を深刻な問題と受け止めて、その対応策としての効率性

---

15 「消費」という概念にも注釈が必要かもしれない。経済学でいう「消費」とは、たとえば食品を食べてしまうことのように、それによって財が消えてなくなることを必ずしも意味しない。

の研究に力を注いできたのである*16。

不足する環境

　そういうわけで、経済学では、環境問題を稀少性の問題として捉えている。良好な大気や水、豊かな自然が不足していること、そのことが環境問題の核心である。

　こうした捉え方は、あまりに問題の構造を単純化しすぎたものだと感じられるかもしれない。しかしそう指摘されてみると、なるほど、かなりの環境問題は、財の不足の問題として捉えられる。そしてその後が重要なのだが、そうして環境問題を稀少性の問題として理解してみることで、はじめて見えてくる問題の側面というものも確かにある。だから、環境問題を稀少性の問題として捉える視点を持っておくことも、決して無意味ではないのである。

　そこで、環境が具体的にどういった意味で稀少な財だといえるのか、そのことをまず押さえておくことにしよう。
　まずひとつには、環境という財は、我々の願望の大きさと比較して稀少であるということができる。我々は、空気や水はきれいであればあるほどよいし、自然も残せるだけ残した方がよいと考えている。現実にそれが可能であるかどうかは別にして、なんの代償も支払わずにすむのなら、いくらでも無制限に良好な環境を保っておきたいと望んでいる。そう思わない人が皆無とはいえないだろうが、そう願っている人が多いことは間違いないだろう。
　しかし、人びとがそのように良好な環境の確保を無制限に願っているということは、裏を返せば、たといいくら水質改善や自然保護を実施したとしても、人びとを完全に

---

16 余計なことかもしれないが、ひとことつけ加えておこう。もしかすると、環境を財と呼んで金銭で売買できる物品と同列に取り扱うことに抵抗感を覚える人がいるかもしれない。そこにある種の価値判断を読みとるからである。けれども環境と他の財とを同じように財と呼んだからといって、環境について特段の価値判断を下したと考える必要はない。環境もその他のモノもある面で同一の性質を備えている。だからそのことを表すために、あらゆるものを分け隔てなく財という名前で呼ぶ。そういうことにすぎない。

第1章　考えはじめるために

満足させることはできないということにほかならない。どれほど良好な環境を供給しても、人びとはそれ以上によい環境を求めるだろう。

　つまり、人びとの良好な環境への願望は果てしなく大きい。だから、きれいな水や豊かな自然は、どれほど供給されようとも、常に不足してしまうことになる。これが環境という財が稀少だという事態の、ひとつの捉え方である。

　環境がさまざまな用途に使用可能であることからも、環境という財の稀少性を見ることができる。たとえば豊かな自然の残された土地について考えてみよう。その土地には、たくさんの使い道がある。開発を禁止して豊かな自然を保護することもできるし、手を加えて、道路をつくったり、家を建てたり、畑にしたりすることもできる。どれをとっても我々の役に立つ、有効な土地の利用方法である。
　ところが残念なことに、土地はひとつしかない。だから、たとえば自然保護のために使ってしまえば、他の用途への使用はもはや不可能になる。道路や家や畑は、諦めなくてはならないのである。
　道路や家や畑は別の土地につくればよいと思うかもしれない。しかし、その代替地にもやはり競合する用途が控えている。その代替地でも、どれかひとつの用途に使用すると決めれば、他の用途への使用は諦めなければならない。
　「きれいな水」を考えてみてもよい。河川のきれいな水を保全するということは、その水を取水し、あるいはそこに汚染物質を排出することによって工業製品を生産するということを諦めることかもしれない。あるいは、生活排水や農業排水の捨て場を失うことかもしれない。工夫してそれぞれの用途を並び立てることもある程度はできるかもしれないが、それでも限度がある。きれいな水への要求は多い。それに比べれば、きれいな水は少なすぎる。
　つまり、環境に対する我々のさまざまな要求を合計すると、実際に利用可能な財の量をはるかに上回ってしまう。これも環境という財の不足のひとつのかたちである。

　このようにして、環境とは、確かに不足している、稀少な財だと考えることができる。そして、この稀少性という視点こそが、経済学が環境問題を分析する際の中心的な思考軸になっている。

ひとつの財としての環境

　環境という財について、稀少性という観点から検討するための具体的な方法論については、いずれ調べることにしよう。しかしそうした方法論を調べる前に、ここでまず確認しておきたいことがある。それは、稀少性という観点から捉えた時、環境という財とその他の財との間には、なんら特別な違いはないということである。

　環境は確かに稀少である。それはたったいま見たとおりである。だからその稀少性ということを根拠にして、環境の大切さを意味づけることは可能である。
　けれども稀少なのは、なにも環境に限った話ではない。先ほどの議論と同様にして考えていけば、他のさまざまな財も稀少だと容易に確認することができる。だとすれば、環境という財に限らず、鉄道も、学校も、各種の社会制度も、ありとあらゆる財が、我々にとって貴重な財だということになる。

　もちろんその稀少性の程度は財の種類によって違うかもしれないから、環境という財の稀少さが、特に深刻だということはあるかもしれない。しかしともかく、不足しているという限りにおいて、環境という財を特別視する理由は見あたらない。そういう意味で、環境という財は多くの財のひとつにすぎない。

　しかも、他の財との関係を考える上で重要なもうひとつの事実として、環境とその他の財との間には競合関係が存在するということがある。つまり良好な環境を供給するとすれば、他の財の供給を減らさなければならないのである[17]。

　きれいな水や豊かな自然を保つためには、他の財の供給を犠牲にしなくてはならない

---

17 ただし、すべての財の供給増が可能な状況が皆無というわけではない。そうした誰もが満足できる改革が可能な状況は win-win 状況と呼ばれ、その存在を認識することの重要性がしばしば強調されてきた。しかしそれが強調されるのは、そうした事態が環境問題の中核を構成しているからというよりも、むしろ、合意形成の容易さに配慮してのことかもしれない。したがって、こうした状況の存在に過度に期待するのは禁物である。

ということを先に述べた。ここでもう一度、今度は費用の観点から、同じ例で、この競合ということについて確認しておこう[18]。

きれいな水や豊かな自然を残すには費用がかかる。きれいな水を保つには新たな制度を導入しなければならないだろうし、水質測定も必要になる。また、自然保護のためには柵を立てたり、公園管理官を配備したりする必要があるかもしれない。

こうした経費を賄うために政府が予算を確保するとしよう。すると予算のうちの何％かが、これらのために取り分けられることになる。けれども毎年の総予算は限られているから、その予算を確保するということは、当然のことながら、他の行政目的への支出を削減することにつながる。たとえば医療サービスの予算を削ることになるかもしれないし、生活保護の水準を低下させることになるかもしれない。すべての財を手に入れるというわけには、残念ながらいかないのである。

いや、そんな予算を削らなくても、行政の無駄をなくせば、もっとお金はつくれるはずだと言うかもしれない。

そうかもしれない。けれども、仮にそうであっても、そうしてつくったお金を環境保全に回すべきだという結論が直ちに導かれるわけではない。環境保全も不足しているだろうが、それと同様に、失業対策も情報ネットワークの整備も不足している。だから、たとえそうしてお金がつくれたとしても、その使い道はいくらでもある。

環境保全はまったく足りない。けれども、足りないものはほかにもたくさんある。そして、環境保全の不足を解消するために努力するということは、それだけ他の稀少な財の供給を削減するということである。

環境保全の必要性

だとすれば、環境が不足しているということだけでは、もっと環境を保全すべきと結論づけることはできないことになる。すべての財が不足している状態の中にあって、なお、環境保全に優先的に取り組むべきだと信じるのであれば、それはなぜか？　その問い

---

18 ただしここでの費用の捉え方は、便宜的なものである。いずれ費用については、詳しく触れる機会がある。

を考え抜くことが、社会に向かって環境保全という行動を訴える人びとの、ひとつの責任になるだろう。環境という財の不足が、他の財の不足よりも、より一層深刻なものといえるのか、あるいは稀少性以外の視点から見て、環境保全を優先すべき正当な理由があるのか、そういったことを考えることが必要になるはずだ。

　環境論者の主張には、しばしばそうした思考が欠落してきた。彼（女）らの主張は、なぜ大気が、自然が、大切かという点のみに集中することが多かった。しかしそれだけでは環境保全に取り組むべき理由にはならない。問題は、環境が大切かどうかではない、環境がより大切かどうか、なのである。

　もっとも、こうした一方的な議論の方法は、環境保全論に限らず、さまざまな分野の多くの主張に共通して見いだすことができる。景気浮揚対策でも、社会資本整備でも、どんな課題についての議論でもそうだ。他の財のことなどお構いなく、論題としている財の不足・重要性の強調に終始した議論がほとんどだといってよいだろう。だから、環境問題を議論する時にも、他の財のことまで考えなくてもいいではないかと思う人もいるだろう。しかも、たとえ「環境がより大切かどうか」という問いに真剣に取り組んだとしても、明快な結論を得ることはまず不可能なのだから、なおさらそう考えたくなるのもよくわかる[19]。

　けれども、そうした問いかけをすっかり諦めて、環境が大切、道路が必要、社会保障が不可欠などと、それぞれが関心のある断面から一方的に各問題の重要性を主張していたのでは、議論はすれ違うばかりである。結果、それぞれの課題の真の重要性とは別のところで、課題の優先順位が決められることになるだろう。

---

19 実際、なぜ環境がより大切なのかという問いの答えを導くことは、一般に考えられている以上に困難な課題である。たとえば、環境保全は人の命にかかわるから、他の財の供給よりも優先すべきだと宣言して満足するわけにはいかない。なぜなら、もし仮に人の命にかかわるものを優先すべきということを認めたとしても、もしかすると、自動車排出ガス対策よりも交通事故対策、水質改善よりも食品衛生管理に力を注いだ方がいいかもしれないからである（しかも後述するように、実際には、人の命にかかわるものを優先すべし、という考え方すら疑うべき理由がある）。だから、命にかかわるということだけでは、依然として、環境保全を優先すべき理由にはならないだろう。

残念ながら現状はそうした状況に近いのかもしれない。そして、こうした事態をにわかに解消するのが困難だということもまず間違いないだろう。しかし少なくとも、こうした状況が望ましい社会の姿でないことは確かなはずだ。だとすれば重要なことは、たとえ一歩ずつでも、半歩ずつでも、しっかりと組み合った議論を始め、そしてそうした議論の中で、我々が共有できるバランス感覚を育んでいくことなのではないだろうか[20]?

そうであればこそ、環境がなぜ、有り体にいえば、道路や社会保障よりも重要なのかを考えることが必要なのである。おそらくそれによって得られる答えは、すべての場合に環境を優先すべしということではなく、当然ながら、環境も、道路も、社会保障も、それぞれ幾ばくかずつは社会に供給されなくてはならないということであるだろう。

こうして他の社会問題にも目配りをしつつ、環境問題への向き合い方を各個人が考えることが、本当に意味のある議論を生みだすための第一歩になる。

そして、そうした他の財への目配りのためのひとつの指針を与えてくれるのが、稀少性という概念である。稀少性は、一見なんのつながりもないさまざまな財を、同じ視線から眺めるための評価軸を与えてくれる。それは、我々が環境問題をより広い文脈の中で考えるための——「唯一の」では確実にないが、少なくとも「有用な」とはいってよい——羅針盤の役目を果たしてくれるに違いない。

【ヒントその2：稀少性】

■すべての財は不足している。
■ほぼすべての財の供給は他の財の供給と競合している。

---

20 その意味で、「持続可能な開発」(Sustainable Development)というコンセプトは、共有できるバランス感覚を探るための努力の第一歩として、その意義を評価できるかもしれない。

第3節 科学的であるためには、客観的な定量評価が不可欠か？
——基数と序数

数値とはどういうものか？

　長い間、環境問題は自然科学の問題であると考えられてきた。環境問題に取り組むということは、物理化学的・生物学的・医学的なアプローチによって現象を解明し、工学的な技術で解決策を探るということだった。また、環境問題を起こしたのも科学であるなら、その解決も科学にしか担えない、そういったこともしばしば強調された。もちろんそこでも、科学とは自然科学のことだった[21]。こうして環境問題へのアプローチは、隙間なく自然科学で固められてきたといっていい。

　このような状況の中で、環境問題に対する人びとの意識も、自然科学的なものの見方から少なからず影響を受けてきただろう。たとえば、環境問題に取り組むにあたっては、自然科学のように可能な限り客観的・定量的な評価分析を行うことが重要であるとの意識を広めたのはほぼ間違いないだろうし、主観的価値判断などは曖昧さを持ち込むことになるので極力排除すべきであるとの姿勢づくりにも貢献してきたはずである。

　おそらくこうしたことが背景にあって、たとえば「環境の価値の金銭換算は個人の主観に頼っているのだから無意味である」というような主張が一定の説得力を持つようになったのだと想像できる。この主張には、いま言及したような客観と主観とを対立関係で捉える思考様式、客観に対する信頼、そして主観の数値化に対する不信などが色濃く現れている。

---

21 すでに経済学を例にとって、ひとつの学問についてある程度の知識を得ると、その知識の普遍妥当性を信じるということが起こりがちであるので、警戒心を持つべきだということを述べた。ここで示した「環境問題を起こしたのも科学であるなら、その解決も科学にしか担えない」というような見解についても、それと同様の側面がないかどうか、幾分の警戒心を持って受け止める必要があるだろう。

しかし、客観と主観とを対立関係で捉え、前者を後者よりも優れたものとみなしたり、あるいは主観の数値化は無意味であると考えたりすることは、実はそれほど根拠のあることではない。実際には、主観に基づく数値であっても、その数値の利用方法次第では大変有用な情報となり得るし、そもそも客観と主観とをきっかりと二分できるということすら疑わしいのである。

そこでここでは、主観を数値化することの意義について考えてみたい。そのことを通じて、客観一辺倒になってしまった我々の思考回路に、柔らかさを取り戻そうという目論見である。

主観を数値化するには、数値化のための尺度がいる。またひとことで尺度とはいっても、それにはいくつかのタイプがあり、それぞれ異なる特徴を持った数値を導きだす。したがって、主観の数値化について考えるには、まず、その数値化に用いる尺度について理解することが前提になる。そこで以下では、数値化尺度の各タイプの特徴を明らかにし、その上で主観の数値化の意義を考えるという順序で進みたい。

① 比率尺度
　まず、ひとつめに取りあげる尺度は、「比率尺度」（ratio-scale）と呼ばれるものである。これは、測定の尺度の中でも、最も厳格な尺度である。
　比率尺度で測られた測定値の特徴は、ある測定値が別の測定値の2倍であるという言い方が可能であるということである。さらに、その関係はどのような単位で測っても保存されるという性質もある。
　たとえば、面積とか濃度などがこれにあたる。ある土地が別の土地の2倍の面積であるといった言い方ができるし、しかも、その2倍という関係は平方メートルで測ってみても、坪数で測ってみても変わらない。これは、尺度相互間、たとえば平方メートルと坪数との間に、一定の比例関係があるということでもある。
　数式で表記すれば次のようになる。2つの測定対象に対する比率尺度A（たとえば平方メートル）での測定値をXとY、比率尺度B（たとえば坪数）での測定値をX′とY′とすれば、

$$X = aX', \quad Y = aY' \quad (\text{a は、正の実数}) \tag{1-10}$$

したがって、

$$X/Y = X'/Y' \tag{1-11}$$

の関係が成立する。

② 間隔尺度

もう少し緩やかな尺度として、「間隔尺度」(interval-scale) と呼ばれる尺度がある。

間隔尺度では、ある測定値が別の測定値の2倍であるという言い方は意味をなさないが、測定値の差が2倍であるという言い方には意味がある。そしてやはり、その関係はどのような単位で測っても保存される。

代表的なものは温度である。温度が2倍といっても無意味だが、温度の差が2倍という言い方は有意味であり、それは摂氏で測っても華氏で測っても変わらない。たとえば、将来は平均気温が現在のおよそ1割から4割程度上昇するだろうという言い方は意味をなさないが、現在気温からの気温上昇幅の予測結果には、専門家によって約4倍の開きがあるという言い方には意味がある。ここでの尺度相互の関係は次のような数式で示せる。4つの測定対象に対する間隔尺度Aでの測定値をX_1、X_2、Y_1、Y_2、間隔尺度Bでの測定値を「 ′ 」つきの記号で表せば、

$$X_1 = aX_1' + b, \quad X_2 = aX_2' + b, \quad Y_1 = aY_1' + b, \quad Y_2 = aY_2' + b \tag{1-12}$$
（a は、正の実数。b は、実数）

したがって、

$$(X_1 - X_2)/(Y_1 - Y_2) = (X_1' - X_2')/(Y_1' - Y_2') \tag{1-13}$$

の関係がある。なお、b＝0とすれば、比率尺度の関係式と同じになるから、比率尺度は間隔尺度の特別な場合であることがわかるだろう。

比率尺度と間隔尺度とはあまり明確に区分されないことも多い。そしてこのいずれかの尺度で測定することが通常「定量化」と呼ばれている数値化である。また、これらの尺度で測った数量は「基数的」(cardinal)な数量と呼ばれる。基数とは英語でone, two, three, ……と呼ばれる数のことである。

③序数的尺度

さらに緩やかな尺度として、「序数的」(ordinal)と呼ばれる関係を表す尺度がある。

序数とは、英語でfirst, second, third, ……と呼ばれる数である。（そう、実は我々はずっと以前から知っていたのだ。数にも種類がある！）

そして序数的尺度とは、さまざまな順番を数値の大小で示す尺度である。

4つの事象（a、b、c、d）について、たとえば大きさの順番、好きな順番などを表現する尺度を考えよう。まず思いつくのは、大きい（好きな）順に1から整数で表す方法だろう。たとえば、b、a、c、dの順に大きかった（好きだった）とすれば、この尺度では、これを(2, 1, 3, 4)と表現できる。しかし考えてみれば、この順番を表すには(10, 5, 101, 200)と表現してもよいはずである。「小さな数を割りあてられたものほど、大きい（好き）」というルールさえ守っていればよいからである。だから、同量の果物を比較した時、ある人が、イチゴ、バナナ、ミカンの順に好きだったとして、そのことを表すのに、（イチゴ、バナナ、ミカン）＝ (1, 2, 3)と表記しようが、(10, 100, 101)と表記しようが、一向にかまわない。

つまり、序数的な関係はある関数 $f(x)$ で表現できる（いまの例では x がイチゴ1キロであれば $f(x)$ は1、x がバナナ1キロであれば $f(x)$ は2）し、そればかりでなく、その関数を単調増加関数 g（つまり、a＞b ならば、$g(a)>g(b)$ が常に成り立つような関数）で、$g(f(x))$ と変換しても、もともとの情報は保存できることとなる[22]。

---

22 $g(f(イチゴ1キロ)) = g(1) = 10$、$g(f(バナナ1キロ)) = g(2) = 100$

④ 順序

　さらに緩やかなのが、「順序」（order）である。これは、数値化とはいえないが、ついでなので、後々のために説明しておこう。

　順序とはつまり順番のことだから、上に述べた序数的尺度とよく似ているが、実は違うところがある。序数的尺度はもちろん順序をつくるが、順序だからといって序数的尺度で示せるとは必ずしもいえない。つまり、順番に並べることはできるが、それを数値では示せない場合がある。

　少し不思議な感じがするだろうから、ここでも具体例を示しておこう。有名な例は、「辞書的順序」（lexicographic order）と呼ばれるものである。2つの数の組合せを（a, b）と表記することとし、たくさんのこうした組合せを順番に並べるとする。その時、並べ方のルールとして、辞書における単語の並べ方と同じようなルールを考える。つまり、bの数値にかかわらずaの数値が小さい組合せの方を前、aの数値が同じ場合に限り、bの数値が小さい方を前にすると決めるのである[23]。

　さて、この辞書的順序のルールに基づくと、どのような2つの組合せをとってきても、どちらが前かが必ず判別できるから、どれほど多くの組合せでもそれを順番に並べること、つまり順序とすることは確かにできる。

　ところがである。bの位置にくる数値がどのような数値であってもよいと認めると、この順番を数値化することができなくなってしまう。たとえば簡単のために、a、bがとれる値は正の整数だけであるとしてみてもよい。すると、先頭の(1, 1)に1、次の(1, 2)に2といったように、順番に数値を割りあてていくことができそうにも見える。しかし実は、(1, 1)と(2, 1)との間には無限の組があるので、(2, 1)にはどうしても番号を振ることができないのである。したがって、このような順序を序数で表すことはできない。つまり、ある種の順序は関数で表現することはできず（なぜなら関数とは、変数を特定のひとつの数値に対応させることだから）、文字どおり並べるしかないのである。

---

23 「数字が小さいほど」というルールを、「アルファベットが前のものほど」というルールと読み替えれば、ちょうど英和辞書でappleがbananaより前、そのappleよりも前にalmondが登場するのと同じようなルールであるので、辞書的順序と呼ぶのである。

第1章　考えはじめるために

主観の客観化

　さて、以上見てきたように、物事を数値化するための尺度にはいくつかの種類がある。その中には、基数的な数値を導く尺度もあれば、序数的な数値を導くものもある。見た目は同じ数字だけれど、用いた尺度の性質が違えば、得られる数値の性質も違う。だから、異なる尺度から導かれた数値を、単純に比較したり、同列に扱ったりするわけにはいかないというのは当然である。

　しかしだからといって、それぞれの尺度から得られた数値の間に優劣関係があるというわけではない。比率尺度や間隔尺度によって得られた数値、つまり定量化された数値の方が、序数的尺度に基づく数値よりもおよそ有意義であるというようなことにはならない。どのような尺度に基づく数値であれ、それぞれに異なった性質の、そして、それぞれに有意味な情報を伝えてくれる。

　主観の数値化ということについて考える時には、このことをよく理解しておく必要がある。
　さまざまな対象には、その対象に適した数値化の尺度というものがある。主観という対象の場合には、序数的尺度がそれである。一方、自然科学で行われる数値化のほとんどは比率尺度ないし、間隔尺度によるものである。したがって、それぞれの尺度で得られた数値を、同列に扱うわけにはいかない。しかしそれは、序数的尺度で数値化した主観が無意味だということを意味するわけではない。
　序数的尺度のところで取りあげたように、同量のイチゴ、バナナ、ミカンのどれが好きかという主観を、(1, 2, 3) あるいは (10, 100, 101) という数値を割りあてて表現することは、決していい加減な数値化ではないのである。
　問題は、得られた数値をどう使うかなのだ。数値が序数的尺度で測られたものであるということを理解し、その序数としての性質が維持される範囲で活用するのであれば、数値化された主観にも十分な意味がある。いまの例でいえば、イチゴとバナナに割りあてられた1と2、あるいは10と100という数値を足したり引いたりすることにはまったく意味がない。このことは明らかだ。しかし、その数値を基に、彼はイチゴ1キロを

手に入れるためには、バナナ1キロに対してよりも多くの金額を支払う意思があるはずだと主張することには十分な意味がある。

そういう意味では、このように序数的尺度を用いて主観を数値化することを、主観の客観化と呼んでもよいだろう。こうしたことが可能であるという事実は、主観と客観とがきっかり二分割できるようなものではないということをも示唆している。

この節のはじめに、「環境の価値の金銭換算は個人の主観に頼っているのだから無意味である」という主張に言及した。

しかしこうした主張は、おそらく、上述したような数値の性質の違いをよく理解していないことからくる誤解に基づいている。環境の価値の金銭換算とは、ごく簡単にいうと、いまの果物の例と同じように、序数的尺度を用いて主観を数値化することなのである。したがって、序数的尺度によって得られた数値であるということさえ正しく理解していれば、その金銭換算の結果から、有用な情報を引きだすことができる。

なお、こうした事実の認識は、環境問題に取り組む上での自然科学的アプローチへの過度な依存を是正するという意味でも意義があるだろう。自然科学が、物事の定量的評価から多くの知見を得てきたことが事実だとしても、そのことをもって、主観という情報、あるいはその主観を数値化した結果を軽んじることが正当化されるわけではない。主観も重要な情報となるし、それを数値化することにも意味がある。定量化することだけが、問題に近づく方法ではないのである。

さまざまな場面で、しばしば「科学的でなければならない」ということが指摘される。しかし、その「科学的」ということが「客観的であること」を意味し、それが「定量的であること」と同義と考えられているならば、そこには反省の余地が少なからずあるというべきである。

【ヒントその3: 客観と主観】

■客観と主観とは、必ずしも対立関係にあるわけではない。
■定量化だけが問題へのアプローチの方法ではない。
■主観も重要な情報である。

第4節 個人的価値観の尊重
―― 効用概念の意義 I

我々の「好み」の特徴

　多少おおざっぱな言い方かもしれないが、環境問題には2つの角度からアプローチできるといっていいだろう。

　ひとつは現象面から接近する方法である。環境問題と呼ばれている事象が、社会や自然の中でどのように発現しているのかをよく観察して、その特徴や要因連関などを調べるところから始める方法である。

　もうひとつの方法は、そうした現象に対する我々の見方の方を検討するというアプローチである。環境問題が問題であるのは、問題を問題として認識する我々の意識、つまり主観があるからである。だから、そうした我々の主観の方を検討の対象にするわけである。

　もちろん、環境問題の現象面と主観面とはいっても、両者は密接に関係していて、たとえば先に見た「稀少性」という観点も、両者の相互の関連の中から浮かびあがってくるものである。だからこの両者は単純に分割できるようなものではないと言われれば、それはそのとおりだと答えるほかはない。ただそうはいっても、こうして環境問題に2つの断面があると捉えておくと、時に問題がよく見えてくるのも事実なのである。

　そこで、本節と次節では、この第二の観点、つまり我々の主観という側面から環境問題を考えるために、その出発点を形づくることを目指したい。前節で見てきた主観の数値化という作業も、ここでの検討に役立つことになるだろう。

　まず、我々の主観を振り返ってみることから始める。

　我々の主観を振り返ってみてまず気づくことは、我々の主観――いや、ここでは「好み」と言おう――は人によってさまざまだということである。食品や衣服にせよ、あるいは環境にせよ、さまざまな財についての人の好みには違いがある。リンゴ1個の

第1章 考えはじめるために

方がミカン2個よりも好きという人もいれば、その逆の人もいる。もちろんひとつひとつの財のみならず、財の組合せ（集まり）についても、そうした個人の違いはある。財の組合せA＝（隅田川の水質改善、ビートルズのＣＤ１枚、温泉旅行１回、……）と、別の組合せB＝（白神山地の保全、エステサロン２回、ディズニーランドのチケット２枚、……）とがあれば、Aの方が好きという人もいれば、Bの方が好きという人もいるだろう。

経済学では、こうした財や財の組合せに対する人それぞれの好みのことを、「選好」（preference）と呼び、以下のような関係式で表記する。また、この関係式で示される関係を「選好関係」(preference relation)、それによって形成される順序を「選好順序」(preference order) と呼ぶ。

$$x R_i y \text{ または、} x \succsim_i y \qquad (1-14)$$

これは、個人 i は、財や財の組合せである x と y のうち、x を y と同じ程度か、もしくはそれ以上に好むということを表現したものである[24]。

この式は、単に個人の選好関係を記号で表現したにすぎないから、ここまでであれば取り立てていうべきことはない。しかしながら、どのような人の選好関係であれ、すべからく満足しているとみなして差しつかえのないような一般的性質が特定できれば、そうした性質を踏まえて分析を進め、興味深い示唆を得ることができるかもしれない。そこで経済学では、ひとまず選好関係 R_i という概念を導入した後で、その選好関係が満足しているはずのいくつかの性質を見定め、それらを公理として導入する。

R_i が満たすべき当然の性質としての公理、それは以下のようなものとされている[25]。

---

24 後者の表記は、不等号（≧）と類似しているので混乱しそうだが、ここで不等号をなぜ使えないのかというと、不等号が数の大小関係を表しているのに対し、選好関係の方は物理量の大小関係に還元されない「好みの強さ」を表しているからである。
25 ただし、テキストによって、選択される公理は少しずつ異なっている。なお、以下では簡単のために、個人 i を示す添え字を省略している。

① 完備性 (completeness)

　すべての財はたがいに比較可能である。つまり、任意に2つの財(もしくは財の組合せ) x、y を取りだせば、$x R y$ か $y R x$ のどちらか(または両方)が必ず成り立つ。

② 推移性 (transitivity)

$$x R y \text{ かつ } y R z \text{ であるならば、} x R z \hspace{2cm} (1-15)$$

たとえば、リンゴ1キロとミカン1キロとではリンゴ1キロの方を好み、ミカン1キロとバナナ1キロとではミカン1キロの方を好むとすれば、もしリンゴ1キロとバナナ1キロとを比較した場合には、リンゴ1キロの方を好むということである。

③ 反射性 (reflexivity)

$$x \text{ と } y \text{ とが同じ財(もしくは財の組合せ)ならば、} x R y \text{ かつ } y R x \hspace{1cm} (1-16)$$

　同じ財(の組合せ)が2つあれば、(当然ながら)どちらもまったく同じ程度に好むということである。

　なお、x と y とをどちらもまったく同じ程度に好むという選好関係を、(個人 i は) x と y に関して「無差別」(indifferent)であるといい、$x I y$ または $x \sim y$ と表記する。また、$x R y$ であって $y R x$ でない場合を「強い意味の選好関係」(strict preference relation)といい $x P y$ または $x > y$ と表記する。

④ 連続性 (continuity)

$$x R y \text{ かつ } \lim y \to z \text{ ならば、} x R z \hspace{2cm} (1-17)$$

これは、y と z とが限りなく類似した財（の組合せ）である場合、x と y とを比べて x の方を好むなら、x と z とを比べた時にも x を好むということである。つまり、y と z とがほとんど同じなら、同じものとみなしてかまわないということである。

これもあたりまえに聞こえるかもしれないが、この公理を満足しない選好関係を考えることも可能である。たとえば、辞書的順序で表現できるような選好関係は、この公理を満足しない。ジュースと牛乳とを比べると、ジュースの方が限りなく好きだという人を考えてみよう。彼に対して、a（ジュース1,000cc、牛乳1,000cc）とb（ジュース$x$cc、牛乳1,500cc）のどちらをとるかを尋ねてみる。彼は、牛乳の量に関係なく、ともかくジュースの多い方を選好する。

すなわち、

$$1{,}000 > x \text{ ならば } aPb, \quad 1{,}000 < x \text{ ならば } bPa \qquad (1-18)$$

である。そして、$x = 1{,}000$cc の時、つまりジュースの量が完全に等しい時には、牛乳の量の多いbを選ぶ。

けれども考えてみると、この彼の選好は少し異様である。なぜなら、bのジュースの量が999.999......ccの時まではaを選んでいた彼が、もう一滴だけbのジュースを増やして1,000ccにすると、突如として、bの方を好きになるということだからである。これはつまり、牛乳500ccよりも、ジュースのたったの一滴の方がよいということにほかならない。

こうした選好関係は、尋常ではないといってよいだろう。そこで、こうした辞書的順序のような選好を持つことを容認しないということを、この公理は意味している。

⑤ 非飽和性 (non-satiation)

$$x、y > 0 \text{ であれば、} x+y \, P \, x \qquad (1-19)$$

これは、財は少しでも多い方がよいということである。つまり、財は常によいもの

（goods）であって、どんなに多くても決してわるいものにはならないということである。ちなみにこれは、財の稀少性を生みだす消費者の性向を、公理として表現したものにほかならない。人びとの欲求は飽くことを知らない。一方で、財には限りがある。だから、財は稀少になる。

　以上で見てきた5つの公理（それに第6節で説明するもうひとつの公理）が、誰の選好関係であれ、満たすはずの性質とされているものである。誰の選好関係でもというだけあって、これらの公理はとてももっともなものに思える。というより、誰もがもっともと思える、あなたの選好関係の性質ですよ、と言っても文句の出そうにないものに限って公理としたというべきだろう。

　なお、これらの公理は必ずしも正しくない、我々の選好の特性を的確に反映していない、という批判は当然にある。そしてそれらの批判の中には、確かに重要な点を突いているものもある。
　たとえば、最後の非飽和性についていえば、この公理は常に正しいとは認め難い面がある。バナナ千本とか、車百台とかになってくると、ほとんど個人で消費できる量ではないし、多いほどよいとは到底思えない。
　しかしながら、通常の社会では、そのような事態はほとんど起こらないと考えてよいはずである。したがって、通常の社会の中での行動を分析している限り、この公理を受け入れても問題はない。このように考えるのが、これらの公理を正当化するひとつの方法になっている[26]。

効用という概念

　さて、選好関係がこれらの公理を満たすと、その関係を一定の合理的な性質を持った関数で表現することができるようになる。これを「効用関数」（utility function）と呼ぶ。

26　このことは逆にいえば、通常の消費行動と大幅に異なった行動を分析する場合には、公理の妥当性に立ち戻って検討する必要があるということでもある。そしてこれは、あらゆる環境問題に経済学的アプローチをあてはめようとすることには危険が伴うということを示唆しているのかもしれない。

すなわち、

$$x \mathrel{R} y \Leftrightarrow U(x) \geqq U(y) \qquad (1-20)$$

という関係が成立するような関数、つまり財の消費による満足が強ければ強いほど算定される値も大きくなるような関数Uをつくれるということである[27]。ちなみに、財の消費による「満足」のことを、経済学では「効用」(utility) と呼ぶ[28]。効用関数とは、財の消費による人びとの効用を算定するものである。つまり、式1 − 20は、以下のようなことを意味している。

$$x \text{ を } y \text{ と同じか、それ以上に好む} \Leftrightarrow \left[\begin{array}{l} x \text{ の消費による効用は、} y \text{ の} \\ \text{消費による効用と等しいか、} \\ \text{それよりも大きい。} \end{array} \right.$$

$$(1-20')$$

少しこの効用関数の特徴に言及しておこう。

効用関数とは、財に対する人それぞれの選好関係——つまり好きな順番——を数値に

---

27 ⇔ という記号は、右辺が成立すれば左辺が成立し、逆に左辺が成立すれば右辺が成立するということを意味している。

28 なお、効用という概念の意味を厳密に確定することは難しいが、おおまかにいえば、効用とはある種の心情として捉えられる。ここでは満足のことだとしたが、幸福感や福祉とされることもある。そして、そうした「心情的なもの」という漠とした理解のもとで、この効用という言葉は、「彼は、Xから得られる効用の方が大きいから、YではなくてXを選択した」といった用いられ方をする。

しかし、個人の選好は、その当人がXを選択したという行動(選択行動)を観察することによって見定められることになる(こうして実際に観察される選好を「顕示選好」と呼ぶ)。だから、選好を単に数値に置き換えたのが効用だとすれば、効用が大きいということは、それを選択するという以上のことを意味するものではない。つまり、効用と選択行動との間に、原因と結果の関係を読みとるべき必然性はないのであって、上述のような言い方については注意して受けとる必要がある。

ただしそれでもなお、効用概念を用いた議論は無意味ではない。なぜなら、効用関数で効用を定義するということは、選択行動がたがいに矛盾しないことを要請しており、その要請は現実の選択行動の観察によって否定可能だからである。

置き換えるだけのものである[29]。だから、効用関数によって導かれる数値、すなわち効用は、基数的な意味を持っておらず、序数的な性格のものである。したがって、単調増加関数で変換して、変換後の値を効用と呼んでも一向にかまわない。

たとえばある人のリンゴ1個に対する効用が2、ミカン1個に対する効用が4だったとしよう。この時、彼の効用関数を単調増加関数で変換し、リンゴ1個の効用を4、ミカン1個の効用を5と表現し直してもよいのである。このため、ある財の効用が、別の財の効用の2倍であるというような言い方は意味をなさない。

さらに、効用関数は各個人に固有のものだから、個人毎に別の単調増加関数によって変換してもかまわない。したがって、たとえばリンゴ1個についての個人Aの効用の値の方が、個人Bの効用値よりも数字的に大きかったからといって、個人Aの満足の方が大きいとはいえない。個人Bの効用を単調増加関数で変換して、個人Aの効用の値より大きくすることも自在に可能だからである。

つまり端的にいうと、個人間の効用は比較することができない。もちろん、差し引いたり、合計したりすることも意味をなさない。これを「効用の個人間比較の不可能性」(impossibility of interpersonal comparison of utility) という。

我々の選好の多様性

経済学では、効用の個人間比較は不可能であると考えている。それは、先に整理した公理さえ満足すれば、各人の選好関係がほかにどのような性質を持っていてもかまわない、それを所与として個人や社会の分析を進めると決めたということである。つまり、個人の価値観に対して極めて限定的な制約しか課していない。その意味で経済学は、特定の価値観に偏ることなく、多様な個人の価値観を、非常に公平に取り扱っているといえるだろう。

ただ、効用の個人間比較の不可能性は、はじめから自明の理であったわけではない。かつては、むしろ積極的に各個人の効用を比較し、あるいは合計することによって、社会の福祉を判断しようと試みられた。たとえば、個人の効用の合計値を最大化すること

---

29 なお以下では、煩雑さを避けるため、適宜、財の組合せのことも含めて「財」と呼ぶ。

が社会の目的とされたこともある。この考え方は「功利主義」(utilitarianism)と呼ばれ、ベンサムの有名な「最大多数の最大幸福」のテーゼがよく引き合いに出される。しかし結局、こうした考え方は主流として生き残ることができず、現在では個人間比較の不可能性を前提とした効用理論が主流を占めるに至ったのである[*30]。

　この、効用という概念をめぐる経済学の歴史については、いろいろな捉え方ができるだろう。たとえば、経済学をより論理的、実証的な科学とするよう努めてきた結果と見ることもできるかもしれない。功利主義のように効用の合計をとるとなると、効用を定量化することが不可欠となるため、どうしても無理が生じる。あるいは、いくつかの仮定を導入してどうにか定量化したところで、その実測は困難で実用性に乏しい。こうしたさまざまな問題が知られるようになり、徐々にその理論基盤が改良されてきたのだと考えることもできるだろう。

　しかしここでは、経済学がそもそもアダムスミス以来、経世済民の術として、つまり倫理的な志に基づいて構想されてきた学問であるにもかかわらず、個人間比較の不可能性という結論に落ち着いたという事実に着目したい。これはつまり、倫理的であろうとしたがゆえに、かえっていかなる世界観も個人に押しつけることなく、個人のあり方、ひいては社会のあり方についての理想像の強要を禁欲するような方向に発展してきたものとみなせるのではないだろうか？
　どのような選好を持つか、あるいは各財の消費によってどの程度の満足を得るかは、人によって違うのが当然で、外部からとやかくいうのは差し控えるべきである。そして、そうである以上、社会のあり方を評価するにあたっても、特定の価値観に裏打ちされたある特定の評価尺度（たとえば効用の合計値の最大化）を唯一絶対のものとして扱うべきではない。そういう一種の（メタの）価値観が育まれ、広く共有されてきた歴史と見

---

30 ただし、個人間比較の可能性をまったく放棄し、そのことによって結果的に効率性にばかり関心を集中させ、平等などの観点をほとんど無視しているかのような主流経済学に対しては、根強い批判がある。効用の個人間比較が不可能だと言い切ってしまうことは、貧困にあえいでいる人にとっての米100俵の効用と、大富豪にとっての米一粒の効用とですら、どちらが大きいとはいえないと結論することを意味しているからである。このため、典型的な経済学のアプローチとは異なるかたちで事態を捉え直そうとする試みも脈々と続いている。これらの取組については、いずれ触れることになる。

ることができるのではないかということである。
　つまり、効用をめぐる探求の歴史は、個人の自由を尊重しようとする思想の発展の一形態であったといってもいいように思われるのである。

　さて、このことを念頭におきつつ、いま一度、環境問題への一般的アプローチを振り返ってみよう。
　「長い間、環境問題は自然科学の問題であると考えられてきた。環境問題に取り組むということは、物理化学的・生物学的・医学的なアプローチによって現象を解明し、工学的な技術で解決策を探るということだった。また、環境問題を起こしたのも科学であるなら、その解決も科学にしか担えない、そういったこともしばしば強調された。もちろんそこでも、科学とは自然科学のことだった。こうして環境問題へのアプローチは、隙間なく自然科学で固められてきたといっていい。」（前節冒頭）
　このアプローチでは、環境問題ははじめから問題としてそこにある。ということは、特定の評価尺度に基づいて、事態の判断・評価を行っていることを意味している。つまりここには、社会が共有すべき、ある価値判断の存在を前提としている姿勢があるのである。
　こうして並べてみると、このアプローチと経済学のアプローチとのコントラストは、とても鮮明であることがわかるだろう。

　我々は、素朴に「環境問題」という言い方をしてきた。けれども、多様な価値観を抱えた世の中の人びとの中には、その事態を問題であるとする、その価値判断に共感する人もいれば、そうでない人もいるかもしれない。
　いや、もちろん、なんの代償も支払うことなく、環境破壊を減少させることができるなら、それを問題と呼び、その解決に向けて取り組むことに、誰も反対したりはしないだろう。けれども我々が直面している環境問題というのは、そういう問題ではない。環境保全の取組を推進し、その分、他の稀少な財の社会への供給量を低下させるか、もしくは、環境保全の取組を諦めて、その代わりに他の稀少な財の社会への供給量を維持するかという問題であることが多いのである。
　だから、環境問題といわれている事態の発生状況やその帰結などについての情報を共

第1章　考えはじめるために

有しさえすれば、全員が全員、そうした状況を問題であると考えるようになるかといえばそれはいささか疑わしい。そもそも皆が同じようにそうした事態を問題だと思うのなら、これほど長い間、環境問題が問題であり続けるのは困難なのではないだろうか？　環境問題がこれだけ長い間、問題であり続けるからには、そうした事態を問題であるとはみなさない価値観の方も、少なからず社会に浸透していると考える方が自然ではないだろうか？

　だとすれば、経済学がそうしてきたように、人びとの価値観は多様であり、その多様性を尊重することが大切であるということをひとまずの足がかりにして環境問題を考えてみることには、十分な意味があるというべきだろう。環境問題を問題と言い得るかどうか、あるいは言い得るとしてもどういった観点から言い得るのかといったことについて、問い直しを試みることである。
　環境問題は、解決を探るべき、方法論の選択問題として問われることが多い。けれども、問題に答えることより、問題を的確に取りだすことの方が大切という場合も、少なくないはずなのである。

　もちろん、個人の価値観を尊重すべきとはいっても、相手を説得しようとする対話を中止せよと論じているわけではない。絶えることのない対話を通じ、共通の価値観の醸成に努力していくことは、とても重要なことである。そのことの重要性は、いくら強調しても決して強調しすぎることはないだろう。

　けれども、そうした議論をたとえつくしたとしても、個人それぞれの価値観の間に横たわる溝が埋めきれないのはほぼ確実である。どれほど環境保全の重要性を論じようとも、環境にさほどの価値を見いださず、開発を優先すべきと考える人びとは少なからずいるだろう。議論をつくしても残るような、こうした見解の違い、それはもしかすると、こちらが正しく相手が間違っているということではなく、人によって選好が異なっているということにすぎないのかもしれない。

　価値観の多様性を真摯に受け止めることは、それほどたやすいことではない。たやす

いことではないが、そもそも相手が不道徳であるとか、無知であるとかといった態度で相手に対峙するのでは、決して相手を説得できないばかりでなく、議論の生産力も著しく低下することは確かである。だからこそ、そうした価値観の違いを現実のものとして正面から受け止めて、そしてその中で、社会として何を選択すべきかということを考えていく努力が必要とされるのである。

【ヒントその4：価値観の多様性】

■人はそれぞれ違う価値観を持っている。
■したがって、まず対話によって価値観の共有に努力しなくてはならない。
■その上でなお残される多様な価値観については、それを真摯に受け止める必要がある。

第5節 財の平等な配分について
―― 効用概念の意義 II

多様な選好尊重の実際性

　財に対する選好は個人によって違う。だから人それぞれの選好を尊重しよう。前節ではそう論じた。しかし、理念としては理解できるとしても、その議論を実際上の指針として意味あるものとすることは可能なのだろうか？　つまりそれは役に立つのか？
　この疑問に答えるために、本節では、多様な選好を尊重することの、ひとつの可能性について考察してみたい。

　とはいえ先に論じたように、稀少な財を無駄なく効率的に利用するというのもまた重要なことである。多様な選好を尊重するにしても、この効率性を犠牲にするわけにはいかない。
　そこで、効率性の確保を前提に、多様な選好を尊重することについて考えていくことにしよう。まず無駄なく効率的な方法で財を配分するところからスタートし、その上でその配分を見直して、以前よりも「多様な選好を尊重する」配分とすることが可能かどうかを探ってみる[31]。
　なお、「多様な選好を尊重する」配分とは、ここでは、「すべての当事者が以前の配分より満足できる」配分のことと考える。

　具体例としてケーキの配分を考えよう。
　まずケーキがひとつだけだったとして、そのケーキを母親が二人の兄弟に無駄なく分け与えたとする。半分ずつでなくともかまわないが、ともかく余りを残さないように分けるとする。そしてこの状態を出発点に、再配分によって二人とも以前より満足させる

31　なお、本書では、市場の有無にかかわらず、消費段階での財の割りあてなどについては「配分」(allocation)という用語を用いることとし、市場取引に先立つ財(所得)の割りあてのことを指す場合などに限り「分配」(distribution)という。

ことは可能だろうかと考えてみる。

　むろん考えるまでもなく、それは不可能である。ケーキをどのように再配分するにせよ、一人が得をすればもう一人は必ず損をする。

　ではショートケーキとチョコレートケーキの2つのケーキを分ける場合はどうだろう。一見したところ、状況は変わらないように見える。当初の配分を変えようとすれば、一方は得するかもしれないが、他方は必ず損するのではないか？　ケーキがひとつだろうが2つだろうが、やはりよりよく配分し直すことは不可能なのではないだろうか？

　ところがである。実際には、ケーキが2つになると事情が大きく異なってくる。なぜなら次のようなことが起こるからである。兄はチョコレートケーキの方がずっと好きで、弟はショートケーキの方がずっと好きだったとしよう。そうすると、当初の配分が極端に不公平でない限り、その配分を見直して、兄にチョコレートケーキ全部、弟にショートケーキ全部というように分け直せば、二人とも以前よりも満足できる。

　このようにケーキが2つ（2種類）の場合には、通常、よりよい再配分は可能である。なぜかといえば、両方のケーキの間に、両ケーキの物理量の単純な合計値に還元されることのない、ある関係性が成立しているからである。そしてここで成立している両者の関係は、「代替性」（substitutability）と呼ばれている。実はこの代替性は、これまでに導入した公理によって、その成立が保証されている関係である。

　つまりここでは、代替性という関係が成り立っていることで、この「よりよい再配分」が可能になっている。その意味で、代替性は、人びとの多様な選好を尊重していく上での、ひとつの鍵概念になる[32]。

32　ただし、よりよい再配分を可能とするという点に限っていえば、財どうしの関係が代替性ではなく、「補完性」（complementarity）であっても実はかまわない。補完性とは、右の靴と左の靴、紅茶と砂糖のように、財がたがいの利用価値を高め合うような関係のことである。ただし、2財がともに増えてはじめて効用レベルが上昇し、一方の財のみの増加では効用レベルがまったく上昇しないような補完性の成立を認めるなら、先に導入した非飽和性の公理が必ずしも成立しないということを意味することになる。

第1章 考えはじめるために

代替性

　代替性とは、単純にいうと、(量次第で)一方のケーキが他方のケーキの代わりになり得ることである。したがって、代替性があるなら、兄がどんなにチョコレートケーキが好きだとしても、交換するショートケーキの量を増やしていけば、いつかは自分のチョコレートケーキを差しだして、ショートケーキとの交換に応じるだろうということになる。

　このことを図で示すと図1−1のようになる。代替性があるということは、チョコレートケーキとショートケーキの量をそれぞれ縦軸と横軸に取った図面上で、効用レベルを一定に保てる財の組合せを表す曲線——これを「無差別曲線」(indifference curve)という——が、右肩下がりになることを意味している。(なお無差別曲線は一般的には直線とはならないが、ここでは簡単のために直線で示している)

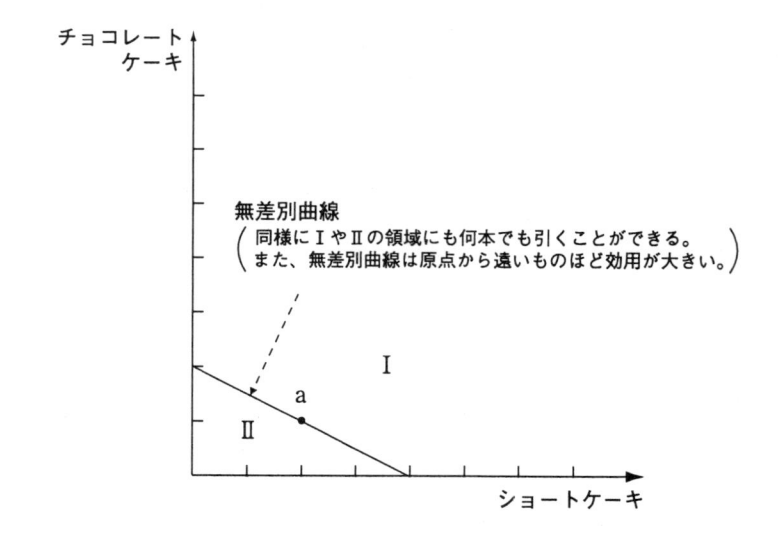

図1−1 無差別曲線

　たとえば、当初点 a の組合せで財を持っていたとすれば、それと同レベルの効用を保

第5節 財の平等な配分について

つには、点aを通る無差別曲線に沿って、チョコレートケーキが1カット減ればショートケーキを2カット増やす必要があるし、ショートケーキが2カット減ればチョコレートケーキを1カット増やす必要があるということである[33]。

ここで無差別曲線を用いて、「よりよい再配分」の実現可能性を確認しよう。ここでは、「エッジワースボックス」(Edgeworth Box)という図を用いて説明したい(図1-2)。まず、2つの財の量が、それぞれ縦軸と横軸の長さで示されるような長方形をつくる。こうした長方形をつくると、この2つの財の二人へのあらゆる無駄のない配分は、この長方形内の1点で示すことができるようになる。たとえば点aは、兄に(チョコレートケーキ1カット、ショートケーキ2カット)を、弟に(チョコレートケーキ7カット、ショートケーキ6カット)を与える配分を示している。

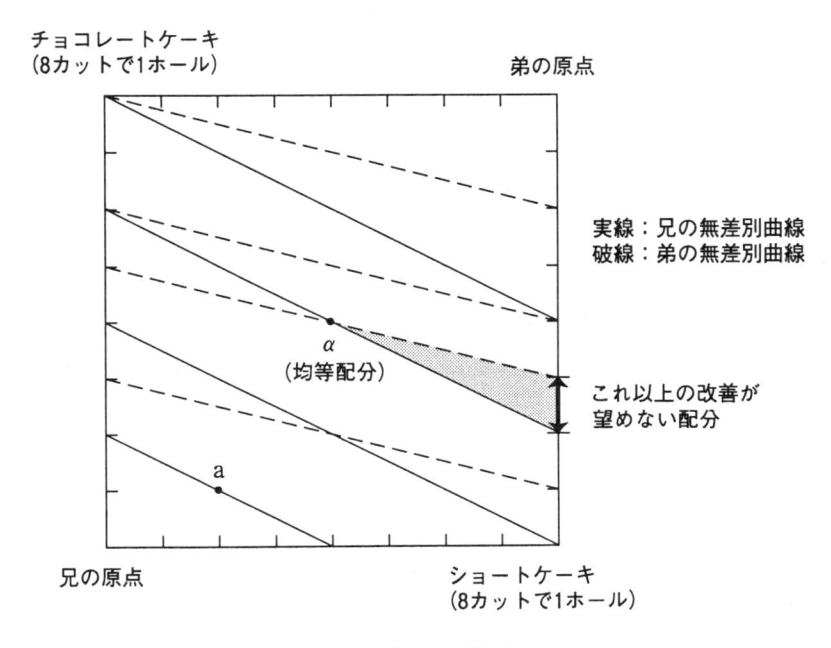

図1-2 エッジワースボックス

---

33 なお、点aを通る無差別曲線より右上の領域(I)は点aよりも必ず高い効用レベルにあり、逆に左下の領域(II)は点aよりも低い効用レベルにある。

第1章 考えはじめるために

　さて、当初の配分がそれぞれのケーキを二等分にするものだったとして、その配分を点 α としよう。兄にとって、この点 α を通る無差別曲線（実線）よりも右上に位置する配分は、すべて点 α よりも効用レベルが高いし、弟にとっては、点 α を通る無差別曲線（破線）よりも左下にある点は、点 α よりも効用レベルが高い。（なお、この図では二人ともチョコレートケーキの方が好きということになっている）
　したがって、点 α から、図中のグレーの三角形内のどこかに移動させれば、兄も弟も、以前より大きな効用を得ることができる。ただしグレーの部分の１点に移動させたのでは、さらなる改善の余地が残る。改善の余地がなくなるのは、両端矢印の線分上のどこかの点に落ち着いた時である。この終着点では、兄はショートケーキ全部とチョコレートケーキを２カットから３カット得ることになり、弟はチョコレートケーキを５カットから６カット得ることになる。

　このようにして、極めて多くの場合、たとえ物理的には無駄がないように見える配分であっても、すべての当事者が以前より満足できるような再配分を行うことが可能である。もちろん、当事者の人数が二人以上になっても、財の種類が２種類以上になっても、同様の議論が成立する。

何を効率的に配分するのか？

　本節のテーマは、多様な選好を尊重することが実際に可能なのかを探るということだった。そこでケーキを無駄なく配分した上で、さらに「すべての当事者が以前の配分より満足できる」再配分が可能かどうかということを見てきた。その結果わかったことは、物理的に無駄のない配分をしていたとしても、より好ましい再配分は可能だということである。たとえ最初の配分が一見平等主義的に見える均等な配分であったとしても同様だった。

　ではなぜそれが可能だったかといえば、物理量としての均等配分が、効用という切り口で見た時の最適配分と異なっていたからである。
　このことから、物理量の均等配分を「平等であること」と同一視するのは必ずしも適

切ではないことがわかる。財の配分にあたっては、物理量のみならず当事者の効用にも注意することが必要なのである。

　この議論を踏まえることで、ようやく効率性の意味をはっきりさせることができる。これまで効率性とは、ケーキ（財）を捨てることなくきっかり分けること、つまり物理的に無駄なく利用することであるかのように説明してきた。しかし実は、経済学的には効率性とはそうした概念ではない。物理量として無駄のないことをいうのではなく、効用の観点から、無駄なく財を利用することを指すのである。「すべての当事者が以前の配分より満足できる」ような再配分がもはや不可能なかたちで財を利用することを効率的という。図1－2でいえば、たとえば、両端矢印の線分上のいずれかの点の配分方法でケーキを分けることである。

　つまりこれまでは、経済学の用語法に照らせば、効率性について間違った説明をしてきたのである。
　あえてそうした（誤った）説明をしてきたのは、効率性を考える際に物理量と効用のいずれを基準にするかで大きな違いが生まれるということ、そしてそれゆえに効用の側面からも考えることが重要であるということを強調したかったからである。
　無駄ということについて考える場合にも、我々の判断は物理量ばかりに目がいきがちである。たとえば2つのケーキがあったなら、母親はケーキを残さないように兄弟に分け与えるだろう。無駄にしたらもったいないと思うからである。そして実際に余すことなくケーキを分けきったなら、少なくとも無駄なことはしていないと彼女が満足していたとしても不思議ではない。
　けれども効用の観点から見た時には、そこには無駄が隠されている可能性がある。なぜなら、物理量として無駄のない配分は、効率的な配分であることの必要条件ではあるが、十分条件ではないからである。

　もちろん、いくら効用が重要だとしても、財の配分がどのように各人の効用に影響を与えるのかは容易にわかることではないし、そもそも効用を個人間で比較することが無意味であり、効用をもって平等性の明確な判断尺度とすることができない以上、物理

量の均等は、重要な、そしてごく自然な議論の出発点であり続けるだろう。けれども、少なくとも物理量の均等配分が直ちに平等を意味するのではないということを認識しておくことが、個人の多様な選好を尊重するということの具体的な第一歩になると思われる。

　かつて、割り箸が無駄か、そうでないかという議論がさかんになったことがある。割り箸が無駄だとする主張の論拠は、割り箸は1回使えば捨ててしまうからもったいないということであり、これに対し無駄ではないとする側の主たる論拠は、割り箸はほっておけば捨ててしまう間伐材を主原料としているからむしろ資源の有効利用であるということであった。ここで、いずれの主張が正しいか裁定をくだすつもりはない。けれども少なくともいえることは、間伐材を無駄なく、つまり物理的に捨てることなく利用するということは、直ちに資源を効率的に利用しているということにはならないということである。資源の物理量としての完全消費は、効率的利用と同義ではない。したがってこの割り箸問題のポイントは、実は、割り箸とするよりも有効な間伐材の利用方法があるのかどうかという点にあったのである[34]。

【ヒントその5：物理量と効用との違い】

■財を物理的に均等配分したからといって、そのことは直ちに平等であることを意味しない。
■財を物理的に無駄なく利用したからといって、そのことは直ちに効率的な財の利用であることを意味しない。

---

34 なお、間伐材の有効利用といっても、必ずしも製品化する必要はない。たとえばエネルギー回収であってもよいし、土壌への還元であってもよい。また、有効利用かどうかを考える際には、割り箸生産にかかるエネルギーや労働力なども考慮に入れる必要がある。

第6節 環境や命のかけがえのなさについて
―― 代替性と限界分析

何の価値が問題なのか？

　さて、ケーキの話であれば、チョコレートケーキとショートケーキとの間に代替性が成立するとみなすことにさほど異論はないだろう。けれども代替性は、先の公理によってその成立が保証されていると述べたことからも明らかなように、基本的にすべての財の間で成立することが前提とされている。

　すべての財の間で代替性が成立すること。これは、少なからず大胆な言明である。なぜならそれは、たとえば「かけがえのない」環境や我々の命と、チョコレートケーキとの間でも代替が可能であるということすら意味するからである。そんなばかな話があるだろうか？　命とチョコレートケーキとの比較。それは検討してみること自体、命に対する冒涜であるという声が聞こえてきそうである。けれども、それが実はそれほどばかげてはいないということをこれから説明したい。その比較の意義を理解すること、これが本節の目的である。

　ここで議論を無差別曲線の話に戻す。
　すでに説明したように、無差別曲線は、公理によって右肩下がりになることが保証されている。しかし、無差別曲線の形については、右肩下がりということに加え、より厳しい制約を課すのが通常である。その制約こそが、先に言及した、個人の選好関係にかかわる第六の公理にほかならない。第六の公理は、この無差別曲線が特別な形、すなわち原点に向かって凸の形をしているということを仮定するものである (図1－3)。このことから、この公理は、「凸選好」(convex preference) といわれることもあるが、ここではその意味するところに照らして、「限界代替率の逓減」と呼ぼう。これで、基本的な公理はすべて出そろったことになる。

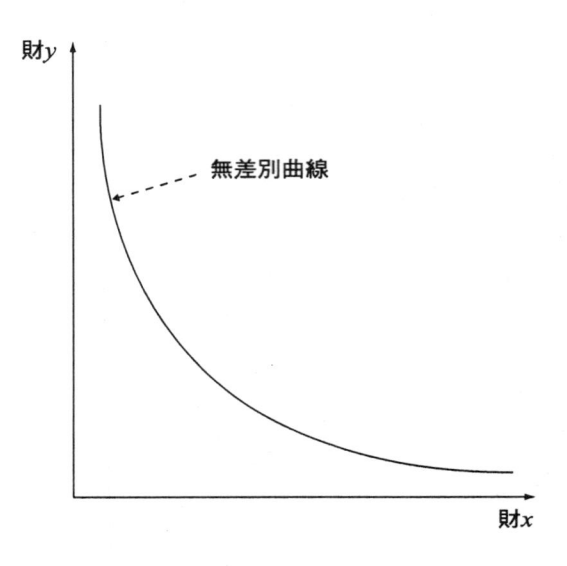

図1－3 限界代替率の逓減

⑥ 限界代替率の逓減 (diminishing marginal rate of substitution)
　ある財 x の消費量を1単位ずつ増やしていくと、その都度、追加される1単位の財 x の（別の財 y に対する相対的な）価値は、徐々に低下していく。（逆に消費量を減らしていけばその財の価値は増加する）

　この公理は、一読しただけではわかりにくいので、再びケーキの例で考えることにしよう。ただし今度は、先ほどよりもずっと大きなケーキ、たとえば全部で20カットとれる大きなケーキで考える。先の兄に対して、何カットのショートケーキをあげたら、自分のチョコレートケーキ1カットと交換してくれるかを尋ねてみる。
　図1－2の時は、彼は、ショートケーキ2カットとチョコレートケーキ1カットとをいつでも交換する用意があると仮定した。しかしよく考えてみると、彼の答えは、当初彼に与えられるケーキの量によって、おそらく大きく変わってくるはずである。たと

えば、はじめに（チョコレートケーキ2カット、ショートケーキ18カット）を与えられた時と、（チョコレートケーキ18カット、ショートケーキ2カット）を与えられた時とを比べれば、答えはずいぶん異なることになるだろう。なぜなら、前者では、彼はチョコレートケーキを2カットしか持っていないから、そのうちのひとつを差しだすことは相当な価値のものを手放すことを意味するが、後者であれば、チョコレートケーキは18カットもあるので、ひとつぐらい手放してもそれほど重大なことではないはずだからである。したがって、貴重なチョコレートケーキを手放す前者の方が、答えとなるショートケーキの数はずっと多いと予想される。これは、いくらチョコレートケーキの方が好きだとしても、同じケーキばかりよりは、違うケーキも取り混ぜて食べられる方が満足が大きいということである。

　一般化していえば、ある財の他の財に対する相対的な価値（＝代替率）は、両財の量（消費量）によって変わり、当の財の量が相対的に増えるにしたがって、徐々にその価値も低下するということである。これが、限界代替率の逓減のエッセンスである。

　この限界代替率の逓減が公理として認められるということは、財の価値はどのぐらいかという尋ね方は、そもそも答えろというのが無理な、ナンセンスな質問だということを意味している。各財の価値はその財や他の財の量にも規定されるものなので、量がわからなければ価値も決められるはずがない。

　ここでの大切なポイントは、低下するのは、財の「最後の」（あるいは、「追加的な」といってもよい）1単位の価値であるということである。
　日常的には、総価値や平均価値で物事を考えることが非常に多いので、最後の1単位という考え方がわかりにくいかもしれない。実際、たとえばケーキ屋で5カットとれるチョコレートケーキ1ホールを4,000円で売っていたとすると、1カットの価値は800円なのだと考えるのが自然である。けれども、いま論じているのは、この平均価値が低下していくということではない[35]。
　もう一度兄に登場してもらい、ショートケーキの代わりに、今度はお金をいくら出せ

---

35 ただし、最後の1カットの価値が低下していけば、それに伴い平均価値も低下する。

ばチョコレートケーキ1カットを譲ってくれるか聞いてみる。交換の対象が、ショートケーキから金銭に変わっても、特段変わることは何もない。ただ、より細かい単位で比較するために金銭を持ちだしたまでである[36]。彼は、持っているチョコレートケーキの数が少ない時ほど多くの金額を要求し、たとえば表1−1のように答えるはずである。

表1−1 いくら出せばチョコレートケーキ1カットを譲ってくれるか？

チョコレートケーキを1カット持っている時	1,400円
チョコレートケーキを2カット持っている時	1,000円
チョコレートケーキを3カット持っている時	700円
チョコレートケーキを4カット持っている時	500円
チョコレートケーキを5カット持っている時	400円

この時、金額を合計すれば、5カット全部の価値は4,000円であり、平均に直せば1カットあたり800円と計算できる。しかし、最後の1カットの価値は、彼が手元に何カット持っているかによって異なっている。5カット持っていれば、1カットを差しだす代わりに受けとることが必要な金額は400円である。しかし、この1カットを実際に手放してしまうと、手元には4カットしか残らないから、手持ちのチョコレートケーキの価値は高まり、最後の1カットの価値は500円となる。

このような最後の1単位の価値のことを、「限界価値」(marginal value)といい、効用については「限界効用」(marginal utility)という。そして、限界的な代替率、つまりある財の最後の1単位が別の財の最後の何単位と等価になるかを示す交換率は、「限界代替率」(MRS: marginal rate of substitution)と呼ぶ。

$$\text{MRS} = \left(\frac{\partial U / \partial x}{\partial U / \partial y} \right) \quad (x、y は財) \qquad (1-21)$$

---

36 ここではケーキをケーキ屋で購入できることについては考えない。

話を整理するとこういうことである。
① あらゆる財(たとえば、チョコレートケーキ)の価値は、他の財(たとえば、ショートケーキ)との交換価値(＝代替率)で評価することができる。
② その交換価値は、それぞれの財の量によって変化する。
③ 交換価値の変化の仕方には、一般的特性があると仮定できる。
④ その一般的特性とは、限界的な交換価値(＝限界代替率)は、その財の量が相対的に増加するにしたがって徐々に低下するということである。

そして、このようにして限界交換価値が徐々に低下することを無差別曲線の形状に翻訳すると、曲線が原点に向かって凸の形ということになるのである。原点に向かって凸になるということは、曲線の傾きが徐々に小さくなるということであり、つまり、他の財との限界代替率が逓減していくということにほかならない。

命とケーキ、どちらの価値が大きいか？

この限界価値という、最後の１単位に着目する分析手法は、経済学の分野で「限界革命」という言葉があるほど、画期的な着想であった。この考え方は、非常に多様な問題を見事に解明してくれるので、いまでは経済学の常識になっている。この分析手法が生まれたおかげで、財どうしの価値を比較するとは正確にはどういうことなのかが、はっきりしたといってもよい。そう、わかり切ったことと思われていたが、何と何とを比べるべきなのかが、実はわかっていなかったのである。比較が必要となるのは、非常に多くの場合に、財そのものでも、また、各財の総価値や平均価値でもなく、限界価値であることが明らかとなった。

実は、財の価値の比較の問題は、アダムスミスも頭を悩ませた問題である。アダムスミスは、なぜ、生きていくために不可欠な水には対価を支払わないのに、単なる装飾品にすぎないダイヤモンドには高額を支払うのかと悩んだのである。けれども、ほんのわずかしか手に入らないダイヤモンドと、井戸にあふれる水とを比べているのだというこ

第1章 考えはじめるために

とに思いが及べば、ひとかけらのダイヤモンドの方がバケツ一杯の水よりも価値が高いことにも納得できるだろう。ダイヤモンドの限界価値は水の限界価値よりも大きい。

命とチョコレートケーキとの関係も、この考え方を少し拡張することで、つまり比較の適切な「単位」というものを考えることで、容易に理解することができる。個人の命そのものとチョコレートケーキ1ホールとでは、価値を比べるべくもない。けれども、命のごくわずかな価値と、チョコレートケーキ1ホールとならば、価値を比べることができる。そしてチョコレートケーキの方が価値が高いということは十分あり得る。

命のごくわずかな価値なるものを考えることがどうして可能なのか、命は分割できないではないか？ そう思われるかもしれない。けれども、我々は自身の分割した命とさまざまな財とを日々交換している、そう考えることが可能である。

たとえば次のような買い物をすることは日常茶飯事だろう。ある女性がチョコレートケーキを買いに行く。100m 歩けば横断歩道があるが、面倒なので道路を横切る。また、ケーキ屋では、人工甘味料などを一切使っていない高級なケーキと、そうでない安いケーキを売っていて、人工甘味料などが少々健康によくないとは聞いていたが、それほど心配するには及ばないと思って安いケーキの方を買った。

この買い物の際、横断歩道を使わず道路を横切ったことで、5,000万回に1回の割合で死に至る交通事故に遭遇するリスクを被ったかもしれないし、安い方のケーキを買ったことで、死に至る病気になる確率を 1,000万分の1 高めたかもしれない。つまりこの買い物で、彼女は、

安い方のケーキの価値 ＞ 安い方のケーキの値段 ＋ 命の 5,000万分の1 の価値

(1 − 22)

高い方のケーキの値段 − 安い方のケーキの値段 ＞ 命の 1,000万分の1 の価値

(1 − 23)

という価値判断を行ったと見ることができるのである*[37]。

---

[37] なお、こうした推察から、たとえば命の 1,000万分の1 の価値＝100円 という等式が導かれ、それを基

第6節　環境や命のかけがえのなさについて

　環境問題をめぐる議論では、かけがえのない環境や命は何ものにも代え難いといった主張がしばしばなされる。その議論が、本当に環境や命そのものを対象にしているのなら確かにそのとおりだろう。けれども、ほとんどの場合、問題となっているのはそうした環境や命そのものではない。
　たとえば人の健康保護のために有害物質対策を講じるべきか否かが議論となったとしよう。「どれほどコストがかかろうとも、かけがえのない命は何ものにも代え難いので対策の実施を躊躇すべきではない」といった主張が出てくるかもしれない。しかしたとえその対策が実施されても、得られるものは「命そのものが守られること」ではない。得られるのは、致命的な病気になる確率が何百万分の一、何千万分の一だけ小さくなるということにすぎない。そして、このような非常に低い確率のリスク、つまり限りなく小さく分割された命であれば、通常の財と同様に取り扱える可能性は大きい。いま述べたように、実際に我々は、そうやって命を取り扱っているのである。
　したがって、そうして小さく分割された命を論じているのなら、それを守るための対策が真にその費用に見合うものであるのかどうか、考えてみることには確かに意義があるとしなければならない。なぜなら、使用できる資源には限りがあり、この対策に費用を費やすということは、効用を生みだすはずの他の財の獲得を見合わせるということだからである。

　何が問題となっているのかについての正確な認識を持つ。それは正しい判断のための第一歩である。命とドライブとのどちらを取るのかと尋ねれば、ドライブを取る人はい

礎にして、命の価値＝10億円というような表記がなされることがある。しかしこうした表記はとてもミスリーディングであるということに注意喚起しておきたい。確かに算数でいえば、前の式から後ろの式は導かれる。しかし、はじめの式は、非常に小さく分割された命だからこそ成立したのであって、そこから命そのものの価値が推定できるわけではない。前の式が示していることは、命の値段が10億円であるということと等価では決してない。
　なお、このこととの関連でいえば、ここでは「非常に小さく分割された命」という言い方をしたが、実際に行っていることは、いわば「命の期待値」の計算であり、この両者は、厳密には分けて考える必要があるということができる。さらに、本節冒頭で命も財の一種であるかのように語ったが、これも命のごく小さな期待値を念頭においているからこそ、そのように論じることが近似的に可能だということであって、命そのものが財であるわけではない。

第1章　考えはじめるために

ないだろう。けれども、比べているのが実はそうしたものでないからこそ、人は車を運転する。本当に比較しているものは何か？　本当の問いは何か？　それが問題である。

【ヒントその6：財どうしの比較可能性】

■財の価値は、たがいに比較できる。
■財の価値は、財の量によって変化する。
■限界価値（限界効用）に着目する発想が必要となる場合はとても多い。
■真に比較すべきものは何かを正確に見極めることが、正しい結論を導くための出発点である。
■環境や命そのものについて議論しなければならないケースは、思われているほどには多くない。

第7節 個人の消費活動の定式化

個人の消費活動の定式化

　前節までの議論を簡単に整理すると次のようになる。

　自分の主張を論理的なものとし、他者と建設的な議論を行うためには、自分の考え方が立脚しているモデルを明確化することを心がけるべきである。前提となる仮定と議論の道筋を明確に示し、どのようなモデルの上に立って議論しているのかを自覚することが大切である。

　もちろんモデルを明確に示すだけでなく、そのモデルをよりよいものとしていく努力も必要である。環境問題についていえば、その問題そのものを正しく問うことが、よい出発点になるかもしれない。何を比較しているのか(物理量か効用か)、その時の尺度は何か(平均量か限界量か)といったことをもう一度検討してみよう。

　また、忘れてはいけないいくつかのポイントもある。①すべての財が稀少であること(したがって効率性への配慮が必要になること)、②個人は多様な選好を有していること(したがって均等配分が平等だとは言い切れないこと)などは、いつも頭の片隅においておこう。

　第1章の最終章にあたる本節では、前節までに調べてきた、こうしたさまざまなアイディアを統合し、個人の行動をごく簡単なかたちで定式化することとしたい。

　実はこの定式化の方法は、経済学的な分析を進めていく上での一番の基礎となるものである。この式が成立してはじめて、さまざまな分析は可能になり、個人(消費者)の行動や社会のあり方に関して多様な議論を展開できるようになる。その意味で、この個人行動の定式化の方法は、優れた分析力を内包しているといってよい。

　ただし反面で、その優れた特徴ばかりに目を奪われていると、間違った結論を導きかねないということも事実としてある。なぜなら、この定式化の方法は、問題を特定の側面から切りだすために、やむなく現実の多様性をさまざまなかたちで簡略化して捉えて

おり、その結果、多くの現実を無視してしまっているからである。

　そこでここでは、単にその定式化の方法を紹介するのではなく、むしろ、その問題点を確認することに力点をおきたい。というのも、その定式化の利点については、これまですでにかなりの程度説明してきたといえるし、その一方で今後、この定式化の方法を前提に検討を進めていくので、その検討結果の意義をバランスよく受けとるためには、問題点についても事前に理解しておくことが大切だと考えるからである。

　さて、これまでに説明した公理を受け入れれば、各個人の選好は効用関数で表現できるのだった。効用関数とは、それが導く数値（＝効用）が大きいほど、当人にとって望ましいということを意味する関数である。だから各個人は、それぞれの効用をできるだけ大きくするように、その関数に代入する各財の量、つまり消費する財の量を増やそうとして行動すると考えることができる。
　ではどうやったら財を増やせるかというと、市場に出向いて買ってくればいいのである。（ここではひとまず、市場に出向いて購入してくる以外に、財を増やす方法はないものとして考える）
　しかし、市場に出向けば、いくらでも無制限に財を増やせるかというと、そうもいかない。なぜなら、各個人の予算には限度があるからである。したがって、各人は予算の範囲内で、最も効用レベルを高めることができるよう、効率的に財を購入することを目指すことになる。
　これを数式で示すと以下のようになる。

$$\max U_i(x_1, x_2, \ldots, x_n) \qquad (1-24)$$
$$\text{s.t. } p_1 x_1 + p_2 x_2 + \ldots + p_n x_n \leq M_i$$

U_i: 個人 i の効用関数

M_i: 個人 i の予算

x_j: 財 j の消費量

p_j: 財 j の価格

これが、個人の行動の最も基本的な定式化である。これをひとことでいえば、各個人は、予算制約下において、効用をできるだけ大きくするように、財の種類と量とを決定し、それらの財を購入・消費しているのだということになる。

　この定式化の方法は、すでにその有用性を調べてきた、効用や稀少性などの考え方を取り込んでいるし、財の代替性などについても、効用関数の性質として織り込むこととなる。したがって、この定式化が幾多の優れた特徴を有するはずだということは、おおよそ見当がつくだろう。

　ところが先に述べておいたように、この定式化の方法にはいくつかの問題もある。ここではそれらを6つの主義として整理する。

(1) 市場価値中心主義

　まず、この定式化では、値段のついている財、つまり市場で売られている商品だけが効用関数の変数になっているということを指摘できる。このことは、市場で売られていない財——たとえば自然環境など——の存在は、個人が自身の消費行動を判断する上で、少なくとも直接的には考慮の対象とはなっていないということや、市場財を消費することによって、それ以外の財の供給量が大きく変化することがないということなどを含意している[38]。そうした意味で、この定式化は、値段のついている商品以外の財を考慮する必要性を低く見積もっているといってよい。

　それは自然環境などの財の価値を必然的に無視することにつながるわけではない。この定式化の方法は非常に柔軟性があるので、たとえば自然環境などへの影響が大きいとわかれば、多少の修正でそうした影響も分析できるようになるし、実際にこの本の中でもその方法について触れる予定である。けれどもそうした分析が可能であるとしても、それはあくまで市場財に重点をおいた個人行動分析のバリエーションでしかなく、市場の外部の問題は必要があれば考える傍流の問題にとどまる。

---

38 ただし誤解のないようにつけ加えると、自然環境などを変数として含んでいないということは、自然環境などから効用が得られないと仮定していることを意味するわけではない。

実際、自然環境などに対して悪影響があり、それが人びとの効用に著しい影響を及ぼす可能性が否定できない場合でも、この定式化に基づいてそうした影響を度外視し、個人や社会を分析しようとする試みも少なくない。たとえば、GDPとその成長率のみをもって社会の評価が可能であると考えるような姿勢も、そうした考え方の延長線上にあるだろう。また、この定式化のもとで各個人の効用レベルを高めようとすれば、彼らに一層の予算を与えるか、商品の価格を下げるか、そのいずれかしかないということを見ても[39]、いかに市場価値に重きがおかれているかがわかるだろう。端的にいって、この定式化は「お金さえあれば人は幸せになれる」という明言と、それほど遠くない距離にあるのである。

(2) 個人主義

二点目の特徴は、この定式化が個人主義的であるということである。他人がどれほどの効用を得ているか、あるいは社会全体がどのような状況にあるかなどが、この定式化のもとでは個人の行動にまったく反映されない。他人も、社会も、ここには存在しない。各個人は、自分が直接消費する財だけから効用を得るものとされ、他人がどのような状態にあるかなどには一切影響を受けないとされているのである。

それほど人間は自己中心的ではないという反論は当然あるし、この定式化を肯定する論者たちも、その反論自体を間違っているとみなすことは少ない。しかし、厳密にいえば誤りがあるかもしれないが、こういう定式化をすると一定の範囲では実際の社会現象をうまく分析できるので、問題の存在を承知の上で、あえてその仮定を受け入れているのだ、といった弁明がなされてきた。

しかしだとすれば、この定式化から導かれる結果は、一定の範囲に限って妥当する性格のものであるはずである。いつでも真理というわけではないだろう。しかしそうしたことは、しばしば忘却されてしまう。

たとえばこういうことがある。ここで示した定式化に沿って、個人個人が勝手に自分のことだけを考えて行動した場合、後に見るように、社会は市場を通じ、非常に効率的に財を配分することが知られている。これが有名な「神の見えざる手」のエッセンス

---

[39] 実はこの2つは実質的に同じことを意味している。

である。そしてこの成果を論拠として、あらゆる財の配分を市場に任せるべきであるといった主張がしばしばなされる。しかし、もし我々が他人の幸せにも重大な関心があり、自分の効用計算にあたって他人の効用も考慮しているとするなら、各個人が勝手な行動をとることは、効率的ではない結果をもたらすかもしれない。たとえば各個人が勝手に行動できる社会よりも、広く課税してその税収で最貧層の人びとの生活改善を図るような社会の方が、最貧層の人びとはもちろん、税金を取られる人びとも含めて、効用レベルが高いかもしれない。つまり、「神の見えざる手」が、ここでいう個人主義を下敷きにすることによってはじめて導き出せた結論だとすれば、そこから直接にあらゆる財の配分を市場に任せるべきであるという主張を導きだすことはできないはずなのである。

このような忘却をもたらす傾向があるという意味で、この定式化の方法は、個人主義的であるといってよい側面を持っている。

(3) 結果主義[40]

この定式化は、各個人が効用を得る対象物についてもある特徴を持っている。すなわち、各個人は、同じ財さえ消費できれば、それがどのように供給、配分されたものであろうと、同じだけの効用が得られるということになっている。たとえば、たくさんの種類の財から自由に選択した場合でも、政府の配給によって与えられた場合でも、財とその量さえ同じであれば、そこにはなんの差違もない。財を手に入れるまでのプロセスがまったく考慮されていないのである。この意味で、この定式化は結果主義的であるということができる。

この結果主義的思想の影響は、たとえば国際貿易の原則のひとつにも読みとることができる。WTO（世界貿易機関）によれば、どのような商品であれ、各国は同じ商品は原則として同等に取り扱わなくてはならない。なぜならそれらは、「同じ」商品であるからである。

けれども、たとえ物理的に同じ商品であるとしても、その生産過程で、環境破壊を引き起こしていたり、幼い子供を強制的に働かせていたりしていたとしたら、本当に「同

---

40 帰結主義と呼ばれることもある。

じ」商品とみなすべきなのかについて疑問が生じてもおかしくない。我々は、そうした情報を知っていても、「同じ」商品であればその消費で本当に同じだけの効用を得るのだろうか*[41]?

(4) 合理主義

ここでは、すべての個人は、それぞれの効用を、常に必ず最大化するよう行動するものと想定されている。ややシニカルに表現するなら、人間というものを、予算と各財の値段さえ入力すれば行うべき行動を一義的な答えとして出力する、まるで計算機のようなものとみなしているともいえなくはない。

この機械のような人間像を成立させているのは、各個人は徹頭徹尾合理的な考え方に基づいて行動するはずであるという仮定である。つまり、人間は常に合理性の観点から正解とされる行動をし、間違うこと、すなわち非合理的な選択をすることがないと想定されているのである。

けれども、もともと人間の行動に正解や間違いがあるわけもなく、先の公理を満たす選好のあり方を正解(合理的)とみなしているということにすぎない。だからこの定式化のもとで誤りだとされようが、そうしたことにはお構いなく、人間は自ら進んで誤りを犯すかもしれない。実際、心理学的な実験によって、人びとがしばしば非合理的な行動をとることが実証され、それらはいくつかのパラドックスとして定式化されてもいる。

だとすれば、この定式化は人間の現実よりも論理整合性を優先させているといえるだろう。その意味で、この定式化は合理主義的であると呼ぶことができる。

(5) 完全情報主義

しかしながら、個人が合理的だというだけでは、効用関数の値を必ず最大化するこ

---

41 ただし、生産プロセスなどの異なる商品を同じ商品として扱うべきかどうかについては、WTOの中でもしばしば議論されてきている。たとえば環境保護費用をかけずに生産された商品は、その分安価になり国際競争力が高まる。このため、その価格差を是正するためには関税などを課してもよいではないかという指摘が、これまでいくつかの具体的ケースでなされてきた。また、適切な生産プロセスで生産され輸入された商品にラベルを貼り、不適切な生産プロセスを経た商品との差別化を図る行為は正当化されるべきではないかといった議論もある。

とはできないだろう。なぜなら、たとえ各個人が計算機のようなものだとしても、常に正確な答えを導くには、すべてのデータの入力とそのデータを瞬時に解析するだけの高いデータ処理能力がなくてはならないからである。したがって効用最大化行動を仮定するこの定式化では、各個人が財に関するあらゆる情報を知り、しかもそれを十分に理解するということを前提としていることになる。これは、しばしば「完全情報」(full information)の仮定と言われる。ひとつの仮定のように言われているが、実はこのことには二面があって、一面ではそれは、財にかかわるすべての情報を極めて正確に、しかもそれを消費するより前に、完全に知っているということを意味しているし、もう一面では、そうして入手したほとんど無限といってよいほど多くの情報を、まったく誤ることなく正確に、しかも即座に分析処理できるということを意味している。この仮定も時と場合によっては非常に非現実的なものだろうが、ともかくこの定式化の前提のひとつになっているのである。

(6) 効用主義 (welfarism) [42]

この定式化では、各個人は効用の最大化のみを行動規範として行動することになっている。つまり、効用という評価軸を唯一絶対のものとして信奉していることになる。その意味で、この定式化は「効用主義」と呼ぶことができる[43]。こうした特質を有しているということは、現実に照らすといくつかの面で問題がある。

---

42 厚生主義、福祉主義などとも呼ばれる。
43 効用主義とは、各個人の心理的な満足感のみを重んじることを指し、通常、それはひとつの特質を示すと考えられている。しかし実は、ここには2つの要素を見てとることが可能であり、それらは分けて考える方がよい。すなわちそれは、一方では個人の心理面を重視しているということを指し、他方では評価軸が単一であるということに着目しているのである。一般にはこのうちの前者が重視されることが多いが、本書では、むしろ後者に軸足をおいている。というのも、心理面の重視という側面を強調してしまうと、それが批判に値することだと指摘するのは必ずしも容易ではなく、むしろ議論の混乱につながる可能性があるからである。たとえば、心理的な満足感を重視していることをもって、それは人間を過度にエゴイスティックに捉えるものだと批判する議論もある。しかし、満足感を重視することが人間の利己性を強調することだとは言い切れない。なぜなら利他的な行為の行為者も、その行動によって満足感を得ているのだという言い方をすることは十分可能なはずだからである。また、満足感の重視と結果主義とを結びつけるような議論もあるが、これも直列可能ではない。結果ではなくてプロセスに関心が

第1章 考えはじめるために

　まず、評価軸が固定されているということは、時と場合に応じて多様な規範を使い分けることはないということである。今日の夕食メニューの選択であれ、選挙で誰に投票するのかの選択であれ、いつどんな場面でも、唯一絶対の効用の値にしたがって行動するわけである。

　また、唯一絶対の評価尺度しか持たないということは、評価尺度の変化を想定していないということでもある。他人との対話や自らの経験などを通じて、価値判断を変化させるという可能性を考えていない。

　こうしたことから、この定式化の方法では、我々の価値判断や行動規範の重層性・可塑性を十分取り込めていないということが指摘できる。

　さらに、効用が唯一絶対の評価尺度だということは、個人についての評価のみならず、社会の状況を評価するにあたっても、その効用というデータを唯一の情報として用いざるを得ないことを意味するだろう。けれども、社会を評価する際に、個人の幸福感のみに依拠してしまっていいのかには疑問が残る。たとえば、著しく困難な状況におかれている人は、その状況に適応するために、自身の効用関数そのものを修正しているかもしれない。スラムの劣悪な環境に住む人びとにも、病気に苦しめられている人びとにも、もちろん笑顔はある。けれども、そうした笑顔（＝個人の効用）が「はた目にはどうしようもない窮状に対するあきらめをともなった『適応的選好形成』の所産であった場合」(川本, 1989)[44] などを考えれば、そうした効用を評価尺度とすることが必ずしも適切でないことは明らかだろう。

　あるいは強固な宗教に依存した社会であれば、社会の成員皆が幸せに感じるかもしれないが、それを単純によい社会だと評価してしまうことには、疑念を持つ人も少なくないだろう。たとえその社会に劣る幸福感しか得られないとしても、人びとは、宗教と政

あったとしても、そのプロセスへの関心を満足感と名指すことはできるはずだからである。つまり、効用という概念の内実を、先の定式化から離れて、単純に満足感（あるいは、幸福感、福祉など）のことだとしてしまうと、満足感という概念は相当の解釈の幅を許容するので、議論の制御がかなり困難になるのである。こうしたことから、本書では、各個人の行動選択の基準が単一の評価軸に還元されるという側面の方を重く捉えて、効用主義という言葉を用いることとしたい。これは、この定式化が心理的な満足感を重視しているということを否定するものではないが、順序としてまず評価軸の単一性ということがあって、それがたまたま結果として、――どんな状況についても、各個人による心理的な評価が行われていることが観察できるので――心理的な満足感であったと捉えるわけである。

44 (Sen, 1982) 邦訳書の訳者解説

第7節 個人の消費活動の定式化

治とが分離された社会を志すかもしれない。

つまり、効用主義的であるということは、個人行動の分析にとどまらず、社会のあり方の評価においても、視野を狭める可能性がある。

以上、各個人の消費行動を予算制約下における効用最大化行動として定式化した上で、その特徴(問題点)を6つの「主義」に整理した[45]。

このように批判的に眺めてくると、この個人行動の定式化の方法が、意義の低いもののように感じられるかもしれない。けれどもここで、あらためて2つの点を強調しておきたい。

まずひとつ、ここで列挙した問題のうちのいくつかについては、このモデルの修正によって、かなりの程度対応可能であるということを指摘したい。たとえば、自然環境などへの影響についても、この枠組みの多少の変更で分析可能だということはすでに述べた。その意味で、この定式化の可能性は、決して小さなものではない。

そしてもう一点は、第1節で説明したように、どのようなモデルであれ、完全なモデルというものはあり得ないということである。モデルは、現実世界の単純化であるから、その妥当性にはおのずと限界がある。問題は、そのモデルが常に正しいかどうかにあるのではなく、ある要請に照らして、そのモデルによる現実の単純化が、許容されるべき範囲内にあるかどうか、という点にある。

したがってここでも、問題が多いことをもって、この定式化の方法を直ちに捨て去るのは得策ではない。

---

45 なお、公正のために若干補足しておくと、これらの特徴については、①「市場価値中心主義」は一般的な言い方とはいえない、②「個人主義」という言い方はあるが、効用関数の要素が個人の消費財に限られていることではなく、社会の現象を個人に還元して分析していることを指す場合が多い、③「合理主義」と「完全情報主義」は、通常、定式化の前提となる仮定とみなされており、その限りでは広く認識されているが、あくまで仮定と認識されており、これらを主義とするのもやはり一般的ではない、④「効用主義」とは、評価軸が単一であるということよりも、通常は心理的な幸福感を重視していることを指し示している、ということなどが指摘できる。つまり、ここで主義と呼んだものは、この定式化の評価として、社会に十分受容されていると断定できるものではない。

第1章　考えはじめるために

生産活動

　さて、これまでまったく触れてこなかったが、市場には個人（＝消費者）のほかにも、別の大切な主体、すなわち生産者が存在する。そこでここでは、生産者の行動についてもごく簡単に定式化しておこう。

　生産者は、効用を最大化する代わりに、利益を最大化すべく行動していると定式化できる。彼らは、労働力や原材料を購入し、製品を製造して販売する[*46]。お望みならば製品をいくらでもつくり、それを市場価格で売ることができるが、その分多くの労働力や原材料を購入しなければならないので、多く生産すれば儲かるというものではない。そこで、製品の販売による収益（市場価格×生産量）とその生産費用との差（すなわち利益）が最大になるように、生産量（労働力や原材料などの投入量）を調整する。数式で示すと次のようになる。

$$\max pf(x_1, x_2, \ldots, x_n) - (w_1 x_1 + w_2 x_2 + \ldots + w_n x_n) \qquad (1-25)$$

　　　　f：製品の生産関数
　　　　p：製品の価格
　　　　x_j：投入財 j の量
　　　　w_j：投入財 j の価格

　なお、ここには、消費者の予算制約式に相当するような制約式はないが、投入財を製品に変換する生産関数 f が、利益の獲得に一定の制約を課している。生産関数は、製品を生産するための生産技術と捉えることができるものである。

　こうして消費者と生産者の行動を定式化することができた。次章以後、この定式化を念頭におきながら、さまざまな分析道具とその適用の具体例を見ていくこととなる。

---

46 なお以下では、便宜上、獲得されるものが金銭に限られる場合には利益、金銭に限らず多様なメリットを含めたものが獲得される場合には便益という言葉を用いることとする。

第7節　個人の消費活動の定式化

【ヒントその7：消費者と生産者の行動】

■一般に、市場の主役は以下のように行動するとモデル化される。
　① 消費者は、予算制約下で効用を最大化するよう行動する。
　② 生産者は、技術の制約下で利益を最大化するよう行動する。
■これは、消費者や生産者を、（一定の制約下で）何ものかの最大化を目指している存在として捉えるということである。
■消費者行動をそうして定式化することは、①市場価値中心主義、②個人主義、③結果主義、④合理主義、⑤完全情報主義、⑥効用主義を引き受けることでもある。

2 社会について考えるということ

　前章では、主として個人の行動に焦点をあてつつ、効用、代替性、限界価値などについて検討を進めてきた。本章では、こうしたこれまでの議論を踏まえながら少し視界を広げて、社会のあり方について考えることを主題として取りあげていきたい[1]。

　いうまでもなく環境問題は、多くの場合、個人間の問題であるよりも、社会的な問題である側面が強い。個人と個人との関係の中に生じないというわけではないが、多くの人びとにかかわる問題として生じることの方がはるかに一般的である。だから、環境問題を考えるにあたっても、個人のレベルを超えて、社会全体を見わたす視点がどうしても必要になる。そこでまずは、社会についての検討の方法を、一般論として整理しておくことにしよう。

第1節 規範と記述

規範と記述との区別

　環境問題について考えて、この社会のあり方には改善の余地があるという結論を導いたとしよう。すると、社会をどう変える「べき」か、それを世間に訴えたいと考えるよ

1　ただしここでいう社会とは、個人の集まり以上の意味を持たない。すなわち、社会という存在が個人に還元されない固有の意味を持つということは、ここでは想定していない。

うになるだろう。環境問題の探求は、こうして「～すべき」という言明を通じ、社会とかかわっていくことになる。
　ただ、「～すべき」と主張するとはどういうことか、それをよく理解しておかないと、議論が混乱する可能性がある。そこでまず、「～すべき」と論じるということについて、検討することから始めよう。

　「～すべき」という言明は、おおまかにいえば「規範的な」(normative)論述と呼ばれるグループに分類される議論である。規範的な論述とは、何をすべきか、何をしなければならないのかを主張する論述のことである。
　一方、この対立概念は、「記述的な」(descriptive)論述である。記述的な論述は、一般には、「～である」（あるいは「～であろう」）という表現で結ばれる。これは、現象が起こっている原因やその影響、さらには将来予測などについて、客観的に、正確に説明しようと努める論述のことである。
　つまり、規範的な論述は社会への主張であり、記述的な論述は事実の紹介だということができ、こうして論述は、大きく2種類に分類されることとなる。

　議論にはこの2つのタイプがある。したがって、「～すべき」と主張することを理解するということは、まずは、この規範的論述と記述的論述との違いに敏感になるということを含意する。当の主張が、何をしなければならないのかを主張することを目的としているのか、それとも実際の現象をよく記述することを目的としているのか、そのいずれかをはっきり自覚するということである。
　この区分は時に曖昧にされることがあり、そのために議論が混乱している場合も見受けられるので、この区分への意識は重要な意味を持っている。

仮言命法と定言命法

　ただし、「～すべき」と表現される主張は、さらに2つのタイプに区分することが可能であり、それぞれ別のものと理解する方が適切なことが多い。
　そこで、規範的論述と記述的論述の区分に関して議論をさらに進める前に、この規範

第2章 社会について考えるということ

的論述の細区分について少し論じておこう。

規範的論述の2つのタイプというのは、それぞれ仮言命法と定言命法と呼ぶことができる。仮言命法とは、「もしAしたいならば、Bすべき」というかたちで語られる論述であり、一方、定言命法とは、ただ直接に「〜すべき」と語られる論述のことである。

なぜこの区分が重要かといえば、まず、厳密にいえば、規範的な論述と呼び得るのはこのうち定言命法のみだからである。仮言命法は、命令法ではあるが命令法自体としては内容を持たない(Hare, 1952)。それは、「もしBすればAとなる(可能性が高い)」という記述的な論議に置き換えても意味内容に変化がないはずの言明である。だから、仮言命法は、「〜すべき」という文末表現を持っているとしても、実は記述的論述として捉えるべきものだということになるのである。

とはいえ他方で、およそ言明の意味は文脈に依存する、この事実も忘れるわけにはいくまい。言語学が教えるように、一言一句同じ表現でも、言明は異なる意味を伝え得る。

だから、「もしAしたいならば、Bすべき」という形式だけから、実質的には記述的論述のはずだと断定できるわけでは実はなく、その文意はあくまで文脈の中で判断する必要があるということもできる。つまり、仮言命法のような形式をしている言い回しでも、純粋に記述的な意味を伝える場合もあれば、命法的な意味で論じられる場合もある[2]。

そして実際のところは、仮言命法の用いられ方は、どうも後者のケースが多いようである。つまり、社会はかくあるべきだということを伝えようとして、仮言命法的形式の言明がなされることの方が一般的であるように思われる。

となれば、仮言命法も定言命法も、やはり命法(＝規範的論述)には違いないのだということになるが、しかしそれでもなお、仮言命法を定言命法と区分して理解しておくこ

---

2 同様の理由で、形式的には純粋に記述的な論述も、実際には規範の意味を込めて論じられている場合がある。ただその場合、その規範的内容を正確に特定するのは困難であることが多い。

とは重要なのである。なぜなら、「もしAしたいならば、Bすべき」という表明が命法としての意味を有するなら、それは定言命法のように「〜すべき」という表現に直結したBについて命じていると理解すべきものではなく、むしろAについて命じていると理解する必要があるからである。

つまり命法としての仮言命法では、「Bすべき」ということ以上に、「Aしたいと考えるべき」という主張に重心があることをわかっていないといけない。この点でやはり、仮言命法と定言命法とを区別することには意味がある。

この区別への意識が特に重要になってくるわけは、仮言命法であるにもかかわらず、「もしAしたいならば」というところが明示されないままに、ただ「Bすべき」とだけ語られることが少なくないからである。

このように語られてしまうと、一見したところでは定言命法と区別がつかなくなる。すると、定言命法のように「〜すべき」に直結したBについて主張していると受けとられ、その結果、隠れたAが見失われてしまう。

たとえば、「経済学的分析によれば、自由貿易主義が尊重されるべきである」といった言い方がなされることはよくある。こうした言い方では、自由貿易主義の尊重ということそれ自体が、直接に規範として主張されていると受けとられる可能性が大きい。しかもそれは、経済学的分析によって——つまり経済学という学問によって——サポートされている主張であると理解されるのである。

ところが実は、この主張は仮言命法なのであり、丁寧にいうと次のようなことを意味している。「効率の最大化を最優先すべきである。そして経済学的分析の明らかにするところによれば、自由貿易主義を尊重した時に、その効率の最大化が達せられる。よって、自由貿易主義を尊重すべきである」と。

すなわち、Aに相当するのは、「効率の最大化を最優先すべき」であり、それが論者の主張の核心にある[3]。

だからその主張を受けとる側が考える必要があるのは、「経済学という学問も支持して

---

3 ちなみに経済学的分析とは、効率の最大化というはじめの命題と自由貿易主義の尊重という最後の命題との結びつきが十分に説明的であるかどうかを調べるための分析であり、それ以上でも、以下でもない。

いるらしい、自由貿易主義を尊重すべきという主張に与すべきか否か」ということではなくて、まずは、「効率の最大化を最優先すべきという主張を受け入れるべきか否か」ということでなくてはならない。

　この2つの問いが大きく異なるのは明らかである。この例を見ても、仮言命法を定言命法と誤認すること、つまり、Aを見失ってしまうことが、いかに大きな問題かということがわかるだろう。

　ちなみに、経済学では、規範経済学と実証経済学という区分が設けられることがあるが、その際の規範経済学とは、あくまで仮言命法的な研究を行うものである。「もし最大効率の達成を望むのなら」という仮言があって[4]、そのためには何をすべきかを探求する。しかしそこから導かれた結論が提示される場合、しばしば仮言は明示されず、あたかも定言命法であるかのように語られる。けれどもそれは、上述の例のように、誤ったメッセージを伝えているのかもしれない。

　こうしたことがあればこそ、まず仮言命法か定言命法かを判別し、仮言命法の場合には、この隠れたAを探しだそうとする意識が求められる。残念ながら現実には、仮言命法と定言命法との区分はあまり重視されているとはいえず、「～すべき」とする言明は、およそ規範的議論であるとして一括されることも少なくないが、その区別の意義は、決して小さくないのである。

規範と事実との関係

　仮言命法と定言命法との区別の重要性を確認したところで、もう一度、規範的論述と記述的論述との区別に話を戻そう。

　本節のはじめにこの2つの論述の区別が重要だという話をした。しかしそうはいっても、実は両者は完全に分離できるものでも、すべきものでもない。記述的な論述は記述

4　実はさらに、「もしも効率性を○○として見定めることを受け入れるなら」という仮言も隠されている。この仮言の意味については、追って明らかになるはずである。

的な論述だけでの完結が可能であるが、規範的な論述はほとんど必ず記述的な論述と組み合わされる。規範的論述は、通常それ単独では説得力を持ち得ないので、記述的な論述によって支えられるのである。だからその場合には、両者は一体不可分とすらいってよい。

そこで重要になってくるのは、両者の相互関係である。この関係に気をつけておかないと、2つの議論の接続に論理ギャップが生まれる。実際、どうしてそんな規範的結論がそれに先立つ記述的論述から導かれるのかと首をかしげたくなるような議論に出会うことも、残念ながらめずらしいことではない。だから、両者の関係によく目配りして、論理の飛躍を避ける必要がある。

いくつか具体例を見ながら考えよう。まず、図2－1は、国民一人あたりの所得水準と環境汚染（による被害）との関係を示したものであり、環境クズネッツ曲線といわれる曲線である。これは、所得水準が一定程度上昇するまでは環境は悪化することになるが、さらに一層所得が上昇すると、やがて環境は改善に向かうということを示している。

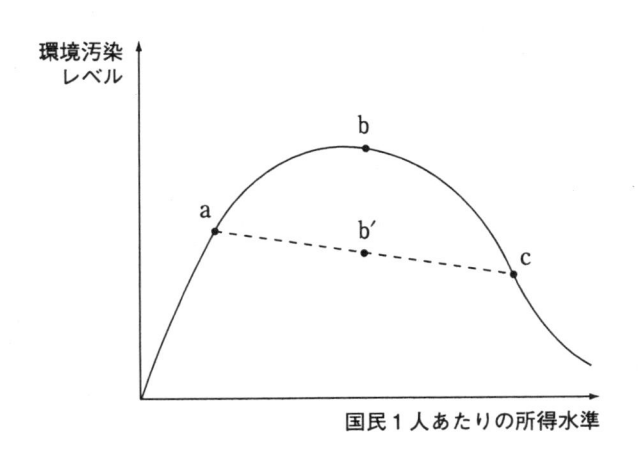

図2－1 環境クズネッツ曲線

この環境クズネッツ曲線が本当に正しいかどうか、つまり、現実を正しく映しだしているかどうかは、事実にかかわる問題であり、実データを分析することにより検証することが可能である。正しいにせよ、そうでないにせよ、こうした論述が、先に記述的な論述と呼んだものである[5]。

　さて、「環境クズネッツ曲線が実際に成立している」という記述的論述の後で、そこから直ちに規範的論述が導き出される場合がある。たとえば、「環境改善のためにも、経済成長を優先することが重要である（優先すべきである）」といった主張が一足飛びに示される。

　けれどもここには、論理の飛躍がある。つまり前段の記述的な論述が仮に事実だったとしても、最後の結論はそこから直ちに導かれるものではない。

　たとえば次のような反論がある。「環境クズネッツ曲線は、あくまで歴史的に、あるいは現状として、そうした傾向があった（ある）ということを示したものにすぎない。将来においても、必然的に妥当するとみなすべき理由はない。現在点 a に位置するある国が、点 b を通らずに点 b′ を通って——つまり従来とは異なる新たな発展パターンに沿って——より経済水準の高い点 c に至ることができるかもしれないではないか？」と。

　こうした反論に対抗する論拠が、先の論述にはなんら用意されていない。つまり、単に環境クズネッツ曲線が成立することを論じただけでは、結論の可能性の幅はまだ極めて広いというべきなのである。

　もちろん論証に必要な情報が完全に揃うことはあり得ないから、論拠が推察的、感覚的なものであってもある程度はやむを得ない。しかしともかく、そうした点にまったく言及せずに、論理必然的に環境クズネッツ曲線から経済発展を優先すべきという規範が導かれるかのように論じることは、適切な議論の方法ではない[6]。

5　実際には、環境クズネッツ曲線は、ある問題については妥当するが、別の問題には妥当しないことが示されている。

6　したがって、推論であれ論証があるのであれば、この批判はあたらない。たとえば次のような議論であったとしよう。「過去の事例がほとんど環境クズネッツ曲線上に沿っていたのだから、今後発展を目指す国々がその発展経路を好ましくないと考えたとしても、それ以外の、たとえば点 b′ を通過するよう

地球温暖化問題をめぐる論議では、世代間の衡平という問題が大きな論点のひとつとなっている。簡単にいえば、現在世代は、環境という資産を含め、どの程度の資産を将来世代に残すべきかという問題である。この問題については追って詳しく見る予定であるが、ともかくこの問題への応答として、次のようなものがある。すなわち、過去の世代が実際にどの程度の資産を将来に残すよう行動してきたかを分析し、今後も同じように資産を残していくべきと結論づける論議である。今後についても、これまでと同様に行動しようというわけである。

けれども、この議論にも、先ほどと同様に難点がある。つまり、たとえ過去の世代の人びとがどれほどの資産を将来世代に残すように行動してきたかがわかったとしても、それを将来に向けた行動規範とすべき必然性はない。これまでこうなっていたということと、今後そのようにすべきだということとは、まったく別のことがらである。その点で、この議論にも記述的論述と規範的論述とのつながりに問題を見ないわけにはいかない。

最後にもうひとつ、本屋で見つけた、とある本の話をしよう。

その本では、まず、環境問題の深刻さについて、さまざまなデータを引きながら丁寧な説明をしていた。事実だけでなく、因果関係の推察や将来予測といったものも含んでいたが、ともかく記述的論述といってよいこうした部分に、本全体の99％以上は割かれていたはずである。

そして紙幅もつきかけたころ、次のような記述がでてきた。「したがって、この問題を解決するため、直ちに〇〇対策を講じるべきである」という結論である。

おそらく本の筆者は、それが唐突だとは考えていないのだろう。前段でずいぶん環境問題の深刻さを説明したのだから、この結論はそこから必然的に導かれるはずだと思っ

な発展パターンをとることが可能であるとは考えにくい。したがって、点bを通過することを甘んじて受け入れ、一刻も早く点bを通過するためにも経済発展を優先するべきである。」この場合、推察とはいえ環境クズネッツ曲線から最後の結論が導かれる理由が明示されている。したがってこれは、ここで批判対象としている議論ではない。

ていたかもしれない。

けれどもそれは、論理の必然だとは決していえない。

たくさんの財が不足する中で、なぜこの問題への取組を優先させなくてはならないのか、この問題に取り組むにしてもなぜ××対策や△△対策ではなく○○対策でなくてはならないのか、なぜ○○対策を実施すればこの問題は解決するといえるのか、そういった議論がそこにはまったくなかった。こうした問いに答えることなく、ただ単に環境問題が深刻だと論じただけでは、直ちに○○対策を講じるべきという結論は導けない。

以上のように、記述的な分析結果から、規範的結論をやや性急に導きだしている例はとても多い。そしておそらく、誰に限らず、そのような罠にはまる危険はあるといってよい。多くの記述的な論述に彩られた規範的結論は、両者の間に十分な関連性がないとしても、高い説得力を持っているかのような印象を与えがちだからである。だからこそ、記述的論述と規範的論述との連結には十分に気をつける必要があるのである。

論理の飛躍の必然性

ただし、記述的な論述から規範的な論述への論理の飛躍が問題だとはいっても、なにもその溝を埋めてしまえと論じているわけではない。

なぜかといえば、端的にいってそれは不可能だからである。

論理の溝は、決して完全に取り除くことはできない。「〜である」という論述をいくら積み重ねても、「〜すべき」という規範的結論を論理必然的に導きだすことはできない。両者の間には、決して埋めることのできない溝が横たわっている。これはどうあっても動かしようがなく、事実として受け入れるほかはない[7]。

---

7 これは実は大変よく知られた問題であり、この溝を跳び越えてしまうこと、つまりこの種の推論上の誤りを犯すことは、「自然主義的誤謬」と呼ばれてきた。これは、多くの人びとの頭を悩ませ続けてきた深刻な難題(アポリア)である。

第1節　規範と記述

　だから必要なことは、溝を埋めきれないことを知りつつ、なお、その溝を狭める努力をすることである[8]。というのも、溝を埋めることはできないにせよ、的確な記述的論議によって溝の幅を狭めることは、確かに可能だからである。先に、記述的論述と規範的論述との相互関係への目配りが重要であると言ったのは、つまり、こうした努力を丁寧にする必要があるという意味である。そうした努力のないところで、たとえば単に結論に賛同したいからというだけの理由で、関連の薄い記述的論議を根拠にした規範を受け入れるようなことは慎まなくてはいけないということである。

　けれどもそうしていくら努力しても、論理の溝は必ず残る。それは致し方ない。
　致し方ないが、それでもここで、留意しておくべきことがある。それはひとことでいうなら、溝の存在をきちんと受け止めるということである。
　溝を受け止めるということは、主張する側にとってみれば、まずひとつには、自らの主張は決して必然的結論ではあり得ないと認識し、その認識を自らの議論の改善のきっかけとするということである。またもうひとつには、議論の相手に対して、その溝の存在や幅を、正直に、正確に伝えるということである。なぜなら、溝を飛び越えるかどうかの判断は、あくまでその議論の相手本人が行わなければならない仕事だからである[9]。
　一方、自分が聞き手の側ならば、それは、溝を飛び越える責任を自ら引き受けるとい

8　そもそもこの種の溝、つまり論理の飛躍は、記述的論述を支えとする規範的論述に限らず、記述的論述で完結している議論でもごく一般的に観察される。たとえば、経験科学の方法論的基礎である帰納法は、限られた観察や実験の結果に基づいてその背後にある法則性などを導き出そうとする手法だから、そこに論理必然性を見いだすことはできない。また、仮説をいくつも総合し、いわゆる総合的判断によって、個々の仮説には含まれない新たな結論を導く際にも、やはり論理的必然性は犠牲になる。
　このように論理の飛躍は至るところにあるから、我々が真に「〜である」と語り得る場面は極めて限られていると言わざるを得ない。多くの場合、厳密にいえば、せいぜい「〜である可能性が高い」という蓋然性を語り得るにすぎない。もちろんだからといって、そうした議論の意義がなくなるわけではないが、我々はこうした解消のしようのない論理的危うさの上に立って論議を展開する他はないのだということは、認識しておいてよい。

9　しかし現実には、自分で溝を跳び越えておいて、その結果だけを相手に伝達しようとする論者が、残念ながら後を絶たない。

うことである。「経済学的分析によれば」といって学問的支持があるように見える場合でも、あるいは著名な学者が語っている場合でも、そこには必ず溝がある。溝があるというのは、つまり、その結論は必然的なものではないということである。したがって、その必然性のない結論を導くものは、結局、どこにも手がかりのない決断である。ならばその決断は、自らが自身の問題として引き受けるほかはない。

自由と必然

　さて、こうして見てくると、常に存在する論理の溝は、実に厄介なものに思えてくる。
　それは埋めようがないから、我々は絶えず論理の飛躍をせざるを得ない。そのために議論はしばしば錯綜することになる。だから、もしその溝を埋めつくせるなら埋めつくしたい、そう願ったとしても不思議はない。

　しかし万一、溝のまったくない世界があったなら、それは溝のある世界よりもはるかにつまらないものだろう。論理必然的な推論では、前提条件に含まれている情報を一切超え出ることはできない。それは、トートロジー（同義反復）でしかなく、我々が選択すべき余地はもはやない。余地がないなら、そのことを「〜すべき」と主張することも無意味になる。「〜すべき」と語り得るのは、そのようにならない余地と、その可能性の中から選び取れる自由があってのことだからである。

　先ほど、将来世代との衡平の問題を取りあげて、過去の人びとの行動分析から、将来の指針を導きだすことはできないはずだと指摘した。
　この議論の問題点は、一見したところ、過去の事実が将来にも必然的に妥当すると論じているにもかかわらず、その具体的な論証が不足している点にあるように思われる。
　しかしこの論法の誤りは、実はもっと根本的なところにある。過去の傾向が将来にも必然的に妥当するはずだから、将来もそうすべきだと論じようとすることは、すでにその時点で、論理として破綻しているのである。過去がこうだったから未来もこうなる。それが必然なら、そのことについて「〜すべき」などと論じる必要はない。それは選択

の余地のないところで可能性について論じていることになるわけで、端的にいって論理矛盾なのである[10]。

　溝があるということは、我々にとって困難である。けれども同時に、それは、我々の自由の一部を構成しているのかもしれない。こうした溝があればこそ、我々には可能性があり、また、社会の中で意見を交換しあうことに意味が生まれる。

【ヒントその8：規範と記述】

■規範的論述と記述的論述との識別には重要な意味がある。
■もしも仮言命法が何らかの規範を主張しているなら、その主張の核心を探しあてなくてはならない。
■記述的論述と規範的論述とを論理必然的に結びつけることは不可能である。ただし、両者の間の溝を狭めることなら可能だし、そのための努力にも意義がある。
■残された論理の溝の存在は、きちんと受け止める必要がある。

10　一方、類似の論理構成であるように見える、環境クズネッツ曲線の論議の場合には、この指摘は必ずしも妥当しない。なぜなら、必然的に環境クズネッツ曲線に沿わざるを得ないとしても、そのプロセスを早めたり遅めたりすること、つまり行動選択の余地がなお残されているからである。だからその可能性の範囲において、規範的な論述を行うことには意味がある。

第2章 社会について考えるということ

第2節 社会の改善 ——パレート最適とパレート改善

「よい社会」とはいかなる社会か？

　よい社会のあり方について考えるには、まず、その「よい」とはいかなる意味なのかをはっきりさせておく必要がある。そこで本節では、「よい」社会状態とはどういう状態か、あるいは、「改善」とみなせる社会変化はどのようなものかについて見ておくことにしたい。

　評価のための視点はいくつもあるが、社会にはあらゆる財が不足しているので、財を効率的に活用できているかどうかということが、少なくとも重要な視点のひとつになる。そして、いまのところ、それ以外の視点、たとえば平等であるとか公正であるとかいった視点からの評価方法は、十分に定式化されているとは言い難い。そうした理由から、ここでは、社会状態や社会変化を効率性の視点から評価する方法を取りあげる。

　議論の出発点は、まず、よい社会状態、つまり、最も効率的に財が利用されている状態を定式化することである。この最も効率的な状態は、以下のように定式化することができる。この状態は、「パレート最適」と呼ばれている。

【パレート最適 (Pareto Optimal)】
　社会の成員間で財の配分を変化させ、いずれかの成員の効用を増加させようとすれば、他の成員の少なくとも一人の効用が不可避的に低下してしまうような状態。

　かみ砕いていえば、ある人を得させようと社会状態を変化させれば、必ず損する人も出てきてしまうような社会状態である。たとえば、第1章で取りあげた2つのケーキを二人の兄弟で効率的に分けた時の最終的なケーキの配分が、パレート最適の一例である。

このことをエッジワースボックスで確認しておこう。第1章のエッジワースボックスをもう一度振り返ってみてもよいが、あの事例では限界代替率の逓減の説明を後に回した関係上、無差別曲線を直線として仮定しており、あまり一般的な図面ではない。通常は、限界代替率の逓減の公理を強調するため、無差別曲線は原点に向かってはっきり凸の形で描かれる。そこでここでは、（兄弟で2つのケーキを分けるという前提は変更せずに、）無差別曲線を原点に向かって凸の曲線として引き直し、新しいエッジワースボックスをつくって考えることにしよう。

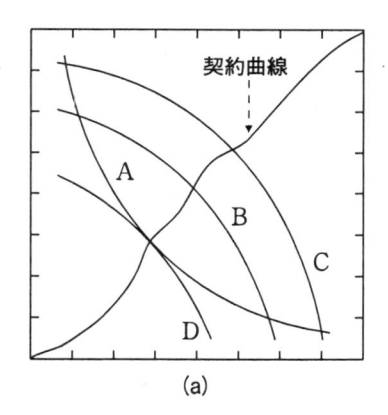

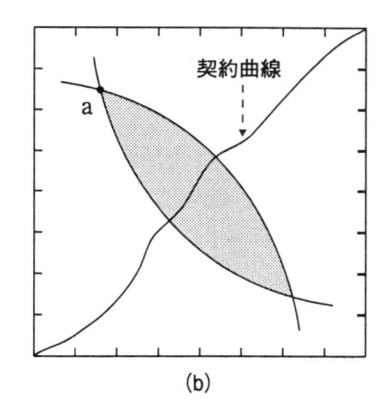

図2-2 エッジワースボックス（その2）

　兄弟それぞれの無差別曲線は、1本毎に相手側の無差別曲線の1本と必ず1点で接する。たとえば図2-2(a)のように、兄の無差別曲線Aを取りあげると、これと交わる弟の無差別曲線は、B、Cなど無数に見つけることができるが、接するのは唯一Dのみである。そして、兄弟の無差別曲線が接する点を結んでいくと、ボックス内に1本の線が示される。この線上の財の配分が、パレート最適な配分にほかならない。ちなみにこの線は、「契約曲線」（contract curve）と呼ばれている。
　契約曲線上の点がパレート最適であることを、逆にこの線上に乗っていない点がパレート最適ではないということから調べてみよう。たとえば図2-2(b)中の点aをと

る。点aは契約曲線上の点ではないから、両者の無差別曲線は必ず交差し、グレー部分のような領域を形成する。そして、この領域のすべての点は、点aを通る兄の無差別曲線の右上の領域に位置し、同時に、弟の無差別曲線の左下の領域に位置するから、兄から見ても、弟から見ても、点aよりも効用レベルが高い状態である。つまり、グレーの領域内の任意の点に移動させてやれば、兄弟は双方ともに以前よりも満足が大きくなる。こうして契約曲線上にない任意の点はパレート最適な状態にはなく、契約曲線上の点のみがパレート最適であることがわかる。

さて、パレート最適は、社会がよい状態にあることのひとつの証左とされる。確かにそれは、効率性の観点から見て理想的な状態を指し示す。ただし、この図でいえば契約曲線上の状態はすべてパレート最適なわけで、パレート最適な状態というのは一般的にいって無数にある。だから、パレート最適を最適な社会状態を探る指針にしようとしても、それは唯一の社会状態を特定しない。

また、パレート最適な状態の中には、どう見ても好ましいとはいえない状態も含まれている。すべてを兄が持っている配分も、逆にすべてを弟が持っている配分も、パレート最適な状態のひとつである。だから、パレート最適な状態が、効率性の観点から見て理想的な状態であるとはいっても、パレート最適でない状態から、パレート最適の状態に移行することが、常に望ましいとは言い切れない。

次に、状態ではなく変化の評価、つまりどういった変化を社会の改善と言い得るかということについて考えよう。社会変化を評価するための基準には、2種類の代表的なものがある。まずひとつは、「パレート改善」と呼ばれるものである。これは、以下のように定式化できる。

【パレート改善 (Pareto Improvement)】
　社会の成員の少なくとも一人の効用を増加させ、それ以外の人の効用も、現状より低くなることのない社会変化。

つまり、状態がよくなる人だけがいて、わるくなる人が一人もいない社会変化を指し

ているわけで、これを改善というのは見やすい道理だろう。これは、パレート最適のように、我々の道徳判断に明らかに背反するようなものを肯定的に評価することはないので、異論が出にくい評価基準であるといえる[11]。具体的には、たとえば、先の図2−2(b)中の点aの状態から、グレーの領域内のいずれかの点に移行することがパレート改善である。

なお、パレート最適についての議論とパレート改善についての議論は明確に区分されていないことも多く、たとえばひとことでまとめて「パレート基準」と呼ばれたりする。しかし、両者は評価の対象からして異なるまったく別の考え方なので、はっきり分けて考える方がよい。パレート最適が「無駄のない状態のこと」なのに対し、パレート改善とは「無駄を少なくすること」を意味している。

パレート改善は、変化前と変化後とを相対的に評価する考え方だから、パレート改善したからといって、直ちにパレート最適な状態になるとは限らない。しかしながら、パレート改善を幾度となく繰り返し、もうそれ以上の改善は無理という段までいけば、パレート最適になる。

こうしてパレート改善を繰り返して到達されるパレート最適な状態は、改善前の社会状態を特定すると、一定の範囲内に収まることがあらかじめ見通せる。たとえば図2−2(b)の点aから出発してパレート改善を繰り返せば、この点を通る二人の無差別曲線によって挟まれた契約曲線上のどこかに落ち着くはずである。なぜなら、その外側のパ

---

11 ただし、パレート改善は非常に多くの場合に望ましい状態変化といえるだろうが、必ず望ましいとまでは言い切れない。たとえば、パレート改善かどうかは各個人の選好を所与として判断するから、もしおかしな選好を持っている個人がいると、その選好を前提に成立したパレート改善は他の重要な判断基準に抵触するかもしれない。

また、各個人が将来について異なる見込みを持っていたとすると、その結果として、ある社会変化がパレート改善であると判断される可能性がある。実はどちらの見込みが正しいにせよ、見込みの間違っていた個人の効用レベルは低下するとしてもである。

さらに、たとえある状態変化が真にパレート改善と評価できるとしても、社会状態の変化は一般にその後の技術開発や社会制度の変化に関する可能性の範囲、つまり選択肢を制約するから、そうした制約を考慮すれば、直ちにそうしたパレート改善な状態変化を起こすべきかどうかには議論の余地がある。不平等条約が真に両国を利するものだとしても、それが一方の属国的地位を固定化してしまうのだとすれば、それを是とするわけにはいかないだろう。

レート最適に到達するためには、必ず一度は、パレート改善でない社会変化を起こさなくてはならないからである。これは、パレート最適な状態の中でも、現状からの改善といえる状態とそうでない状態とがあることを示している。

なお、パレート改善の余地がある場合には、自主的な財の交換が起こると予想できる。だから、はじめに点aの状態におかれた兄弟は、自分たちで自主的に財を交換し、やがて、契約曲線上のこの範囲内の1点に落ち着くことになるだろう。

パレート改善の機会の存在、あるいはその実現は、しばしば観察することができる。市場における財の交換は、財の交換前からのパレート改善である[12]。それは、消費者にも、生産者にも便益(利益)をもたらし、損をする者を生み出さない。これは、市場というシステムの大きなメリットのひとつである。

さてここで、プロジェクトや政策の評価ということを考えてみよう。プロジェクトなり政策なりがパレート改善をもたらすなら、その実施には相当の説得力があるはずである。ただ残念なことに、パレート改善と評価できるようなプロジェクトは、おそらくあまり多くない。なぜなら、パレート改善の機会の多くは、すでに市場などによって自律的に実現しているはずだからである。

たとえば、道路をつくれば、利用者が便益を得る一方で、周辺の人びとは、大気汚染や騒音で苦しむかもしれないし、あるいは道路建設のために土地を明け渡さなくてはならないかもしれない。ある土地が国立公園に指定されたら、その土地の所有者は自分の土地を自由に改変できなくなるかもしれないし、土地に足を踏み入れることすら困難になるかもしれない。こうして、プロジェクトや政策が実施される時には、とても多くの場合、便益を得る人と損害を被る人が発生する。

したがって、パレート改善の考え方は、異論が出にくい反面で、プロジェクト評価などの場面では利用の機会がかなり限られるという難点がある。このため、パレート改善よりも、もう少し多くのプロジェクトや政策を好ましいと評価でき、しかも、それ相

---

12 ただしたとえば、財の生産や消費によって公害が発生する場合、市場取引はパレート改善ではない。このことについては、次章で詳しく見る。

応に説得力を持った考え方が参照されることが多い。それは、損害を被る人が生じるような社会変化であっても、場合によっては現状からの改善であると裁定をくだすのである。この評価基準は、「潜在的パレート改善」と呼ばれている。

【潜在的パレート改善(Potential Pareto Improvement)】
　その社会変化の後に、仮に財を適切に再配分したとすると、変化前と比較してパレート改善とすることが可能な、社会変化。

　つまり、社会変化後の財の配り直しによって、損害を被る人がいなくなり、かつ、プラスの便益が残るのなら、そうした社会変化は改善とみなしてよいではないかということである。
　なお、潜在的パレート改善は、実際の財の再配分を求めるものではない(実際に再配分してしまったら、ただのパレート改善である)。これが重要な点である。実際に財の再配分をしなくとも、そうした社会状態の変化を改善とみなそうというのである。というのも、全員が満足するわけではないにせよ、皆の間で分けるべき「パイ」は大きくなったとはいえるだろう、ならばその限りでよい変化だといってもいいではないかということなのである。

　潜在的パレート改善の機会は、パレート改善の機会よりもはるかに多いと予想されるから、それだけ実用性が高くなっているといっても間違いではない。
　実際、潜在的パレート改善の考え方は広く採用されている。たとえば後に見る費用便益分析の考え方は、基本的に潜在的パレート改善の考え方を根拠としたものである。

　しかしながら、潜在的パレート改善の考え方には、かなり問題もある。
　まずひとつの問題は、社会状態Ⅰ→社会状態Ⅱが潜在的パレート改善であり、同時に社会状態Ⅱ→社会状態Ⅰも潜在的パレート改善であると評価できてしまうことが(もちろん必ずというわけではないが)あり得るということである。つまり、状態を変化させることも、元に戻すことも、同時に「改善」であると判断してしまう場合がある。したがって、この基準にしたがってプロジェクトを選択しようとしても、判断が循環を繰り

第2章 社会について考えるということ

返す可能性が残る[*13]。

このことを簡単な例で確認しておこう。ミカン好きな兄とリンゴ好きな弟の二人の間で、2つの財（リンゴとミカン）を配分した2つの社会状態（状態Ⅰ、状態Ⅱ）を考える。さらに、それぞれの社会状態について、財を再配分した社会状態（状態Ⅰ′、状態Ⅱ′）を考える（表2－1）。

表2－1 潜在的パレート改善の判断の循環

	兄 （ミカン好き）	弟 （リンゴ好き）		兄 （ミカン好き）	弟 （リンゴ好き）
状態Ⅰ	リンゴ1 ミカン1	リンゴ0 ミカン1	状態Ⅱ	リンゴ0 ミカン0	リンゴ0 ミカン4
状態Ⅰ′	リンゴ0 ミカン1	リンゴ1 ミカン1	状態Ⅱ′	リンゴ0 ミカン2	リンゴ0 ミカン2

この時、状態Ⅰと状態Ⅱとは、一方が他方のパレート改善であるというような関係にはない。しかし、状態Ⅰから状態Ⅱ′への変化、および状態Ⅱから状態Ⅰ′への変化は、いずれもパレート改善である[*14]。このことから、状態Ⅰから状態Ⅱへの変化も、状態Ⅱから状態Ⅰへの変化も、同時に潜在的パレート改善であると評価されてしまうのである。

潜在的パレート改善とは、社会変化によって配分すべきパイが大きくなるのなら、パイの配分方法にかかわらず、その社会変化を改善と評価しようという考え方である。し

---

13 なお、この原理の改良により、こうした論理的な不整合を生じないようにすることも可能である。しかし、そうして改良された原理は、適用可能範囲が非常に限定されてしまうので、わざわざパレート改善よりも適用範囲の広い原理を見つけようとしてきた意味が損なわれる。つまり、ここにはトレードオフがある。問題の少ない原理では適用範囲が狭くなるし、適用範囲を広げようとすると問題が大きくなる。

14 兄は（リンゴ0、ミカン2）＞（リンゴ1、ミカン1）、弟は（リンゴ1、ミカン1）＞（リンゴ0、ミカン4）という選好を持っている。

かしながら、人によって財の大きさを評価する尺度（＝選好）は異なる。したがって、ある社会変化を、パイが大きくなったと考える人もいれば、そう考えない人もいるということである。

　もうひとつの問題点は、論理よりも、むしろ価値判断にかかわっている。潜在的パレート改善は、実際に財の再配分をしなくても、そうした社会変化を改善とみなす。しかし、それを本当に改善と呼ぶべきかどうかについては、これまでも多くの異論が挟まれてきた。実際のところ、被害を受ける人が大量に発生するようなプロジェクトや政策であっても、潜在的パレート改善の要件を満足することはあり得るわけで、潜在的パレート改善かどうかをひとつの検討材料とするのはよいとしても、それだけをもってプロジェクトの是非を判断するのはおかしいという声が挙がるのは当然だろう。つまり、潜在的パレート改善の考え方は、効率性のみに焦点をあてており、平等性などの観点が欠如している。

　上記の問題とも関連するが、同じような変化をもたらすプロジェクトであるにもかかわらず、単に便益や被害を受ける主体が違うだけで、潜在的パレート改善であるかどうかの判断が異なってしまう場合があるということも、問題のひとつである。そうした判断の変化が各個人の選好の違いを反映したものならそれでもいいのかもしれないが、選好の違いがなくても、そうしたことは起こり得るのである。
　便益を受ける人が損害を被る人に十分な金銭的補償をしたとしても、なお便益が残ると見込める社会変化は、潜在的パレート改善である。これは、得をする人がその社会変化を起こすために支払ってもよいと考える金額の合計が、損をする人がその変化を受け入れるために最低限受けとる必要があると考える金額の合計を上回るということである。だから潜在的パレート改善かどうかの評価は、当事者の資金力によって大きく変化する可能性がある。便益を受ける人が大富豪で損害を受ける人が貧しい人びとであった時に潜在的パレート改善であると判断されたプロジェクトが、逆に便益が貧しい人びとに、損害が大富豪に及ぶとなると、潜在的パレート改善と判断されないということが起こり得るのである。

こうした問題点は確かに深刻なものである。しかしながら、これらの点については、次のように考えることも可能である。

まず、すべての潜在的パレート改善な社会変化について、論理矛盾や所得の違いによる判断のズレという問題が生じるわけではないから、問題が生じない、あるいは少ないと判断できる場合に限って、潜在的パレート改善の考え方を適用することにすればいいだろう、という考え方が成り立つ。たとえば、各個人の選好が類似しており、しかも所得水準にもそれほど差がないならば、潜在的パレート改善を基準としてプロジェクトの是非を判断しても、問題が生じる蓋然性は低いはずである。あるいは、多くの人びとが口を揃えてパイは大きくなっているというのなら、そのプロジェクトを採択しても、まず問題はないに違いない。

平等にかかわる問題については、主として2つの対処方法がある。ひとつは、特定の個人なり集団なりを意図的に利したり害したりするのでない限り、潜在的パレート改善を指針にしてかまわないという考え方がある。なぜなら、潜在的パレート改善は、確かにひとつひとつのプロジェクトや政策だけを取りあげれば便益を受ける人と被害を受ける人とを生むから不公平には違いないが、非常に多くのプロジェクトや政策がこの基準に基づいて実施されれば、ランダムに便益と費用が割り振られるので、やがてどの人をとっても便益が費用を上回ることになり、パレート改善が達成されるだろうと予想できるからである。

もうひとつは、潜在的パレート改善が問題なのであれば、実際に財の再配分を実施して、パレート改善にしてしまえばよいという考え方がある。ただし、プロジェクト毎にその都度再配分を行うのは、必要な情報の入手困難性からしても、またその手続きの煩雑さからしても、ほとんど現実的ではないので、通常は、個々のプロジェクトとは独立に所得の再分配政策を実施することなどが構想される。

以上見てきたように、社会状態の変化を評価するための考え方としては、パレート改善や潜在的パレート改善の考え方がある。

確かに、特に潜在的パレート改善の考え方には決して見過ごし得ない問題点があるし、また、社会変化の是非を考える時には、このほかにも数多くの視点が必要となることも間違いない。けれども、パレート改善や潜在的パレート改善の考え方については、

まずは効率性の視点の明確な定式化に成功しており、しかも、一定の実用性のある基準として成り立っているという点で、正当に評価する必要があるだろう。

【ヒントその9：パレート最適とパレート改善】

■パレート最適とパレート改善とは、区別して考える必要がある。
■パレート最適である財の配分は、効率性の観点からする限り、「よい」社会状態である。しかしパレート最適は、極めて不公平な財の配分をも是としてしまう可能性がある。
■パレート最適でない状態からパレート最適な状態に移行することが「よい」変化であるとは限らない。
■パレート改善は、「よい」変化である。しかし、実際にそうした変化を起こせる場面はさほど多くない。
■潜在的パレート改善は、場合によっては「よい」社会変化である。しかしあくまで、場合によっては、である。
■パレートの考え方でいう「よい」社会状態・社会変化とは、効率性がよいという以上のことを意味するものではない。あるべき社会の姿を考える際には、それ以外にも検討すべき様々な論点が存在する。

第3節 経済学的コスト

経済学的コストとは何か？

　たとえば、「ダイオキシンの問題は命にかかわる問題だから、コストにかかわらず最大限の対策を講じるべきである」とか、「コストが高くつきすぎるという理由で、米国は京都議定書を締結しない決断をした」といったような議論を聞いたことがあるだろう。いまや、コスト（費用）という言葉は、環境問題をめぐる論議にも頻繁に登場するようになってきた。

　とはいえそうした議論の中にあって、コストという言葉が正確にはどういったことを意味しているのか、理解が共有されているとは必ずしもいえないように思われる。意味がぼやけたままにコストという言葉が用いられることも少なくなく、議論が混乱している場合が見受けられる。

　おそらくそれは、コストという言葉が日常用語であるということにかかわっている。日常用語はもともと意味を定義して使うようなものではないから、そこには曖昧さがどうしても入り込む。もちろん一般論としていえば、こうした言葉の曖昧さを一概にわるいとは決めつけられないだろう。日常的には、それが対話の潤滑油になることもあるからである。

　けれども、社会のあり方について議論をするとなれば、それは決して好ましいことではない。混乱を避けるためにも、意味は明瞭である方がよい。まして、コストといった鍵になる言葉であれば、その解釈次第で主張の意味も大きく変わってくるし、聞き手の賛成・反対の立場さえ逆転する可能性もあるからなおさらである。こうした議論に用いるのであれば、コストという言葉の意味をはっきりさせておくことは是非とも必要なはずである。

郵 便 は が き

料金受取人払

港北局承認

3214

差出有効期間
平成17年2月
25日まで
（切手不要）

2 2 2 0011

横浜市港北区菊名3-3-14
KIKUNA N HOUSE 3F
清水弘文堂書房ITセンター
「アサヒ・エコ・ブックス」
編集担当者行

|..|..|||..|..|..|..|..|..|..|..|..|..|..|..|..|..|..||

Eメール・アドレス（弊社の今後の出版情報をメールでご希望の方はご記入ください）

ご住所

郵便NO. □□□-□□□□　お電話　（　　）

(フリガナ) 芳名	男・女	明・大・昭 年生まれ	年齢 歳

■ご職業　1.小学生　2.中学生　3.高校生　4.大学生　5.専門学生　6.会社員　7.役員
8.公務員　9.自営　10.医師　11.教師　12.自由業　13.主婦　14.無職　15.その他（　　）

ご愛読雑誌名	お買い上げ書店名

環境問題を考えるヒント　　　水野 理 著

●本書の内容・造本・定価などについて、ご感想をお書きください。

●なにによって、本書をお知りになりましたか。
　A　新聞・雑誌の広告で(紙・誌名　　　　　　　　　　　　　)
　B　新聞・雑誌の書評で(紙・誌名　　　　　　　　　　　　　)
　C　人にすすめられて　D　店頭で　E　弊社からのDMで　F　その他

●今後「ASAHI ECO BOOKS」でどのような企画をお望みですか？

●清水弘文堂書房の本の注文を承ります。（このハガキでご注文の場合に限り送料弊社負担。内容・価格などについては本書の巻末広告とインターネットの清水弘文堂書房のホームページをご覧ください）
http:homepage2.nifty.com/shimizukobundo/

書名	冊数

書名	冊数

第3節 経済学的コスト

　そこで本節では、経済学的コストという概念について論じていきたい。経済学の中では、コストという概念は、きちんと確定された意味を持っているし、それは社会分析の道具としても非常に有用なものと思われるからである。

　ただし、経済学的コストは、日常用語としてのコストとは、その意味がかなり異なっている面がある。そこで本節では、その意味の違いを意識しながら、議論を進めていくこととしたい。

　ではまず、経済学的概念としてのコストがどういうものか、ごく身近な具体例でイメージを掴むことから始めよう[15]。

　ある女性が、大好きなバッグがバーゲンセールに出ているのを見つけた。バッグは4,000円だから、とても安い。さて出かけようか、どうしようか、彼女は悩む。とはいえいくらバッグが安くとも、それだけでは、彼女は買いに行く決心はできないだろう。たとえば、バーゲン会場までの交通費が3,000円もかかるとわかったら、彼女は行くのをやめるかもしれない。

　では、友達がタダで車に乗せていってくれるとしたらどうだろう。正真正銘、彼女が払わなくてはいけない金銭は4,000円だけだとするのである。とすれば、彼女は絶対に買いに出かける、そう予想してもよいだろうか？

　いや、それでも彼女が出かけるとは決めつけられない。なぜなら、往復に2時間もかかるとすれば、バッグを買いに行くより、映画を見たり、読書したりする方がよいと思うかもしれないからである。

　つまり、彼女がバッグを買いに行くかどうかは、バッグそのものの値段だけでは決まらない。バッグ自体の値段に加えて、交通費や、往復時間などにもよるのである。

　ここで、彼女がバッグを買うためのコストについて考える。通常の、つまり日常用語的意味からすれば、それはおそらくバッグ代の4,000円か、せいぜいそれに交通費（友達の車に乗せてもらえば、これはゼロである）を加えた額のことを意味するだろう（そのどちらかさえはっきりしないのが日常用語の曖昧なところだ）。ところがいま見てきたように、バッグを買いに行くかどうかを決めるにあたっては、彼女はこうした金額だけで

15　なお、しばらくの間、再び個人という単位に着目することになる。

第2章 社会について考えるということ

なく、往復の時間も考慮に入れる。バッグを買うためには、バッグ代や交通費と同じように往復に要する時間も犠牲にしなくてはならないからである。だとすれば、この所要時間をバッグ代や交通費と区別して考えるべき理由は見あたらない。どれも犠牲になった財という点で違いがない以上、これらを分け隔てなく取り扱った方が話の筋が通っている。そこで、経済学では、これらを一括してコストと呼ぶ。

つまり、とりあえず式で表せば、

(経済学的コスト) = (バッグ代 4,000 円) + (交通費 0 円) + (所要時間 2 時間)

(2 - 1)

ということになる。

もちろん、バッグ代や交通費と所要時間 2 時間とはそのままでは足し合わせることができないから、この式は奇妙だ。では、どうするか？ 所要時間の単位を「円」に揃えればいい。そしてそのためには、第 1 章で説明した代替性の概念を利用することができる。

思いだしてみよう。代替性とは、簡単にいえば、すべての財は交換が可能であるということだった。この考え方によれば、所要時間 2 時間も、金銭という財と交換できる。ということはつまり時間を貨幣価値に換算できるということだから、そうすれば、すべてを金額として合計できるようになるのである。

なお、所要時間の金銭への換算は、彼女の選好に基づいてなされるべき私的な性格のものである。彼女自身が 2 時間という時間をいくらに相当すると考えるのかが、貨幣価値換算の基準となる。

さて、このように考えてくると、先ほどの式は次のように書き直すことができる。

(経済学的コスト) = (バッグ代 4,000 円) + (交通費 0 円) +
    (所要時間 2 時間の彼女自身による貨幣価値換算値)

(2 - 2)

このように、経済学的コストは、金銭のやりとりのみに関心があるわけではない。どのような財であれ、犠牲となったもの、失われたものをすべて考慮に入れるのである。なぜなら、犠牲になったという点で、金銭とその他の財とになんら違いはないからである。したがって、ほぼ金銭のやりとりのみに注意を限定している日常用語のコストの概念と比べて、その概念の広がりがはるかに大きいことがわかるだろう。もちろん考え方の筋も、経済学的コストの方が通っている。

ここでひとまず、経済学的コストを定義しておこう。いま見てきた考え方を一般化すれば、経済学的コストとは暫定的に次のようなものとして規定することができる。

【経済学的コスト（暫定的な規定）】
　ある行為を行う際に犠牲としたすべての財の貨幣価値換算値の合計。財の貨幣価値への換算は、コストを負担する当人の選好に基づいて行うことが原則である。

経済学的コストの算定手法（WTPとWTA）

以上の例で、経済学的コストのイメージをはっきりさせることができた。けれども経済学的コストが個人の選好に基づいて各財の価値を貨幣価値に換算するものだとすれば、詰まるところ個人の主観に頼っているのだから、根拠が曖昧でいい加減ではないか、そんな疑問を持つ人もいるかもしれない。

そこで次に、市場価格を持たない財——たとえばいま見た所要時間のような財——の貨幣価値への換算の具体的な考え方を示すことを通じて、その概念が決していい加減なものではなく、しっかりとした理論的基礎に支えられているということを説明したい。

貨幣価値への換算方法を知るためには、若干の準備が必要になる。まず、前章で見た個人の消費行動の定式化を思い出そう。各個人は、限られた予算の範囲で効用を最大化すべく、購入する財の種類と量を決定し、それを消費するのだった。数式を再度示せば、以下のとおりである。

第2章 社会について考えるということ

$$\max U_i(x_1, x_2, \ldots, x_n) \tag{2-3}$$
$$\text{s.t.} \quad p_1 x_1 + p_2 x_2 + \ldots + p_n x_n \leq M_i$$

U_i：個人 i の効用関数
M_i：個人 i の予算
x_j：財 j の消費量
p_j：財 j の価格

この式2-3を用いて、予算内で得られる最大限の効用レベル（U_i^0）を求めてみる。そのためには、この式の答えを効用関数に代入すればよい。（この式の答えとして算定されるものは、個人 i による各財の消費量 x_j の具体的な値である。ここでは x_j^* という記号で表現することとする）その結果、U_i^0 は以下のように表現できることになる。

$$U_i^0 = U_i(x_1^*, x_2^*, \ldots, x_n^*, e_1, e_2, \ldots, e_m) \tag{2-4}$$

この式2-4では、単に式2-3に $x_1^*, x_2^*, \ldots, x_n^*$ を代入しただけではなく、$e_1, e_2, \ldots, e_m$ という要素を新たにつけ加えている。これらの要素は、通常市場では売られていないが、各市場財（つまり、$x_1, x_2, \ldots, x_n$）と同じように個人に効用を与える、たとえば自由な時間や良好な環境といった財の供給量のことを指している。通常これらの財の供給量（＝消費量）は、各個人がどのような市場財を購入・消費しようが変化しないとの前提で、式2-3の中には明示されていなかった。しかし、これらの財も効用をもたらすには違いなく、その供給量が変化すれば、効用のレベルもそれに応じて変化するから、式2-3の中にも、もともと暗に含まれていたと考えて差しつかえないものである。そこでここでは、これらの要素をあえて明示することにしたわけである。

こうした要素を明示したのは、そのひとつである良好な環境（ここでは、e_1としておこう）の変化量の価値を、個人の選好に基づいて貨幣価値に換算する方法を考えるためである。

第3節　経済学的コスト

もう少し準備を続ける。今度は式2－4を少し変形しよう。式2－3の答えである各財の消費量 $(x_1^*, x_2^*, \ldots, x_n^*)$ は、与えられた予算 (M_i) を前提に、その範囲内で効用を最大化する、財の最適消費量のことだった。一方、当然ながら、購入できる財の限度は、予算と各財の価格によって決まってくる。したがって、式2－3から財の最適消費量を算定できるということは、予算 (M_i) と各財の価格 $(p_1, p_2, \ldots, p_n)$ との組に対して、財の最適消費量 $(x_1^*, x_2^*, \ldots, x_n^*)$ が一意的に決まるということにほかならない。つまり、予算と財の価格さえわかれば、どの財をどの程度消費するかは、効用関数に基づいて機械的に算定できる。

だとすれば、まず式2－3から各財の最適消費量を算定して、次にその消費量を効用関数に代入することによって最大の効用を求めるというもってまわったプロセスを経なくとも、予算額と各財の価格とから、直接、効用レベルを算定できるに違いない。すなわち、予算額と各財の価格とを代入すれば、その条件下での最大の効用レベルを求めることができる関数を導出することができるのである。数式で表記すれば、以下のようになる。

$$U_i^0 = U_i(x_1^*, x_2^*, \ldots, x_n^*, e_1, e_2, \ldots, e_m) \qquad (2-4)$$
$$= V_i(P, M_i, e_1, e_2, \ldots, e_m) \qquad (2-4')$$

上段は式2－4そのものであり、下段の式2－4′がこれを変形したものである。ここでPは、各財の価格 $(p_1, p_2, \ldots, p_n)$ を略記（ベクトル表示）したもの、M_i は予算額である。またVは、Uとは変数が異なるので、別の関数であることを明らかとするために、記号を変えたまでのことである。

ここで、仮に何らかの要因で環境が汚染されたと仮定しよう。環境の汚染は良好な環境 e_1 の供給量の低下とみなせるから、環境が汚染されたということは、e_1 が、$e_1 - \Delta e (\Delta e > 0)$ に減少したことだと表現できる[16]。

---

16 もちろん、大気汚染も水質汚濁も地球温暖化も、環境の汚染と称してひとつの指標で表現するのは乱暴ではある。しかし、必要であればこの指標をそれぞれの問題毎に細分化することは容易であり、しかもその様に表現しても以下の議論にはなんら影響が及ばないので、ここでは簡単のためにひとつの指標だけで示している。

第2章　社会について考えるということ

これを式2－4′に代入して、環境が汚染された後における個人 i の効用レベル（U_i^1）を計算しよう。すると、

$$U_i^1 = V_i(P, M_i, e_1-\Delta e, e_2, \cdots\cdots, e_m) \qquad (2-5)$$

となる。この新たな効用レベル（U_i^1）は、以前の効用レベル（U_i^0）よりも当然低い。すなわち

$$U_i^1 < U_i^0 \qquad (2-6)$$

となっている。

さてこれで、財 e_1 の変化量（Δe）の価値、つまり環境の汚染による環境の価値の低下分を「個人の選好に基づいて」貨幣価値に換算する準備が整った[17]。式2－4′ と式2－5とを使えば、それが可能となる。その基本的なアイディアはこういうことである。

良好な環境の減少、つまり環境の汚染は、いま見たように効用を下げる。一方、予算 M_i の減少も、購入できる市場財の量の低下をもたらすから、それに伴い効用レベルを低下させるはずである（逆に予算が増えれば効用レベルも上昇する）。つまり良好な環境も、予算も、効用レベルに影響を与えるという点で共通している。ならば、環境汚染を、その共通点を軸にして予算額の変化に置き換えることができるのではないか、そして、その置き換えられた予算額の変化分を環境汚染のコストと考えることができるのではないか。アイディアはそういうことである。

このアイディアは2とおりの方法で具体化することができる。それを示したのが以下の2つの式である。

$$U_i^1 = V_i(P, M_i, e_1-\Delta e, e_2, \cdots\cdots, e_m) = V_i(P, M_i-WTP, e_1, e_2, \cdots\cdots, e_m)$$
$$(2-7)$$

---

17 ただし、財の変化量（Δe）の価値そのものが測れるわけではない。財の総量によって財の限界価値は変化するから、ここで測定されるのは、e_1 が $e_1-\Delta e$ まで減少した、そういう状況に限った、財の変化量（Δe）の価値である。

$$U_i^0 = V_i(P, M_i, e_1, e_2, \cdots, e_m) = V_i(P, M_i + WTA, e_1 - \Delta e, e_2, \cdots, e_m)$$
(2-8)

それぞれの式の中で、WTPとWTAと書いた予算額の変化分が、環境汚染のコストである。これらのアプローチを用いることで、環境汚染による環境の価値の低下を貨幣価値に換算することができる。

WTPとWTAの意味と特徴

以上の議論でまず重要な点は、貨幣価値換算の方法には2とおりあるということである。これはつまり、同じ財の、同じ人物にとっての価値であっても、WTPとWTAとの2種類の方法で貨幣価値に換算することが可能であるし、場合によっては2種類の異なる値を導けるということを意味している。だから、ひとくちに経済学的コストを算定するといっても、まず、WTPで算出するのか、WTAを使うのかの判断からスタートしなければならないことになる。

ただ、この点についていかなる結論を出すにせよ、ともかくこの両者の違いを明確に把握しておくことが先決である。そこで、WTPとWTAとは、具体的にはどういったことを意味しており、何が違うのか、その意味と特徴とを順番に見ておくことにしよう。

まず式2-7の中にある「WTP」は、willingness to pay の略である。「支払い意思額」などとも訳されるが、日本においてもWTP（ウィリングネス・トゥー・ペイと読む）と呼ぶことも多いので、本書でもそう呼ぶことにしよう。

式2-7は、環境汚染後の効用レベルと、（環境は汚染前の状態で）予算がWTPだけ低い時の効用レベルとが、等しくなるということを表している。言い換えると、環境が汚染された状態と、環境汚染はないものの予算がWTPだけ少ない状態とが、当人にとっては同じ価値だということである。

たとえば、ある個人の自宅の井戸の水質が急にわるくなったとする。加えて、原因がわからないので誰を責めるわけにもいかないが、ともかく業者に頼めばその水質は確実

に元のとおりになるとする。この場合、料金が高すぎれば彼は業者に依頼しないだろうが、とても安ければ頼まない理由はない。だからその中間の金額には、払ってもよい最大額というものがあるはずである。少ない額から徐々に上乗せしていけば、最大この額までなら払ってもよい、これ以上は無理、と彼が考える額を見つけることができるだろう。これが（最大限の）支払い意思額、つまりWTPである。だから実際の料金がWTP以上なら彼は諦めるだろうし、逆にWTP以下なら業者に依頼するという結果になる。

一方、式2－8の中にある「WTA」は、willingness to accept の略であり、「受け入れ意思額」などとも訳されるが、ここではWTPと同様に、WTA（ウィリングネス・トゥー・アクセプトと読む）と呼ぶこととする。式2－8は、環境汚染後に低下した効用レベルを元の水準まで回復するには、（環境は汚染されたまま）当人にWTAだけ金銭を与えればよいということを意味している。

先ほどの個人は、たとえ井戸の水質が回復されなくとも、十分な金銭をもらえるなら、不満はなくなるに違いない。だから、最低限この額をもらえれば不満は解消する、という額が存在するはずである。これが、（最低限の）受け入れ意思額、すなわちWTAと呼ばれるものである。

WTPとWTAとの違いは、ひとことでいえば、基準となる効用のレベルを、財の量の変化前（環境汚染前）にとるか、変化後（環境汚染後）にとるかの違いである。ただし、常に事前の効用レベルを基準にとるのがWTAで、事後がWTPということではない。いまの例のように財の量変化がマイナスであればそのようになるが、逆にプラスだった時には、事前・事後とWTP・WTAとの関係は逆になる[18]。ともかく、金銭を差しだす方がWTP、もらう方がWTAと考えればよい。

WTPかWTAかの選択に慎重を要する理由のひとつは、それぞれの方法で算定された

---

18 一応式だけ示しておくと、次のとおりである。
$U_i^1 = V_i(P, M_i, e_1+\Delta e, e_2, \cdots, e_m) = V_i(P, M_i+WTA, e_1, e_2, \cdots, e_m)$
$U_i^0 = V_i(P, M_i, e_1, e_2, \cdots, e_m) = V_i(P, M_i-WTP, e_1+\Delta e, e_2, \cdots, e_m)$

値が、しばしばかなり異なるからである。たとえばWTPの方は当事者の財布の中から金銭を支払うことを想定している[19]。だから、どんな財の価値を計測しようとも、その値は必ず予算総額（M_i）以下、つまり、

$$WTP \leq M_i \qquad (2-9)$$

という条件を満足している必要がある。どんな財についてのWTPも、決してM_iを超えることはないのである[20]。これに対して、WTAにはそうした制約がないから、WTAで計測した財の価値は、場合によっては非常に大きな値をとり得る。こうしたことからも、両者の算定値が異なることが直感できるだろう[21]。両者の算定値に差が生じることは、理論的にも実証的にも明らかにされている。

このように実際の推計にあたってWTPとWTAのどちらを選択すべきかという問題や、あるいはどちらを選ぶにしても精度の高い推計が本当にできるかといった問題は、決して小さくない課題として残されている。けれども、「個人の選好に基づいて各財の価値を貨幣価値に換算する」ための方法論は、いま示したようにきっちりと定式化できる。しかもその式に基づいて算定される値は、一意的に決まることになるから、その限りで恣意の入り込む余地はなく、少なくとも理論上は決していいかげんなものではない。

それどころか、およそ経済学でいうコストという概念は、WTPとWTAという2つの概念に基礎をおいているとさえいってよい。実は、市場価格を持っている財も、その市場価格はWTPやWTAを基礎として導かれたものといえるのである[22]。

したがって、市場価格のリアリティーを承認するなら、WTPやWTAの考え方や、それらの考え方を用いて市場価格を持たない財の価値を貨幣価値に換算しようとする議論

---

19 ただしM_iとは、金銭のみならず、資産価値のある所有物すべてのことと捉える必要がある。
20 ただし、M_iという予算上の制約以前に、WTPそのものの有効範囲に上限があるということを理解する必要がある。WTPという概念が成立するためには、財の減少後の効用レベルにまで、予算の削減によって到達することが可能でなければならない。したがって、財の減少が、すべての予算を投げ打つ以上の損失であるのなら、その価値をWTPの考え方で評価することはできない。
21 詳しくは、（Freeman Ⅲ, 1993）や（Hanemann, 1991）などを参照。
22 このことについては、次節で説明する。

を、頭ごなしに拒絶する理由はない。

　もちろん、経済学的コストの考え方に問題がないわけではない。このことについては、これまでもその基礎を支える個人の消費行動の定式化に多くの問題点があるということを整理してきたし、今後もさらに明らかになってくるだろう。しかしながら、「個人の選好に基づいて各財の価値を貨幣価値に換算する」方法論自体が主観的なものに依存しているので信頼できない、したがってその方法論に基礎をおく経済学的コストの概念は有益なものではあり得ない、といった直感的な批判は、ごく控えめにいっても、正鵠を射ているとは言い難いのである。

機会費用（opportunity cost）

　経済学的なコストとは、「ある行為を行う際に犠牲としたすべての財の貨幣価値換算値の合計」のことであると言った。つめていえば、コストとは、「犠牲とした財の価値」である。けれども、「犠牲とした財の価値」とはいったいどういうことだろう。「犠牲とした財」まではわかる。たとえば、交通に費やした時間がそれである。けれどもその時間の「価値」とはなんだろう。その値は、WTPやWTAで計測できるかもしれないが、それは実のところ、何を計測していることになるのだろうか？

　こうして考えてみると、「犠牲とした」とか「価値」とかいった概念にはまだ曖昧さが残っているように思われる。そこでここでは、これらの概念についてもう少し検討を深めてみたい。

　さて、価値とは何かという問題は、正面から向き合えばそう容易に結論が導けるような問題ではない。しかしとりあえず、ある財に価値があるということは、その財を消費することで効用が得られる、つまり満足感や幸福感を得られることだと考えておいてよいだろう[23]。しかしそうなると、価値とは、それぞれの財に備わった特性ではないということになる。そうではなくて、各財の消費に対する人の側からの評価である。そして

---

23 こういった言い方では捉えきれない価値も含め、環境の価値については第4章で再び取りあげることになる。

人びとの評価は、その財をどのように使うかによって変わってくる。だとすれば、財の価値ということを考える時には、財ばかりに目を向けていてもだめで、その財を各個人がどのように使うのかにも着目する必要があることになる。つまり、財の価値を考えるということは、財の用途を考えることでもあるのである。

このことを念頭におきつつ、ある個人が自分の所有地に自宅を建てた場合を考えてみることにしよう。この場合、自宅という財を手に入れるために、(他の財とともに)彼女は自分の所有地という財を犠牲にした、という見方をすることができる。しかしとはいえ、実際問題として、彼女が自宅を建設した後でも、その土地は物理的には存在し続けているわけで、何を「犠牲とした」のかよくわからないところがある。

そこで、彼女が所有地に自宅を建てることの意味を、もう少し遡って考えてみる。前章で定式化したところによれば、すべての個人は最大の効用を生みだす最善の用途に財を使用しようとするはずである。だからこの場合には、自宅の建設が彼女にとって最善の土地利用方法であったということになる。ただし、それがその土地の唯一可能な利用方法だったのかといえば、もちろんそんなことはない。自宅の建設以外にも、貸しアパートの建設、駐車場の整備、あるいは売却など、さまざまなものが考えられる。仮にこれらの用途が実現していたとしても、彼女はそれなりの効用を得ることができたはずである[24]。しかし、彼女の土地はひとつしかない(つまり稀少である)。だから、最大の効用をもたらしてくれる自宅の建設を実現させたのであり、そうすることによって、アパートを建設することも、駐車場を整備することも、あるいは売却することも諦めたわけである。

では仮に、なんらかの理由で、その土地に自宅を建設することができなくなったとしたら、彼女がどう行動するか想像してみよう。もちろんその時には、彼女は残された用途の中で最善の用途、つまり次善の用途(たとえばアパートの建設としておこう)にその土地を用いることになるはずだ。最善の用途がなければこれまで次善だった用途が最善ということになるから当然だろう。そしてこのことは、次善の用途以外の多くの用途

---

24 正確にいえば、駐車場の貸与や土地の売却によって得られた収入を用いて彼女が購入するであろう財の消費が彼女に効用をもたらすのである。

は、最善の用途があってもなくても、いずれにしても実現しないということでもある。そうしてみると、最善の用途に財を用いるということは、事実上、次善の用途との比較の上に立った、いわば二者択一の決断なのだと考えることができる。

要するに、(最善の用途に)財を使用するということは、次善の用途で得られるはずであった効用を諦めることなのである。

こうした考察を経てみると、「犠牲とした」のは、財そのものというよりも、財を次善の用途に用いる機会であると指摘できる。いまの例でいえば、自宅という価値ある財を手に入れるために犠牲になったものは、「彼女の所有地」というよりも、「彼女の所有地に貸しアパートを建てる機会」というべきである。財そのものではなく、その使い道が問題なのだ。

先に経済学的コストを「ある行為を行う際に犠牲としたすべての財の貨幣価値換算値の合計」であると定義したが、ここでの議論を踏まえれば、この定義をもう少し丁寧に、次のように言い直すことができるだろう。

【経済学的コスト】
ある行為を行う際に犠牲としたすべての財を、実現しなかった用途の中で最善の用途に使用した場合に、得られたであろうはずの便益を貨幣価値に換算したものの合計。

なお通常は、実現した用途が最善の用途のはずだから、上の定義でいう「実現しなかった用途の中で最善の用途」とは、次善の用途のはずである。にもかかわらず、ここであえてこうしたもってまわったいい方をしているのは、経済学的コストはどのような決定についても存在するものだからである。つまり仮に、あえて最善の用途以外の用途にその財を用いたとすれば、最善の用途から得られるはずであった便益を経済学的コストと呼ぶことになる。

ともかく、このような考え方に基づいて、経済学的コストは、特定の用途に財を用いる機会を喪失した費用であるという意味で、「機会費用」(opportunity cost)と呼ばれている。なお、この考え方は、財の稀少性ということと関連している。人間の欲望は大き

く、財の量は限られている。したがって財の使用機会のうち、多くの機会は諦めなくてはならない。だからこそ、そこには機会費用なるものが発生することとなる。

先のバッグの例でも機会費用の考え方を確認しておこう。彼女はバッグを買いに行くのに2時間を費やしたが、彼女にとって時間とは、さまざまな用途に使用し得る財である。したがって、買い物のための時間の消費は、他の用途への使用機会の犠牲を意味している。仮に、買い物に行かなかったとしたら、自宅でレンタルビデオの映画を見るとしよう。すると、買い物に所要時間2時間を費やしたことによるコストは、2時間の映画鑑賞から得られるはずであった効用を貨幣価値に換算したものから、レンタルビデオ代などを差し引いたものとなる。犠牲になったのは、映画を見る機会だからである[25]。このことを式で表せば次のようになる。

$$(経済学的コスト) = (バッグ代 4,000 円) + (交通費 0 円) +$$
$$(彼女にとって 2 時間の映画鑑賞の機会を失うことの$$
$$貨幣価値換算値) \qquad (2-10)$$

このような機会費用の考え方が、経済学におけるコスト概念の基礎をなしている。経済学的コストとは、突き詰めていえば、失われた機会の価値のことにほかならない。コストという言葉の語感からすれば、こうしたものをコストと称するのはいささか奇妙に響くかもしれない。しかし、このコスト概念の誕生は、決して理由のないことではない。

というのも、人びとの意思決定は、機会費用に基づいているからである。人びとは、日常用語でいうコストではなく、機会費用の大きさを評価して、自らの行動を決定する。だから経済学では、金銭の支払いに限らず、犠牲になったあらゆる機会の価値のことを指して、コストというようになったのである。最終的に貨幣価値に換算するのだから、幾分パラドキシカルといえなくもないし、そしてそのことがおそらく誤解を生むひとつの要因になっているだろうが、ともかくこうした考え方を採用したことによっては

---

25 したがって、もしも彼女が暇でしょうがなかった——昼寝にすら価値を見いだせないほどである——とすれば、時間の稀少価値はなくなるから、そのコストはゼロとなる。

じめて、経済学的コストは論理整合的な概念として、社会分析の有意義な道具となり得たのだといえるだろう。

私的費用（private cost）と社会的費用（social cost）

これまで取りあげてきたバッグの購入や自宅建設の事例では、コストという名の犠牲は特定の個人によって負担されていた。そこでは、ある人物を特定し、彼（彼女）が犠牲にした財と、その財を利用できたはずの失われた機会とを考えることが、コストを考えるということにほかならなかった。つまり、こうしたコストの概念は、いわば名札つきの、誰それにとってのコストであり、徹頭徹尾、私的な性格を有していた。このためこのコストは、一般に「私的費用」（private cost）と呼ばれている。

しかしコストは、その行為の当事者だけに降りかかるとは限らない。主体的に負担したかどうかはともかく、当事者以外の人びと、それも非常に多くの個人が負担するようなコストもある。環境破壊はその典型例のひとつである。このため、特定の個人にとってのコストと同様に、社会全体にとってのコストという概念を構想することが可能であるし、また必要でもある。これが、私的費用と区別する意味で、「社会的費用」（social cost）と呼ばれているものである。社会的費用とは、ある活動が行われた時、社会全体から見て犠牲にされたすべての財の（使用機会の）価値を貨幣価値に換算して合計したもののことである。社会的費用は、概念的には、あらゆる主体によるあらゆる活動について想定することが可能である[26]。

さて、社会的費用を算定する場合、あらゆる個人に生じた費用を算定し、それらを単純に合計すればよいかといえば、実はそうはいかない。なぜかといえば、私的には費用であっても、社会的には費用でない場合もあるからである。

たとえば、政府が個人消費に課税して、その税収を社会保障にあてた場合を考えよう。この時、その税金は、課税された個人にとっては、私的費用の一部になる。しか

---

26 もちろん、社会的費用がある個人の私的費用と必ず異なるとは限らない。活動がごく私的なものであって、他人に一切の影響を及ぼさないとすれば、結果として、社会的費用はその活動主体の私的費用と一致する。

し、この税金として徴収された資金は、そっくり失業者の収入になる。だから、社会全体から見れば、プラスマイナスゼロである。つまり、この一連のプロセスは、特定の個人から別の個人への資金の移転にすぎず、社会的には何も犠牲になっていないと考えることができるのである。このような場合には、その私的費用（＝税金）は社会的費用には算入されないことになる。

では、何をもって社会的費用と考えればいいのか？　このことを考える上での出発点となるのは、先の機会費用の考え方である。社会的費用も、私的費用と同じく、機会費用の考え方を基礎とする。したがって、視点を個人から社会に移し替えて、先ほどと同様に考察を進めればよい。つまり、社会全体にとって失われた機会は何か、実際行われた活動にその財を用いなかったとしたら、何にその財を使えばよかったのだろうか、と考えていけばよいのである。

その際、何が失われたのかは社会全体の視点から判断しなくてはならないから、その判断が個人の判断と異なるということも当然に起こり得る。つまり、社会的費用と私的費用とを比較すると、機会費用算定の対象となる活動が異なる場合もあるのである。

具体例を取りあげてもう少し見ておこう。たとえば、ある地主がいたとして、彼の視点から見て、

(工場建設による地主への便益)[27]
　＞(遊園地建設による地主への便益)
　　＞(森林保存による地主への便益)　　　　　　　　　　　　(2-11)

という関係が成立し、
また社会全体から見て、

(森林保存による地主への便益)＋(森林保存による他人への便益)
　＞(工場建設による地主への便益)＋(工場建設による他人への便益)
　　＞(遊園地建設による地主への便益)＋(遊園地建設による他人への便益)
　　　　　　　　　　　　　　　　　　　　　　　　　　　　(2-12)

27　ここで利益ではなく便益としているのは、金銭的利益以外の便益が得られることを前提としているからである。

という関係が成立していたと考えてみよう(なおここでは、他人への便益はプラスマイナスいずれの場合もあるものとして考える)。

さて、この土地の実際の利用は、地主の個人的判断によるから、式2-11より、工場の建設ということになる。また、その際の私的費用は、遊園地建設によって得られるはずであった便益ということになる。
　一方、社会的費用は、実現されなかった土地利用のうちで最善の利用方法から得られるはずであった便益ということだから、式2-12より、森林保存による便益ということになる。つまりここでは、私的費用と社会的費用では、費用算定の対象となる活動が異なっていることがわかる。

こうして、社会と個人とでは評価の視点がズレてしまうということは、しばしば起こる。そしてこのことは、次のようなことを含意する。
　すなわち、個人が効用最大化を目指して行動する際には、当人にとってその行動の純便益(私的便益−私的費用)は必ず正(正確には、少なくともゼロ以上)になる。このことは、情報上の制約などがない限り保証される。しかし、その個人の活動を社会全体から評価した場合、その社会的な便益は正となるとは限らない。いまあげた例のように、実現した活動(工場建設)による社会的な総便益(地主への便益と他人へ便益の合計)が、社会的費用(森林保存による社会的な総便益)を下回ることもある。個人的判断に基づく活動は、社会全体から見てみると、最善でないばかりか、マイナス、つまり行われない方が望ましかったということもあるのである。だからこそ、さまざまな活動が社会全体から見て望ましいかどうかを判断する上で、社会的費用の考え方が重要になってくる[28]。

経済学的コストという概念の豊かさについて

　以上見てきたような経済学的コストという考え方は、環境問題を考える上でもとても

---

28 このことについては次章で少し詳しく調べる。

有用である。

　経済学的コストの考え方を知ることによって、費用として考えるべき要素は多岐にわたっていること、とりわけ実際の金銭のやりとりに現れない、市場価格を持たない財の価値の犠牲についても、正当な注意を払う必要があることに、意識を持てるようになるだろう。

　そもそも、コストという言葉の日常会話における使われ方は、いま説明してきた考え方から見ればおおいにズレていることが少なくないから、それに気づくだけでも重大なことである。たとえば本節の一番はじめに、「ダイオキシンの問題は命にかかわる問題だから、コストにかかわらず最大限の対策を講じるべきである」という主張を取りあげたが、この主張は、ダイオキシン汚染という「コスト」を埋め合わせるためにいくら「コスト」をかけてもかまわないと言っているのにほぼ等しいのである[29]。

　最後に、経済学的コストの概念の深みを見るために、ひとつだけ実例をあげておきたい。例として取りあげるのは、自動車利用に伴う社会的費用についてである。表2－2は、(Delucchi, 1997)および(Litman, 1997)を加工・修正して作成している。

　自動車を利用する交通システムを維持するにはどんな社会的費用が伴うかと考えてみれば、車両の製造に要する費用や燃料の消費などはすぐに思いつくだろうし、大気汚染による被害や道路の建設費用なども思いつくかもしれない。しかし、社会的費用に含まれる要素には、そうした要素以外にもずっと多くの種類があることがわかる。

---

29 ただし、これはあくまでほぼ等しいということにすぎない。このことについては、後に再度触れる。

表2-2 自動車利用の社会的費用

- 車両の製造に要する費用
- 燃料の消費
- 車両の運搬・販売・登録などに要する費用
- 保険に要する費用
- 維持管理、修理、洗車、レンタル、牽引などの費用
- 運転時間
- 運転以外の消費時間（車両の手入れ、給油、各種手続き、用品の購入など）
- 道路および関連施設の建設、維持管理
- 駐車場の確保（商用、住宅、公共施設）
- 交通事故による苦痛、被害、死、損失時間
- 騒音、振動、大気汚染、水質汚濁（路面残存物、凍結防止剤の流出など）、地球温暖化
- 廃車処理
- 警察による交通違反、廃車不法投棄などの取締
- 交通事故にかかる消防・救急活動
- その他の行政・司法・懲罰の諸制度の整備・維持
- エネルギー安全保障に要する費用
- 各種研究・開発
- 走行車両に対して覚える恐怖感・緊張感
- 歩行・自転車走行などの妨げ
- 道路および関連施設による生物生息環境などの損失
- 都市構造・機能への影響（自動車利用を前提とした土地利用や公共交通機関の合理化などによる特定グループの交通手段の喪失・各種施設などへのアクセスの困難の増大、あるいは道路によるコミュニティーの分断など）
- 道路、車両および関連施設による景観の変化
  ……など

(Delucchi, 1997)および(Litman, 1997)を参考として作成

この表に関連して、いくつかポイントを指摘しておこう。

まず一点目は、この表では実にさまざまな項目が挙げられているので社会的費用の総額はかなり大きそうだとの印象を受けるかもしれないが、項目が多いだけでは社会的費用が大きいとは限らないし、仮に本当に社会的費用が大きかったとしても、そのことをもって自動車を利用すべきではない云々といった結論を直ちに導くことは適切ではないということである。たとえ社会的費用が大きいとしても、それ以上に社会的便益が大きければ——それが最善の活動水準であるかどうかは別として——それは利用する意義があるということになる。さらに、便益と費用の総額以外のことについても考慮する必要があるかもしれない。だから、費用だけを基準にして活動の是非を判断するのは適切とはいえない。

二点目は、費用の算定は、非常にデリケートだということである。この表には、たとえば交通事故関連の費用といった項目があるが、こうした費用については、交通事故に要した費用を単純に合計すればよいはずだというように考えると、問題を見誤ることになる。なぜなら、仮に自動車がなかったとすると、別の交通手段による事故がいまより多くなる可能性があるからである。したがって、社会的費用には、自動車が利用可能であることに伴って、真に増加した事故の費用だけが加算されなければならない。つまり社会的費用を算定するにあたっては、議論の対象としている機会がなかった場合の仮想的な社会状態、たとえば自動車がなかった場合に人びとはどのように行動しただろうかといったことについての想定をおかなくてはならないのである。この種の問題は、しばしばベースラインの問題と呼ばれ、社会的費用の算定を非常に困難なものにする。

最後のポイントは、ここでは社会的費用の構成要素のひとつとして取りあげているが、「道路、車両および関連施設による景観の変化」などの項目は、すべての個人にとって費用であるとは限らないということである。つまり、道路などの建造物を景観の劣化とみなす人もいるだろうが、その一方で、そのシンボルとしての価値や美しさを積極的に評価する人もいる。人びとの価値観は多様なのである。だとすれば、この景観の変化についての人びとの多様な受け止め方を、プラスもマイナスも両方あわせて評価し、全体として差し引きがマイナスなら費用、プラスなら便益とみなす必要がある。こうして

考えれば、便益と費用が真に一体不可分であるということがわかるだろう。費用のみを切り離した議論は、こうしたわけで、しばしば困難、もしくは不適切になる。

【ヒントその10: 経済学的コスト】

■財は稀少であり、かつ相互に密接な関係があるので、それらの価値を統一的視点で評価する必要が時に生じる。そこで、その評価を可能とするために生まれたのが、経済学的コスト(貨幣価値換算)という考え方である。

■およそあらゆるコストは、WTPやWTAの考え方に基礎がある。したがって、市場価格のリアリティーを認めるのであれば、環境汚染などのコストをWTPやWTAの考え方で貨幣価値換算することに正当性を認めない理由はない。

■論理整合的な議論のためには、金銭のやりとりに現れないコストについても、正当な注意を払う必要がある。

第4節 需要と供給 —— 均衡と社会的余剰

市場価格の確定

　経済学的コストの概念を手に入れたので、次に、財の市場価格について考えてみよう。財の価格はいかにして定まるのか、またそれはどのような意味を持っているのかといった問題を検討し、それによって、「均衡」と「社会的余剰」という2つの基礎概念を手に入れておきたい。
　なおそれは、とりもなおさず、需要曲線と供給曲線とがクロスする、かの有名な図（図2-3）を理解するということにほかならない。

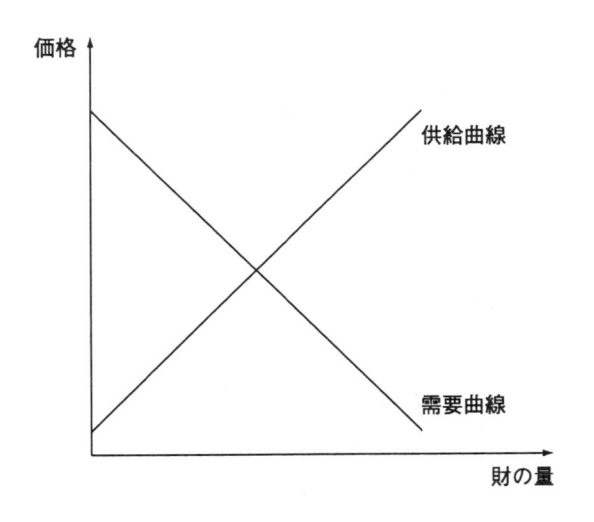

図2-3 需要と供給

　順序として、図2-3とは別のところから議論を始める。

第2章 社会について考えるということ

　ある個人iのリンゴに対するWTPを図示してみる。ひとつめのリンゴに対するWTP、2つめのリンゴに対するWTP、…と順番に並べていくと、図2－4(a)のような図になる。WTPは、ひとつめより2つめ、2つめより3つめと、徐々に小さくなっていくはずである。
　個人jについても同様に、リンゴに対するWTPを並べた図をつくる。個人iとは選好が違うから、形は多少異なることになるが、ともかく同様に右肩下がりの階段状の図ができる。
　こうして社会の成員全員について、同様の図をつくったとする。
　次に、これらの図を重ね合わせて、ひとつの図に合成する。すべての棒グラフを眺めながら、高い棒から順に取りだして並べていくのである。ここでは、iとjの二人だけの場合を示した。一人ずつの時とは傾きが異なるが、やはり、右肩下がりの階段状の図ができる。

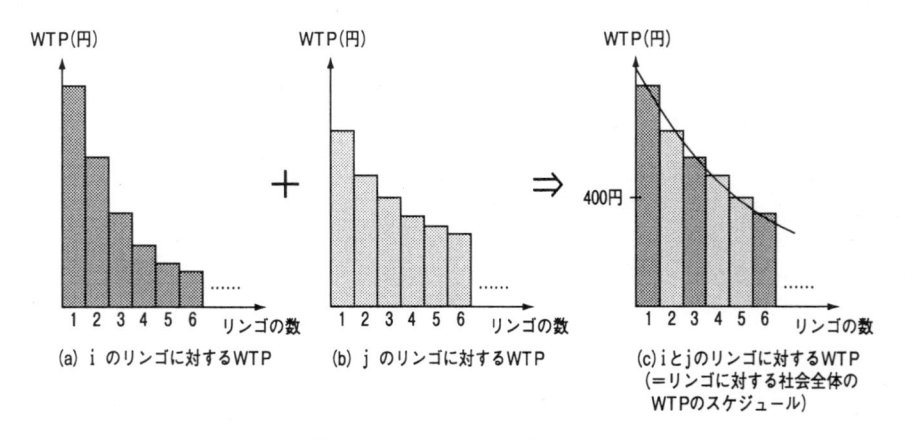

図2－4　WTPのスケジュール

　こうして完成した図2－4(c)は、社会全体から見て、リンゴに対するWTPを大きい順に並べた図ということになる。この図をここでは、リンゴに対する社会全体の「WTPのスケジュール」と呼ぶことにしよう。

第4節　需要と供給

　今度は視点を変えて、リンゴを最も効率的に社会に配分すること、つまり、最大の便益が得られるように配分することを試みる。そして、リンゴ5個なら5個を配った時の、最後のリンゴ（5個目のリンゴ）が社会にもたらす便益、すなわち限界便益を読みとれるグラフをつくることを考える。図2－5に示すように、横軸にリンゴの数、縦軸に便益をとって、横軸の値に対応する縦軸の値を読みとると、リンゴを最も効率的に配った時の、その限界便益がわかる曲線をつくるのである。この曲線は、「限界便益曲線」と呼ぶことができる。

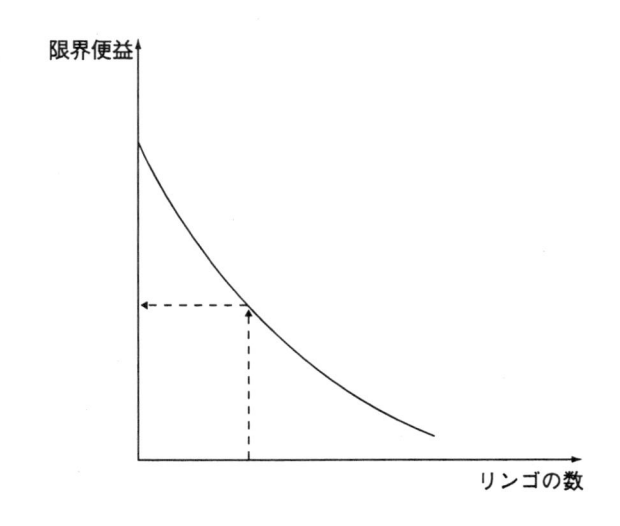

図2－5　限界便益曲線

　ここで再び先のWTPのスケジュールの図に戻って、これが棒グラフではなくて曲線グラフであり、横軸の値から縦軸の値を読みとる関数であったと想像してみよう（図2－4(c)の実線）。すると、1個目のリンゴについては最も大きなWTP、5個目のリンゴについては5番目に大きなWTPの値が読みとれることになる。ということは、5個のリ

ンゴをWTPの大きい人から順に配っていったとして、5個目のリンゴが配られた人が、そのリンゴに対して示すWTPを読みとれるということである。これは、リンゴを最も効率的に配った時の、最後のリンゴが社会にもたらす便益にほかならない。こうして、このWTPのスケジュールは限界便益曲線と一致していることがわかる。

さて、WTPのスケジュールや限界便益曲線は、外からは観察できない各個人のWTPを基礎としたものなので、いわば頭の体操である。ところが実は、この頭の体操としてつくりあげたものが、社会の中で観察できる現象と一致することが知られている。

そのことを見るために、先の図2－4(c)中の実線グラフを、今度は縦軸の値から出発して考えてみよう（ただしここでは、縦軸の値を便益ではなく価格として考える）。つまり図2－6のように、価格から、リンゴの個数を求める関数と考えるのである。図2－4(c)によれば、たとえば400円という価格を代入すれば5個という値が求まる。

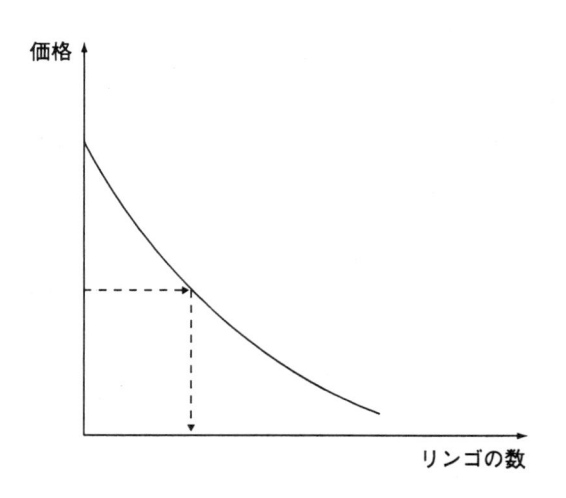

図2－6 需要曲線

第4節　需要と供給

　では、この5個という値は何を示しているのだろうか？　結論からいうとそれは、400円という価格で売れるリンゴの数、つまり需要を示している。なぜならこの図は、400円以上のWTPが示されているリンゴが5個あるということを表現しており、ということは、400円なら買った方が得だという評価が5個分のリンゴについてなされるということにほかならないからである。

　このため図2−4(c)の実線は、図2−6のように縦軸の値から横軸の値を読みとる関数と考えた時には、「需要曲線」と呼ばれる[30]。この需要曲線は、実際の価格と買われるリンゴの数との関係を示しているから、(一定の条件を満たしている市場であれば)市場の動きの中に観察することができる。

　つまりこういうことである。個人のWTPを大きい順に並べたWTPのスケジュールと、財が社会にどれだけの便益をもたらすかを示した限界便益曲線と、価格に応じた財の需要量を示す需要曲線とは、もともとはまったく異なるコンセプトに基づいて作図される。ところが、このまったく別のコンセプトで描かれる3つの曲線が、1本の右肩下がりの曲線に一致してしまう。たった1本の曲線に、これだけのことが詰め込まれているというのは、本当に驚くべきことである。

30　なお、補足しておけば、下図に示したように、ある価格 p の時、個人 i の需要が x、個人 j の需要が y だとすれば、この価格 p に対して、二人あわせて、$x+y$ だけの需要があることになる。だから、二人の個人の需要を合成した需要曲線を作図するには、p に対して $x+y$ をプロットしていけばよい。平たくいえば、各個人の需要曲線をヨコ方向に足し合わせればよいのである。もちろん人数がいくら増えても同じように考えることができるから、社会全体の需要曲線もこの方法で合成できる。

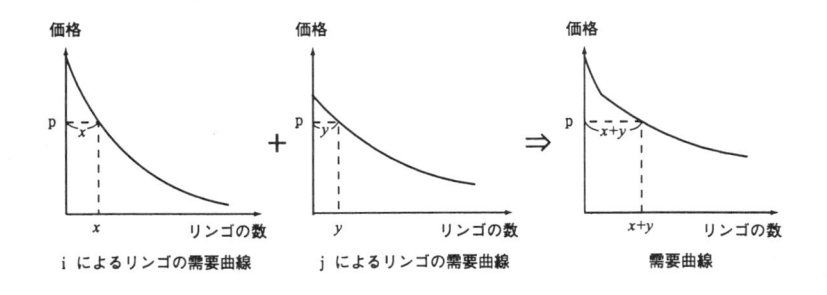

i によるリンゴの需要曲線　＋　j によるリンゴの需要曲線　⇒　需要曲線

第2章 社会について考えるということ

　次は供給曲線の番である。先ほどは消費者の立場から考えたが、次は生産者の立場に立って考えよう。
　今度は、生産費用から考えていこう。リンゴの限界生産費用を示す曲線、つまり、リンゴ10個という横軸の値から縦軸の値を読みとると、10個目のリンゴを生産するのに要する費用が読みとれる図を描くことを考える。
　限界費用曲線は、ある意味で先の限界便益曲線と重要な違いがある。先の限界便益曲線は、WTPを左から大きい順に並べたWTPのスケジュールに等しいから、定義からして必ず右肩下がりの曲線になるということが決まっていた。これに対し限界費用曲線は、財を1単位ずつ追加生産する毎に必要となる追加的費用を並べたものなので、その形は現実の費用に応じて定まり、あらかじめ一定の形になるとは決まっていない。
　曲線の形は、大きく3種類考えられる。単純に増加する曲線、いったん減少してから増加に転じる曲線、そして単純に減少する曲線の3種類である（図2－7）。多くの財の限界費用曲線は、財を少量生産している領域では右肩下がりになり、やがて右肩上がりに転じる軌跡を示すとされている。

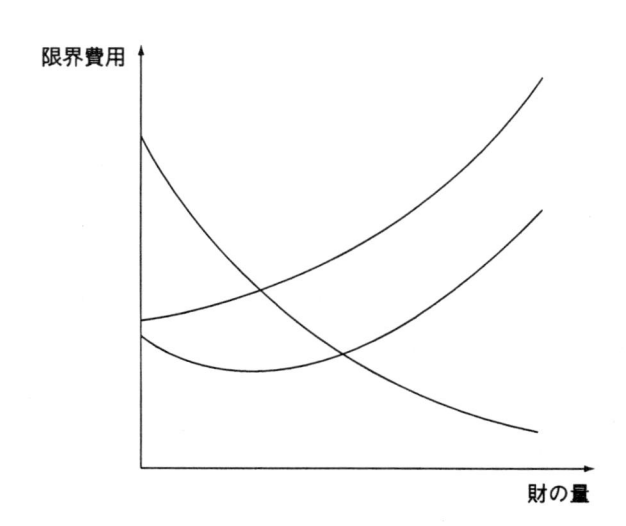

図2－7 限界費用曲線の各種タイプ

少量生産の時は、いわゆる規模の経済が働いて、生産規模を拡大するほど生産効率が上昇するので、限界費用は低下していく。しかし生産規模がある程度以上になると、やがて生産にはあまり適さない土地にもリンゴを植えなくてはならなくなるし、ノウハウを持たない人まで雇わなくてはならなくなるから、生産効率が落ち、限界費用は上昇に転じる。

　ただ、基本的な考え方を理解する上で都合がよいので、ここでは単純な増加曲線の形をした限界費用曲線を仮定して、議論をさらに進めよう[31]。

　限界費用曲線が描けたところで、今度は、リンゴを手放すことについての農家の「WTAのスケジュール」について考えてみる。つまり、リンゴを1個だけ生産した時、2個生産した時、いくら受けとればその1個目、2個目のリンゴを他人に譲る意思があるかということを調べるのである[32]。

　すると、このWTAのスケジュールは、限界費用曲線と一致せざるを得ないということがわかる。これは、およそ生産者は利益の最大化を目指して行動しているのだということを前提とすれば、必ずそうなる。というのも、たとえばリンゴ10個を生産するとき、限界生産費用(つまり、9個まで生産するのにかかった費用に上乗せして、追加的に必要となった費用)よりも少額しかもらわないのでは、その10個目を生産した農家はかえって損をする。だから、彼が10個目のリンゴを生産し、それを手放すにあたって要求する最低限の金額(WTA)は、10個目のリンゴの生産に要した費用になるのである。したがって、WTAのスケジュールも、図2-8(b)の限界費用曲線に一致した形で図2-8(a)のように単調に増加する。

---

31 以下の議論は、限界費用曲線の形状によって若干異なってくる。単純増加以外の曲線型についての議論などについては、必要に応じて、ミクロ経済学のテキストを参照していただきたい。

32 リンゴを1個、2個生産するというのはいかにも非現実的だが、需要側の議論と単位を揃えるためのやむを得ずの措置である。

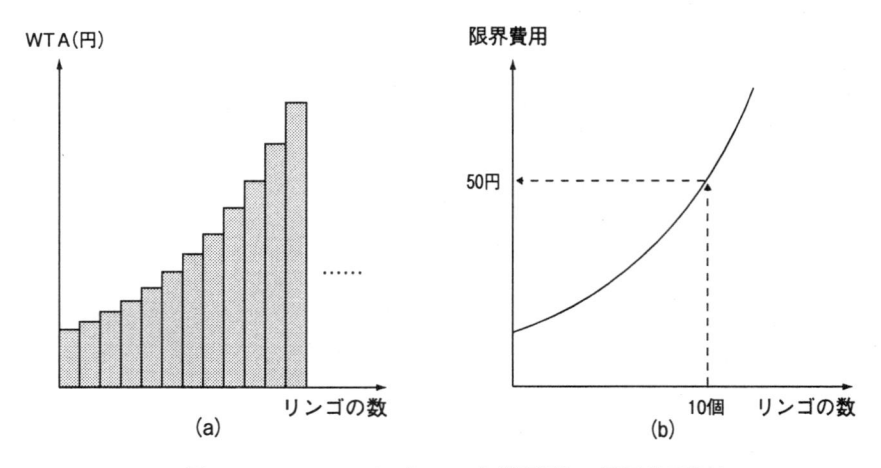

図2−8 WTAのスケジュールと単調増加の限界費用曲線

次に先ほどと同じように、外から観察できないWTAのスケジュールや限界費用曲線を、実際の社会の動きと結びつけることを試みる。

図2−8(b)の曲線を縦軸の値から横軸の値を導く関数と考える（需要曲線の時と同様に、縦軸の値は価格と考える）。するとたとえば、50円という価格を代入すれば10個という値が求まる（図2−9）。

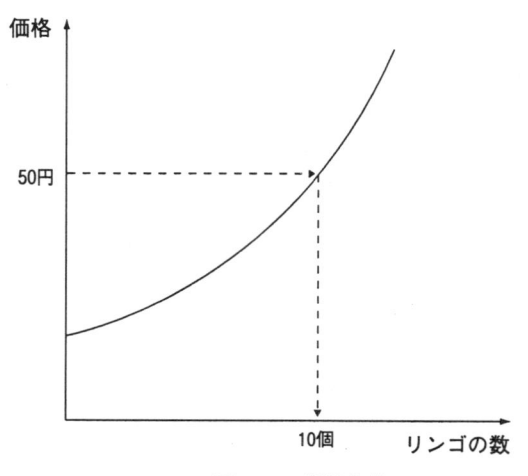

図2−9 供給曲線

第4節　需要と供給

　この10個という値は、1個50円でなら好きなだけリンゴが売れる（購入する消費者が存在する）とした時の、リンゴの生産総量を示している。リンゴの生産費用は、10個目までは50円以下だが、それ以降は50円を超える。だから価格が50円なら、農家は10個までしか生産・販売しようとは考えないのである。

　こうしてこの図は、価格に応じたリンゴの供給量を示しているので、「供給曲線」と呼ばれる。この供給曲線も、実際の価格と生産量との関係を示しているから、（一定の条件を満たしている市場であれば）市場の動きの中に観察することができる。

　ここでも驚くべき一致を見ることができる。財の供給に対するWTAを順に並べたWTAのスケジュールと、財の生産にどれだけの費用がかかるかを示した限界費用曲線と、財の価格に応じた供給量を示す供給曲線とが、1本の右肩上がりの曲線に一致する。

　さて、ようやく需要曲線と供給曲線との交差する図2－3について考える準備が整った。これまでの議論から、市場においては、需要と供給とが一致する場所で、市場価格、生産量、消費量が、同時に、かつ、自律的に決定されるということが帰結する。図2－10でこのことを調べてみよう。

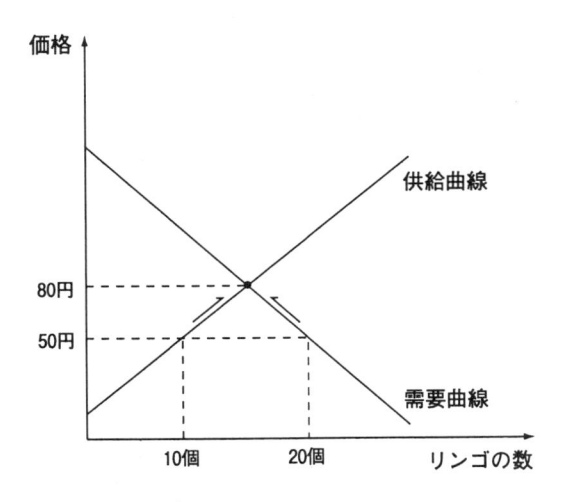

図2－10　価格、生産量、消費量の決定

市場に農家と消費者がやってきて、リンゴを売買するとする。売買するには価格が必要なので、いま仮に、両曲線の交点(80円)よりも安く、1個あたり50円であったとしてみよう。この時、消費者は20個のリンゴを購入する意欲があり、農家はリンゴ10個を生産(供給)したいと考える。

この状態では、10個分需要の方が大きく、それだけ供給が不足している。すると農家は、まだ需要があるので、もっと生産すれば、たとえ値段が高くなっても、まだ売れるはずだと考える。一方、消費者の方には、価格が高くなれば、リンゴの入手を諦める人も出てくる。こうして、リンゴの価格は上昇し、生産は増加、需要は減少して、徐々に供給曲線と需要曲線の交点に接近していく。

逆に、リンゴの価格が両曲線の交点よりも高かったとすると、供給が需要を上回るので、売れ残りが出る。そうなれば、農家は、生産量を減らすことになるだろうし、それによって値段も下がる。一方、消費者の方では、価格が下がってくれば、より多くのリンゴを消費したいと考える。こうして価格が両曲線の交点より高いレベルにあったとしても、需要と供給は、やはり徐々に交点に向かっていくことになる。

こうして財の市場価格は、需要曲線と供給曲線との交点に定まる。そこでは、需要と供給が一致し、生産されたリンゴが余ることも、不足することもなく、きっちりと消費される。また、たとえ一時的な価格のズレが生じても、市場は、自律的にその価格を元の水準に引き戻す。予定調和的ともいえるほどの、見事な市場の作用である。こうした調和をもたらす両曲線の交点は、市場の「均衡点」(equilibrium)と呼ばれている。

この「均衡」の考え方は、経済学では、「限界」の考え方などと並んで、さまざまな問題を解くためのとても重要な方法論のひとつとなっている。

我々は関心のある事項のみに焦点をあてて考えがちであるが、複数の事項のバランスの中で考えてはじめて、ひとつひとつの事項の意味も明らかになる場合がある。このことを、この均衡の概念は教えてくれる。

均衡の限界

 とはいえ、この市場の均衡の考え方をほどよく了解することは、存外に難しい。それはしばしば過剰に重視されたり、あるいは逆に、不当に軽視されたりする。

 そこで次に、ひとつの事例を調べてみよう。ここで取りあげるのは資源の枯渇の問題である。

 1972年のローマクラブの『成長の限界』の発表をきっかけとして、資源の枯渇の問題が一時期さかんに論議されたことがある (Meadows et al., 1972)。著名な専門家たちは『成長の限界』の中で、人口の増加がいまのペースで続き、工業化もさらに進めば、石油をはじめとする地球の有限な資源は底をつき、社会は危機的状況に陥らざるを得ないということをコンピューターシミュレーションモデルを用いて分析・指摘した。

 正直にいうと、当時、筆者もそうだろうと考えていた。いや、コンピューターシミュレーションに頼るまでもなく、水瓶の水をバケツで汲み続ければ、水がなくなるのはあたりまえだ、時期はともかく資源が早晩枯渇するのは事実に違いあるまい。と、そんな風に信じていた。

 しかしそれは間違っている。つまり、石油は枯渇しない。なぜかというと、生産者は利益を上げるために石油を掘り、消費者は効用を得るために石油を消費するからである。

 石油は、掘りだしやすく品質もよいものから、そうでないものまで、さまざまなものが埋蔵されている。生産者は、掘りだしやすく質のよいものから採掘しはじめるが、いずれは採掘困難な地層から掘り出さなくてはならなくなるし、純度の低い原油の精製も必要になる。そのため、生産費用は徐々に高くつくようになり、そのことが石油の価格に跳ね返る[33]。一方消費者は、石油の価格が高くなり、価格に見合うだけの効用が得られないとなれば、石油の消費を徐々に減らし、予算を他の商品の購入に振り向ける。つ

---

33 ただし、新たな埋蔵の発見や技術の進歩が、生産費用の上昇をかなりの程度押しとどめ、時には逆に下げさえするはずである。なおここでは詳しく述べないが、石油が経時的にいかに生産されていくかを厳密に分析するには、経時的な利益最大化についての分析が必要になる。経時的に最大限の利益を得ようとする生産者の行動動機も、石油価格の上昇要因となる。

まり需要は減少し、生産量も減少する。

　こうして、石油の生産量は、需要と供給のバランスの中で定まり、無制限に増産され続けることはない。したがって、やがて大量の原油を地下に眠らせたまま、石油の生産は止むのである。

　これが、市場均衡の考え方から導き出せる、ひとまずの結論である。しかし、この話には続きがある。この先を考えるために、ひとつたとえ話を紹介しよう。

　ある小さな村があった。村にはひとつだけ水場がある。村人は、その水場の水をバケツですくって使っていた。村人たちはこの水場を井戸だと思っていたが、実はこの水場は堅い岩盤で囲われた大きな水瓶のようになっていて、外から水が補給されることはなかった。

　水場の水位は徐々に下がっていったので、水が外から補給されていないのではないかと疑う者も出てきた。彼らはいろいろと調べて、いままでのように水を汲みとれなくなる日が来ること、そしてそれがいつのころかを突き止めた。そして、その推定結果を基にして、もっと水を節約し、水が十分ある間に別の井戸を掘るべきだと主張した。彼らは、「我々の命の水場が枯渇してしまう。だから、いま対策を打たなければ、我々は滅んでしまう」と叫び続けた。だが、バケツに結びつけるロープを少し長くするだけで、いつも同じように水を使うことができたので、ほとんどの村人たちは聞く耳を持たなかった。

　そんなある日、いつものように水場にバケツを降ろしたら、こつんと音がしてロープがゆるんだ。水が底をつきかけたのである。村人たちはようやく深刻な事態に気づいた。彼らは相談して、とりあえずバケツを小さなものに取り替えて、水を汲みだしやすくすることにした。労力は3倍になったが、急場はこれでしのげるだろう。しかし早晩、それでも水は汲み出せなくなるから、このままにしておくわけにはいかない。

　そこで、村人たちは隣村にかけ合って、毎年ヤギ10頭を差しだす代わりに、隣村の井戸を使わせてもらうことにした。ただでさえ貧しかった村は、困窮を極めた。村は、貴重な家畜を手放すことになったし、10キロも先まで水を汲みに行かなくてはならないのだ。そうなってみて、いまさらながらに、村人たちは自分たちの井戸を掘っておけば

よかったとしみじみ思った。が、もはや手遅れだった。まだ自分たちの水瓶の水が十分残っていた時なら、家畜を売れば井戸を掘るための資金はつくれたかもしれない。しかし、いまとなってはそんな余裕はない。

水場の水は、やがて小さなバケツでもすくえなくなった。彼らの生活を支えてきた水場は捨てられた。もっとバケツを小さくすればまだ水はすくえただろうが、それだけの労力をかける価値はない。

もう誰も水場に見向きもしなくなった。水場の底には、いまも水が残っている…。

さて、この話からわかることが2つある。まずひとつは、人びとは後悔をするものだということ、そしていまひとつは、資源がなくならなくても困ることは起こり得るということである。

村人たちは後悔した。それほど早く水を使ってしまうことは、村人たちの本意ではなかった。なぜ後悔することになったのかといえば、村人が十分な情報を持っていなかったから、あるいは、持っている情報を十分に消化できなかったからである。村にも、水をめぐる問題をほぼ正確に言いあてていた人はいた。しかし皆が皆、彼らの話を真剣に聞いたわけではないし、話を聞いた人の中にも、彼らの話を信用しなかったり、あるいはよく理解できなかったりした人が少なくなかった。つまり第1章で述べた「完全情報主義」の前提が成立していなかったのである。その結果、水は無駄に使われ続け、村人たちは後悔することになった。

石油には価格があるから、その価格に導かれて、消費量と生産量は均衡する。しかし、もしも、およそ完全情報主義が成立していないのが現実だとすれば、その市場均衡点は我々の本当の選好を反映しておらず、結果的に、我々は、この村の人びとのように後悔することになるかもしれない。市場均衡が最善の結果をもたらすのは、完全情報主義のようなさまざまな仮定が成立すればこその話である。さもなければ、市場でバランスが見いだされるからといって、それで直ちによしとするわけにはいかないのである[34]。

---

34 なおここでは現実の市場の問題点を、完全情報主義に見いだしているが、実は市場をめぐる問題にはさまざまなものがある。それらについては、徐々に明らかにしていく予定である。

第2章　社会について考えるということ

　重要なのは、たとえ石油がなくならないとしてもその結論に変わりはないということである。つまり石油が枯渇しないということは、石油をめぐる問題が存在しないということの証拠にはならない。実際、村の水はなくなりはしなかったが、それでも彼らは本当に困った事態に陥った。
　市場が不完全でも、市場価格が一定の機能を果たしてさえいれば、石油が完全に枯渇することはないだろう。その意味で、「石油はなくならない。価格の上昇が石油の枯渇を防ぐだろう」という言い方はおそらく正しい。しかし、だからといって、そこに何も問題が存在しないかのようにそれが語られるとすれば、それは違う。
　石油の枯渇をめぐる危機を論じた人びとがそもそも言いたかったこと、すなわち、このまま「無駄につかっていたら」大変なことになるかもしれないという懸念には、一定の正当性がある。いずれ困るかもしれないというのは本当なのである[35]。そして、石油がなくならないという説明は、この懸念に対する真摯な回答とはなっていない。この点で、「石油はなくならない」という言い方には、問題があると言わざるを得ない。

　とはいえ、「石油が枯渇する」という言い方の方も、全面的に肯定するわけにはいかない。こちら側の論法にも少なからず問題がある。
　まずそもそも石油は枯渇しない。価格メカニズムの理屈で反論されると、「もし、いまのまま掘り続ければ」の話をしているだけだから間違っていない、「もし」の話だ、と強弁する者もいるようだ。しかし、価格メカニズムがまったく機能しないと考えることは、おそらく価格メカニズムが完全に機能すると考えること以上に、非現実的な想定である。
　石油は、獲得できる利益や効用に見合う限りで採掘されるのであって、ただむやみに汲みとられているわけではない。したがって、たとえ市場が不完全なものだとしても、そこに、我々の目的と生産とのバランスをとる力が備わっている以上、石油が枯渇することはあり得ない。

35　したがって、資源が結果的にどれほど少なくなるか、あるいはそのペースがどれほど速いかということ自体——つまり石油が枯渇してしまうかどうか——は、実は問題ではなかったのである。問題は、資源が有効に利用されたかどうかにある。石油が限りなく少なくなっても、それが正しい使い方であったということもあり得るし、逆に石油が大量に残っていても、深刻な問題を見いだすべきかもしれない。

第4節　需要と供給

　しかしより本質的な問題は、石油を無駄づかいし続けると、あとでとても困ったことになるとしても、そのことと、「石油が枯渇する」ということ、つまりその言い方の中に含意されている、世界が壊滅的な悪影響を受けるということとは、依然、同じではないということである。

　村人たちは、確かに後悔もしたし、たいへんな苦境に立たされることにもなった。しかしそれでも、村人たちはなんとか生き抜いている。技術は進歩し、財の間には代替性があるからである。バケツのロープを長くし、バケツを小さなものと取り替えた。技術の進歩である。水場の水と隣村の井戸の水との間には、完全な代替性がある。

　良質な石油が激減すれば困るだろう。それに、我々はほとんど効用を生み出さないような無駄な用途にも石油を大量に使っているから、後々のことを考えればもっともっと節約した方がよいはずだというのも、まず間違ってはいないだろう。けれどもだからといって、石油を無駄に使っていると、石油がいまに底をつき、石油に大きく依存している我々の文明は滅びてしまうといったことは起こらない。エネルギーを得るためなら、石油の代わりに石炭も、水力もある。さまざまな石油製品にも、それなりの代替品が見つかるだろう。さらに、技術革新も石油の不足を補ってくれるに違いない。

　市場は、市場価格というシグナルを通じて、こうした代替や技術革新を促す。もちろん十分満足できる代替品が用意できるかどうかは保証の限りではないが、ともかく、相当に困ることになったとしても、それは文明が滅ぶといった事態とは、ほど遠いはずである[36]。

　石油の枯渇をめぐる論争では、石油が枯渇すると主張する側も、そうでないと論じる側も、いずれにもしばしば問題がある。石油は決して枯渇しない（から問題はそもそも存在しない）という主張は、市場均衡によって導かれる市場価格を過度に信頼しており、それが理想的に設定されるためには、とても強い条件が満たされなければならない

36　ところで、いま節約するか後で苦労するかという問いは、それだけでどちらが正しいと結論できる問題ではない。それは善悪ではなく選好の問題だからである。もし、「完全情報主義」の条件が成立したとしても、多様な選好を持つ人びとが一様にいま節約することを選択するとは考えられない。アリよりキリギリスの方に共感する人がいても、それは一向に不思議ではないし、彼らを不道徳だと難じることもできないのである。

ことを忘れがちであるし、一方で、石油が枯渇する(から何事にも優先するほどの深刻な問題である)という側の主張は、市場という、理想的とまではいかないまでも、我々の選好を社会に映しだす有効なメカニズムに対する配慮が欠けている*37。

だからこの問題を正確に理解するためには、市場には需要と供給とを最適な水準で均衡させるとても強い力があるということと、その理屈の背後に、さまざまな仮説があり思想があるということとを、バランスよくセットにして理解しておく必要があるのである。

市場均衡の能力を適正に評価するのは難しい。けれども少なくともいえることは、市場均衡の能力は、完全なものでも、まったく無意味なものでもないということである。

社会的余剰

さて、これまでは、需要曲線と供給曲線とが交差する図を通じて、財の価格や生産量、消費量が決定されるメカニズムと、均衡という概念の有用性を考えてきた。しかしこの図が教えてくれることはそれだけではない。この図は、財が社会にもたらす便益の規模をも教えてくれるのである。

便益の規模を把握できるということは、社会のあり方を検討していく上で、とても大きな意味を持っている。そこで次にこのことを調べてみよう。

図2－11において、財の価格と生産量、消費量は、需要曲線と供給曲線との交点に決まり、価格はp、生産量、消費量はa個となっている。

この事態を消費者の側に立って考えてみる。消費者は、財を価格pでa個だけ購入したのだから、財の代金としてp×aだけ支払っており、それだけ損をしている。しかしもちろん、消費者はそれだけの価値があると思ったから、代金を支払って財を手に入れたのである。

---

37 ところでここでの議論には、将来世代がまったく登場していない。将来世代についての問題は、追って触れる機会がある。

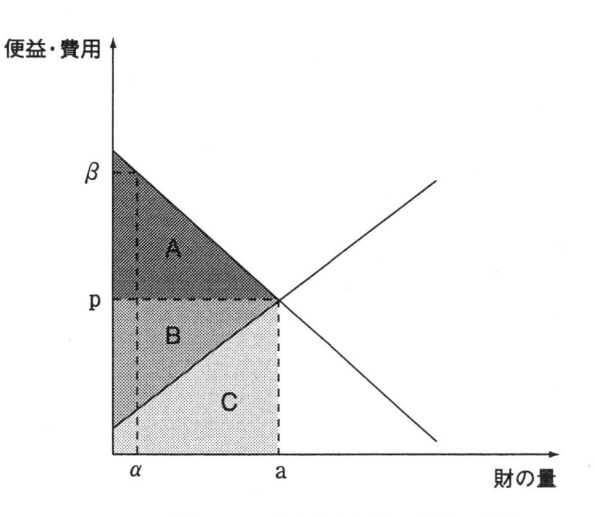

図2−11 社会的な便益の規模の把握

　ここで、需要曲線とは、消費者による財の評価額、つまり財の限界価値（WTP）を示した曲線でもあったことを思い出そう。たとえば α 個目の財は β、最後の a 個目の財は p の価値があると評価されている。だから、a 個の財の消費によって消費者が獲得した価値の合計は、1個目、2個目、……、a 個目の財それぞれの価値の合計、すなわち、a までの限界便益曲線の下の面積 A＋B＋C ということになる。

　すると、消費者は、B＋C（＝p×a）の代金を支払って、A＋B＋C 分の価値の財を手に入れたのだから、（A＋B＋C）−（B＋C）、つまり A の分だけ得をしたことになる。そこでこの A は「消費者余剰」（consumer surplus）と呼ばれる。

　今度は生産者の側に立って考えてみよう。生産者の側からいえば、消費者が支払った B＋C（＝p×a）は収入になる。ただし、財を生産するために費用がかかっているから、純利益は B＋C から生産費用を差し引いた額になる。

　では、生産費用はいくらかといえば、それは、a に至るまでの供給曲線の下の面積 C ということになる。供給曲線は限界費用曲線でもあるから、限界便益曲線の場合と同様に考えていけば、このことは容易にわかる。

第2章 社会について考えるということ

　すると、生産者は、Cの費用を支払って、B＋Cの収入を得たことになるから、(B＋C)－CつまりBの分だけ儲かったことになる。これが財の生産による生産者の純利益である[38]。このBは「生産者余剰」(producer surplus)と呼ばれる。

　つまりこういうことである。財の生産と消費によって、消費者も生産者も、それぞれに便益を得る。財の生産、消費という一連のプロセスは、生産者が消費者に財を提供する、あるいは消費者が生産者に対して金銭を支払うという、一方的な贈与の関係として捉えるべきものではなく、互恵的な、双方がともに得をする(つまりパレート改善な)プロセスと考えることが適切である。
　そして、それぞれの便益は、面積Aと面積Bとで表される。したがって、社会全体にとっての便益は、需要曲線と供給曲線とで囲まれた、面積A＋Bということになる。この消費者余剰と生産者余剰の合計は、「社会的余剰」(social surplus)と呼ばれ、財が社会にもたらす便益の指標となる。

　さてここで、社会的余剰の特質を調べてみよう。
　まず、仮に財の生産量が均衡点よりも少なかったり、多かったりした場合のことを考えてみる。均衡点よりも生産量が少なかった場合、たとえば生産量が図2－12のℓであったとする。この時の社会的余剰はⅠである。
　一方、生産量が均衡点よりも多く、mであったとしよう。すると、その過剰生産分の財は、限界費用が限界便益を上回っているから、社会的に損失を生みだしている。そしてその損失は、図でいうⅢの面積に相当するから、社会的余剰はⅠ＋Ⅱ－Ⅲとなる。
　つまり、社会的余剰の大きさは、財の生産量が均衡点より少なくても多くても、均衡点よりも小さくなる。逆にいえば、社会的余剰は均衡点において最大値を示す。これはつまり、均衡点において財の生産、消費が効率的になされ、パレート最適が達成されているということを意味している。
　先に、市場は需要と供給とをバランスさせる機能を持っていると述べた。しかし市場は、それに加えて、社会的余剰を最大化し、財の効率的な生産、消費を導く機能も有しているのである。

---

38 ただし、固定費用はゼロと想定している。

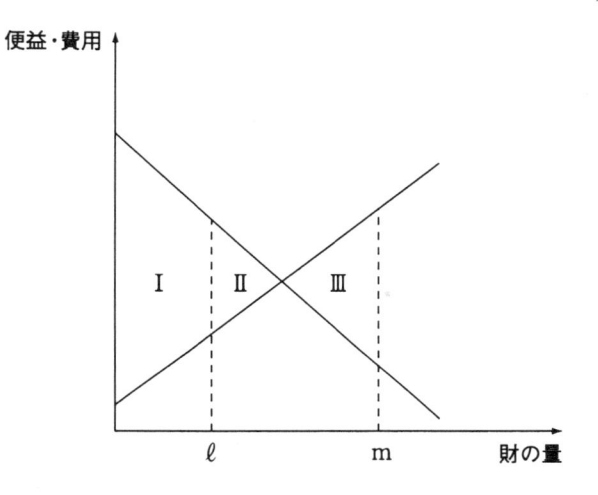

図2-12 生産不足と生産過多

　また、社会的余剰は、図2-13の破線で示したように需要曲線や供給曲線が水平に近くなると、当然ながら小さくなる。つまり、社会的余剰の大きさは、たとえ均衡点の座標が等しくても異なり得るのであり、各財の価格や生産量、消費量が等しいということは、それぞれの財のもたらす社会的便益が等しいということを意味しない。

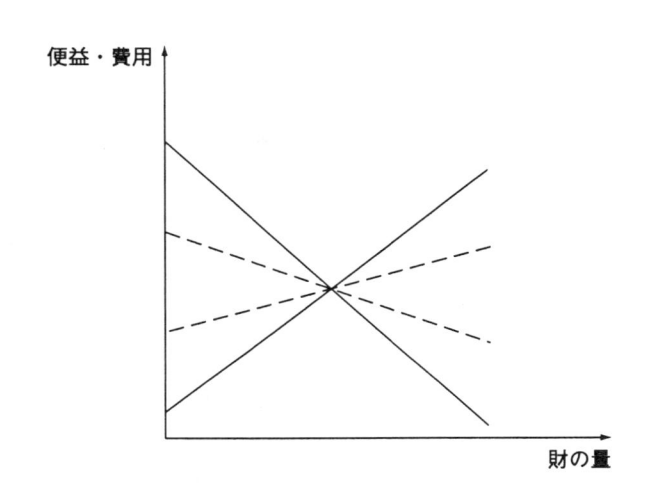

図2-13 社会的余剰への弾性力の影響

このように、社会的余剰の大きさは需要曲線と供給曲線の傾きに依存する。だから、両曲線の傾きは重要な情報となる。ただ、傾きには単位があるので、円がドル、個がキロで表現されるだけで、同じ傾きが異なった値で示されて扱いにくい。そこで、価格が変化する割合（価格が何％上昇〈低下〉するか）と、変化する財の量の割合（需要や供給が何％減少〈増加〉するか）との比率をもって、曲線の傾きに代わる指標とすることが多い。こうすれば次元がなくなるからである。

これは、それぞれ「需要弾性力」（demand elasticity）、「供給弾性力」（supply elasticity）と呼ばれ、総称して「弾性力」（elasticity）と言われる。価格の変化に伴う需要量や供給量の変化のしやすさというほどの意味である[39]。式で表すと、

$$\eta_{Dp} = \left(\frac{\partial D / D}{\partial p / p} \right) \quad (\eta_{Dp}: \text{需要弾性力、} D: \text{需要、} p: \text{価格}) \qquad (2-13)$$

$$\eta_{Sp} = \left(\frac{\partial S / S}{\partial p / p} \right) \quad (\eta_{Sp}: \text{供給弾性力、} S: \text{供給、} p: \text{価格}) \qquad (2-14)$$

となる。

社会的余剰の大きさは弾性力に依存する。このため社会的余剰が論じられる際には、この弾性力についても言及されることが多い。

さて、社会的余剰については、税や補助金などが導入された時の変化がしばしば問題になるので、次に生産課税について少し考えてみよう。

生産課税は、生産者にとってみれば生産費用の上昇を意味するから、課税後の供給曲線は、図2－14に示すように上方にシフトする。

---

39 したがって、需要曲線や供給曲線が直線である時、傾きは一定値となるが、弾性力は一定値とはならない。

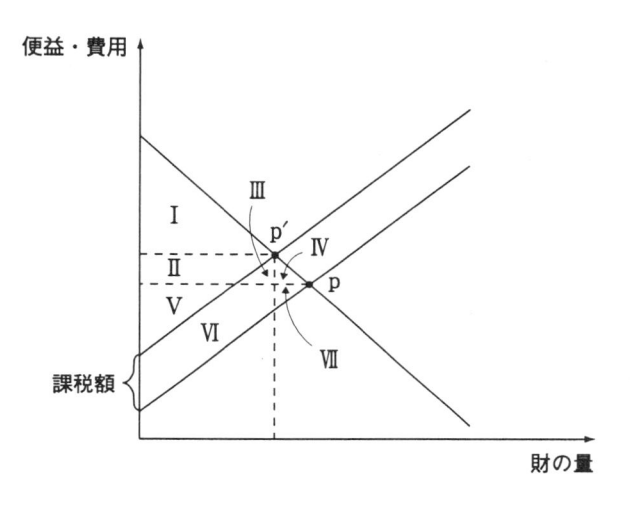

図2−14 課税による社会的余剰の変化

　すると、需要と供給との均衡点が点 p から点 p′ に移動するので、それに伴い、消費者余剰は図の I + II + III + IV から I にまで減少し、また、生産者余剰は図の V + VI + VII から II + V にまで減少する。
　ただ、課税後の社会的余剰は、この I と II + V との合計には一致しない。なぜなら、税収はいずれ社会に還元されるから、社会的余剰の一部と考える必要があるためである。税収は合計で III + VI にあたる。したがって、社会的余剰は、I + II + III + V + VI ということになる。

　ここで、課税前の社会的余剰と課税後の社会的余剰の大きさを比較する。すると、課税後の社会的余剰は、課税前に比べて三角形 IV + VII の分だけ小さくなっていることがわかる。この部分は「死荷重」(deadweight loss)と呼ばれ、課税によって発生する社会的な損失を表している。政府は環境保護なり社会資本整備なりといった政策を行う必要があるから、その財源確保のために課税という措置は避け難いが、生産課税にはこうした損失が不可避的に伴うのである。

第2章 社会について考えるということ

　次に、誰が税を負担するのかということについて考えてみる。この例では直接的には財の生産が課税対象だから、政府は生産者から税金を徴収することになる。しかしながら、課税によって便益を減らすのは生産者のみではない。消費者も便益を減らすのである（図2－14でいえば、消費者余剰は、Ⅱ＋Ⅲ＋Ⅳだけ小さくなっている）。したがって、税金は両者によって負担されたと考える必要がある。なお、どちらの負担がどれだけ大きいかは、需要曲線と供給曲線の傾き、つまり弾性力によって決まる。だから、同一額の課税であっても、各財の弾性力の違いによって、生産者と消費者の負担割合は異なってくる。もちろん、政府が得た税収の社会還元の方法次第で、消費者余剰の減少幅を小さくすることもできるし、生産者余剰の減少幅を小さくすることもできる[40]。

　さて、いくつかの角度から社会的余剰を眺めてきたので、その特徴がおおよそつかめてきたはずである。社会的余剰は、財のもたらす社会的便益を測るのに、とても有意義な指標になる。財の社会への供給は、社会的余剰が大きければ大きいほど、意義があると評価できる。

　ただし、この社会的余剰という概念も、市場均衡概念と同様に、小さくない問題を抱えている。最後にこのことに言及しておこう。
　各個人にとって、リンゴひとつと2つとどちらが好ましいかといえば、それは後者に違いない。しかし、個人 i にとってのリンゴひとつと、個人 j にとってのリンゴ2つとで、どちらの効用が大きいかといえば、社会はその判断をすることができない。各個人の効用を比較するための、評価の基準がないからである。
　このことは、リンゴの価値をWTPで表現しても変わらない。個人 i がリンゴひとつの価値を400円と評価し、個人 j がリンゴ2つの価値を100円、80円と評価したからといって、個人 i が個人 j よりも大きな効用を得ているとはいえない。
　WTPは、各個人が自身の予算を各財に振り向けることによって算出されるものであ

---

40 なお、社会的余剰の減少や財の価格の上昇といった現象は、課税の方法によってその起こり方が異なる。ここで見たような現象が生じたのは、各財のひとつひとつの生産（＝供給）に対して税を課したからである。だから、財の生産量と連動させずに課税すれば、供給曲線はシフトせず、財の価格や生産量、消費量の変化は起こらないことになる。

り、個人の予算総額や選好を前提とした、極めて私的な性格を持っている。たとえば、個人iは年収1億円で、その中でリンゴひとつ400円と評価したのかもしれないし、一方の個人jは300万円の年収の中からリンゴ2つ180円という評価を導いたのかもしれない。そう考えてみれば、この400円と180円とを単純に比較できないことはすぐにわかる。

さて、消費者余剰とは、限界便益の合計額から、支払った金額（市場価格×消費量）を差し引いたものである。そして限界便益とは、消費者が財の価値をWTPで評価した額である。つまり、リンゴが50円で3つ売れて、これをいまの個人Aと個人Bとが手に入れたとすると、（400円−50円）と（180円−100円）との合計で、430円分の消費者余剰があったとみなすということである。そしてそうやって計算される値の大小を比較して、どちらの社会的便益の方が大きい、小さいという判断を行おうという考え方である。

もはや明らかなとおり、社会的余剰の考え方は実質的に「効用の個人間比較の不可能性」の命題を侵犯している。したがって、この社会的余剰の概念の有用性には、一定の制約がある。この社会的余剰の概念は、市場における財の生産・消費の便益評価のみならず、各種の政策の意義を評価する際にもよく利用されるが、そうした政策評価の際には、これらの問題に特に注意しておく必要がある。

便益や費用を受ける消費者集団が、似たような選好をもち、同程度の収入を得ていると考えることができるなら、社会的余剰はとても有効な指標になるだろう。あるいは、社会的余剰の大きさが相当に違うなら、その大きさに依拠して政策を選択しても、見当違いにはならないかもしれない。

しかし、多様な選好をもち、貧富の差も大きな集団に対して、多大な影響を与える政策の妥当性を判断する場合、あるいは算定された社会的余剰の大きさがわずかしか違わない場合などには、社会的余剰という情報の持つ意義はかなり限られたものになるのである。

【ヒントその11： 均衡と社会的余剰】

■均衡の概念は、バランスの中で考えなくては問題の核心が明らかにならないことがらがあることを明らかにしている。
■需要と供給は、価格メカニズムによって最適レベルで均衡する。しかしその結論を導くためには、多くの仮定を前提とする必要がある。
■財の生産・消費による社会的便益の総量は、社会的余剰によって計測できる。
■ただし、社会的余剰の考え方は、実質的に「効用の個人間比較の不可能性」の命題を侵犯している。

第5節 市場の力
―― 厚生経済学の第一、第二基本定理

我々の関心

我々の関心事は何か？

もし我々が、効用、つまり満足感を大きくすることのみを目指している存在であるとすれば、我々の関心は、ひとつのことに集中するに違いない。それは、効用レベルを高めてくれるもの、すなわち、効用関数の要素となるさまざまな財の消費量をいかに大きくするかということになるはずである。効用レベルの上昇に大きな貢献をしてくれる財を特定し、その供給路の改善を図っていきたい、そう考えることになるだろう。

だとすれば、各個人が自身の問題について結論を出すことは容易だろう。具体的にどの財が重要なのかは、財の消費量や代替財の存在などによって徐々に変化していくだろうが、ともかく自身の選好を振り返ればいいのだから、すぐに答えに手が届くはずである。

しかし、社会のあり方について考えるとなるとそうはいかない。社会にとって、どの財が最重要であるかを特定しようとすると、とたんに話が難しくなる。なぜなら、社会について考えるということは、多くの人びとについて考えるということであり、そうなれば、人びとの選好の多様性という事実に直面しなくてはならないからである。

選好が違えば、どの財が重要かという判断はまちまちになる。加えて、個人個人の判断は状況によって変化していく。そうした中で、議論の対象とすべき最も大切な財を誰もが納得できるかたちで選びだす方法論を、残念ながら我々は持ち合わせていない。だから、最重要な財を特定することは、ほとんど不可能だといって過言ではない。

そこで、自身の選好、特定グループ内での合意、歴史的な経緯、世論、そうしたものを頼りにして、論題が選ばれることになる。最重要かどうかはともかく、重要な論題に

は事欠かないし、異なった問題に関心を持つ人びとも大勢いる。だから、ことさらどの問題が一番重要などと決めてしまわなくとも、さまざまな財をめぐって、それぞれに議論を展開することができる。

恣意的な論題の選び方かもしれないが、ほかに方法がないのだからしかたがあるまい。ともかく論題を選ばなければならないのだから、好きな方法で論題を選ぶほかはないはずだ。

こうした考え方にも一理ある。しかし、好きな方法で論題を選ぶ以上、その議論はピントはずれになる可能性があるということは記憶しておいた方がいい。優先度のそれほど高くない問題について、熱心に議論することになるのかもしれないのである。なにせ、論題は恣意的な方法で選ばれたのだ。だから、もっと本当は大切な問題があるという可能性は消えていない。

我々は環境問題に関心がある。しかし、たとえどんなに我々が環境問題を重要な問題だと考えようとも、それだけでは、我々が思うほどに環境問題が優先課題であることの証拠にはならない。

もちろん、環境問題の重要性については、これまでとても多くの議論が展開されてきた。たとえば、生物多様性が持つ生態学的意義や環境ホルモンの悪影響の潜在的な大きさなどについて多くの科学的証拠が積み重ねられてきたし、地球温暖化が超長期的なインパクトを持っており、しかも不可逆的なプロセスであるといった点で、他の社会問題にはない際立った特徴を持っていることなども指摘されてきた。

しかし、そうした理由のほとんどは、環境問題が他の社会問題に比して、どの程度重要なのかという問いに答えてくれるわけではない。どのような時には優先的に論ずべき問題であり、どのような時にはそうでないのか、そうしたことを教えてはくれない。それらは、環境問題が重要であることは知らせてくれるが、それ以上のものではないのである。

そして重要であるということだけなら、どのような社会問題についても論拠は用意されていると考えた方がよい。インフレやデフレの抑制にせよ、高齢化社会における社会保障制度のあり方にせよ、アジアの安全保障の問題にせよ、およそ重要と考えられてい

る社会問題であれば、その問題の重要性について必ずそれなりの論拠が用意されているだろうし、それらはいずれも、それ相応の説得力を備えているのは間違いない。

　そうしたわけで、環境問題について議論する時にも、ほかにも重要な財があり、問題があるということを忘れない方がいい。我々の効用関数の要素になっている財はとても多いし、我々の選好は多様だからである。

　そこで環境問題に議論を集中する前に、環境以外の財に対して、ここで少し目配りをしておきたい。効用の最大化が我々の目標だとすれば、それは避けて通れない課題のはずである。
　とはいえ、財は非常に多種多様だから、それらすべてを検討するのは不可能である。そこで、財そのものではなく、財の供給システムとしての市場に着目したい。市場は、たくさんの財を同時に社会に供給するので、市場について検討すれば、結局のところ、たくさんの財について検討したのと同じことになるからである。

　もちろん、たくさんの財とはいっても、市場が供給しているのは財全体から見れば、ごく一部にすぎない。たとえば、義務教育、道路、国防などは、市場を介さず、政府によって供給されている。自然環境は、時に保護や積極的利用という意図的な働きかけが行われるにしても、その供給や配分は、もともとは人の手によってなされたわけではない。さまざまな人間関係のネットワークに支えられたコミュニティーの住み心地のよさや、町並みの美しさ、安心して生活できる社会の秩序といった財も、市場が少なからぬ役割を果たしているとしても、その中核部分は、市場における交換という機構を介さずに社会に供給されている。

　だから、市場にあまり過剰な期待をすることは禁物である。市場によって供給される財の中に優先的に取りあげるべき財が含まれているとか、市場財の総価値が市場の外で供給される財の総価値よりも大きいとかいったことが、保証されているわけではないのだから。

しかしそれでも、市場というメカニズムが、社会にさまざまな財を供給、配分する主要な機構であることは事実である。そして市場についての検討は、多くの財について検討することに等しいのだから、その限りにおいて、意義の大きな議論になっている蓋然性が高いということも、主張してかまわないはずである。

市場については、環境問題をめぐる議論の中でも、環境保全のためには市場財を投入しなくてはならない、環境問題を生じさせている原因も市場というシステムと深い関係がある、経済的措置は環境問題に対処するための有力なツールになるといった理由で、言及されることは少なくない。

しかしそうした理由をはるかに超えて、我々は市場に関心を持つべき理由がある。我々は効用を最大化しようとする存在であり、その効用は実にさまざまな財によって支えられているという認識が、市場への配慮を求めるのである。

だからこそ本節で、市場がよいシステムといえるかどうかを調べておきたいのである。これが本節の本題である。前置きが長くなったが、無駄なことをしたとは思わない。

市場の評価

では早速、市場が「よい」システムかどうかを調べよう。なお、そのためには何をもって「よい」と考えるのかの基準がいるが、すでに何度か言及してきた理由により、まずはパレート最適をその基準として考える。

ところで、リンゴというひとつの財に関していえば、その生産と消費が市場を通じて効率的になされるということ、つまり市場がパレート最適を実現する「よい」システムであるということは、すでに前節で確認ずみではないかと思われるかもしれない。

それは確かにそのとおりである。しかし実は、需要曲線と供給曲線とが交差するあの図は、現実の市場を十分に映しだしているとはいえない面がある。

なぜなら、ひとつには、そのモデルがたった1種類の財のことしか考えていないから

である。

　しかし実際の市場では、無数ともいえるほどの多くの財がたがいに密接な関係を保ちつつ、生産され、交換され、そして消費されている。たとえば、リンゴを生産する時には肥料を調達するから、リンゴの生産と肥料の需要とは密接な関係がある。リンゴを多く購入できた消費者は、リンゴと代替性のあるミカンの需要を減らすということもあるだろう。

　その意味で、リンゴと肥料、リンゴとミカンのそれぞれの市場は、本来、一方を抜きにして他方を考えることはできない。厳密にいえば、それぞれの財の生産量、消費量は、他の多くの財の生産量、消費量の関数になっている[*41]。

　さらに、先のモデルは、将来のことを考慮していないという問題もある。現実には、翌冬のために春先のバーゲンで冬物を買い込むかもしれないし、将来のマイホーム購入のために少しずつ貯金するかもしれない。我々は、現在の消費と将来の消費とを天秤に掛け、限られた手持ちの予算をうまく配分している。我々は、いま現在の消費だけに関心があるわけではない。

　こうしたわけで、前節の結論をもって、市場を正しく評価した結論だと、直ちに考えるわけにはいかないのである。

　現実の市場は、前節のモデルと比べて、はるかに複雑な機構を持っている。無数の生産者と消費者とが、時にその立場を交代させつつ、将来のことまでをも考えながら、多くの財を生産し、交換し、そして消費している。だから、先の分析結果だけから、市場メカニズムを「よい」システムだと結論することはできない。市場メカニズムの厳密な評価のためには、他の財のことや将来のことをも同時に考えた、まさに関係性の網の目のような市場構造の分析——こうした分析は「一般均衡分析」と呼ばれている——が、必要になるのである[*42]。

---

41 ただし、特定の財の生産や消費を考える時、他の財との関係を無視しても実質的に問題がない場合も少なくない。その場合には、これまで見てきたような方法で、ひとつの財の市場だけを取りだして分析することが有効になる。これを、市場の一部分を切りとった分析であるという意味で、「部分均衡分析」という。

42 ただし、一般均衡分析の方が部分均衡分析よりも常に望ましい分析手法であるかというと、実はそうとも言い切れない。部分均衡分析では、他の市場の影響をゼロとみなすが、一方で一般均衡分析の場合には、他の市場の影響をすべて推定する必要がある。このため、どちらの推定誤差の方が大きいかは一概には決めつけられないからである。

第2章 社会について考えるということ

とはいえ、一般均衡分析そのものは、かなり煩雑な数学的検討を要するので、ここで展開する用意はない。ただ結論だけを紹介しておきたいが、一般均衡分析の結果、こうした一般的な市場でも、先のひとつの財だけを考えた市場と、同様の性質を有することが知られている。つまり、市場が一定の条件さえ満たしていれば、あらゆる財の生産、消費は、市場によってパレート最適な均衡点に定まることがわかっている。

これは、厚生経済学の第一基本定理と呼ばれる、非常に基本的かつ重要な定理である。

【厚生経済学の第一基本定理 (The First Fundamental Theorem of Welfare Economics)】
　市場が理想的条件を備えていれば、市場均衡が存在し、その均衡はパレート最適である。

市場では、各財はパレート最適なように生産、消費される。そこでは、利害調整メカニズムの構築も、他人に関する情報の獲得も、必要とされない。市場に参画している各個人が、財の価格という情報だけを頼りにして、他人のことなどまったく気にせず、自分の選好のみに基づいて行動すればよい。そうすれば、まるで神の手に導かれるかのように、「よい」社会が実現する。この定理はそうしたことを主張している。これこそ、有名な「神の見えざる手」と呼ばれるメカニズムであり、市場というシステムの、そして価格というシグナルの、驚嘆に値する特質を明らかにしたものである。

確かにすばらしいことのように聞こえる。各人が勝手に行動して「よい」社会が導かれるのなら、これほど楽なことはない。

だがしかし、この定理だけに依拠して、市場というシステムに全幅の信頼をおくわけにはいかないはずである。その理由にはいくつかあるが、その最たるものは、ここでは市場が「よい」システムかどうかをパレート最適だけで判断しており、平等性などをまったく考慮していないからである。すでに見たように、パレート最適な状態には、無数の場合がある。ケーキを半分ずつに分けるのも、兄がケーキを丸ごと取ってしまうことも、パレート最適なのである。したがって、たとえ市場メカニズムによってパレート最適な状態に落ち着くことが保証されるとしても、まだそれだけでは喜ぶのは早すぎる。

では市場というシステムに意義があるとは断言できないのか？　いや、それでもなお市場というシステムは尊重するべきだ、そう主張したくなるような事実がある。それが次に述べる、厚生経済学の第二基本定理と呼ばれる定理である。

　確かにパレート最適というだけでは不十分かもしれない。もっとたくさんの考慮すべき視点があるだろう。けれどもたとえ、必要な観点をすべて考慮できたとしても、最善の社会状態は、やはりパレート最適であるだろう。逆にいえば、パレート最適でない社会状態が最善であるというのは考えにくい。なぜなら、パレート最適でないということは、無駄があるということにほかならず、その無駄になっている財を適切に利用すれば、効率性以外のあらゆる視点を考慮に入れても、以前よりも「よい」社会状態を生みだすことは可能なはずだからである。
　つまり、パレート最適というだけでは最善な社会状態にあるとはいえないにしても、最善な社会状態がパレート最適であることはほぼ間違いない。

　であるなら、もし、市場というシステムを活用することによって、無数にあるパレート最適な社会状態の中から、任意の社会状態を意のままに実現することが可能だとしたらどうだろう。そうだとすれば、市場には大きな意義があらためて認められるはずである。なぜならそれは、最善の社会状態を特定できさえすれば、その実現を市場に任せることが可能だということを意味するからである。

　そしてこの設問に対しても、肯定的な答えが与えられる。つまり、一定の条件さえ満たした市場なら、その市場には任意のパレート最適な社会状態を導く力が備わっているということが判明している。このことを説明しているのが、次の厚生経済学の第二基本定理である。

【厚生経済学の第二基本定理(The Second Fundamental Theorem of Welfare Economics)】
　市場が理想的条件を備えていれば、あらゆるパレート最適な状態は、資源の初期分配の変更により、市場均衡によって実現可能である。

この定理を理解するには、エッジワースボックスを思いだしてイメージをつかむとよい。

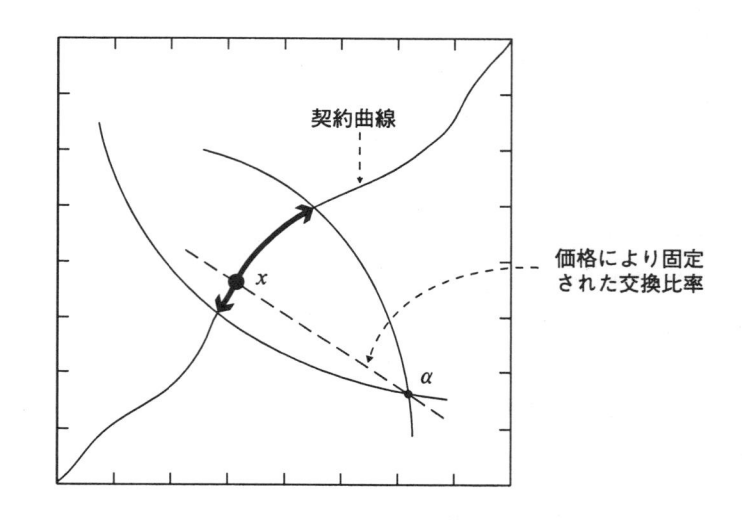

図2-15 厚生経済学の第二基本定理

エッジワースボックスの議論とは次のようなものだった。兄弟が2つの財を自主的に交換していくと、やがて、エッジワースボックスの対角を結んだ契約曲線上のいずれか1点に落ち着く（契約曲線はパレート最適な財の配分を示す曲線である）。具体的にどの点に落ち着くのかは、二人の交渉次第で変わってくるので、あらかじめ特定することはできないが、少なくとも、財の初期分配さえわかれば、最終配分が一定の範囲内に収まるということは事前にわかる。財の初期分配が図2-15の点 α だとすると、この点 α を通過する二人の無差別曲線によって囲まれた、レンズ内の契約曲線上の1点に落ち着く。

そして実は、財に市場価格があると、最終的な落ち着きどころもあらかじめ特定できるのである。なぜなら、価格とは、財どうしの固定された交換比率のことだからである。リンゴが100円でミカンが50円なら、リンゴ1個とミカン2個とを交換するとい

うのがルールである。これをエッジワースボックスでいえば、財の交換は、右肩下がりの直線に沿ってしか行えないということである。だから、点 a を通り、財どうしの価格比の傾きを持った直線と、契約曲線とが交わる点 x に、最終的な財の配分は定まる。

このようにして、財に価格がある場合、つまり市場では、財(資源)の初期分配を変えることさえできるなら、後は市場に任せておくだけで、どのようなパレート最適な状態であれ、意のままに実現させることができる[*43]。

この定理のメッセージは、政府と市場とが協力すれば、どんな理想的な社会状態でも、(それが特定できさえすれば)実現可能だということと解釈できる。政府は、課税や補助金、社会保障制度の整備などを通じて、人びとの所得の再分配を行う。あとは市場の力に任せておけば、当初もくろんだ理想的な社会状態が自動的に導かれる。

こうして、市場を尊重するための力強い理論ができあがった。一定の要件さえ備えていれば、市場というシステムは、とても「よい」システムである。その働きの見事さは、まさに「神の手」と形容すべきほどのものである。

だからこそ、人びとは市場にこだわるのである。市場によって、多種多様の財が、それを望む人びとの手にとてもうまく配分される。しかも、各個人は、なんら強制されることなく、自らの選好に基づいて好きなように行動すればよいのである[*44]。こんなすばらしいシステムがいったいほかにあるだろうか、そう人びとが思う理由がここにある。

---

43 ただし上記の説明は、イメージをつかむための、あくまで模式的な説明であり、厳密さを欠いている。

44 ここでは詳しく述べなかったが、各人が好きなように選択する自由が確保されているということは、パレート最適の達成と並ぶ、市場というシステムの優れた特質のひとつである。この他、市場では、一斤のパンは誰にとっても一斤のパンであり、個人は人種、貧富、政治的スタンス、美醜、教育などによって差別されることがまったくないという点や、(中央集権システムなどとは対照的に)各個人によって分散的に保有されている情報の集約をなんら必要としないという点も、市場の優れた特質として、しばしば言及されている(鈴村・後藤, 2001)。

第2章 社会について考えるということ

　かくして、市場をめぐる短い探求はおしまいである。冒頭で述べたとおり、市場を調べたからといって、それだけで環境以外のすべての財について調べたことにはならない。したがって、我々が得たものは、我々の関心事についての全体像ではない。ただ、少なくとも、大多数の人びとが全体像の中核だと思っている部分を調べたことにはなるだろう。
　だからここでは、完全な像を得たのではないという指摘だけをつけ加えて、市場の特質を理解したことでよしとしよう。そしてひとまず、市場というシステムの意義をかみしめておきたい。
　次章からは、いよいよ直接に環境を扱うことになる。

【ヒントその12：市場の力】

■我々の効用関数の要素である財を数多く供給、配分するシステムとして、市場には大きな役割がある。
■市場は、それが理想的なものであるならば、パレート最適と個人の自由の確保とを同時に達成する、とても優れたシステムである。

3 環境問題を考えるための基本モデル

　これまでどちらかといえば、環境そのものよりも、ケーキやリンゴの話を取りあげることが多かった。しかしそんな議論の仕方をしてきたのには、もちろんそれなりの理由がある。ケーキやリンゴと環境とではいくつかの面で際立った違いがあるため、環境を議論の素材にするとどうしても議論が成り立たないところがある。だからやむを得ず、ケーキやリンゴばかりで話を進めてきたのである。

　しかしもうそんな心配をする必要はない。必要な準備は完了し、環境問題に正面から取りかかることができる。なぜこれまでの議論が環境を題材にしたのでは成り立たなかったのか、ケーキやリンゴと環境とではどこに違いがあるのか、その種明かしをすることにしよう。その種明かしは、環境問題の特質を明らかにしてくれるだろうし、もちろん環境問題への向き合い方へのヒントにもなる。ある意味でいえば、ようやく議論を開始する地点にたどり着いたのである。ここからいよいよ、環境問題について本格的に検討していくことになる。

第1節 外部効果とピグーの解決策

外部不経済としての環境問題

　市場というシステムは、理想的条件を備えていれば、非常に優れた財の供給、配分シ

ステムであり、尊重するだけの十分な理由がある。これが、前節の結論である。

しかし、前節で得たこの結論には、ひとつの条件がついていた。もしも「市場が理想的条件を備えていれば」、という条件である。この前提条件が満たされてはじめて、市場は優れたシステムであるという結論が導かれる。したがって逆にいえば、この条件が満たされないなら、この結論の意義は（少なくとも幾分は）色あせたものになるだろう。

残念なことに、実際の市場はこの「理想的条件を備えていれば」という前提条件を満たしていない。つまり、いろいろな面で不完全である。だからこそ我々は、市場は優れたシステムであると宣言して安心しているわけにはいかないのであり、また、多様で根深い問題が市場に生じていることを、日々ニュースで見聞きしているのである。

本書のテーマである環境問題もそうした問題のひとつである。つまり、環境問題もまた、「市場の不完全性」のひとつのかたちと捉える見方がある。

そこで、市場の不完全性の問題のひとつとして環境問題を捉えること、これが本節の目的である。こうして環境問題を理解することは、市場をめぐる一連の議論の中に環境問題を埋め込んで考える手がかりになるし、そしてそれは、環境問題を他のさまざまな財と同じ地平で考える時にとても好都合なことである。

もっとも市場の不完全性――「市場の失敗」（market failure）と呼ばれることも多い――とひとことでいっても、実はいくつかのタイプの不完全性がある。たとえば、①市場の「取引費用」（transaction cost）が大きいために、本来好ましい財の取引が妨げられていたり[1]、②必要な情報が十分に行きわたらず、消費者や生産者が的確な意思決定を行えなくなっていたり、③財の価格を思いどおりに操作できる独占企業が存在し、市場の価格調整システムが十分機能していなかったり、あるいは、④財の取引に「外部効果」と呼ばれる効果が生じていたりするケースは、いずれも市場の不完全性の具体例である。これらをひとまとめに市場の不完全性と呼ぶ理由は、これらの事態がどれかひ

---

1 財の取引そのものを実行するために必要となる費用のことを取引費用と呼ぶ。たとえば、交渉に要する手間や、市場の開設・運営に要する経費などがこれにあたる。

とつでも生じていると、厚生経済学の第一基本定理および第二基本定理の前提条件が満たされないことになり、理想的な財の供給、配分が保証されなくなるからである。

そして環境問題は、こうしたさまざまなタイプの市場の不完全性と密接なかかわりを持っている。たとえば、工場間での合意形成の手間（という取引費用）がかかりすぎることが原因で、共同排水処理施設の建設が実現しないかもしれないし（上述の①のタイプ）、水場の水がどれほど残っているのかがよく理解されていないことが原因で、水が過剰なスピードで消費されることがあるかもしれない（上述の②のタイプ）。したがって、市場の不完全性と環境問題との関係を正確に捉えようと思えば、本来であれば、これらのさまざまなタイプ毎に、両者の関係を検討することが必要になるだろう。

ただ本節ではこれらの個別の問題には深入りせず、外部効果の問題として環境問題を捉える考え方に焦点をあてることにしたい。この外部効果の問題として環境問題を考えることが、環境問題の特質を最も的確に捉えることになると考えるからである[2]。

さて、外部効果とは、簡単にいうと、次のようなことを意味している。

たとえば生産者Aが製品を生産したり、消費者Bがその製品を消費したりする時、その過程で、第三者である主体Cに影響が及ぶ時、この主体Cに及んだ影響のことを外部効果と呼ぶのである。ただし、外部効果とは、他人への影響があること自体を指しているわけではなく、市場取引に組み込まれることのない影響が存在することを意味するので、たとえばリンゴという財の価格の上昇が、ミカンという財の需要を高めるような現象は、ここでいう外部効果には含まれない。

つまり整理すると、

【外部効果（externality）】
　市場を通じた財の生産・取引・消費が、それらの活動に直接にかかわっていない人び

2　にもかかわらず、ここで外部効果以外の市場の不完全性と環境問題との関連に言及しておいたのは、環境問題と外部効果とを等号で結んでしまうような議論は正しくないということをはっきりさせておきたかったからである。なお、環境問題と市場の不完全性の各タイプとの関係の詳細については、たとえば（Panayotou, 1993）などを参照。

とに対して、市場を介さない影響を及ぼすこと*3

ということになる。

この規定から推察できるとおり、外部効果自体は、必ずしもわるいものとは限らない。外部効果には、よい効果も、わるい効果もある。たとえば、隣の家がきれいな桜の木を購入して庭に植えたため、我が家に居ながらにして花見ができるようになったといった事例は前者の例だし、ある工場からの排水によって河川が汚染されて、地域住民が悪影響を受けたといったことは後者の例にあたる。この両者を区別するため、いい影響のことを「外部経済」、悪影響を「外部不経済」（あるいは「外部費用」）と呼ぶ*4。

そして環境問題の多くは、外部効果のうちのわるいもの、すなわち外部不経済のひとつと考えることができる。環境問題は、なんらかの市場活動（生産・取引・消費）に伴って、それに直接にかかわりのない第三者に対し、環境という媒体を介して、被害を及ぼすことだと捉えられる。

少し入り組んできたので整理すると、図3－1のようになる。まず、市場の不完全性という大きな概念があって、その中に外部効果というものがあり、さらにそれが外部経済と外部不経済との2つに分かれる。そしてその外部不経済と大きく重なるかたちで、環境問題がある。

---

3 なお、外部効果については確定した定義があるわけではなく、したがってこの定義も絶対的なものではない。たとえば、外部効果の要因を市場活動に限定せず、「ある主体による活動が、市場取引を介さないで、他の主体に影響を及ぼすこと」として、外部効果を定義することの方がむしろ一般的かもしれない。しかしそうした定義を用いると、たとえばすぐ後に述べる「外部不経済の内部化」という言葉の意味が曖昧になるので、ここでは、外部効果の要因を市場活動に限定している。
4 念のために補足すると、外部効果が生じている市場では、それが外部経済であるか外部不経済であるかに関係なく、理想的な財の供給、配分は保証されない。

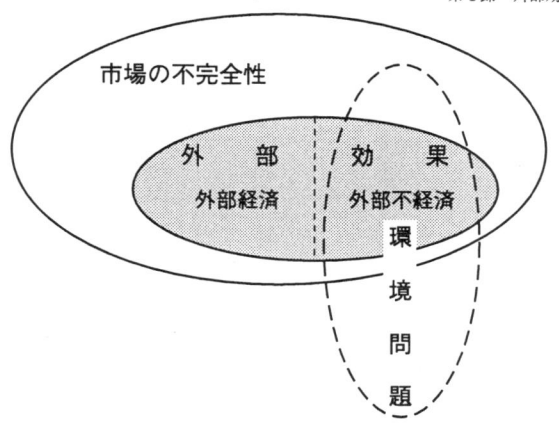

図3−1 環境問題と市場の不完全性との関係

外部不経済の同定

　環境問題を外部不経済のひとつと捉えられることがひとまずわかったところで、次のステップとして、その外部不経済をグラフ上に示すことを試みよう。

　ある製品Aの生産企業からのばい煙のために周辺住民がさまざまな被害を受けていると想定しよう。その製品Aの市場を図3−2(a)に表現した。例によって、製品Aの価格と生産量、消費量は、需要曲線と供給曲線とが交差する均衡点pに定まっている。

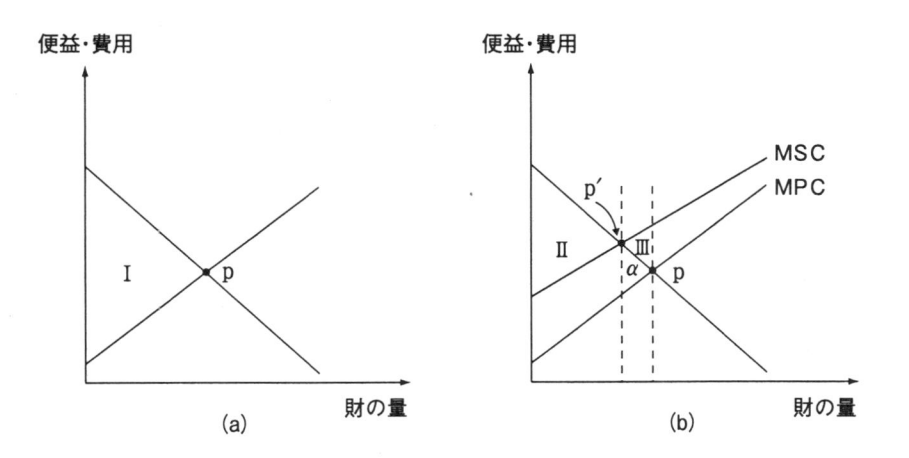

図3−2 私的限界費用と社会的限界費用との乖離

ここで、供給曲線に着目する。供給曲線とは、すでに調べたように、限界費用曲線、つまり、製品Aを1単位追加で生産する時に追加で必要になる費用を示す曲線でもある。

　では、この費用が誰にとっての費用かといえば、それは当事者企業にとっての費用であることは明らかである。なぜなら、供給曲線は財の生産量についての企業の意思決定を表現しているのだから、その曲線と一致する限界費用曲線の方も、企業自身にとっての費用を示したものでなくてはならないはずだからである。つまり、供給曲線は私的限界費用曲線なのである。

　もちろん、ばい煙のために周辺住民が被害を受けているのは事実である。しかし、法律による規制でもない限り、企業は、対策を講じたり、被害の対価を被害者に支払ったりする必要を認めず、したがって、周辺住民への被害の発生は、財の生産量を決定する上での企業の判断材料にもならない[5]。その意味で、この被害は、企業にとって、そして市場にとって、「外部」の問題である。企業は、この外部の問題にかかずらうことなく、原材料費や賃金の支払いといった、もっぱら自身の財布にかかわる情報をもととして、自らの行動を決定する。

　しかしそうはいっても、周辺住民への被害も、経済学的には費用である。この被害の発生は、企業にとっては外部の問題かもしれないが、社会にとってみればそうではない。社会にはそのような意味での外部はない。だから社会全体から見て、それを費用として考えない理由はない。そしてこの、市場にとっては外部であり、社会にとってはそうではない費用こそが、外部費用と呼ばれているものなのである。

　したがってここでは、この外部費用と私的限界費用の合計として、社会的限界費用を考えることができる。

　　　社会的(限界)費用＝私的(限界)費用＋(限界)外部費用　　　　　　　(3－1)

5　もちろんここでの議論は、ある程度モデル化されたものである。実際には、企業イメージの劣化などが懸念されたり、そうでなくとも社会一般のモラルがある程度の力を持っていたりすれば、規制がなくとも、企業が自主的に対策を講じることは十分に考えられる。

つまり、図3−2(b)のように、限界費用曲線は2本引ける。1本は、供給曲線でもある私的限界費用曲線、もう1本は社会的限界費用曲線である。そして、この2本が完全に重なっていない状態が、環境問題などの外部不経済(外部費用)のある状態、その乖離の程度が外部不経済の大きさということになる。図3−2(b)中ではこれら2本の曲線をそれぞれMPC(marginal private cost)、MSC(marginal social cost)と表現している。

さて、製品Aの生産量、消費量は、需要曲線と供給曲線(＝私的限界費用曲線)との均衡点である点pに定まるから、仮に外部不経済がなかったとすると、その社会的余剰は、以前調べたように面積Ⅰになる。

ところが、実際には外部不経済があるので、社会的に見て理想的な製品Aの生産量、消費量は需要曲線と社会的限界費用曲線との交差する点p′で示され、その社会的余剰は面積Ⅱということになる。この面積はⅠよりも小さいから、外部不経済がない時と比べると、社会的余剰は小さいことがわかる。

それでも、もし点p′で均衡するならまだよい。点p′で均衡していれば、この製品の生産によって社会にもたらされるはずの、最大限の社会的余剰が得られていることになる。

しかし、実際の生産量は点pに定まり、点p′よりも多くの製品が生産されている。この過剰分の生産が生みだしているものは、社会的にはマイナスの純便益、つまり損失である。したがって、社会的余剰は、その分だけ小さくなっていることになる。この損失の量は、面積Ⅲである。そこで、実際に得られる社会的余剰は、Ⅱ−Ⅲとなる。つまり、社会的余剰は、最善の場合と比較すると、Ⅲの分だけ少なく、それだけ損をしていることになるのである。

こうして、外部不経済のある市場では、財が過剰に生産されており、資源が無駄になっている、つまり、パレート最適が成立していない(効率的でない)ことがわかる。したがって、こうした市場においては、この無駄を最小化するために、なんらかの措置を講じる必要があるということができる。

現実の市場の評価

　しかし、そうした措置について検討するよりも前に、ひとつ確認しておくべきことがある。それは、それらの措置が講じられることなく営まれる市場取引があったとしたら、その結果をどのように評価すべきかということについてである。

　歴史を振り返ってみれば、外部不経済の問題に対処するために積極的な措置が講じられたという記録は、通例というよりも例外に属する。また、現在においても、そうした措置を講じることは、いろいろな理由でしばしば非常に困難である。
　したがって、外部不経済の問題に対処するために何ができるのかを考えるよりも前に、まず、外部不経済の存在を無視したままで市場取引が行われたとしたら、その結果をどのように考えるべきかということ、つまり理想的ではない現実世界での市場取引というものをいかに評価すべきかということを、確認しておく必要がある。そうしてはじめて、過去の無数の経済行為の積み重ねや、市場というシステムそのものの持つ意味について、的確な評価が可能になるはずだからである。

　さて、市場というものは、理想的な条件を備えていれば、非常に優れた特性を有している。しかし、現実の市場は理想的なものではないから、最善の状態を導くものではない。簡単にいって、これまでの整理で得られた情報はこれだけである。
　これだけの情報しかない中で、では、理想的ではない現実世界の市場での取引をどのように評価すべきかと考えたとする。すると、多少問題はあるにせよ、市場は基本的に非常に優れたシステムなのだから、現実世界での市場取引は、最善の結果はもたらさないかもしれないが、まあ、取引を行わないよりはずっといいに違いあるまい、と考えることになっても不思議はないし、実際のところ、多くの人びとがそう信じようとしてきた。
　しかし、少なくとも理論的には、それは論証できる事実ではない。ここで確認しておきたいのはこのことである。

　もう一度、図3-2(b)を眺めてみよう。この図では、ⅡはⅢよりもずいぶんと大き

くなっている。だからこの図のような状況であれば、両面積の差で測られる社会的余剰は依然プラスである。そしてこの値がプラスであるということは、被害が発生しているとはいえ、その被害を補償しても依然社会的にはメリットが残るということである。パレート改善ではないが潜在的パレート改善にはなっているということになる。過剰生産だとはいえ、製品Aの生産は行わないよりは行った方がまだマシである。

ところが、現実のⅢの面積は、私的限界費用曲線と社会的限界費用曲線とがどれだけ離れているかということ、つまり外部不経済の大きさに依存する。だから、(外部不経済を補正するための措置を講じることができないのなら)生産そのものを行わない方がいいということもあり得る。

たとえば図3－3のように、社会的限界費用曲線(MSC曲線)が、ずっと上方にシフトした場合を考えてみる。すると、Ⅲは大きく、反対にⅡは小さくなる。そしてやがて、両三角形の大きさは逆転してしまう。

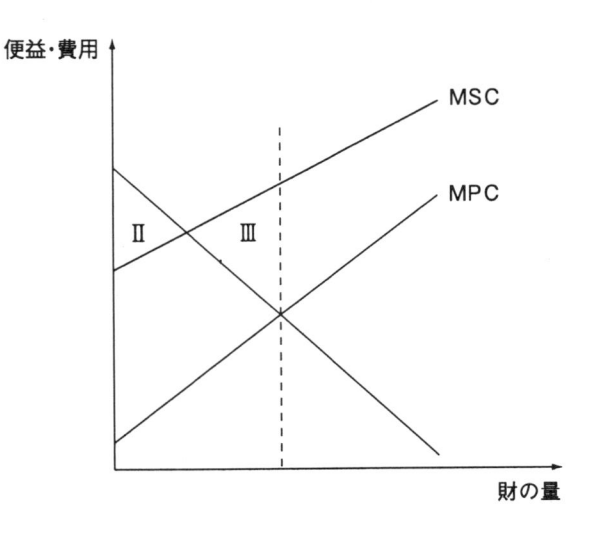

図3－3 社会的損失の拡大

つまり、Ⅱ−Ⅲによって測られる社会的余剰は、マイナスになる可能性がある。マイナスになるということは、製品Aの生産、消費は、パレート改善はもとより、潜在的パレート改善にもなっていないということである。したがってその場合、製品Aの生産、消費そのものが、社会的な損失だということになるのである。

整理しよう。以上の分析をまとめると、次の定理が導かれることになる。

【厚生経済学の第三基本定理】
外部不経済がある場合、市場によって導かれる均衡点は、パレート最適ではない[6]。**また、市場取引が起こる以前の状態と比較して、パレート改善ではないし、潜在的パレート改善であることも保証しない。**

これが、外部不経済の問題点をパレート的観点から考えた時の結論である。
急いでつけ加えておくと、どんな経済学のテキストを見ても、この事実を定理として扱ったものはない。ことの重大性を強調するためにここでは定理と呼んだが、経済学者に向かって第三基本定理などと言ったら笑われるので、まあ、ここだけの話にしておこう。

しかしともかく、この第三基本定理の持つ意味は大きい。これは少なくとも理論上、環境問題が生じているということは、市場経済——あるいは経済成長といってもよい——が、（パレート最適を達成していないことはもとより）パレート改善どころか、潜在的パレート改善ですらない可能性があるということを意味しているのである[7]。そしてその事実は、個人の選好の多様性を尊重するにしても、そのことと、環境問題への向き合い方を個人にゆだねることを是とすることとの間には、大きな溝があるということをも明らかにする。

---

6 ただし、たとえば外部経済と外部不経済が相殺してしまうような、極めて例外的な場合を除く。
7 ちなみに、しばしば大きな熱意でもって告発される少数企業による市場の占拠（独占、寡占）でさえ、潜在的パレート改善どころかパレート改善も達成しているのである。

つまりこういうことである。環境問題を問題と思わない人がいるのは致し方ない。人それぞれ選好は違うのである。そしてそれぞれの選好は最大限尊重する必要があるということも認めるべきだろう。けれども、だからといって、各個人の選好に基づいて自由に行動することを認めていいかといえば、そうはいえない。なぜなら、個人の行動が時にもたらす環境破壊は、外部不経済であり、ということは他人に迷惑をかけているということを意味するからである。しかも、ならば事後的に財の再配分をすればいいではないかと言い切ることすらできない。なぜなら、外部不経済があるとすれば、そこでは潜在的パレート改善の成立すら保証されていないからである。

ここには、環境問題を問題と思わないような個人の選好の存在を認め、尊重するにしても、なお、環境問題に対する社会的な取組が必要であるとする、ひとつの根拠を見いだすことができるだろう。

実はこれが、多くのタイプの市場の不完全性の中から、外部効果に焦点をあてた理由である。経済学では、環境問題が問題である理由を、それが財の効率的な利用を実現していない、つまり、パレート最適を達成していない、という点のみに見いだす場合が多い。しかし、おそらく多くの人びとにとって、環境問題が問題である理由は、それがパレート最適でないこと以上に、パレート改善でない社会変化をもたらしていることにこそあるのではないだろうか？　そして、いくつもの不完全性の概念の中で、おそらく唯一外部不経済という捉え方が、環境問題を、パレート改善でない社会変化を引き起こす問題として明確に捉えることを可能にするのである[8]。だからこそ、ここでは「厚生経済学の第三基本定理」などと銘打って、外部不経済という問題の捉え方の重要性を強調しておいたというわけなのである。

8　(潜在的)パレート改善か否かを論じるためには、その比較の対象を確定する必要がある。そしてここでは、比較の対象を市場取引がない状態(市場取引前)としている。しかしこの点については、実は異論がある。市場取引(経済成長)がある状態をこそ議論の前提として考えるべきだという議論である。

　しかし我々は、市場というメカニズムの評価のために、たとえば社会的余剰という概念を導入した。そしてそこではすでに、市場取引前を暗黙のうちに比較対象としていたのである。したがってこれらの議論との論理整合性を確保しようとするなら、市場取引前を対照することには十分な論拠があるというべきである。

なお、この第三基本定理の重要性を確認するために二点ほど補足説明をしておきたい。

ひとつめは、外部効果の存在は、例外というよりも通則であるということである。だから外部効果を、工場のばい煙による大気汚染のような、ごく限定的な活動にのみ付随する事象と考えるわけにはいかない。

外部効果はごく普通に観察することができる。たとえば食事である。食事は極めて私的な消費行為であると捉えられることが多い。しかし欧米マナーによれば、スープの音を立ててはいけないことになっている。なぜなら音を立てると、他人がいやな気分になるからである。これは、スープの消費でさえ、個人で完結するものではないということを意味している。

衣服についても同様のことを指摘できる。会社に一人だけアロハシャツで出勤するのは許されることではないだろうし、もっといえば、透明な服で公道を歩いたら逮捕すらされてしまうだろう。そう考えてみると、個人の服の選択が、法律で禁止されることもあるほどに他人と深くかかわっているということがよくわかる。

確かに極端な例かもしれない。しかしここで大切なことは、私的な財の消費と考えられている行為でさえ、実は少なからず他人に影響を与えているという事実そのものである。だから必要なら、たとえばスープの音を立てず、背広を着て勤務するという、ごく普通の事態を想定してもいい。いまの説明のちょうど裏腹で、そうした行為がある種の安心感を他人に与えているということを指摘できるはずである。

我々は、非常に多くの場合、他人とたがいに深い影響を及ぼし合いながら財を消費している。我々は関係の網の目の中にいるのである。外部効果の存在は、決して例外的な事態ではない。第一基本定理や第二基本定理が、もし「市場が理想的条件を備えていれば」といくら主張しても、現実の市場は、隅から隅まで外部効果で覆われている。

2つめは、この外部効果の大きさにかかわっている。

外部効果は例外的なことではない。それは確かだ。しかし、たとえ外部効果が頻繁

に観察できるとしても、それが深刻なものではないのなら、それを無視して第一、第二基本定理の意義を強調したところでかまうまい。厳密にいえば誤りがあるとはいえ、市場の理想的機能を強調することについて、さほど目くじらを立てなくともよいはずである。要するに、外部効果がごく一般的に観察できるからということだけで、市場の欠陥を声高に主張するのは公平とはいえない。重要なのは外部効果の大きさである。第一、第二基本定理に示されたような市場の理想的側面を重視すべきか、あるいは第三基本定理で提起したような市場の課題を重んじなくてはならないのか、それは外部効果の大きさいかんにかかってくる[*9]。

しかしその外部効果の大きさは、簡単にはわからない。第二点目として指摘しておきたいのは、この事実である。

外部効果の大きさは、財そのものの特性から機械的に算出できるものではないし、市場で観察できる情報、たとえば財の価格や生産量などから推定できるものでもない。スープの音を立てたら他人がどれぐらいイヤな思いをするのか、その程度は、スープそのものの成分を調べたところでわかるはずもないし、メニューに書かれたスープの代金からも推測できない。後に見るように特定の外部不経済の大きさを調査する方法がないわけではないが、たとえ十分な労力をかけたとしても、その調査結果には、どうしても心許ないところが残るし、そもそも関係の網の目のような現実の市場の、あらゆる外部効果を調査するのは、極めて困難であるといってよい。

さらに、ある種の外部効果は非常に広範囲に影響を及ぼすということも問題を難しくする。アマゾンの熱帯雨林の減少やベンガルトラの絶滅の危機には、世界中の人びとが関心を寄せている。だから、これらの問題の外部効果の規模を知るには、世界中を調査しなければいけないことになる。到底簡単にできる話ではないのである[*10]。

したがって、外部効果は小さいかもしれないが、大きいかもしれない。だから、第

---

9 もちろん、その他の市場の不完全性の問題を抜きにしての話である。
10 ちなみに、外部不経済の大きさを推定するにあたって、調査範囲を限定し、その範囲内の人びとのWTPを調べるということがしばしば行われているが、それは調査を実施可能にするために行われている便宜的な措置であって、多くの場合、理論的な根拠があってのことではない。

一、第二基本定理に示された市場の理想的側面か、あるいは第三基本定理にまとめた市場の問題的側面か、そのどちらを重視すべきかは簡単には結論できない。つまり、外部不経済に覆われている現実世界での市場取引がいいことなのかどうかは、容易に判定できることではないのである。

その意味で、外部不経済の問題に対処するためになんらかの措置を講じることは、極めて本質的な意味を持っている。市場というシステムについて考えるとき、外部不経済に対処することを抜きにして、理想的な市場の優れた側面ばかりに目を向けるようなことがあってはならない。ここで確認しておきたかったのはこのことである。

外部不経済の内部化（ピグー課税を通じて）

こうしたわけで、外部不経済の問題に対処するための措置を講じることには重要な意味がある。

では具体的には何をすればいいのか？ 先の図3−2(b)を眺めながら考えてみると、取り組むべき課題のひとつが自然と浮かびあがってくる。それは、均衡点pを点p′に移動させるという課題である。理想的には点p′に位置するべき均衡点が現実には点pにある。ならば、なんらかの手段を用いて、均衡点をその点p′まで移動させることが望まれるはずだ。

そこでピグー（から学んだと考えている経済学者たち）が思い立ったのが、点p′での外部不経済の分だけ、図3−4に示したように、そっくりそのまま企業に課税するというアイディアだった。

そうすると、企業からしてみれば、その課税分だけ私的限界費用が上昇することになるから、結果的に（少なくとも点p′では）企業の私的限界費用は社会的限界費用と一致することになる。だから、あとは市場の力に任せておけば、均衡点の点p′への移動は自動的に達成される、そしてそうなれば、点p′を頂点とする三角形分の、最大限の社会的余剰が確保できるだろうというわけである。

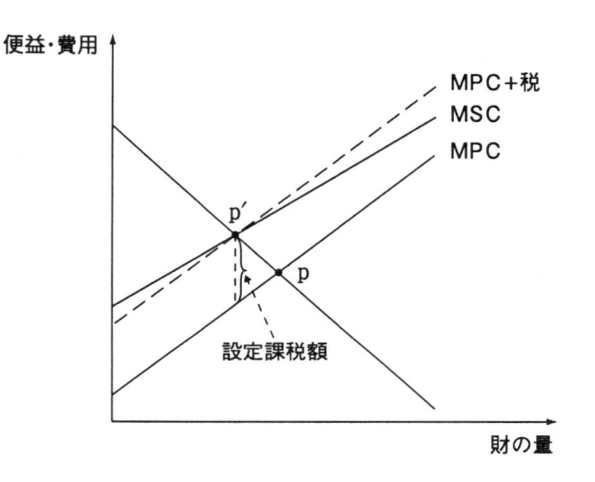

第1節 外部効果とピグーの解決策

図3-4 ピグー課税

　このように、市場における均衡点を点pから点p′に移動させるために、点p′（点pではない）での外部不経済にあたる金額を課税する方法は、ピグー課税と呼ばれている。このピグー課税は、地球温暖化問題などに対処するための手法のひとつとして、排出権取引と比較されるかたちで頻繁に議論の対象となっているものである。いくつかの問題点があるとはいえ、ピグー課税は有力な問題の「解決」方法のひとつと考えられている。そして、このように外部不経済を私的費用の一部にしてしまう操作は、外部不経済の「内部化」と呼ばれている。内部化とは、外部不経済を市場の内部に取り込むという意味である。

　このピグー課税のアイディアは、比較的容易に理解できるだろう。しかし、ピグー課税に代表される外部不経済の内部化の考え方には、いくらか注意を要するところがある。
　そこでここでは、ピグー課税を手がかりにしながら、外部不経済の内部化という考え方の特徴を整理しておきたい。ここでの議論は非常に概論的なものであるが、今後の議論の出発点となるものである。
　なお、ここでの関心は、外部不経済の内部化という考え方にあるので、課税をめぐる

技術的議論には踏み込まない。ただし、手法そのものの持つ技術的問題点については注で最低限の言及をしておいた[11]。

外部不経済の内部化という考え方に関してまず指摘すべきことは、それを行っても完全に環境汚染がなくなるわけではないということである。均衡点が点pから点p′に移動したところで、ばい煙は依然、排出され続ける。排出量は減少するだろうが、ゼロになるわけではない。まあ、このことはほとんど自明だろう。

しかし、次の点はそれほど自明ではない。それは、仮に外部不経済が理想的に内部化されたとしても、その市場と、もともと外部不経済が存在しない市場との間には、依然決定的な違いがあるということである。

その違いとは、もともと外部不経済が存在しない市場での財の取引は、パレート改善をもたらすが、外部不経済が内部化された市場での取引は、潜在的パレート改善ではあっても、パレート改善ではないということである。内部化の後でも依然発生する外部不経済によって被害を受ける被害者がいて、その被害額は、外部不経済の内部化の際に徴収される税などで潜在的には補償可能だとしても、その税収を政府が被害者にきちんと移転しない限り、パレート改善にはならないのである[12]。そして現実には、各被害者にそれぞれの被害額分ずつ移転するのは、技術的にも、政治的にもほぼ不可能である。したがって、外部不経済を内部化したことをもって、直ちに環境問題の「解決」と考えることは適切ではない。

---

11 課税という手法の技術的問題のひとつは、点p′での外部費用に相当する金額の正確な把握が非常に困難だということである。したがって、課税を行う立場にある政府は、最適な課税額を特定することができない。この問題への対処方法としては、たとえば、課税額を試行錯誤し、均衡点が点p′になるような課税額を発見法的に探しだす方法が提唱されている。ただしこの方法では、課税額を何度も変更することとなるため、社会的・政治的に困難が大きいとされる。もうひとつの問題としては、仮に的確な課税額が明らかでも、税の徴収などのさまざまな取引費用がかかるため、課税後の状態は必ずしもパレート最適とはいえないということがある。

12 ただし、だからといって、可能なら被害者へ完全に補償すべきかといえば必ずしもそうとはいえない。誤ったメッセージ（シグナル）を被害者に与える可能性があるからである。
　また、図3-4に示したように、私的限界費用曲線に対して、外部費用を上乗せした曲線と課税分を上乗せした曲線とは、完全に一致する保証はないので、政府の税収だけで被害が補償できるとは限らない。

次に、これはすでに述べたことだが、内部化された費用を負担するのは、企業と消費者の双方であるということを確認しておきたい。税金の徴収が企業から行われるからといって、その企業がすべての費用を負担するわけではない。税金は、一般的にいって、両者によって負担されるのである。

この点は、「汚染者負担原則」（Polluter-Pays Principle: ＰＰＰ）という概念との関連で、繰り返して強調しておくべき理由がある。ＰＰＰは、汚染者がわるいのだから汚染者に責任を負わせるのだ、という考え方だと受けとられていることも多い。けれどもＰＰＰの中央のＰはpayつまり「支払い」であって、本来、「負担」ではない。そしてＰＰＰの具体的な方法として生産課税が導入されるとすれば、それは汚染者単独での負担を実現するわけでもないのである。

最後に指摘しておきたいポイントは、実際の社会的費用は図３－２(b)で示したものよりも、もっと小さくすることができる（！）ということである。そう、実は、上述の議論は、必ずしも正確なものではないのである。

もう少し具体的にいうと、図３－５に「最小化された社会的限界費用曲線」として示したように、工夫をすれば、現実の社会的費用は、先の社会的限界費用曲線で示される費用よりももっと安く抑えることができる。したがって理想的には、社会的余剰もより多く得ることができる。

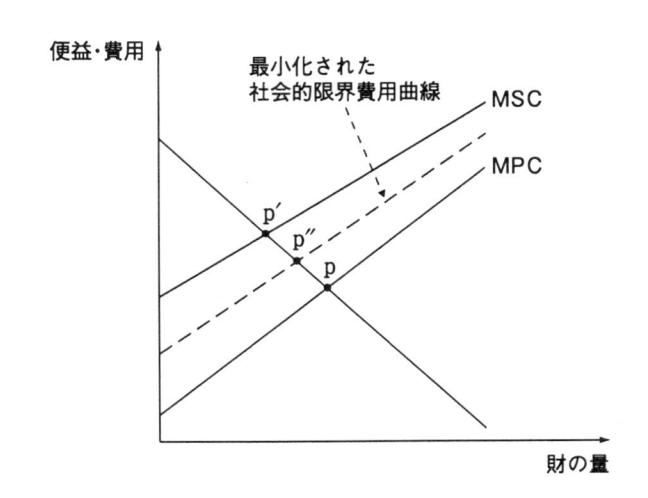

図３－５ 最小化された社会的限界費用

このことを確認するため、もう一度、ピグー課税の考え方を振り返ってみよう。ピグー課税とは、企業が製品Ａを生産することに伴って発生するばい煙による外部不経済分を税として徴収するということだった。それはつまり、製品Ａの生産に伴って、環境汚染物質が環境中に排出されることを前提とした上で、それが原因となって生じる被害相当額を課税するものである。

けれども、ばい煙がそっくりそのまま排出されることを前提とする必要はない。たとえば、生産企業は、ばい煙処理装置を設置して、その排出を抑制することができる。一方、外部不経済を被る被害者の方も、被害をそっくりそのまま被らなくとも、たとえば空気清浄機を備えつけるなどして、被害を小さくするための自衛策を講じることが可能である。

つまり、社会的費用を最も小さくしようとするなら、私的費用に上乗せされる分の追加的な社会的費用とは、

「汚染防止対策費用 ＋ 被害者の自衛費用 ＋ なお残される被害」の最小額　　(3 − 2)

となるはずなのである。そしてその額は、通常は、未処理で排出される環境汚染物質が、無防備な第三者に及ぼす被害の総額よりもはるかに小さい。したがって、ピグー課税は、社会がどうしても負担することが必要となる費用の見積もりとしては大きすぎる[13]。

---

[13] ただしこの場合には、真の効率性を達成する点が図３−５中の点 p″ だとしても、その点 p″ における最小化された社会的費用と私的費用との格差分を課税したところで、効率性の達成は果たされない。なぜなら、生産に対する課税では、生産企業は生産調整のみによってばい煙排出量を低下させることとなり、汚染防止対策を講じる行動動機を持たないからである。つまり、点 p″ における格差分を課税したとすれば、確かに生産量は点 p″ のＸ座標分まで低下するだろうが、汚染防止対策は講じられず、限界外部費用の規模は元の水準（点 p″ におけるＭＳＣ曲線とＭＰＣ曲線との格差分）にとどまるだろう。

この問題に対処するためには、課税対象を製品の生産量からばい煙の排出量に移し替えることが考えられる。そうすれば生産企業は、汚染防止対策の実施というオプションも視野に入れつつ対処することになるからである。（ただし、課税にあたっての費用推計の困難という実務上の課題は残る）

ただしいずれにしても、ここで指摘している事実は、単なる制度設計や費用推計の実務上の問題なの

第1節 外部効果とピグーの解決策

　以上見てきたように、ピグー課税をはじめとする外部不経済の内部化の考え方には、その理解に慎重を要する面がいろいろとある。もちろん、私的限界費用曲線と社会的限界費用曲線とが乖離しがちなのは事実だし、それを近づけようとする視点そのものは重要な点をついている。しかしそれでも、それが直ちにパレート改善をもたらすものではないことなどを踏まえれば、外部不経済の内部化は、解決に向けた第一歩にはなるにせよ、環境問題の解決とイコールではない。このことはよく記憶しておくべきことである。

ではなく、外部費用という概念（を通じた分析）そのものの困難として捉えるべきものである。この分析手法は、取引費用の存在が前提となっているにもかかわらず、それによって妨げられている取引が存在する可能性があるという事実を、必ずしも十分に捉えきれない面がある。
　外部費用の考え方に忠実にしたがえば、企業の製品製造についても、もちろん外部費用というものを考えることができなくてはならないし、その際の外部費用とは、実際に他者に降りかかっている費用を指し示すことになる。それは確かに実際に発生している費用かもしれないし、したがってそれを特定することにも意味があるだろう。しかしそれは、製品の製造のためにどうしても必要となる、最小限の追加費用となっているとは限らない。なぜかといえば、外部費用は、定義上、市場取引を経た後での、つまり効率的な財の利用の結果としての、費用ではないからである。（そうした効率的な財の利用は、取引費用が高いことによって妨げられているのである）つまりここでのポイントは、外部費用と、一定量の価値を生産するとなれば、社会としてどうしても負担が必要となる追加費用とは、一致しないかもしれない、したがって、外部費用が発生している事態の的確な分析のためには、外部費用とは別の、第三の費用概念が必要とされるのかもしれないということなのである。そこでは、真に社会が負担すべき費用を（機会費用の考え方に基づいて）あらためて見積もることが必要となるかもしれない。（この点については、第2章第3節および本章次節も参照）
　ちなみに取引費用がゼロだとすると、外部不経済が発生している市場でも、（課税がなくとも）均衡点は図3-2(b)でいう点pではなく点p′に定まる。（ただしここでは簡単のために点p″については論じない）なぜなら、過剰生産に伴う外部不経済の規模はⅢ+αであり、一方、その過剰生産により生産者と一部の消費者が得る便益の規模はαだから、外部不経済を被る被害者がαをわずかに上回る金額をその生産者らに支払い、代わりに生産者は生産レベルを点pから点p′にまで低下させるという取引（ただし厳密にいえば、消費者に対しては過剰生産に伴う追加の消費者余剰の金額をそっくり移転する必要は必ずしもない）が成立するはずだからである。

【ヒントその 13： 外部不経済とその内部化】

■市場は絶えず外部効果を伴っている。したがって、市場が意義あるシステムであるのか否かは簡単には定まらない。
■ある種の環境問題は外部不経済として理解することができる。
■外部不経済の内部化は、問題解決に向けた第一歩ではあっても、解決そのものではない。

第 2 節 問題の所在としての所有権
　　　　── コースの議論とコースの定理

『社会的費用の問題』

　前節では、環境問題は外部不経済の問題として捉えられるということ、そして問題への対処方法として、ピグー課税という考え方があるということを調べた。しかし、ピグー課税以外には外部不経済の問題に対処する方法はないのだろうか？　あるいは、（問題はあるにせよ）ピグー課税は外部不経済の問題に対処するための最善の方法なのだろうか？

　こうしたテーマに正面から取り組んだのは、R. コースである。この課題に関する彼の論文『社会的費用の問題』(Coase, 1960) は、以降の議論を大きく方向づけるほどに大きな影響力を持つこととなった。そこでここでは、この有名な論文の展開をできるだけ忠実に追いながら、その論旨の正確な理解に努めたい。コースの論文を正しく理解できれば、外部不経済という問題に対するもう少しつっこんだ、そして的確な見方ができるようになるはずである。
　なお、このコースの論文は、不正確に理解されている場合が非常に多く、ここでの議論はそうした理解への問題提起という意味もある。したがって、すでにコースの名前を聞いたことがある読者には、以下の議論はかなり異質に感じられるかもしれないが、先入観なく読み進んでいただければ幸いである。

　さて、コースは、『社会的費用の問題』冒頭の 1、2 節で、検討の主題を設定するところから議論を始める。
　コースの見立てによれば、工場のばい煙が近隣に悪影響を与えているような問題は、通常、ピグーの手法にならって、工場の私的生産物 (private product) と社会的生産物 (social product) との乖離という捉え方で分析が進められる。そしてその分析の結果は、大抵の場合、ばい煙による被害についての損害賠償責任を工場主に負わせるか、そ

の被害分に相当する金額をばい煙排出量に応じて工場主に課税するか、さもなくば、その工場を住宅地域から排除するかが望ましいというものである。(つまり、前節では紹介しなかったが、すでにかなり早い段階から、外部不経済の問題への対処の方法としては、課税以外にも、加害者への損害賠償責任の設定など、多様な対応策が広く認知されていたのである)

しかしコースによれば、実はこれらの提案は必ずしも望ましい結果をもたらさない。なぜかといえば、問題は「相互的」だからである。「問題の相互性」と名づけた第2節の中で、彼は次のように言う(ただし、[ ]は筆者による補足)。

「[問題対処のための上述のような]伝統的なアプローチは、我々が直面している選択問題の本質を曖昧にしがちである。通常、問題は、AがBに害を与えていることにあり、決定すべきことは、いかにAを制限するかである、と考えられている。しかしそれは誤りだ。我々が扱っているのは、[そうした一方通行の問題ではなく]相互的(reciprocal nature)な問題なのである。Bへの害を防ぐことは、Aに害をもたらす。真の問題は、AがBを傷つけることを許すか、逆にBがAを傷つけることを許すか、を決定することである。[いずれにしても害は発生するのだから]問題は、より深刻な害を避けることなのである。……たとえば、[牧場の牛のうち]何頭かは必ず迷子(straying cattle)になって隣接農地に被害を与えるとすれば、それは、牛肉の供給増は農作物の供給減という犠牲があってはじめて成り立つ、ということを意味している。選択問題の本質は明らかだ。肉か、農作物か、である。」

そう宣言した後で、コースは、その意味するところを、具体例を取りあげながら説明しようとするのである。

コースの論文は、ひとことでいえば、ピグー流の分析手法に代表される「伝統的アプローチ」に対する批判である。とはいえ、彼は、そうした「伝統的なアプローチ」に対し、ただ反対するわけではない。むしろ彼は、それらの問題対処の方法に一定の賛意を示すところから出発する(第3節)。すなわち、価格システムが理想的に機能していると仮定すれば、すべての被害についての損害賠償責任を事業者に負わせるという(大多数の経済学者が完全な解決策だと考えるだろう)方策は、確かに解決策になるだろうと語る。先に言及した事例でいえば、牧場主に損害賠償責任を負わせれば、迷い牛がもたらす農

作物被害の損失は、牧場主の費用計算にきちんと組み込まれ、牧場および農地への資源の配分は最適化されるはずである。

　ただしコースは、この解決策によってもたらされる資源配分は、一部の人びとが予想する結果とは異なるかもしれない、という点に注意喚起することを忘れない。
　たとえば、牧場主に損害賠償責任がある場合、補償があるということで、農家は牧場ができる以前よりも農作物の作付け量を増やすのではないかと考える人がいるかもしれない。が、しかし、実はそうはならない。なぜなら、市場が理想的なものであったとすれば、牧場ができる以前の農作物の限界生産費用と市場価格とは等しかったはずだから、それ以上生産量を増やすと、その追加生産分に対する被害が市場価格と同額で損害賠償されるにしても、その賠償額は追加生産費用を下回り、農家の利益はかえって減少するからである。
　むしろそうした人びとの予想に反して、農家の作付け量は、かえって減少するかもしれない。なぜかといえば、彼らには、土地の耕作放棄という選択肢があるからである。たとえば、当初、農地を耕して得られる農作物の価値が12ドル、その耕作費用が10ドルで、差し引き純利益が2ドルだったとする。そして、新しく隣にできた牧場からの迷い牛による被害額が3ドルだったとする。（つまり牧場主が支払うべき損害賠償額も3ドルである）この時、牧場主にとってみれば、3ドル未満の支払いで農家が土地の耕作を諦めてくれるなら、損害賠償するよりその方が得だし、農家の方も、2ドルより多く受けとれるなら、農作物生産よりもそちらの方がいい。だから、この場合、2ドルよりも多く、3ドルよりも少ない金銭を牧場主が支払うことと引き替えに、農家が耕作を放棄するという取引が成立するはずである。
　このため、コースは、事業者に損害賠償責任を負わせるという解決策を一応認めつつも、条件をつけ、このような場合には、土地の耕作放棄という選択肢が、当事者に残されていることが重要だとする。つまり、もしも被害に対する損害賠償のみを保証し、耕作の放棄という選択肢を認めない手続きがあったとすれば、それは、牧場への少なすぎる資源の投入と、農地への多すぎる資源の投入とを帰結するだろうと指摘するのである[14]。

14　なお、ここでコースは、さらに興味深い可能性に言及しているので、その点にも触れておきたい。
　　ある土地を耕して得られる農作物の価値は10ドル、その土地の耕作費用は11ドルだったとする。隣に牧場がなければ、もちろんこの土地は耕されない。しかしながら、実際には隣に牧場が存在し、もしもこの土地を耕作すると、牧場からの迷い牛がその農作物すべてをだめにしてしまうとしよう。すると

さて、続く第4節からが、コースの真骨頂である。第4節において、コースは、前節のような解決策は確かに解決をもたらすが、実はそれとはまったく逆の方法も、同じように解決をもたらすのだと論じた。すなわち、事業者に損害賠償責任がない（つまり、近隣に被害を与える権利がある）としても、そのことが明確になってさえいれば、結果としての資源配分はまったく同じになることを示した。（ただし、先ほどと同様に価格システムは理想的に機能しているものと仮定する）

牧場主に損害賠償責任がない場合、牧場の牛が3頭で、その3頭目の牛による被害が3ドルであったとすれば、農家の方は、牧場主が牛を2頭に減らしてくれるなら、最大3ドル支払ってもよいと考えるだろう。したがって、牧場主からすれば、3頭目を飼うと決断したなら、農家から受けとれなくなる3ドルは、その3頭目の牛を飼うことの費用の一部となる。3ドルという金銭が、3頭目を飼うために農家に支払わなくてはならない金銭であるか（牧場主に損害賠償責任がある場合）、あるいは3頭目を飼わなければ農家から受けとれるはずであった金銭であるか（牧場主に損害賠償責任がない場合）にかかわらず、その3ドルが3頭目の牛を飼うための費用の一部であることに違いはない。もし、牛を2頭から3頭に増やすことによって獲得できるものが、追加で生じる（農作物への3ドル分の被害を含めた）費用よりも大きいなら、牛は増やされるだろうし、さもなくば、牛は増えない。こうして、牛の頭数は、牧場主が損害賠償責任を有するか否かにかかわらず同じになる。

つまり、コースは、（事業者が損害賠償責任を持つのか持たないのかがはっきりしなければ、当事者間での取引は起こり得ないから、責任の明確化そのものは必要だが、）価格システムが理想的なものである限り、最終的な帰結は、事業者の責任の有無には依存せず、いずれの場合にも、当事者どうしの自由な取引が最適な資源の配分をもたらすはずだという結論を導いたのである。

その場合、牧場主に損害賠償責任があったなら、農家は農作物を生産しようとするかもしれないのである。もちろん、そんなことをすれば、農家自身、1ドル損をするわけである。それにもかかわらず、農家がそうした行動をとる可能性があるのは、牧場主に損害賠償責任があるために、耕作放棄の見返りにそれなりの金銭（最大で10ドル）を牧場主から引きだそうとする動機が農家に生まれるからである。

ただし、コースは、そうした金銭のやりとりが起こるにしても、その支払い額は、牧場主が牧場の利用をやめたいと思うほどに高額にはなり得ないし、牛の頭数に応じて変化するわけでもないから、見返り支払いについての合意は、資源の配分に影響を及ぼすわけではなく、単に牧場主と農家との間の所得と資産の分配を変化させるにすぎないと付言している。

ついで彼は、彼の分析を、より一歩、現実に近づけようとする。つまり、ここまでの議論は、価格システムが理想的なものであることを前提としていたが、そうではない場合の考察へと進む。コースは「市場取引にかかる費用を考慮した場合」と名づけた第6節において、次のように語っている（ただし、[ ]は筆者による補足）。
「ここまでの議論では、市場取引に費用がかからないと仮定していた。これはもちろん、非常に非現実的な仮定である。……こうしたことにはしばしば非常に多くの費用がかかり、それゆえに、もしもそうした費用がゼロであったのなら起こったはずの、多くの市場取引が起こらない。……このため、取引費用がかかる場合には、[牧場主が損害賠償責任を持つのか持たないのかといった] 法的権利のはじめの境界線の引き方は、経済システムの効率性に対して影響を持つことになる。つまり、ある権利編成の方法(arrangement of rights)は、他の方法よりも、より多くの価値を生みだすかもしれないのである。」
 当事者間の取引が十分進むと期待できない以上、牧場主に責任がある方が、いい結果が得られるかもしれないし、逆に、責任がない方が、いいかもしれない。可能性としては、そのどちらもあり得る。

 そしてそこから次のような結論を導く（ただし、[ ]は筆者による補足）。
「[だとすれば、どの権利編成の方法が適切かといった] 政策に対する的確な視点を持つためには、[それらの各政策によって、]市場なり、事業者なり、政府なりが、[ばい煙による大気汚染や迷い牛による農作物被害などの]悪影響の問題を、実際上、どのように取り扱うことになるのかということについて、忍耐強い調査が不可欠なはずである。[そうしてはじめて、資源配分をどのような方法にゆだねる方がいいのかがわかってくるのであって、あらかじめどの方法が最適だと決められるわけではないのだ]」

 ここまでが一般的な理論に関する部分である。この理論を踏まえつつ、コースの議論は、ピグーらの問題対処の方法に対する批判へと向かっていく。

 ピグーの『厚生経済学』には次のような記述がある。
「費用は第三者にも降りかかるかもしれない。たとえば、機関車がまき散らす火の粉は、周辺の森に対し、補償されることのない被害を与えるかもしれない。すべてのこうした

効果は——あるものはプラスで、別のものはマイナスだが——ある資源を使用した時に、その使用量の追加分が生みだす社会的純生産物を算定する際には、その計算に繰り込まれなくてはいけない。」

この部分を引用しつつ、コースは、ピグーが推奨している政策のひとつは、鉄道会社に対して損害賠償責任を負わせるというものだ、という解釈を示す。その上で、ピグーはそう主張するが、しかし、そうした政策は必ずしも望ましいものではないのだと主張する。

なぜなら、すでに述べてきたように、取引費用がかからないとすれば、事業者に損害賠償責任があろうがなかろうが、結果には変わりがないし、取引費用がかかる時には、事業者に賠償責任を負わせた方がよいかどうかは一概には決められないはずだからである。

ピグーを批判するために、彼は次のような事例（取引費用がかかる場合）を用意した。

ある鉄道会社があり、その機関車の火の粉によって周辺に被害が及んでいたとする。鉄道会社には、損害賠償責任がないとし、列車は日に2本まで運行できるとする。さらに、日に列車1本の運行では150ドル分、2本では250ドル分のサービスを毎年提供できるが、1本の運行毎に年間50ドルの費用がかかると仮定する。

さてこの場合、鉄道会社にとっては運行本数を2本にする方が利益が大きいから、もちろん列車は日に2本運行されるはずである。

しかしここで、1本の運行毎に、機関車の火の粉が周辺の農作物に年間120ドル分の被害を与えるとし、そして、その損害賠償責任が鉄道会社側にあると想定する。すると、最初の列車を走らせることによる利益は150ドル、運行費用は50ドル、そして損害賠償のために必要な金額が120ドルだから、鉄道会社は列車を1本でも走らせると損になる。つまり、もし鉄道会社側に損害賠償責任がないとすれば2本の列車が運行されるし、責任があるとすれば1本も走らなくなる。

こうして、責任の有無によって資源の配分が異なってくるわけだが、損害賠償責任がある場合の資源配分の方がいい（つまり鉄道はない方がいい）とは必ずしもいえない。

たとえば、列車が2本運行された時、農家は、だまって被害を受ければその被害は240ドル分になるが、被害をそのまま受けることをせずに、一部の農地の耕作を放棄し

て、その耕作に必要だった資源（たとえば、資金、労働力、肥料など）をもっと有効に利用しようと決断したとしよう。放棄した農地で生産されるはずだった農作物の価値は総額160ドル分、残りの耕地への被害は120ドルであるとする。

さて、この農地の放棄によって自由になった資源を他の用途へ使用することによって、150ドル分の価値が生産できるものと仮定しよう。そうすると、250 − 100 − 160 − 120 + 150 = 20 となって、つまるところ、2本の列車の運行によって、20ドル分の価値が生み出されることになる。つまりこの場合には、鉄道会社側に損害賠償責任を負わせずに、2本の列車の運行を認める方がいいということになる。

もちろん数字を変えれば、鉄道会社に賠償責任がある方がよい場合も十分あり得る。しかしここでのポイントは、それがいいとは限らないということである。だから、鉄道会社に賠償責任を負わせるべきだとは一概に決めつけられない。

さらにコースは、ピグー流の解決策のひとつとされている、課税という対策に関しても、次のような例をあげて、ピグー派を批判する（第9節）。

工場のばい煙により、近隣の被害が年間100ドルに達したと考える。そして、その解決策として課税措置が導入され、ばい煙を排出し続ける限り、工場主は年間100ドル納税しなくてはいけなくなったとする。ここでもし、年間運転費用90ドルのばい煙防止装置があったとすれば、工場主は、差し引き10ドル得をすることになるから、この装置を備えつけるはずである。

しかしこの結末は、実は、最適解ではないかもしれない。たとえば、被害を受ける人たちが、その土地から出ていくか、あるいは予防策を講じて被害を避けることができるとし、その費用が年間40ドルだったとしよう。すると、工場はばい煙を排出し続け、地区の人びとがこうした対策を講じることにすれば、差し引き50ドル分の価値が生み出される。つまり、生産者側に課税することに固執した制度は、被害の防止のために、不必要に高額な費用をかけることにつながるかもしれない。

課税がなければ、多すぎるばい煙の排出と、近隣地区での少なすぎる人びとの居住とがもたらされるかもしれない、ということは認められる。しかし一方で、課税があれば、少なすぎるばい煙と、近隣地区での多すぎる人びとの居住とがもたらされるのかもしれない。

第3章 環境問題を考えるための基本モデル

　最終節には、コースの主張の要点が端的に示されている部分がある。最後はその部分を引用しておきたい（ただし、[ ]は筆者による補足）。
　「必要なことは、アプローチの変革である。私的生産物と社会的生産物の乖離という視点からの分析は、あるシステムの特定の欠陥に注意を集中し、その欠陥を修正する方策はどんなものでも必ず望ましいとする信念をはぐくむ傾向がある。それは、その実施に不可避的に伴う他の社会変化から注意をそらしてしまうが、その変化ははじめの欠陥以上の害をもたらすかもしれない。……企業の問題を研究する経済学者たちは、習慣的に機会費用の考え方を用い、[特定の事業のあり方によって] 所与の資源から獲得できるもの[つまり価値の生産量]を、別の事業のあり方[から獲得できる価値の生産量]と比較してきた。政策の問題を扱う時にも、同様のアプローチをとり、代替社会システムそれぞれによる[価値の]総生産量を比較することが適切であるように思われる。……獲得できるものが失うものよりも大きい活動に限って、遂行することが望ましいのは明らかだ。……複数の社会システムの中からの選択を行う時、我々は、[それぞれのシステムの一面のみを取りあげるのではなく] すべての影響を考慮しなくてはいけない。これが結局、私が主張しているアプローチの変革というものである。」

コースが言いたかったこと

　論文紹介が少し長くなったので、ここでコースの主張の要点を整理しておこう。この論文でコースが述べたかったことは、以下の五点にまとめることができる。
① 問題は相互性を有している。したがって、AがBに被害を与えているといった、一方的な見方をするのは適切ではない。真の問題は、AがBを害することを許すか、逆にBがAを害することを許すか、そのいずれかを決定することである。
② 取引費用がゼロの場合、法的権利の付与のあり方は、最終的な帰結に影響を及ぼさない。牧場主に損害賠償責任があってもなくても、それが法的にきちんと定められてさえいれば、当事者間で取引が行われ、その結果として、（牧場主と農家との間で金銭はやりとりされるにせよ）牧場の牛の頭数や、隣接農地での作付け量などは同じになる。

③ 取引費用がゼロでない場合、法的権利の付与のあり方は最終的な帰結に影響を及ぼす。牧場主に賠償責任があるのかないのかで、牧場の牛の頭数や隣接農地の作付け量などが変わってくる。さらに、社会全体の便益の総量にも違いが生まれる。

④ しかし③の場合、どの権利付与のあり方（を決定づける政策）が最も多くの便益を生みだすかは、一概には決めつけられない。したがって、最も望ましい社会システムを特定するためには、忍耐強い調査が不可欠なはずである。

⑤ だから、ピグーらのように、問題の一面のみを取りあげ、加害企業に賠償責任を負わせたりすることが望ましいと決めつけるのは誤りである。我々は問題に対するアプローチを変革し、各政策のすべての影響を考慮して、最終結論を導くようにしなくてはならない。

コースの論文を読み込むと、いくつかの重要なヒントを拾いだすことができる。そこで次に、それらのヒントをひとつずつ抽出し、もう少し突っ込んで整理していくことにしよう。

問題の相互性（reciprocal nature）

第一のポイントは、問題の相互性である。

たとえば、工場からのばい煙の排出によって、周辺住民が被害を受けていたとしよう。このような状況を、加害と被害の一方通行の問題として捉えるのではなく、いずれかを利すれば他方を害することになるという、相互性の問題として捉えるべきだ、でないと問題を見誤る恐れがある、コースはそういうことをいうのである。おそらくこれは、コースが特に強調したかったポイントのひとつである。

率直にいえば、このコースの話は、なかなか心情的に受け入れ難い面がある。ばい煙を排出する工場と、それによって被害を受ける住民がいたとすれば、どうしたって工場の方がわるいと言いたくなるのは人情というものだ。被害者と加害者とを対等の資格で扱うなど、もってのほかではないか？

とはいえ、少し丁寧に振り返ってみると、我々のそうした直感には危ういところがあるということが見えてくる。ここが大切なところで、コースの指摘を念頭において反省してみれば、なるほど被害者と加害者との関係が一方通行なものだと決めてかかると、問題を見誤りかねないとわかるのである。

　もう一度、事態を振り返ってみよう。いま、工場の方がわるいと言いたくなるのは人情だと言ったが、本当にそうだろうか？
　いくつかのケースに分けてみるといい。まず、住宅地区の真ん中に突如工場が立地し、周辺に被害を及ぼすようになったケースを考えてみる。この場合に、工場と住民とのいずれがわるいのかと問われれば、なるほど、工場の方がわるいと考える人が多いだろう。つまり、先の直感的な心情に合致した結論が得られることになる。
　しかしである。逆に、周辺に何もなかったころから操業している工場があったとして、その周辺に後から宅地が造成され、その結果、住民に被害が及ぶようになったとしたらどうだろうか？　誰にも害を与えないところで操業していた工場の近くに、わざわざ人びとの方からやってきたのである。この場合になると、工場を一方的に悪者にするわけにはいかないと考える人もおそらく少なくあるまい。少なくとも、皆が皆、工場の方がわるいと判断することはないだろう。
　さらに、いつでも工場側がわるいと決まっているかのように、工場側にあらゆる被害についての損害賠償責任を負わせると、コースが農用地の例で示したの同じように、工場からの見返りを引きだすために、本来であれば住みたくもないその隣接地に、わざわざ居を構えようとする人すら出てくるかもしれないのである。そうしたケースでは、さすがにその人に同情する人はほとんどいないだろうし、むしろそうした行為を問題視する人も多いだろう。

　つまり、よくよく事態をわかってみると、我々自身、必ずしも工場ばかりがわるいとは結論しないかもしれないのである。たとえば、工場の立地が先なのか後なのかという情報が手に入っただけでも、我々の心情は大きく変化する可能性がある。第一印象が、コースの議論に反発する面があるにしても、その抵抗感の一部は、我々のその心情がごく限られた情報に立脚しての直感にすぎないというところに起因している可能性があ

る。

　そして、我々の直感的心情がそれほどに頼りないものだとすれば、たとえその直感に反する場合があるとしても、問題の相互性という事実も、あながち軽んじるべきではないということになるはずである。結論を出すのは、その事実を念頭において、事態をよく分析した後でも遅くはない。なんといっても、問題は相互性を有している、それは、まぎれもない事実なのだから。

　ばい煙を排出する工場と、それによって被害を受ける住民がいるという情報だけでは、我々が価値判断をするためには、情報が不足している。にもかかわらず、我々の直感的心情は、直ちに一方を悪者に仕立てようとするかもしれない。問題の相互性に注意を喚起したコースの議論は、そうした拙速な結論の導き方に対して、警鐘を鳴らすものと受け止めることができるだろう。

　別の例を示そう。自然保護をめぐる議論では、しばしば地域住民と都会人との価値判断の対立が浮き彫りになるとされる。そして、よく耳にする議論が、自然を保護しろというのは、都会人のエゴだという議論である。
　もちろんそれは一面で確かに正しい。都会人は、自らの価値観を満たすために、地域の人びとに犠牲を求めているのだといってよい面がある。
　しかしそれでも、その指摘は必ずしも的確な論点を提出しているとは言い切れない。なぜなら、その地域を開発せよという主張もまた、地域のエゴだという言い方ができるからである。開発を進めることは、地域の人びとの生活向上のために都会人に犠牲を強いることである。
　こうした言い方には反感を覚える人がいるだろう。けれどもその感覚も、揺るぎないものとはいえない可能性がある。たとえばその地域というのが富士山のてっぺんだったとしてみよう。もしも仮に、周辺地域の人びとが、富士山の頂をすっぱり切りとって、そこに工業団地をつくることに合意したとしたら、先に都会人のエゴだとして自然保護論を批判した人びとはどう反応するだろうか？　そんな時でも依然、そうした地域の意向に反論するのは都会人のエゴだというだろうか？

おそらくそんなことはあるまい。少なくとも幾人かは、なんとかしてその開発を阻止しようと立ちあがりさえするのではないか？

つまり、都会人のエゴだという主張も、実は全面的に我々自身の心の声だとは言い切れない可能性がある。ここでも問題は相互的である。したがって、どちらが悪者だと決めてかかるのは適切ではないかもしれない[15]。

問題の相互性という議論は、かなり直感的感覚に反する面がある。しかしだからこそ、かえって記憶にとどめておくに値するということができる。問題が相互性を有しているというのは、疑いもなく事実である。だから、結論を出すのは、その事実を踏まえて、事態をよく考えてみてからでも遅くはない。

倫理と効率との分離

2つめのポイントは、倫理の議論と効率の議論とを分離することが重要だということである。これはコースが直接論じたとはいえないが、それでも彼の議論の重要なポイントのひとつに数えておきたい。

いま見てきたように、コースは、問題は相互的であり、したがって、我々の直感的心情にもたれかかるのは危険だということを明らかにした。

ピグーやピグー派は、ここのところをよく理解していなかったのかもしれない。だからこそ彼らは、効率性が確保できないから、工場側に責任を負わせるべきだ、というような論じ方をしているように見える。しかしその議論は間違っている。便益の合計が最大となる社会、つまり効率的な社会を目指すのなら、取引費用がない時には工場に賠償

---

15 誤解のないように念を押しておくと、ここで言いたいことは、自然を保護せよという都会人の主張の方が常に正しいということではない。だから必要なら、逆の立場から議論してみてもよい。たとえば、その土地は地域の人びとのものなのだから、地域の人びとが自力でその土地の自然を守るべきだと都会人がいうのなら、それはおかしいと指摘できるはずである。問題は相互的であり、その土地の自然保護は都会人のためでもあるわけだから、もしそれを望むのなら、都会人も応分の負担をすべきだと論じることには相応の正当性がある。つまり、都会の人びとの側から見ようが、地域の人びとの側から見ようが、いずれにしても問題を一方的な構図で捉えるわけにはいかないということである。

責任を負わせようが負わせまいが、責任の所在さえ明確にすれば結果は同じことになるし、取引費用があるならあるで、工場側に賠償責任を負わせた方がいいとは限らない。問題の相互性をよく認識し、事態をよく調べてから、どのような社会システムがよいかの結論を出すことが大切である。直感が教えるように、工場側が害を与えている（からわるい）と決めつけるわけにはいかない。そう、コースは主張した。

　この点については、コースに軍配を挙げないわけにはいかないだろう。確かに、我々の直感的な心情から簡単に結論を導いてしまうと、大切なところで間違ってしまう可能性がある。

　しかしである。だからといって、そこから、我々の心情や倫理的な価値判断をすべて捨て去るべきだという結論を導いてしまうとすれば、それは軽率というものである。相互性を理解して、事態を十分に吟味することは確かに大切なことだろう。けれどもそうした熟慮の果てになお、我々には、捨て去ることのできない価値判断が残るかもしれない。周辺住民が工場の立地以前から地域に住んでいたのなら、たとえ工場側が費用を負担しない方が全体としてのメリットが大きいとわかったとしても、それでも我々は工場側に責任を負わせるべきだと考えるかもしれない。

　考えてみれば、問題の相互性というコースの議論は、さまざまなケースにあてはめることができる。たとえば、泥棒と被害者、いじめっ子といじめられっ子の関係などでも、問題の相互性があるということは否定できまい。こうした場合でさえ、一方を利すれば他方を害することになるという言い方は、しようと思えばできるのである。被害者やいじめられっ子を保護しようとすれば、泥棒やいじめっ子を害することになるだろう。

　しかしよもや、泥棒と被害者とは対等に扱うべきであり、泥棒を律する方がいいと決めつけるのはおかしいなどと論じる人はいないだろう。つまり、問題が相互性を有しているのが事実としても、そして、そのことに対する目配りが重要だとはいっても、その事実をもって、直ちに当事者たちを対等に扱わなくてはいけないという結論が導かれるわけではないのである。

だとすれば、泥棒から被害者を保護する方がよいとあらかじめ決めてしまわず、泥棒と被害者の純便益の合計が大きくなるように権利を付与すればよいと主張しているとも読みとれるコースの議論を、額面どおりに受けとるわけにはいくまい。
　コースが「獲得できるものが失うものよりも大きい活動に限って、遂行することが望ましいのは明らかだ」と言った時、彼は功利主義的考え方に全幅の信頼をおいているように見える。そして、効率性を最優先する視点から、おそらくはピグーらの主張の背後にもあったであろう、倫理的な価値判断に基づいて適切な社会システムを選択しようとする姿勢そのものを批判し、被害者と加害者の立場を常に対等とみなすことを求めているように見える。
　しかし、彼のそうした物言いは、明らかに言い過ぎというべきである。最終的な我々の倫理的な価値判断よりも、効率を優先すべきだとする論拠はどこにも存在しない。効率性についての分析結果は、結論を導くための有力な情報のひとつには確かになるが、活用すべき情報のすべてではないのである。

　そうした意味で、コースのメッセージは、少し解釈し直して受けとる方がいい。そのメッセージとは、我々が事態をどのように倫理的に評価するとしても、その結論が、事態の経済学的評価と一致するとは限らないという事実をよく理解せよ、ということである。
　我々の(直感としてのではなく、熟慮の上での)価値判断をないがしろにしていいはずがない。被害者やいじめられっ子よりも、泥棒やいじめっ子がわるいに決まっている。しかし、そうした倫理観に基づく判断によって最善とされた選択肢は、効率性についての検討から最善とされる選択肢とは一致しないかもしれない。

　我々の多くは、ピグー流の議論にある種の共感を覚えていた。共感したのは、「効率性が確保できないから、工場側に責任を負わせるべきだ」という立論が妥当だからだ、我々はそう信じていた。
　もしもそれが本当の共感の理由なら、立論の不正確さが判明した時点で、その共感は捨て去ってしかるべきである。しかし、コースによってピグーらの考え方の不正確さが

明らかにされた時、それでも我々の多くは、ピグー流の考え方を全面的には否定することができなかった。完全に相互的なのだというコース流の論法に違和感を覚えないわけにはいかなかった。もちろんその違和感の一部は、我々の直感の危うさに起因していたから、その部分に関する限り、修正すべきはその違和感の側にある。けれどもそれは、我々の違和感の一部ではあってもすべてではないように思われた。

そして我々は気がついた。我々がピグーらを支持していたのは、彼らの立論が正しいと思っていたからではなく、実は彼らの結論が我々の倫理的価値判断に合致するところがあったからなのではないか？ だからこそ、「効率性が確保できないから」という論拠では「工場側に責任を負わせるべきだ」という結論を支えられないことが明らかになった後でも、その結論を完全に相対化することができなかったのではなかったか？

効率性に関する限り、コースは正しい。にもかかわらず、「工場側に責任を負わせるべきだ」という結論の少なくとも一部は捨てられない。なぜならそれは、たとえ効率性分析の結果として導かれる結論ではないにせよ、我々の倫理的な価値判断と深いところで手を結んでいたからである。

我々は、（おそらくピグーらにもいえることだが）倫理的判断を基礎にしていながら、それを効率性についての議論とないまぜにしてしまいがちである。そしてそれゆえに、もっぱら効率性分析の結果に依拠して、社会的選択についての結論を導き出せるし、実際にそうしているのだと思い込んでいた。

しかしそれは誤りだった。効率性についての分析結果は我々の欲する結論を導かない。コースに宣告されてはじめて、我々はそのことに気がついた。効率性分析と倫理的判断とは、まったく別のことであり、両者は時に異なった結論を導く。そして、たとえ効率性分析の結果とは異なるものとなるにせよ、倫理的判断もまた、我々にとってはとても大切なものなのだ。したがって、効率性分析が終了したからといって、その結果を直ちに最終結論とするわけにはいかない。

コース自身がそのことに気がついていなかったのは確かである。彼は、効率性についての分析結果を彼の結論に直結させている。とはいえ、コースが「問題の相互性」の議

論を提示し、ピグー流の立論の不正確さを明確に示してくれたことによってはじめて、我々は、自分たちがピグーらに共感を覚えた本当の理由に気がつくことができた。そして、倫理と効率性との結論は異なる可能性があるということを自覚した上で、最終的な結論を導きだす必要があるのだということを知った。

したがって、本人の意図はさておき、このことをこそ、コースの議論から汲みとるべき大切なメッセージとして受け止めよう。我々の最終的な倫理的判断を捨てる必要などない。必要なことはただ、倫理と効率性の議論を分離すること、そして、それらが別の結論を導く可能性があることを自覚しておくことである*16。

コースの定理と議論のゆがみ

ところで、コースの論文には、むやみにセンセーショナルなところがある。先の論文紹介では、実は、そうしたとげとげしさをだいぶ割愛しておいたのだが、コースの論文には、我々の心情をかなりぶしつけに逆なでするようなところがあって、たとえばピグーの取りあげ方なども、読んでいてあまり気持ちのいいものではない。おそらくそうしたことも原因のひとつになっているのだろう。コースの論文は、しばしば人びとの反感を買ってきた。

しかし、たとえコースの議論が品位を欠いている面が多少あるにしても、だからといって、大切な要素を含んだ彼の議論が大きく歪曲されて紹介されているとしたら、それはそれで、やはり問題とすべきことである。そして残念ながら、実際には、そうした歪曲がしばしば起こっているように見える。

先ほどコースの議論の要点を五点にまとめたが、実は、コースの議論といえば、そのうちの2番目、すなわち取引費用がゼロの時には、賠償責任が工場側にあってもなくても結果は同じだという議論ばかりが取りあげられる。この議論には、「コースの定理」と

---

16 ちなみに、本書の一番はじめで、モデルによる思考について論じた際、モデルを構成要素に分解することの重要性を強調しておいた。ここで説明してきたポイントは、まさにこの構成要素に分解することの重要性を示した具体例といえる。倫理と効率性とを一体的に論じていたのでは、議論が混乱をきたしてしまう。だからこれら2つの視点をはっきり分離する必要がある。この例を見ると、モデルを構成要素に分解することが、ある場面ではとても重要だということがよくわかる。

いう名前まである。そしてこのコースの定理は、たとえばこんな風にして紹介される。こうしたコースの定理の紹介の仕方は、決して例外的なものではなく、むしろ典型的なものである。

米国でとても人気の高い環境経済学のテキストの中で、タイテンバーグは次のように語っている (Tietenberg, 1996; ただし [ ] は筆者による補足)。
「コースは、協議の費用が無視でき、(当事者の数も少なく) 影響を受ける消費者が自由に交渉できるなら、法廷がどちらの当事者に権限を付与しようとも、効率的な配分は達成されると主張した。法廷の決定は、単に当事者間での費用と便益との分配に影響を与えるにすぎないというのである。この注目すべき結論は、『コースの定理』として知られるようになった。……これは重要なポイントである。後に見るように、非効率性に誘発された、こうした個人どうしでの改善努力は、しばしば、環境劣化の最悪の過剰を防ぐことができるからである。しかしこの定理の重要性は過大評価されるべきではない。……いくつかの深刻な実務上の欠陥が、このコースの定理の有用性に泥を塗るだろう。第一には、ステレオの所有者に所有権 [つまり、騒音を出す権利] が与えられたなら、騒音を出そうというインセンティブが働くことになるからである。騒音を出せばそれだけ儲かることになるから、他の隣人たちも [静かにしてほしいと願う住民たちから] 袖の下を受けとるために、ステレオのボリュームを上げたいと思うようになるかもしれない。その時には確実に効率性は達成されないだろう。また、協議も、騒音被害を受ける人数が多くなった時には [取引費用が高くなりすぎるから] その実施が難しくなる。」

あるいは、環境経済学の重要論文集 (Stavins ed., 2000) の中で、コースの論文の次に取りあげられているクロッパーとオーツのサーベイ論文には、こんな紹介がある (Cropper・Oates, 1992)。
「ピグー派の外部不経済問題に対する解決策は、コース派の議論のラインに沿って、繰り返し攻撃にあってきた。コースの議論 (1960) は、取引費用がなく、戦略的な行動もないとすれば、外部効果によるゆがみは、当事者間の自主的な交渉によって解決されるだろうというものである。こうした状況下では、効率的な結果を導くために、それ以上の (たとえばピグー課税のような) 誘導策はなんら必要とされない。……しかし我々の感覚

では、コース派の批判は、大半の主要な汚染問題に対して、限られた有効性しか持たないものだ。たとえば大気や水質の汚染問題のほとんどのケースでは、とても多くの汚染者と犠牲者がいるから、交渉による問題解決の可能性は小さいのである。というのも、ほとんどの主要な環境問題に対して、コース流の解決を許容するには、単純にいって、取引費用があまりに大きすぎるのである。」

さて、タイテンバーグたちが問題視した論点は、いずれもコースがはじめから百も承知していた事項であるといっていいだろう。

タイテンバーグはインセンティブの問題を取りあげて、インセンティブが存在するなら、コースの定理は確実に成立しないと論じている[17]。けれどもそれは正しくない。たとえインセンティブがあったにしても、(金銭の移転は起こるにせよ)それだけで資源の使われ方に必ず影響が及ぶとは断言できない。これはコース本人が、第3節で論じていたことである[18]。

また、タイテンバーグや、クロッパーとオーツがともに取りあげているのが、取引費用の問題である。実はこれは、コースの定理が紹介される時には必ずといっていいほど言及される問題点である。そしてこの点に関してはタイテンバーグらの主張は正しい。取引費用が大きければ確かにコースの定理は成立しない[19]。けれどもそれは、コースにわざわざ教える必要があるようなことではない。なぜならそれは、コース自身が「市場

---

17 インセンティブとは、制度の仕組みや情報の局在などが各個人にもたらす行動誘因のことである。ある制度を導入した結果、どのように行動するのが最も得かという各個人の利得計算の結論が変わり、その結果として各個人の行動も変化したとしよう。この時、その制度導入が個人の行動変化のインセンティブとなったというのである。タイテンバーグの例でいえば、ステレオの所有者は、騒音を出す権利を与えられたことによって、もっと騒音を出した方が自分にとって得になるはずだという利得計算結果を自分なりに導き、その結果に基づいて、実際に騒音を出す可能性があるということである。こうしたインセンティブの構造への配慮を失した制度設計は、しばしばゆがんだ結果をもたらすとされている。

18 タイテンバーグが、加害者側のインセンティブを取りあげたのに対し、コースが取りあげたのは被害者側のインセンティブ(牧場主から金銭を引きだすために、本来であれば耕す価値のない農地を耕そうとさせる誘因)だという違いはある。しかしコースにしてみれば、そもそも問題は相互性を有しているのだから、被害者側にそうした問題があるとすれば、加害者側にも同じような問題があるのは当然だということになるだろう。

19 ただし、取引費用が存在すると任意に権利を割りあてたのでは効率性の達成は保証されないというのは正しいが、そこで生じる問題は、ごく一般的な市場財の取引の際に生じ得る問題と本質的に変わるものではない。

取引にかかる費用を考慮した場合」という節まで設けて説明したとおりのことだからである。

にもかかわらず、コースの議論が紹介される時には、このようにあたかもコース自身が重大な論点を見逃していたかのように紹介されることが多いのである。

それだけでもいかがなものかと思わないではいられない。けれどももっと問題なのは、コースが本当に言いたかったことが、ほとんどまるで無視されているという現実である。コースが言いたかったことは、ひとことでいうなら、「問題は相互的であるということを理解して、問題の全体像を捉えて考えなくてはいけない」ということだ。そして、人びとがコースの定理と呼ぶものは、本人にしてみれば、最終結論ではなくて、それを論証するための、ひとつの材料にすぎなかった。

にもかかわらず、非常に多くの環境経済学のテキストの中で、コースが本当に言いたかったことはほとんど完全に無視されている。彼の主張の核心はコースの定理であるかのようにして、全体の文脈からコースの定理という断面だけが切り出される。そして、コースが主張したコースの定理は、その前提としている仮定が、取引費用をゼロとしているなど非現実的にすぎる、だから実際にはあまり役に立たない、といった論調で紹介されるのである。(そもそも、暗黙のうちに対照されているピグー課税自体、税の徴収などの取引費用が大きければ最適解を導かないのにである!)

正直にいってこれには本当に驚いた。種をあかせば、この驚くべきギャップ、つまりコースが実際に語ったこととその紹介のされ方とのギャップを読者になんとか伝えようと、コースの論文をかなり丁寧に紹介したという面もある。

もう一度、タイテンバーグらの紹介文を読み返して、そこではじめてコースの定理に接したものと想像してほしい。その紹介がコース自身の主張といかにズレた印象を与えるか、そしてコースの主張がどれほどつまらないものだと響くかが、よくわかるはずである。

もちろんいまから見れば、コースの議論を理論的に批判するのは簡単である。そもそも、効率性以外の論点への配慮がないままに結論を導くのはおかしいし、効率性につい

て見ても、便益の単純な足し算、つまり功利主義的論法を素朴に用いるのは問題だと指摘できる。さらにいえば、牧場主側に賠償責任があれば、農場側の被害の尺度はWTAになるし、逆に賠償責任がない時にはWTPになる。そして、WTAとWTPの評価額は一般に異なるのだから、牧場側に賠償責任があるのかないのかで結果は異なるはずだと論じることもできる。さらに、その都度、費用便益計算を行って政策を判断するのでは、各当事者にゆがんだインセンティブを与え、それによって社会の安定や、的確な技術革新などもおぼつかなくなるといった問題点も指摘できるかもしれない。

　こうしたことは、ここまで読み進んでいただいた読者なら、あえて言及するまでもなく、すぐに見抜くことができるはずである。そしてもちろん、こうした批判にもそれ相応の意味がある。

　けれども、こうした批判をいくらならべても、的の中心を射抜いたことにはなりはしない。なぜといって、コースの主張の核心は「問題の全体像を捉えて考えなくてはいけない」ということであり、この主張に関する限り、彼の議論に間違いはなかったからである。したがって、この論点とは別の、彼がそもそも焦点をあてていない真実との距離を問題にしたところでピントはズレているし、たとえばピグーの議論との相対比較を行わずに絶対評価をしようとしたところで的確な批判をしたことにはならない（しばしば無視されているが、これまでコースに向けられてきた批判の多くは、本来、ピグー流の議論にもあてはまるはずのものなのである）。そう、これはまさに、モデルは真実との距離ではなく、要請との距離が問題なのだということの一例なのである。

　このケースのように、モデルの一断面だけが切りとられて紹介されるということは残念ながらよくある。論者の都合のいいように、批判しやすいところだけが抜き出される。したがって、第三者によって紹介された議論をそのまま鵜呑みにするのはしばしば危険であるということを、この例から学んでおく必要があるだろう[20]。

---

20 特に特定の人物と結びつけられているような命題は、過度に簡略化され、断片化されている場合が多いから、その紹介文から読者が受けとる印象は、本人の真意とはかなりずれてしまうことがある。いま見たように、「コースの定理」といっても、コース本人はなにもそれを定理として主張したわけではないし、そのこと自体にそれほどの価値を見いだしていたわけでもない。同様に、アダムスミスが「神の見えざる手」と言ったのは事実だけれど、彼自身はいわゆる自由放任主義を説いたわけではない。後に紹介することになるロールズも、「マキシミンルール」のひとことで片づけられることが多いが、それほど単純なことを論じたわけではないのである。

問題の所在としての所有権

　議論が少し横道にそれた。議論を元に戻そう。コースの議論から汲みとるべきポイントがまだ残っている。

　最後のポイントは、所有権という概念についてである。コースの議論の中から浮かびあがってくる所有権という権利の意味と、環境問題との関係を調べておきたい。この所有権という概念は、環境問題を理解するためのひとつの鍵概念である。

　いま見てきたように、コースの議論は、(効率至上主義的傾向などの問題はあるにせよ)基本的には正しい。コースが言うように、ピグーおよびピグー派の外部効果をめぐる議論には、少しばかり短絡的なところがあった。
　もちろん、だからといってピグーの議論が役に立たないかといえば、そんなことはまったくない。ピグーの議論の重要性は、コースの議論が有効だとしても、決して色あせるものではない。なぜならピグーの着眼点、すなわち、現実の市場は外部効果を発生させているのでパレート最適を導いていないという現状認識には、まったく誤りはないからである。つまり、問題とすべき事態は確かにある。だから、問題を、いまでいう外部不経済という概念のもとに、きちんと指定したという意味において、ピグーの貢献は決して小さなものではない。このことはしっかりと確認しておきたい。
　ただ、ピグーは、特定の解決策、すなわち、賠償責任を加害者の側に負わせるという解決策を、その問題認識に直結させてしまったように見える。それは少々勇み足だった。確かにコースが言うように、効率性という観点から見れば、賠償責任を加害者の側に負わせるべき必然性はない。被害者と加害者のどちらに責任を負わせた方がいいのかは、忍耐強い調査なくしてはわからないはずである。その限りにおいて、賠償責任を加害者に負わせるのが常に正しいかのような議論には問題があると批判されても確かに仕方がない面がある。

　ではなぜ、ピグー、それからピグー派の人びとは、こうした誤りを犯したのだろう。
　コースの見立てによれば、その原因のひとつは、彼らが「所有権」(property right)

を誤解していたことにある[21]。

　所有権とは、一般に考えられているように、財を「持っていること」を意味すべきものではない。そうではなくて、所有権とは、「何かを行うこと」についての権利と捉えるべきものである。ピグーらはそのことに気がついていなかった。
　所有権という権利が、行為についての権利なのだと理解していれば、迷い牛や機関車の火の粉の問題を、市場で購入したリンゴやケーキを食べることと、それほど違った捉え方をする必要はないということが理解できたはずだ。なぜなら、いずれも「何かを行うこと」であるという限りにおいて、根本的な違いはないからである。
　そして、両者の違いを次のように解釈することができただろう。すなわち、リンゴについては、そのリンゴを食べるという行為についての所有権がきちんと設定されているのに対し、農地に牧場の牛を迷い出させてしまうという行為については、その所有権がはっきりと設定されていない。だから、それを取り引きすることもできないし、実際に牛が農地に迷い出た時の責任の所在もはっきりしない。そしてそれこそが、迷い牛の問題で非効率が生じている原因である、と。

　ピグーは、外部効果の原因は、工場がばい煙を排出していることだと考えた。いやピグーでなくともそう考えるのが普通だろう。しかしコース派に言わせればそうではない。原因はもっと別のところ、すなわち所有権が明確になっていないというところにある。その大気を自由に汚したり、汚さなかったりする、地区の大気に対する所有権が、

21　もっともコース自身は、「所有権」という表現は用いていない。彼は論文の中で、「［大気汚染などの］悪影響の問題を取り扱うための適切な理論を構築することに［ピグーらが］失敗した最後の理由は、生産要素の誤った概念に由来する。それは通常、ビジネスマンが獲得し、使用する物理的な実在物（1エーカーの土地、1トンの肥料）であると考えられており、ある（物理的な）活動を遂行する権利としては考えられていない。我々はある人が土地を所有し、それを生産要素として使用するというかもしれない。しかし、土地の所有者が実際に持っているのは、リストに規定された活動を実施する権利なのだ」という言い方をしている。（ただし先の紹介の中では、便宜上、この箇所は省略してある）
　ただ、その後の経済学者たちは、このコースの議論を所有権をめぐる議論として整理しているので、ここでもそれを踏襲して「所有権」という表現を用いる。したがって、所有権を問題の所在として指定したことのクレジットをコースのみに与えるのは必ずしも正確ではないので、その発案者たちのことは以降、「コース派」と呼ぶことにしよう。

工場に与えられているのかいないのかが、法的にきちんと規定されていないことが問題だったのだ。

　こうしてコース派は、所有権の概念をいくらか拡張し、それによって環境問題を所有権の問題として取りだして見せたのである。

　これはコースの大きな貢献のひとつである。ピグーの貢献が外部効果という問題の措定にあったとすれば、コースの貢献は、問題の相互性の発見や、倫理と効率性の分離の必要性の明確化ということと並んで、ピグーが特定した問題の原因を析出させたことにあるといってよい。外部効果が外部への効果であるのは、それが市場メカニズムの中に取り込まれていないからである。そしてその原因は、そこに所有権の設定がなされていないからだ。そういう捉え方が可能だということを明らかにしたのである。

　ただし、このように所有権の問題として捉えることの意義は、所有権の設定という問題解決策のオプションを手に入れることだけにあるわけではない[22]。
　むしろその意義は、以下に示すように、所有権という概念の再確認によって、所有権が設定されているから決着ずみの問題であると考えられがちな事態の中に、もう一度問題を正しく探りあてることを可能にしてくれたという点にこそ見いだすべきだろう。

　コース派によれば、所有権とは「持っていること」ではなく「何かを行うこと」についての権利である。このコース派の所有権の捉え方を尊重しつつ、それを少し掘り下げて分析してみると、所有権という概念は、3種類の要素、すなわち、財、その使用の方法、そして使用する際の状況に分解できることが明らかになる。概念規定上、前の2つの要素の必要性は自明だろうが、最後の1要素を加えることも必須である。なぜならた

22　なお、問題の原因を所有権の欠如に見たからといって、直ちに問題の解決を所有権の設定に求めるべきということにはならない。それは、場合によって適切であるかもしれないし、ないかもしれない、あるいは、そもそも不可能かもしれない。なお、もしも所有権の明確化という方法で問題に対処するとすれば、それは、効率性の問題の解決と同時に、倫理的な問題にも決着をつけることになるということはよく知っておくべきである。つまり、所有権が侵犯されれば、侵犯した方がわるい。だから、所有権を明確化するということは、その時点で、図らずも倫理的な裁定を下してしまうことを含意する可能性がある。

第3章　環境問題を考えるための基本モデル

とえば、透明な衣服の「着る」という使用法は自宅では認められているが屋外ではそうではないといったことがあり、同じ財の同じような使用方法でも、それを使用する状況によって、権利は認められたり、認められなかったりするからである。つまり、所有権という権利は、(財、使用法、状況)のセットに対して与えられるもの、各人が自由にしてよいそうしたセットの集合と捉える必要があるということが納得できる。

　　　個人 i の所有権＝個人 i が自由にできる(財、使用法、状況)の集合　　　(3-3)

コース派に学んであらためてこうして定式化してみると、この所有権という概念の特質も明らかになる。つまり、所有権というのは、思われているほど輪郭がくっきりと確定してはいない、いや、もっといえば、そもそも明確に規定することが不可能な権利概念であるということである。なぜなら、財そのものの特定は容易かもしれないが、その使用法や、財が使用される状況をあらかじめ完全にリスト化することは不可能だからである[23]。思いもよらない使用方法が新たに見いだされるかもしれないし、財を使用する状況も多様に変化していくだろう。そうしたあらゆる可能性を事前に想定して、網羅的な(財、使用法、状況)のセットのリストを作成し、そのすべての権利をあらかじめ割りあてておくことは到底できまい。だから所有権というものに、完全なる明証性を期待するのはどだい無理な話なのである。

つまりこういうことである。非効率の原因は所有権の所在の曖昧さにある。ではなぜそれは曖昧なのか？　もはやその理由は明らかである。なぜならそれは、そもそも明確に特定することが不可能だからである。
　所有権の設定困難という議論になると、次節で取りあげる「公共財」の議論ばかりが取りあげられる。しかし所有権の設定が困難な理由はそれ以外にもある。所有権という権利概念そのものが、そうした曖昧さを抱え込んでいるというべきなのである。

だとすれば、たとえなにがしかの所有権が特定の個人に与えられているにしても、そ

23　いや、実をいえば財の確定そのものにも議論があってしかるべきであるが、ここでは簡単のためにその論点については深入りしない。

の財の使用法や使用を取り巻く状況が大きく変化し、当初の想定の範囲を超えているとみなせる時、その新たな行為への所有権が誰に属するべきものなのかをあらためて考えてみることは言下に否定されるべき議論ではないことになる[24]。それは彼の権利を奪うことではない（従前の想定範囲の権利は、依然彼のものである）。そうではなくて、むしろ新たに誕生したとみなすべき権利の所在を、新規に確定することなのである[25]。

我々は、財をめぐる問題に直面した時、その財の所有権は誰にあるのか、というかたちの問いを問いがちだし、その場合の所有権とは、財に関する全面的で唯一無二の権利のことだと考えがちである。しかし本当に問うべきは、そうした問いではないかもしれない。ひとつの財に対していくつもに分割して設定することが可能な（財、使用法、状況）のセットを、適切に割りあてていくことを思い描く必要があるかもしれない。

そして、そうした所有権を問い直していくことは、我々の社会にとって、とても重要なことかもしれない。なぜなら、我々の社会は、外部効果によって覆いつくされているからである。だから、財の使用法なり、使用を取り巻く状況が大きく変化したなら、それは、他人への影響の量や質が大きく変化したということを意味するかもしれず、その意味で、既存の所有権を保有していた個人だけの問題ではないからである。

たとえば、これまで林業を営むために使用してきた私有地の森林を皆伐してリゾート施設にすることや、新たな化学物質を大気中に排出すること、さらには工場周辺の人口が顕著に増加することは、外部不経済の規模の拡大を意味するかもしれない。

また、かつてはなんらの有害性もないと考えられていた二酸化炭素を大気中に排出することや、稀少種の見つかった私有地の天然林を開発することは、当初知られていなかった外部不経済の発見にあたるだろう。

---

24 ところで多くの国々は、所有権の所在を最終的に確定するためのルール、すなわち最後の審判は裁判所が下すというルールを持っている。裁判所が結論を下せるのは、権利の所在が事前に確定していたからでは必ずしもないだろうが、いずれにせよ、そうした最終審判のためのルールは社会の安定のためにはなくてはならないものだし、したがって、その結果も尊重するべき理由がある。とすれば、ここで取りあげたような根本的な問い直しを行うことは、そうしたルールとの間に緊張関係を生みだす可能性があるということは補足しておこう。

25 なお、ここでいう所有権とは、上で定式化した権利であるため、一般には所有権とは呼ばれていないもの、たとえば、ばい煙を法令基準値以下で排出する権利なども含まれる。

このように、外部効果はさまざまなかたちで変化していく。だとすれば、そうした外部効果の変化分について、誰にどのような権利が与えられるべきなのかを再考してみることは、十分な必然性と論拠があるというべきだろう。逆にいえば、環境問題を考える時、既存の権利の枠組みにぶつかって、そこで思考を停止してしまうのは、必ずしも適切ではない。もしも誰かに所有権があるのなら、富士山のてっぺんを切りとられても仕方がないと考えるわけにはいかないし、実際、そう考える必要もないのである。

我々の所有権は他人と密接にかかわっており、また、他人の所有権も、我々自身の問題なのだ。

コース派が論じたように、環境問題を所有権の問題として理解し、そしてその所有権を「何かを行うこと」についての権利として理解することの意義、それは、我々が外部効果という関係性の網の目の中に生きていることに正面から自覚的に向き合うための、この問い直しを可能にしてくれるということにあるのである。

【ヒントその14: 問題の所在としての所有権】

■我々の直感的な価値判断にはおおいに危ういところがある。したがって、環境問題は相互性を有しているという事実を踏まえて、事態をよく分析してみる必要がある。

■事態をよく分析した上での我々の価値判断は、十分尊重するに値する。ただし、そうした価値判断に基づく議論は、効率の議論とは別物であるということを理解しておく必要がある。

■効率に関していえば、ある種の環境問題は、所有権が確定していないために生じるという見方をすることができる。

■所有権とは個人が自由にできる(財、使用法、状況)のセットのことである。その帰属先はあらかじめすべてが確定しているわけではない。

■我々は、外部効果という関係性の網の目の中にある。したがって、所有権の問い直しには、重要な意味があるとすべきである。

第3節 公共財

市場の不完全性と公共財

　少し議論を振り返ってみよう。我々の関心事は何かという、前章の最終節での議論を思いだしてほしい。我々の関心は、ひとまず、我々自身の効用レベルの向上にあると考えることができる。したがって我々は、効用関数の要素となっている多種多様な財を、効用レベルを最も高くするような組合せで手に入れることを考える。

　ただし、どの財がどれほどに大切かという判断は個人によって違ってくる。人によって選好は異なるからだ。

　だから視点を個人から社会に移し、社会全体として考えようとする時には、ある特定の財に焦点を絞るわけにはいかなくなる。そこでまずは、できるだけ多くの財を同時に供給するシステムについての検討が必要だろうということになる。なぜなら、多くの財を供給するシステムは、それだけ多くの人びとにとって重要な財の供給を担っている可能性が高いからである。

　こうした理由で、市場というシステムに着目した。市場は、多くの財を社会に供給しているという点で、いま述べた要件に適合しているからである。そして、実際に検討してみると、ある理想的な条件を備えているなら、市場は非常に優れたシステムだということがわかった。しかし、その市場の理想的な条件というものは、現実にはほとんど満たされていないということも調べた。そこで、市場の不完全性と呼ばれるこうした問題（とりわけ外部不経済）に対処するにはどうすればいいか、それをさまざまな角度から考えてきた。

　おおまかにいえば、以上がここまでの議論である。こうしてこれまでは、市場を中心に検討を進めてきたわけである。

　ただ、こうしてあらためて振り返ってみると、そこに、市場に着目しなくてはならない必然性があったわけではないということがはっきりするだろう。ただ単に、市場が多

くの財を供給するシステムだから、多くの人にとって重要な財もそこで供給される可能性が高いはずだという、しごく感覚的な見込みに基づいて、市場というシステムに焦点をあてることにしたのである[26]。

だから、市場が理想的なものであるにせよ、そうでないにせよ、我々は市場のことばかりを考えてはいられない。我々の効用関数はたくさんの財を要素として含んでおり、市場以外の経路を通じて供給される財の中にも、我々の効用におおいに寄与する財があるかもしれないからである。

本節では、この、残された財について考えよう。つまり、市場では適切に供給されない財が、ここでの議論の焦点である。大気も、水も、自然環境も、つまり環境の要素のほとんどは、もともと地球上に存在していたもので、少なくとも一義的には、市場を通じて供給される財ではない。だから、市場で適切に供給されない財一般について調べるということは、こうした「環境財」について考えることにも直結するはずである。なお、市場で適切に供給し得ない財は、一般に「公共財」(public goods)と呼ばれているので、ここでもその呼び名を使うことにしたい[27]。

ところでいま、公共財は市場の不完全性の問題とは無関係であるかのように語ったが、実は一般的には、公共財が存在するということ自体も、市場の失敗のひとつとして説明される。それにはそれなりの理由があって、厚生経済学の第一、第二基本定理は、公共財が存在していては成立しないから、その意味で、外部効果、情報の不足・偏在、独占企業の存在などの問題と同列に扱うことが可能だという事実がある。

しかし、市場では適切に供給し得ない財が存在するという問題を、市場がうまく機能していないという問題と一緒にしてしまうことにはやはり無理があるというべきで

---

26 我々の関心事は財の量そのものではなく財の量の限界的な変化であり、そして財の量の変化ということになれば、特に市場において顕著であると考えられること、さらにその量変化についての操作可能性が市場の場合には高いかもしれないことなども、優先的に市場に着目すべき根拠になる可能性がある。しかしながら、これらの着想もまた、事実によって裏打ちできるのかどうか、考えてみるだけの余地は残されている。

27 ただし、公共財という用語が指し示す財の範囲は、確定されているとは言い難い面がある。ともかくここでは、すべての財から市場財を除いたものを、便宜上、公共財と呼んでいるものと理解していただいてかまわない。

ある。こうした整理学は、すべての問題を市場をめぐる課題として考えようとするもので、第1章で「市場価値中心主義」と呼んだ考え方のひとつの現れだといってもいいだろう。しかし、市場を中核に据えた視点からばかり問題を眺めていると、市場では原理的に適切に取り扱えないはずの、公共財という財の重要性を見失う恐れがある。

たとえば、まさにその市場の失敗という名称のゆえに、市場をもっとうまく動かすことが問題の核心なのだと考えてしまうかもしれないし、しかも、市場をうまく動かすための課題ということになれば、情報をめぐる問題、独占をめぐる問題など、いくらでもあるのだから、公共財の問題にことさら力点をおくべき理由は見あたらないと結論してしまうかもしれない。

しかし、公共財の問題というのは、市場の外へのまなざしを要請する、市場の考察だけではカバーしきれない問題なのである。それは、市場とは関係のないところで起こるかもしれないし、市場をうまく動かそうとするだけでは解決しないかもしれない。

したがって公共財について考える以上、我々は市場というシステムに閉じこめられることなしに、視野を広げていかなくてはならない。ここであえて公共財についての議論を市場の失敗の議論と分離して切りだしたのは、このことを強調しておきたかったからである。

公共財とは何か？

ではいったい、市場によって適切に供給されない公共財とはどういう財のことなのか？ それをはっきりさせるところから始めよう。

ある種の環境問題は、所有権が確定していないために生じると捉えることができる。所有権が確定していないからこそ、市場取引ができずに効率的な財の利用が妨げられていると考えることが可能である。

では、なぜ所有権が確定していない場合があるのかといえば、その理由のひとつは、すべての(財、使用法、状況)のセット、つまり所有権設定の対象を、あらかじめ特定しておくことは不可能だからだ、ということだった。

第3節　公共財

　しかし、その理由にはもうひとつある。それは、所有権を設定することがそもそも不可能な財、あるいは設定できるにしても、その設定が必ずしも望ましくない財が、この世の中には存在するということである。つまり、所有権を設定できない、あるいはすべきでない財があるのだ。そして、こうした財こそが公共財といわれる財なのである。

　先に、環境財のほとんどは、市場を通じて供給される財ではないと述べた。それは確かに事実なのだが、環境財の特質は、その出自が市場財とは異なるということよりもむしろ、所有権を設定し、その所有権の取引を通じて社会に配分させることが困難・不適切であるという点で、市場財にはない固有の特性、つまり公共財としての特性を持っているというところに読みとる方が妥当である。

　さて、公共財という財に対し、なぜ所有権を設定できない、あるいはすべきでないのかといえば、それは公共財が、2つの特性、ひとつは「非排除性」（non-excludability）、もうひとつは「非競合性」（non-rivalry）という特性の、少なくともいずれか一方を備えているからである。（裏返していえば、このいずれの特性をも備えていない財が、これまで議論の素材となってきた財だということになる。以下ではこうした財を「私的財」と呼ぶ[28]）

　このうち非排除性とは、当の財の他人による消費を、実質上、排除できないという特性である。たとえば、空気という財は、特定の個人の所有物だと宣言してみたところで、他人がそれを消費する（呼吸する）ことを防ぐのは不可能であるか、もしくは非現実的なほどの費用を要する[29]。このように、他人の利用を防ぐことができないという特性のことを非排除性というのである。そもそも所有権とは、他人を排除できるという意を含んでいるから、非排除性という特性を有しているということはすなわち、所有権を設定できないということを含意する[30]。

---

28 名称が少し混乱を招く恐れがあるが、これは、当の財がある個人によって実際に所有されているのだということを意味しているわけではなく、ただ単に、そうした所有が可能な特性を備えているということを意味しているにすぎない。（この区別の重要性は、すぐ後で明らかになる）

29 つまり非排除性とは、財そのものの特性に加えて、他者の排除のための各種技術の水準やその費用などにも依存する特性であるということができる。

30 非排除性という概念はしばしば混乱しており、（現時点での、排除のための技術水準などを前提とした時に）他者の利用を排除できないという財の特性のことを指しているのか、それとも他者の利用が現実

一方の非競合性というのは、その財を一人で消費しても、他人と一緒に消費しても、一人ひとりが獲得できる便益が変わらないという特性である。たとえば、オゾン層による紫外線の防御は、他人が一緒に利用しても、私の享受できる便益はなんら損なわれない。このように、他人がじゃまにならないような特性のことを、非競合性という[31]。財がこうした特性を有していると、そもそも所有権という権利を設定すべき必然性がない。他人にその財を使われても何も困ることがないのだから、所有権によって他人を排除してもしかたがないからである。

だから逆にいうと、そんな財に無理に所有権を設定すると、他人が利用しても誰も困らずパレート改善が可能なのに、それが実現されないことになる。したがって非競合財への所有権の設定は非効率を生み、その限りにおいて不適切だと判断される。

こうして、公共財は、所有権を設定することが不可能な特性（非排除性）か、不必要・不適切な特性（非競合性）かの、いずれかの特性を備えている財であるということがわかった。

ただし、この2つの特性、つまり非排除性と非競合性は、その特性を際立たせるために、ことさらその対立概念である、排除性、競合性とのコントラストを強調しているのだということをつけ加えておきたい。実際には、排除か非排除か、あるいは競合か非競合か、というような yes / no question に答えられるような、そうした特性を備えている財ばかりなわけではない。

特に、環境問題とのかかわりで考えると、競合性と非競合性との中間的な特性——一般的な言い方にならって、「混雑性」と呼ぼう——を持つ財は、重要な意味を持って

に排除されていないという状況のことを指しているのかが、曖昧になっている場合がある。そこでここでは焦点を絞って、非排除性とは、他人の利用を排除できないという特性のことを限定的に意味するものとする。なお、この定義にしたがえば、排除性と競合性の特性をともに備えた（原理的には市場を介して適切に供給可能なはずの）「私的財」が非排除の状況におかれているような事態を、公共財の問題とは別の問題として取りだすことができる。私的財はそのままでは市場財ではない。整えられた市場に取りあげられてはじめて、私的財は市場財となるのである。

31 非競合性は、非排除性とは対照的に、財そのものの特性によるところが大きい。

いる。混雑性とは、通常の私的財のように、他人が利用すれば当人の便益が完全に失われるというわけではないが、利用人数が増加するにしたがって、一人ひとりの便益が徐々に低下するような特性をいう。混雑性を有する典型的な財が道路である。道路は、少数の車両が走行している時には、一台一台の走行は他の車両の走行を妨げないから、それぞれの運転者は、自分一人で走行している時とほぼ同程度の便益を得ることができる。ところが車の量が徐々に増えてくると、他人の車の存在がじゃまになりはじめ、やがて渋滞で車の走行自体が困難になる。つまり、車の量に応じて、たがいの迷惑の度合いが増大していくわけである。

そういうわけで、排除に関連する特性の方は、排除、非排除の2タイプ、競合に関連する特性の方は、競合、混雑、非競合の3タイプに分けて考えることができる。そうすると少なくとも理論上は、2×3の6タイプに財を分類できることになる。ちなみに、財を市場財と公共財との2つのタイプに分けての議論は一般的によく見られるが、そうした2分法は混乱のもとだという指摘もあるので、財の特性を考えるにあたっての評価軸が2つあり、理論上は、2×3の6タイプ、少なくとも2×2の4タイプにわけて考える必要があるのだということをひとまず納得しておこう。

公共財の最適供給

こうした特徴を持つ公共財は、その特徴のゆえに、市場においてうまく供給されることはない。また、個人の自由意思にその供給をゆだねてしまうことも、最善とは言い難い結果をもたらす。そこで次に、公共財の最適供給をめぐるこうした困難を確認しておくことにしたい。

なお、理屈からいえば、2×3−(私的財)の計5タイプについて議論する必要があるだろうが、環境問題と特に関係が深いのは、このうちの2つのタイプの財だと考えられるので、ここではこれら2つの財に焦点を絞って調べてみる。

まず、非排除性と非競合性とを有する公共財を例として取りあげる(以下簡略化して、こうした財を《非排除性、非競合性》と表記する)。図3−6(a)、(b)は、ある

第3章　環境問題を考えるための基本モデル

《非排除性、非競合性》を、二人の個人（i、j）だけで利用するものと仮定して、その二人それぞれの限界便益曲線（MPB）を示したものである。二人だけで利用するということいささか非現実的ということになるが、この財の具体例として、オゾン層の保護をイメージしてみてもよい。

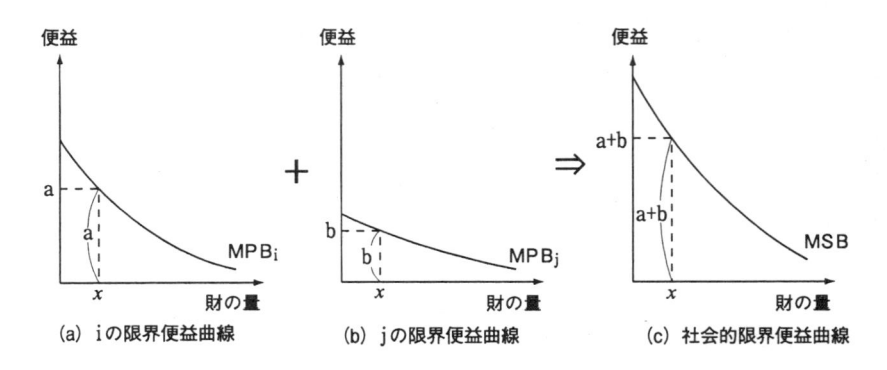

(a) iの限界便益曲線　　(b) jの限界便益曲線　　(c) 社会的限界便益曲線

図3-6　公共財のもたらす便益

この時、この財は非排除性の特性を有しているから、二人は同時にこの財にアクセスすることができ、しかも、非競合性の特性から、二人が同時にアクセスしたとしても、両人それぞれが獲得できる便益は減少しない。したがって、図3-6(c)のように、二人の限界便益曲線を縦方向に足し合わせた曲線を考えれば、その曲線は、財の社会的限界便益（MSB）を示すということになる。たとえば、財が x だけ供給されれば、iはその財の最後の1単位の消費からaだけの便益を得ることができ、jはbだけの便益を得ることができるから、二人あわせてa＋bの便益が得られるわけである[32]。

この限界便益曲線を、限界費用曲線と重ね合わせたのが、図3-7である。図中MSC曲線とあるのが、この財を供給する際の限界費用曲線である。するとこの時、財の最

32　なお、この場合には、市場財の場合とは異なり、財の社会的限界便益曲線は、需要曲線でも、WTPのスケジュールでもない。

適供給量は、MSB曲線とMSC曲線との交点 p (x, y) で与えられることになる。

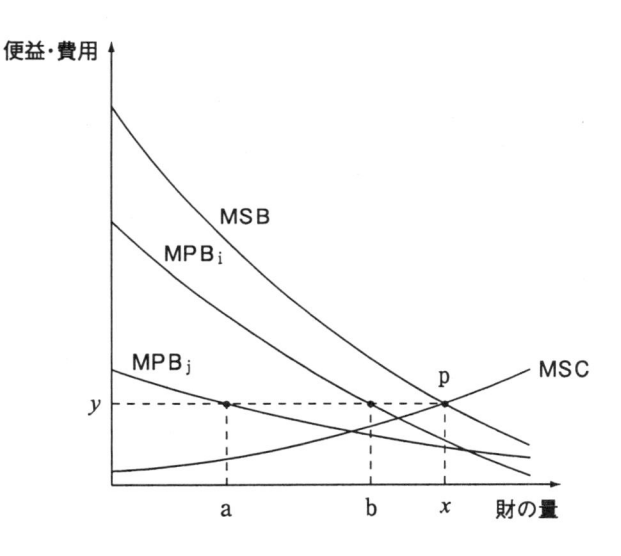

図3-7 公共財の最適供給

しかし、この最適供給量 x は、市場メカニズムによって供給されることはない。

たとえば、y という価格を考えてみる。これが市場財であれば、y はMSB曲線とMSC曲線との交点の価格だから、その価格に導かれて、最適供給量 x が社会に供給されるのだった。しかし《非排除性、非競合性》の場合には、たとえ価格が y であったとしても、最適供給量 x は供給されない。

順を追って考えてみよう。まず、i が財を購入するとすると、財の価格が y なら、彼は b だけ購入する。それが彼個人の視点から見た時の最適量だからである。その後、j が購入機会に直面したとしよう。すると、j はその財をまったく購入しないはずである。なぜなら、彼にとっての最適量 a 以上の財がすでに供給されており、さらに多くの

財を購入しようとすれば、彼は自身の限界便益よりも大きな対価を支払わなくてはならないからである。

　順番を逆にしても結果は変わらない。jが先に購入したとすれば、jはaだけ購入し、その後で購入機会に面したiは、b－aだけ購入する。それによって、iは、jが購入したaと、自身が購入したb－aとの合計であるbだけ消費することができる。

　つまり、どちらの場合でも、二人あわせて購入される財の総量は、最適量よりも少ないbとなる。こうしたことが起こるのは、この財に非排除性の特性があるために、後から購入機会に直面する個人は、他人がすでに購入している財をタダで消費できるし、しかも、非競合性の性質があるから、他人が消費しても当人の便益が低下することもないからである。ちなみに、他人が獲得した財をこうしてタダで消費してしまう個人のことは、「フリーライダー」(free rider) と呼ぶことが多い。

　こうして、《非排除性、非競合性》の供給は、市場には任せられないということがわかった。

　次にもうひとつ、《排除性、混雑性》について見てみよう。こうした特性を持つ環境財は非常に多い。たとえば、牧草地でも、漁場でも、自然公園でも、これらはいずれも《排除性、混雑性》であると考えることができる。これらの財は、利用人数が少ない時には、各人の消費が相互に及ぼし合う影響力は小さいが、人数が増えて混み合ってくると、全員が困ることになる。これが、かのハーディンが「共有地の悲劇」(the tragedy of the commons) と呼んで有名になった事態である [33] (Harding, 1968)。これをここでは、慣例にならって、「オープンアクセスの問題」と呼ぶことにしたい [34]。

33　なお、これらの財を《非排除性、混雑性》としているテキストもしばしば見受けられるが、それは財の特性と財のおかれた状況との混同というべきだろう。これらの財の管理方法として、共有化、すなわち特定の集団に属する人びと以外のアクセスを「排除」することがしばしば推奨されることからすれば、こうした財を非排除性とするのは論理矛盾である。もっとも、非排除性かどうかは、財固有の特性のみならず、技術水準などによって決まってくるから、これらの財も、時代や社会環境によっては本当に《非排除性、混雑性》であるかもしれない。実際のところ、ハーディンが「共有地の悲劇」と言った時、彼は、共有地について非排除性を想定していたはずである。ただしその場合には、定義上、共有化は解決策とはなり得ない。

34　ある集団によって文字どおり共有されているような財は、通常、適切利用のための共同体内のルール（規範）が整っており、悲劇的な状況がむしろ回避されていることも多いので、この問題を「共有地の悲

このオープンアクセスの問題については、議論を簡単にするために、ある一定量の《排除性、混雑性》がすでに存在して（供給されて）いる場合を想定して考えてみよう。市場財であれば財の量を所与として考えることは特異なことかもしれないが、自然公園や漁場のことを考えれば、それはむしろ現実的な想定であるはずである。問題は、この財をどれだけの人数で消費するのが最も効率的かということ、そして、その効率的な利用が個人の自由意思によって達成可能かということである。

　図3－8は、財の利用人数が増加するにしたがって、利用者のWTPの合計値がいかに推移するかを示したものである。（横軸は、これまでのように財の量ではなく、利用人数になっている）

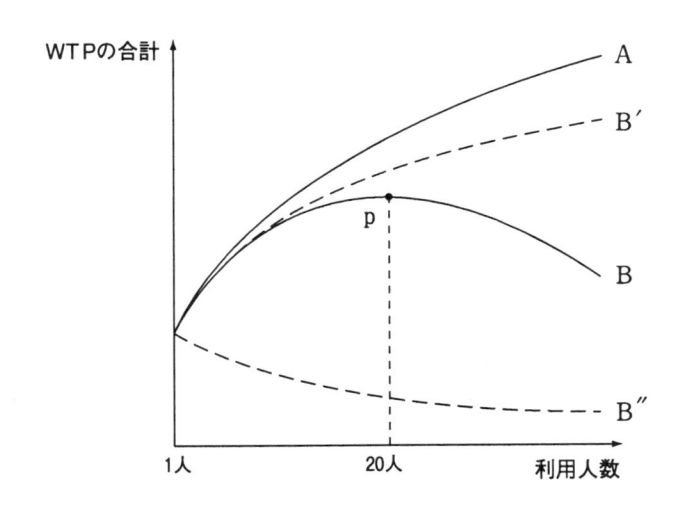

図3－8　混雑性を有する財の効率利用

劇」と呼ぶことは適切でなく、真に問題なのは、むしろ共有されず、誰でも好きなように利用できるような状態にある財なのだという議論があり、そういう観点から、この問題はオープンアクセスの問題と呼ばれる。ただし、財がオープンアクセスの状態におかれていることが問題であるという言い方も依然として不正確であって、その財が混雑性の特性（しかも、このすぐ後に説明するような、ある特定のタイプの混雑性）を持っていてはじめて、効率上の問題が生じるのだということは補足しておこう。

財が非競合性の特性を有していれば、利用人数の増加に伴ってWTPの合計値も単調に増加するA曲線のような軌跡となるはずである。しかし、《排除性、混雑性》の場合には、B曲線で示したように、ある人数で最大値を示し、その後、減少に転じることになると考えてまず間違いない[35]。すると、この財を効率的に使うためには、WTPの合計値が最大になる点pにおける利用人数(20人)で利用するのが最もよいということになる。ただし、この20人というのは誰でもいいというわけではなくて、20人という人数でこの財を利用することを前提とした時に、最も高いWTPを示す人から順番に20人、ということでなくてはいけない。つまりこの20人というのは、具体的に誰と誰のことだというのが特定された上での20人である。

さて、こうした財であっても、利用したいと考える人数がそもそも少なく、点pに至るまでの途上にあるような状況(つまり利用人数が20人以下の状況)にあっては、各人の自由な利用に任せておいてもかまわない。それでそのまま、最大効率が達成されることになるだろう。

ところが利用したい人の数が増えてくると状況は変わってくる。曲線Bに沿って、個人一人ひとりのWTPはもとより、利用者のWTPの合計値までがやがて減少に転じてしまう。全員が損をするなら、誰かしら財の利用を自制する人がいてもいいようなものだが、そうはいかない。なぜなら、最後に財の利用に参加した人だけは、たとえWTPの合計値が著しく低下しているような、つまり図でいえば点pよりもはるかに右に下がった領域であっても、参加することによって少ないながらもプラスの便益を得られるから、彼にとってみれば、財の利用に参加しない手はないからである。だから、この財の利用による総WTPは、財を利用したい人が大勢だということを前提とした場合、坂を転がり落ちるように自律的に減少の一途をたどり、財の利用はどんどん非効率なものになる[36]。

---

35 ただし、混雑性という特性は、利用人数が増えるにしたがって一人ひとりの便益(WTP)が単調に低下するということを意味しているだけで、利用者全員のWTPの合計値についての特定の傾向を示唆するものではない。このため理論上では、図中のB′やB″のような、単調増加も、単調減少も、可能性として排除されているわけではない。オープンアクセスの問題が起こるには、WTPの合計値が単調増加にならないという特質を、財が備えていることが必要になる。

36 したがって、この非効率性は利用人口に依存する問題であるということになり、このことこそが、ハーディンをして「共有地の悲劇」を人口問題であるといわしめた所以である。

ちなみにこうした問題へのひとつの対処方法としては、たとえば政府の規制などによって、利用人数を制限する方法がある。利用人数を20人に制限すれば、人びとの自由に任せておくよりも、はるかに多くの価値を財から引きだすことができるだろう。ただし、総WTPが最大値を示す点pがどこにあるのかというのは通常わからないし、たとえわかったとしても、先に述べたような特定の20人に対して選択的に財を利用する権利を与えることは不可能だから、実際には、不特定の（もしくは少なくともWTPの大きい順とはいえない）人びとに対し、えいやっ、と権利を付与せざるを得ない。したがって、こうした対処をしたとしても、最大効率は達成されず、それはあくまで次善の対処方法だということになる[37]。

　こうして、《排除性、混雑性》の場合にも、効率性達成のためのハードルはかなり高いといってよく、ただ単に各個人の自由意思に任せていても効率性は達成できない。そしてこのことが、次善の策にすぎないということを承知の上で、政府が、自然公園への入園制限、漁業権の設定といった措置を行うことの、経済学的根拠になっている[38]。

公共財をめぐる更なる問題

　こうして公共財は、《非排除性、非競合性》であれ、《排除性、混雑性》であれ、

37　こうした対処方法を指して「次善の」(second best)策と呼ぶことが多いが、それはなにも文字どおりに「2番目によい」ということを意味しているわけではない。それは一般に、「いいことではあるけれども最善とはいえない」といった程度のことを意味している。

38　ただし、《排除性、混雑性》は排除性を備えているわけだから、理論的にいえば所有権を設定できないわけではなく、たとえば、自然公園や漁場を一人の人に所有させるということもできる。そして実際に所有権が与えられれば、彼は自分一人だけで利用していたのでは損だということを理解し、やがて、ある集団にその公園の利用権を売り払って対価を得ることになるだろう。つまり、政府が20人に対してえいやっと権利を付与することが次善の策だといえるのなら、特定の個人に権利を付与する方法も次善の策と呼ばなくてはならないのである。これら2つの方法の間には、（おそらくは取引費用に差があるであろうとはいえ）アプリオリに優劣があるわけではない。
　にもかかわらず、一人に所有権を与える方法が次善の策だと社会的に評価されることはおそらくない。なぜなら、多くの人が利用できるはずの財の所有権を、恣意的に特定の個人に割りあてるのは、大半の人が不公平だと考えるからである。ただしこうした議論においては、倫理の議論と効率の議論との未分化がしばしば観察される。

市場システム、あるいは個人の自由意思にその供給をゆだねていたのでは、効率性（パレート最適）は達成されないということがわかった。これは、私的財とは著しい対照をなす特徴である。しかしながら、公共財をめぐる問題の洗いだしは、まだ終わったわけではない。以下二点ほど、さらなる問題を確認しておくことにしよう。

　我々は、効率性の観点から問題を見据える視点をすでに２つ（正確には３つ）取りだしておいた。ひとつはパレート最適の非達成を問題と見る視点、もうひとつはパレート改善でない社会変化を問題と見る視点である。いましがたの検討は、このうちの前者の視点だけからの検討であったが、後者、すなわちパレート改善か否かという視点からも、公共財に関して若干の検討を加えることができる。

　公共財はそもそも多くの人びとによって利用され得る財であるし、実際に多くの人びとによって利用されていることが多い。だから、その財の供給量が減少すれば、多くの人びとに悪影響が及ぶ可能性がある。しかしながら、特定の個人や集団だけに着目してみると、たとえ彼らの行為が公共財の供給低下につながるとしても、彼ら自身はその行為からプラスの純便益を手にするということが十分に考えられる。したがって、ある個人や集団の合理的な意思決定に基づいて、公共財の供給量の減少につながる行為が行われ、それが多くの人びとに被害をもたらすという事態が生じる可能性は相当に大きい。実際のところ、地球温暖化、オゾン層の破壊、熱帯林の減少などの環境問題には、こうした側面を見いだすことができる。
　つまり、公共財は、パレート改善でない、しかもその影響範囲の大きい、社会変化を引き起こしやすい。私的財の場合には、こうした他者への大規模なインパクトを内在しているとはいえないから[39]、ここにもパレート最適が達成されにくいということと並ぶ、公共財をめぐる特徴的な問題を見据えることができる。これがひとつめである。

　しかし公共財は、パレート最適およびパレート改善の２つの評価軸を揃えても、なお、捉えきれない問題を抱えている。それは公共財が、ほぼ必然的に、数世代にわたって使用されるということによって生じてくる。一般に公共財は、人びとの「消費」によっ

---

[39] 私的財の消費も一般に他者への影響（外部効果）を伴うが、その影響範囲が大きいとは限らない。

て物理的になくなったりはしないからである。これが公共財に特徴的な2つめの問題になる。

　思い起こしてみれば、パレート最適にせよ、パレート改善にせよ、パレート的視点からの評価が可能であるのは、評価の対象となる人びとが特定されていて、なおかつそれぞれの個人の効用関数などがわかっているからである。だから、もっと得するようなうまい財の利用方法はないかとか（なければパレート最適である）、財の利用方法を変えた時に損する人がいないかとか（いなければパレート改善である）、といったことがわかるのである。
　ところが世代をまたがって利用される公共財の場合には、パレート的評価のための基礎情報が与えられていない。我々には将来世代の選好を知ることはできないし、そもそも、将来世代の人数（人口）すら知る由もないのである。さらに加えて、将来の財の稀少性、他の財の蓄積、技術水準なども知りようがない。つまり、将来世代の便益の評価という作業は、非常に基底的なレベルで妨げられている。

　いってみれば「世代横断的な効率性」とはどういうことか、我々にはよくわかっていない。世代をまたいだ効率性評価のための手法をいまだ手にしていないのである。
　にもかかわらず、財の利用が長期にわたることを運命づけられた公共財に向き合うとき、我々はこの問題に直面せざるを得ない。好むと好まざるとにかかわらず、公共財の取り扱いを通して、将来世代に対する態度表明が求められる。
　つまり公共財は、時間をめぐる大きな課題を抱えており、それはパレート最適、パレート改善という概念では捉えきれない本質的な問題である。このことを、公共財のひとつの特徴として押さえておきたい[40]。これも、私的財をめぐる問題とは、相当に質の異なる特徴である。

---

40 ここでは世代横断的な効率性をどのように考えるべきかという問題を提出したが、世代間の問題といえば、一般には世代間衡平というひとつの問題として想起される。しかし世代内の財の利用に関して、効率性や平等性などの評価軸が広く認知されていることを踏まえれば、世代間問題に関しても、評価軸をひとつに限定してしまう必然性はないかもしれない。いずれにしても、世代間には衡平の問題があると論じる以前に、そもそもどんな視点からであれ、世代をまたがっての評価を可能とする評価軸を我々は何も手にしていない、この認識がまず先にあるべきだろう。

第3章 環境問題を考えるための基本モデル

公共財と私的財

　こうして、公共財と私的財の違いが明確になった。私的財は（外部効果などがない限り）市場メカニズムによって最適量を供給可能であるが、公共財はそうではない。しかも公共財は最適量の供給困難という問題以外にも大きな課題を抱えている。したがって、公共財の問題を考えるにあたっては、私的財との違いをよく押さえておく必要があるということになるし、もちろんそれに先立って、そもそも財が公共財なのか、私的財なのかをしっかり見極めておくことが大切だということになる。

　しかし、この公共財と私的財との区分ということについては、補足しなくてはならないことが少々あるので、それを本節の最後に説明しておこう。

　まず、公共財と私的財との線引きは、ある程度恣意的なものだということがある。先ほどの説明の中でも、排除か非排除か、あるいは競合か非競合か、というような yes/no question に答えられるような特性を持った財ばかりなわけではないと述べておいた。だから、公共財と私的財との区別がきっかりできるとは限らないし、区別の妥当性を問い直すべき場面がないとも言い切れない。このことがひとつ、念頭においておくべき点としてある。

　しかしここでもっと強調しておきたいのは、別の点である。それは、そもそも財というものは、ひとつの財であるからといって、ひとつの用途、ひとつの価値しか持たないとは限らないということと関係している。財は、多様な機能を持ち、そのそれぞれの機能に応じたさまざまな用途があり、そしてそのそれぞれの用途から異なったタイプの価値を生みだすことが可能な、いわば「潜在的な用途の束」としてある。そしてそうだとすれば、あるひとつの財の特定の機能が《排除性、競合性》という特性を持っており、別の機能が《非排除性、非競合性》という特性を持っているということも当然あり得る。つまり、あるひとつの財が、一面では私的財であり、他方では公共財であるということが可能なのである。この事実は、そもそも財を公共財か私的財かのいずれかにきれいに分類してしまおうとすることの限界を示している。

少し丁寧に述べよう。このことを考えるには、土地という財をイメージしてみるとわかりやすい。土地という財は、たとえば次のような２つの潜在的用途の束として考えられる場合があるだろう。

　　土地という財＝（建物の建築スペース、美しい景観の構成要素）　　　　（3 − 4）

すると、このうち「建物の建築スペース」としての用途に使用可能な財の機能は、誰かが家を建てれば別の人は家を建てられず、つまり《排除性、競合性》という特性を備えているので、そこに私的財としての所有権を設定し、市場で取り引きすることが可能である。一方、「美しい景観の構成要素」としての用途につながる機能は、本来、市場メカニズムによっては適切に供給されないはずの、《非排除性、非競合性》としての特性を持っている。つまり、このひとつの土地という財が、私的財としての用途を引きだし得る機能と、公共財としての用途を引きだし得る機能とを、同時に抱え込んでいるわけである。

しかも、等しく土地と呼び得る財であっても、その潜在的な用途の束は、その土地を取り巻く状況によって大きく異なるかもしれない。たとえば、郊外の土地であれば、（建物の建築スペース、美しい景観の構成要素）という潜在的用途の束とみなすことが適切な一方、市街部の土地は、単に（建物の建築スペース）とみなすことが適当な場合もあるかもしれない。すると、同じ「土地」という財であっても、状況によって、私的財としての用途と公共財としての用途をいずれも引きだし得る場合もあれば、その一方の用途しか引きだし得ない場合もあるということになる。

さらに重要な点は、財が多様な潜在的用途を持つ場合、その実現が相互に排除的であったり、両立可能であったり、その中間的なものであったりするということである。たとえば、散策の場としての土地と、美しい景観のひとつの構成要素としての土地とはある程度両立可能であるかもしれないが、建造物を建築するスペースとしての土地と、美しい景観のひとつの構成要素としての土地とは、両立が難しい。

そして、我々がしばしば問題にしているのは、こうした多様な用途の束であるはずの

財が、一面的に私的財として捉えられた時に忘却され、その結果として失われていく、公共的な機能であるということができる。ある財が一面で私的財としての用途に用いることが可能な機能を持つがゆえに市場メカニズムの中に編入されると、その供給は市場メカニズムの自律的な働きにゆだねられる。そしてそのメカニズムの中では、財の公共的な側面が顧みられることはないから、（私財的な機能と公共的な機能とが両立できないものであるならば）公共的な機能は知らぬ間に過剰に失われていくことになるだろう。

　つまり公共財の問題といわれている問題は、財の多様な用途の競合として現れることがある。

　あるひとつの財を、その物理的特徴に応じて、機械的に私的財か公共財かに振り分けてしまうのは、かなり乱暴な整理だといわなくてはならないだろう。

　だとすれば、財は必ず私的財か公共財かに分類可能なはずだということを前提にして、問題を「公共財の問題」と呼ぶのはやめにした方がいいかもしれない。財が「潜在的な用途の束」であるなら、我々がこれまで公共財の問題と呼んできたところのものは、むしろ「財の公共的機能にかかわる問題」と言った方がより的確である。このように呼ぶことにすれば、財が多様な機能と用途を持ち得るということが明らかになるし、そうした多様な用途の競合の可能性も捕捉できるようになるからである。

　本節では、公共財の問題の重要性と独自性を強調するために、ことさら公共財と私的財との違いを強調してきた。しかし、問題の本質が明らかになったいま、一歩引き下がって問題を把握しておくこともまた、有益なことと思われる。公共財の問題は、実はそれほどきれいな境界線で私的財と仕切られているわけではない。それは、私的財との共有領域を持つのである。

第3節　公共財

【ヒントその15：公共財】

■公共財が効用関数の要素を構成する以上、公共財をめぐる問題には、市場財の問題と同様、真剣に取り組むべき正当な理由がある。

■公共財の有する非排除性と非競合性の特質は、区別して考える必要がある。

■公共財は、少なくとも、パレート最適、パレート改善、世代横断的効率性の3つの観点からの問題を抱えている。

■財は「多様な潜在的用途の束」である。そして、その多様な用途の競合が、問題を引き起こす場合がある。

第4節 誰が環境問題を起こすのか？そして、どんな場合に行動を起こすべきか？

環境問題の多様性

　環境問題は、市場がその外部に与える影響としても起こるし、市場との直接の関係がないところでも起こり得る。そのことを、前者については外部不経済、後者については財の公共的機能という概念を通じて確認してきた。
　我々が環境を介して他者との関係の網の目の中に生活している以上、また、市場の有無にかかわりなく、環境という財が我々に向かって開かれて存在しており、しかもいくら市場に取り込もうとしても取り込みきれない特性を有している以上、環境問題は、我々の前に立ち現れ続ける。
　こうして本章では、前章で見てきた理想的市場の優れた性質とのコントラストを際立たせるかたちで、現実を前提とした時の、環境問題の存在の根源性を押さえてきたつもりである。

　ただ、外部不経済や財の公共的機能という概念が環境問題を考える上で有用な概念であるのは事実としても、こうした概念だけで、すべてを分析できると考えるのは早計である。環境問題は多様な種類の問題の総称であり、したがって、それぞれの問題の適切な捉え方も多様であり得る。
　しかも、さらに重要なことには、仮に問題を特定の概念で特徴づけることができたとしても、そこから直接、ある特定の行動をとるべきだと結論できるとは限らない。たとえば、外部不経済という捉え方ができたからといって、外部不経済の内部化といえる対策なら、ともかくなんでも実行に移せばいい、というようなことにはならない。

　そこで本章を締めくくるにあたって、環境問題の多様なあり様をもう少し確認した上

で、問題の発生要因を特徴づけた後での問題への対処のあり方について整理しておくことにしたい。

　まず、環境問題の多様性を確認することにしよう。そのために、外部不経済と財の公共的機能の捉え方を再整理することから始める。というのも、これまでの議論では、環境問題を一方では外部不経済の問題として捉え、他方では財の公共的機能の問題として捉えてきたので、いまひとつ、この2つの概念の関係が明確に整理しきれていない恨みがあるし、したがって、その関係が明確になれば、その2つの概念では埋めきれていない隙間の存在も確認できると思うからである。

　外部不経済および財の公共的機能という概念は、次のようなものだった。まず、外部不経済というのは、「市場を通じた財の生産・取引・消費が、それらの活動に直接にかかわっていない人びとに対して、市場を介さない悪影響を及ぼすこと」であった。つまり簡単にいえば、あるひとつの作用である。これに対し、財の公共的機能というのは、非排除性か、あるいは非競合性（もしくは混雑性）かの、いずれかの特性で特徴づけられる、財の機能の一断面のことである。
　このことさえ押さえておけば、多様な環境問題を、ひとまず次のように整理できることになる。

　まず、環境問題を引き起こす作用を（市場活動、その他の人為活動、自然作用）に分類する。このうち、「その他の人為活動」とは、公共事業、私的な活動（ゴミの投棄、自然散策など）など、「自然作用」とは、山火事や地震などのことである。もちろん、ゴミの投棄などの場合には、「市場活動」と「その他の人為活動」との境界線、山火事などの場合には、「その他の人為活動」と「自然作用」との境界線がぼやけてくるが、ここでは概念整理のために、あえてきっかりと3分類しておく。
　一方、その作用によって影響を受ける環境財の機能を、財の私財的機能と公共的機能とに区分する[41]。

---

[41] 財の私財的機能というのは、財の機能のうち、《排除性、競合性》の特性を有するもののことである。すでに述べたように、ここでいう排除性というのは、排除可能であるという特性を意味していて、排除されているという現実、つまり、実際に私的に所有されているという状況を表現しているわけではない。

すると環境問題は、以下の表に示す、3×2の6タイプに分類されることになる。

表3－1 環境問題の各種タイプ

財の機能＼作用	市場活動	その他の人為活動	自然作用
財の私財的機能	①	②	③
財の公共的機能	④	⑤	⑥

このうち、①と④とが外部不経済としての環境問題であり、市場での活動が原因となって、環境財の価値が損なわれている事態を指している。
　一方、④、⑤、⑥が財の公共的機能の問題としての環境問題である。これは、ある環境財が、（その一部の機能に関し）非排除性か非競合性（もしくは混雑性）のいずれか少なくともひとつの特性を持っているがために生じる環境問題である。

　さてこのように整理してみると、外部不経済と財の公共的機能との関係はすっきりと頭に入ってくる。まずこの表から、これら2つの概念は④において重なり合うことがわかる。つまり、④のタイプの問題を考えるのであれば、ある時には外部不経済という概念が役に立つだろうし、別の時には財の公共的機能という概念が有用になるだろう。一方、それとは対照的に、①、⑤、⑥は、外部不経済か財の公共的機能かのいずれか一方の概念によってしか捉えられない。
　さらに、外部不経済と財の公共的機能という概念を足し合わせたところで、なおそこでは捉えきれない環境問題があることが確認できる。すなわち、②、③は、いずれの概念の視野にも収まっていない。たとえば公共事業で農地（の私的財としての価値）が失われたり、山火事で私有林（の私的財としての価値）が焼失したりすることなどは、こうしたタイプの環境問題の具体例である。

　こうしてひとまず、外部不経済と財の公共的機能との関係も整理できたし、その外側における環境問題の存在も確認することができた。ただし、環境問題の広がりを押さえるという意味では、この表での整理だけでは不十分である。なぜなら、この表では、

ある作用が、ある財のある機能に影響を及ぼすというかたちでのみ環境問題を捉えているが、そうした直接的な作用を持たない問題や、そうした捉え方ができないわけではないにせよ、作用と財の機能との関係として捉えない方がより適切に理解できる環境問題も、少なからず存在するからである。つまり、この表に収まりきらない環境問題は、まだいろいろとある。

具体例をいくつか挙げてみよう。

① 良好な環境の創出
　たとえば被害の問題としてではなく、創出の問題としての環境問題がある。つまり、良好な環境やアメニティーの創出といった問題がある。こうした問題は、この枠には明らかに収まらない。

② 選好の変化や未成熟
　人びとの選好が時とともに変化したり[*42]、地域の住民構成が、人びとの移動、出産、死亡などによって変化したり、技術開発の進展、社会構造の変化、ライフスタイルの変化などによって各財の相対的な稀少性が変化したりすれば、そこに、パレート最適からのズレとしての問題が生じることは十分に考えられる。いや、たとえパレート最適が達成されているとしても、それが社会のゆがみや教育の不足によってゆがめられた各個人の選好を前提とした上でのものならば、そこに問題を見ないわけにはいかない。いずれにしてもこうした問題には、先の表が前提としたような、作用なるものを見いだすことはできない。

③ 外部不経済以外の市場の失敗
　外部不経済以外にも、市場の失敗には多様なものがあるということはすでに述べた。たとえば情報の不足・歪曲などによって需要曲線や供給曲線そのものがゆがんでいれば、それが原因で環境問題が引き起こされるかもしれない。市場で取り扱い可能なはずの私

---

42 個人の選好は、教育、個人を取り巻く社会環境の変化、あるいは単なる気持ちの変化など、さまざまな要因によって変わり得る。

的財が、市場が十分に整えられていないがゆえに、市場メカニズムを介して効率的に供給・消費されないというような問題もある。これらの問題は、作用に焦点をあてることが適切だとは言い難い面があるから、これも先の表の枠外で考える方がいいかもしれない。

④ 市場以外の財供給システムの未整備・喪失

共同体の共有財産として管理されていた環境財が、文化規範の瓦解によって著しく劣化するに至ったというような事態は、(強いていえば表3-1中の④ないし⑤に含まれるだろうが) むしろ規範の喪失そのものの問題として捉える方が適切かもしれない。

⑤ 効率性以外の問題

環境問題は効率性のみの問題ではない。環境問題とは、世代内・世代間の衡平、環境倫理などの問題でもある。これは、特に強調に値するポイントだろう。

こうして、環境問題には多様なタイプがある。したがって、外部不経済とか財の公共的機能とかいった概念だけで、すべての環境問題を特徴づけることはできないのである。

市場の失敗と政府の失敗

いまの整理によって、環境問題にはさまざまなタイプがあるということがはっきりした。

しかし環境経済学では、環境問題を (本書での整理とは異なり、外部不経済はもとより財の公共的機能の問題もすべて含めて) 市場の失敗として総括することが多い。

むろんそれは確かに問題ではあるのだが、ただ反面では、そうしてまとめてしまえば、問題をシンプルに理解できるという利点もある。そしてそうしたシンプルさは、他の概念とのコントラストを際立たせるためには、とりわけ役立つことがある。

実のところ、多くの環境経済学のテキストは、そうした効果を狙っているように見える。つまり、別の概念とのコントラストを強調するために、問題をあえて大括りにして

いるようにも感じられる。実際、環境問題を市場の失敗と総括した後で、続けて「政府の失敗」という概念を導入し、その意義を説明しているテキストが圧倒的に多い。つまりそれだけ、市場の失敗と対比しつつ、政府の失敗という概念を説明することが、重要なメッセージになると認識しているように思われる。

そこでここでは、問題を大括りにしてしまうことの難点はすでに理解ずみだということを前提にして、環境経済学のプレゼンテーションの仕方にならって、この政府の失敗という概念を市場の失敗とのコントラストの中で見ておくことにしたい。実際、この政府の失敗という概念には、確かに大切なメッセージが含まれている。

環境経済学のテキストで紹介される、政府の失敗にかかわる議論とは、簡単にいえば次のようなものである。

環境問題は、市場の失敗である。市場が失敗しているからこそ、環境問題が生じている。しかしだからといって、直ちに、市場の失敗を修正しようと市場に介入するのが望ましいと考えるのは早計である。なぜかというと、市場に介入しようとする者、つまり政府も失敗を犯すからである。だから、市場の失敗よりも政府の失敗が小さい時に限り、政府の介入は行われるべきである。
たとえば、工場からのばい煙で環境が過剰に汚染されていたとする。これは市場の失敗である。しかしだからといって、政府が介入し、ばい煙の排出を規制したり、ピグー課税を導入したりすることが適切とは限らない。そうした制度の導入が資源の無駄を生み、環境汚染よりもさらに非効率な事態を生まないとも限らないからである。
したがって、市場の失敗と政府の失敗の、それぞれの大きさをよく見極めて、最適な対処のあり方を考えるべきである[43]。

もうひとつこれとは若干異なる議論もある。こちらはこういう展開になる。

---

43 ちなみにこれは、第1章で述べた「モデルの絶対的な評価よりも、モデル相互の比較優位を考える方が重要な場合がある」というヒントが適用可能な事例である。

第3章 環境問題を考えるための基本モデル

　我々(つまり環境経済学のテキストの読者)は、これまで環境問題を市場の失敗であると理解してきた。しかし実は、必ずしもそうとばかりも言い切れない。というのも、およそ世の中に存在する市場で、その自律的なメカニズムの働きに完全にゆだねられている市場は存在しないからである。どの国のどの市場にも、政府による規制や制限、あるいは誘導といった介入が常にある。だとすれば、市場を考える時には、むしろ政府が介入している状態を出発点とすべきだろう。そしてそこから考えるなら、問題の所在は、可能性としては、市場の失敗のみならず、政府の失敗にもあるはずである。だから、問題の原因が市場の失敗にあるのか、政府の失敗にあるのか、あるいはその両方なのかを見極めて、その原因に応じた適切な対処を考えることが必要である。

　たとえば、政府は、さまざまな理由で、ある種の工業製品や農産物の生産に補助金を与えているかもしれない。それが適切な場合もあるかもしれないが、それが原因で財の生産が過剰になり、環境問題を発生させているかもしれない。万一そうした事態が生じているなら、それは市場の失敗ではない。それは、政府の失敗である。したがってそうした事態の是正のためにとるべき手段は、市場への更なる介入などではもちろんなく、むしろ、その過剰な補助金をカットすることであるべきである。

　これらの議論は、いずれも重要なポイントを指摘するものだといってよい。したがって次の議論に進む前にまず、この政府の失敗という概念の意義をしっかり記憶しておくことにしよう。ちなみに、先ほどの環境問題のリストにはこの政府の失敗は掲げておかなかったので、この問題も先のリストにつけ加えておきたい。

誰をつかまえるべきか？

　さて、環境経済学がいうように、環境問題というのは市場の失敗もしくは政府の失敗として起こるのですよ、と教えられたとしよう。そう教えられたら、読者は環境問題にどう取り組むべきだと考えるようになるだろうか？

　失敗が２つにひとつなのだから、とるべき措置も、市場を直すか、政府の介入を直すかの、どちらかひとつであるはずだ。わるいのが、市場か政府かのいずれかだとすれ

第4節 誰が環境問題を起こすのか？ そして、どんな場合に行動を起こすべきか？

ば、いずれか一方の真犯人をつかまえなくてはいけない。そしてもしその真犯人をつかまえることができれば、問題を解決することができる。そんな風に考えることになるのではないだろうか？

しかし、そう考えるのは正しくない。実をいうと、政府の失敗という考え方をここで紹介したのは、それ自体が重要であるということもあるが、むしろ、市場の失敗なり政府の失敗なりといった問題の捉え方ができるからといって、そうした認識を上述のような論法で直ちに結論に結びつけるのは誤りであるということを、はっきりさせるためだったのである。

問題の捉え方と、その後の対処のあり方とは、一対一には対応しない。ここでは、問題の特徴づけと結論との間の、このズレについて考えたい。

図3-9は、環境対策を講じることで、環境問題の被害をどれだけ減少させることができるかを模式的に示したものである。縦軸が環境問題による被害総額、横軸が環境対策費用であり、それぞれの尺度は等しくなっている。

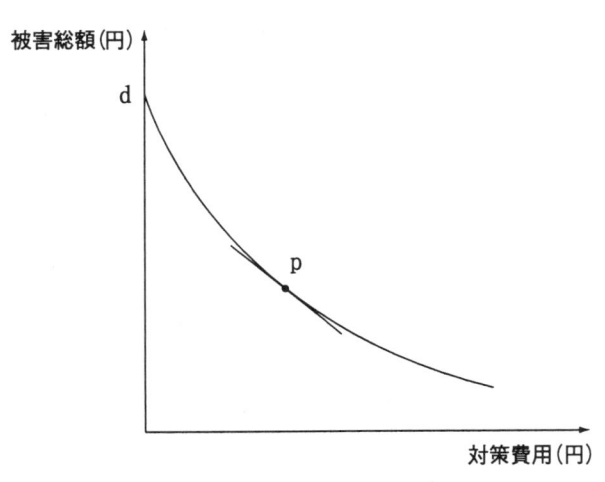

図3-9 環境対策の必要性（Ⅰ）

環境問題が生じており、被害総額がdに達していたとしよう。そこで対策を考える。対策には、市場の失敗を修正するための政府の介入であったり、逆に政府の失敗を修正するための介入の抑制であったりといった、さまざまな種類があり得る。そこで、さまざまな対策を効率のいいものから順に並べてみる。市場の失敗を修正する対策が先にくることもあれば、逆に政府の失敗を修正する対策が先の時もあるはずである。しかしともかく効率的に対策を講じるためには、この順番のとおりに対策を実施していくべきはずだから、対策のタイプにはかかわらず、この順序にしたがって、対策を実施していくことにする。

　この対策のあり方を図示すれば、この図のように、傾きが徐々に緩やかになる曲線として示されることになる。傾きが徐々に緩やかになるということは、後の対策ほど、同じ金額を投資した時の対策効果が小さいということを意味している。

　さて問題である。
　では、この曲線に沿って対策を講じていくとして、いったいどこまで対策を実施していけばいいか？

　読者にはもう自明かもしれない。答えは点pまでである。点pとは、ちょうど曲線の傾きが45度になる点である。傾きが45度であるということはつまり、そこで投じる対策費用1万円が、ちょうど環境問題による被害を1万円だけ縮減する効果があるということである。だから、曲線の傾きがそれよりも小さくなる点pより右の領域では、投入経費よりも少ない効果しか上がらないわけだから、これ以上対策を講じるべきではないのである。

　肝心なことは、対策を講じるべきか否か、あるいは対策を講じるとして、どれほど講じるべきかが、この曲線の傾きだけで決まってくるということである。つまり、曲線の傾きが45度より大きい領域であれば対策は講じるべきだし、そうでなければ対策を講じてはいけない。これはすなわち、対策を講じるべきか否かの判断は、その問題をどのように特徴づけるかという判断や環境問題の大きさ(d)とは、なんら関係がないという

第4節　誰が環境問題を起こすのか？　そして、どんな場合に行動を起こすべきか？

ことを意味している。

　したがって、たとえば曲線が図3－10のようなものであったとすれば、たとえ、環境問題の規模（d）がいかに大きかったとしても、（もちろんその問題を市場の失敗と呼ぶか政府の失敗と呼ぶかには一切かかわりなく）対策はまったく講じるべきではないということになる。

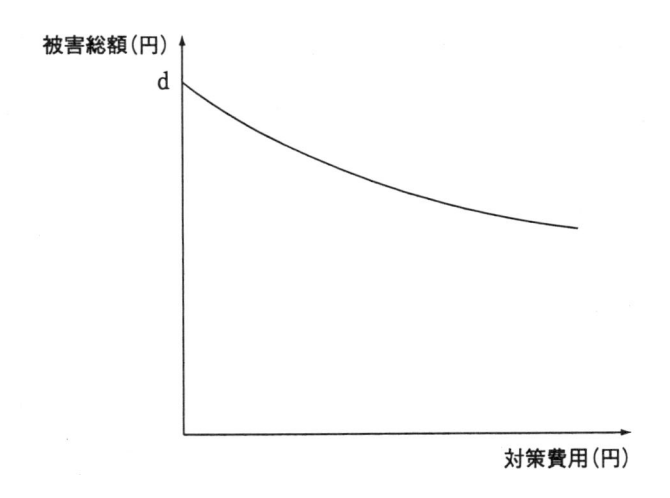

図3－10　環境対策の必要性（Ⅱ）

　今度は2つの環境問題を比較してみよう。図3－11は、2つの環境問題についての状況を併記したものである。もしこの2つの被害額が減少する過程がこの図のようなものだったとすると、問題Aの方が問題としては深刻なのに（a＞b）、より優先的に取り組むべきは問題Bだし（なぜなら、曲線の最初の傾きがより大きいから）、より多くを投資すべきなのも問題Bについての対策である（なぜなら、曲線の傾きが45度に達するのがより遅いから）ということになる。

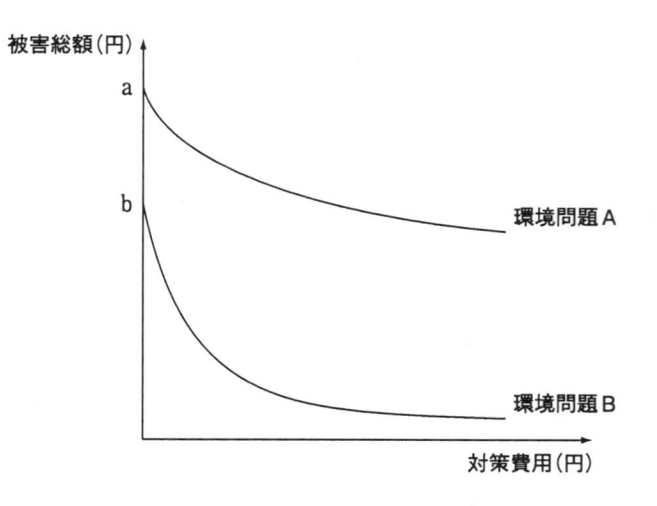

第3章　環境問題を考えるための基本モデル

図3 - 11 対策の優先順位

　もちろん、この結論は、2つの曲線の形状に依存している。したがって曲線の形状次第で、この結論はいくらでも変わり得る。だからたとえば、深刻な問題ほど優先的に取り組むべきであり、しかもその対策により多くを投資すべきだという結論が導かれる場合も十分に想定できる。しかし重要なのは、たとえそうして問題の重大性が対策の必要性を説明しているように見える事態があるにしても、それは偶然であって、必然ではないということである。それぞれの環境問題の大きさと、この曲線の形状との間には、原則的になんの関係もない。

　ここで説明したかったことは、以上でおしまいである。これで、問題の特徴づけと結論との間には、大きな裂け目があることが明らかとなった。
　なんだそんなことかとは、いわないでほしい。これは間違いなく深刻な事態なのだ。なぜならこれは、環境問題に関する極めて多くの主張に対して、異議を申し立てることだからである。

　多くの論者が「環境問題は深刻である。だから、環境問題に取り組もう」というメッ

セージを届けようとしてきた。しかし、こうした物言いは論理として正しくない。ここで説明したことは、この事実を明らかにしている。

環境問題への取組の必要性を論じたければ、その問題の深刻さや特質とはまるで関係なく、「この環境対策は十分に対策効率が高い。だから、この環境対策に取り組もう」と言わなくてはいけない。そういうことをこの事実は語っている。

にわかに納得し難いと思う人も多いだろう。問題が深刻なら何かすべきだ。第一、そんな「対策効率が高いから」などといった言い方でしか環境問題への取組の必要性を語れないとすれば、議論の説得力はないに等しく、人びとの賛同を得ることなど不可能ではないか？ そう言いたくなる人も少なくあるまい。その気持ちはよくわかる。

正直に告白すれば、筆者自身、この命題を簡単に飲み込むことができないでいる。問題が深刻なのに、何もしなくていいなんて話があってたまるものか。そう思わないではいられない。

しかし、とにもかくにも、この命題が理論的に間違っていないということは認めないわけにはいかない。だから、いかに飲み込み難いことであろうと、この結論を正面からきちんと事実として引き受けて、そこから出発しなくてはならないのである[44]。

ちなみに、「環境問題は深刻である。だから、環境問題に取り組もう」といった推論の誤りが起こるのは、（少なくともテクニカルにいえば）比較すべきものを見誤っているからにほかならない。つまり、議論の誤りの原因は、変化量（率）と状態量とを混同し、変化率（対策の効率性）を評価すべきところを、状態量（問題の深刻さ）で評価してしまったところにある[45]。

実は、この変化量（率）と状態量との混同は、この問題に限らず、非常に頻繁に観察さ

---

[44] ただしはっきりさせておかなくてはならないが、このことは、対策効率がわからない時には対策を講じなくてよいというようなことを意味するものではまったくない。対策効率の不明は、対策の不実施を正当化するものではない。この点については、モデルの相対評価の重要性についての議論を再び想起されたい。

[45] その意味でこれは、第1章で取りあげた「真に比較すべきものは何かを正確に見極めることが、正しい結論を導くための出発点である」というヒントを適用すべき具体例のひとつである。

れる誤りである。そこでやや議論がそれるが、ここでもう少し、具体例を紹介して、この混同の危険性を確認しておきたい。

　ばい煙の発生源が2つあって、地域の大気が過剰に汚染されていたとしよう。発生源Aは汚染物質の排出量が20トン／年、発生源Bは同12トン／年である。さてこの時、それらの対策効率についての情報も入手可能なのに、発生源Aの排出寄与の方が大きいからというだけの理由で、発生源Aでの対策を優先的に講じるべきだと結論したとすれば、それは間違っている。図3－11の2本の曲線を、この2つの発生源での対策による排出量の低減過程と読み替えてみると、そのことがすぐにわかる。この場合、対策は発生源Aと発生源Bの両方で講じるべきだし、しかも、より多くの資金を投入すべきは発生源Bでの対策であるということになる。結論は、問題の大きさからではなく、曲線の傾きから導かなくてはいけない。

　ある国が、自国が排出する温室効果ガスの総量を、基準年よりX％削減するという国際約束をした。そして、いいことかどうかは別にして、ともかくその国はその約束をできるだけ容易に達成したいと考えていたとしよう。さてそこへ、木材製品の消費（焼却、有機分解）や船舶の運航によって排出される温室効果ガスを、いずれの国の排出量とみなすかをはっきりさせようという議論が持ちあがった。その排出量を、輸入国の排出量とみなすか、それとも輸出国の排出量とみなすかという議論である。
　この国は、輸出国だったので、輸出国側の排出量という結論になれば、より多くの温室効果ガスを排出していると計算しなくてはいけない。そこで、それでは困るからと、この国は輸出国側に排出量を割りあてる考え方に反対する立場をとった。
　しかしそれは間違っている。木材や船舶からの排出量削減が容易なら、つまり、その排出量を（X％＋αトン）削減することが、その国全体の排出量（木材や船舶からの排出量は除く）を最も効率的にX％削減するとした時の、最後のαトンの削減よりも安価にできるのであれば、排出量を輸出国側に割りあてることにむしろ賛成すべきだったのである。

　図3－12は、IPCC（気候変動に関する政府間パネル）の報告書からとったものであ

る（IPCC, 2002）。この図は、今後の世界の発展パターンについていくつかのシナリオをつくり、それぞれのシナリオに応じて、二酸化炭素の排出量がどういった推移をたどるかを示したものである。

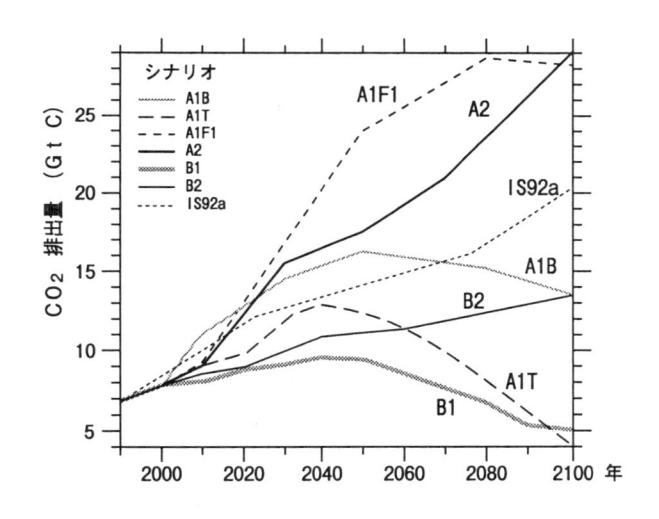

図3-12 各種シナリオのもとでのCO_2将来排出量の推移

　この図から、たとえばシナリオB2の方がシナリオA2よりも、将来的な二酸化炭素の排出量は圧倒的に少なくなることが見てとれる。したがって、意識的な二酸化炭素の削減を仮に試みないとすれば、相対的には、シナリオB2の方が（地球温暖化の問題に限っていえば）望ましい発展パターンだということはできる。
　しかし、二酸化炭素をたとえば最低限1990年水準－α％以下まで削減することを目標としたとすると、この図は、シナリオB2の方がその目標を達成しやすいということを保証するわけではない。なぜなら、必要削減量が少ないということと、削減しやすさとはまったく別のことだからである。

第3章　環境問題を考えるための基本モデル

　たとえばこんな風に、変化量と状態量との混同の危険は至る所にある。そしてその混同は、場合によってはまったく正反対の結論につながる可能性がある。その意味で、変化量と状態量との混同の危険をよく理解しておくことは、とても大切なことである。

　しかしもう一度話を戻すことにしよう。変化量と状態量との混同に気をつけないといけないということはわかったが、そんな一般的なヒントを得ただけではとうてい満足できるはずもない。環境問題の深刻さと対策の必要性とを結びつけることはできないという事実は、それだけ我々には重い命題である。

　おそらく唯一救いがあるとすれば、この命題は、効率性のことだけを考えて導かれたものだということだろう。だから、効率性以外の判断を加えた時、問題の深刻さと対策の必要性とを結びつけられる可能性はある。
　ただその時には、問題の「深刻さ」というのを、経済学的費用とは違った意味で新たに規定しなければならないだろうし、解釈し直された問題の深刻さと対策の必要性とを結びつけるための新たな理論も必要になるだろう。しかも、その新たな命題の正当性は、効率性の議論が主張する先の命題の正当性をも乗り越えるだけの力強さを持ったものでなくてはならない。そう考えてみれば、そうした方向に出口を探すことも、そう簡単でないことは明らかである。

　いやもちろん、我々は完全情報の世界にいるわけではないから、情報が十分に手に入らず、問題の深刻さ——それをどのように定義するかにかかわらず——を手がかりとするほかない場合も決して少なくあるまい。そしてそうした中で決断をせざるを得ないとすれば、問題の深刻さは、確かに判断上の重要な基礎情報となるだろう。問題が深刻なら、少なくとも潜在的には多くの対策の余地があるわけで、その意味で、多くの意義ある対策の機会の存在を期待できるはずである。（もちろんここでも、情報の不足は、現状維持や対策の未実施をなんら支持するものではない）
　しかしそれでも、それは依然、期待に基づく議論であって、論理の帰結ではない。したがって少なくとも、「問題は深刻である。だから環境問題に取り組もう」という命題の成立は困難なのだという事実から、目をそむけてしまってはいけないだろう。

【ヒントその16：環境問題の多様性と対策の必要性】

■環境問題は多様である。したがって、「外部不経済」、「財の公共的機能」といった、ごく限られた概念ですべてを説明することには無理がある。

■「市場の失敗」のみならず、「政府の失敗」も環境問題の原因となる。

■「真に比較すべきものは何かを正確に見極めることが、正しい結論を導くための出発点である」（ヒントその6）。とりわけ、変化量と状態量とは非常に混同しやすいので、特に気を配る必要がある。

■環境問題の深刻さと対策の必要性とは直接には結びつかない。

4 環境問題の始まり
から終わりまで

　前章では、どうして環境問題が起こるのかを明らかにするために多くのページを割いてきた。我々の社会のあり方や、我々と環境とのかかわり方を前提とした時、環境問題は不可避的に発生するといっても過言ではないような問題なのだということを浮き彫りにしてきた。ひとことでいえば、環境問題の発生要因とその構造の分析を通じ、問題発生の必然性に焦点をあてて、検討を進めてきたといえるだろう。

　その検討がひとまず完了したいま、次に取り組みたいのは、環境問題がそもそもなぜ問題であるのか、つまり環境問題が問題であるというのはいかなる意味においてなのかということ、あるいは、その意味が明確になったとして、では我々は、環境問題に対していったい何ができるのかということなどについて、少し丁寧に調べておくことである。つまり、環境問題の発生から対策にいたるまでの一連の流れの中で、いままで未整理であった事項について目を配り、それによって、環境問題といわれるものの全体的な輪郭を捉えておきたいということである。

　というのも、すでに述べておいたように、環境問題の発生要因をひとまず特徴づけることができたとしても、そのことから一直線に、環境問題への対処のあり方が導き出せるわけではないからである。そこで、そうした直列的な思考の展開を回避する意味からも、環境問題の全体像をもう一度よく掌握しなおし、その問題性・発生要因・対策オプションといった各議論の位置づけを、少しはっきりさせておいた方がいい。そうしたプロセスを経ることによって、環境問題にいかに向き合うべきかについての、よりよい結論を導き出せるようになるはずだ、というわけである。

もちろん我々は、環境問題がいかなる意味で問題であるのか、あるいは問題に対して何ができるのかといったことについて、まったく無知だというわけではない。すでに、効率性などの観点から見て環境問題が問題なのだということを知っているし、問題への対処にしても、たとえばピグー課税が問題解決に向けた有力なステップになり得るということを理解している。

　しかし環境問題についてのそうした理解は、たとえば、理論的には、WTPに投影される我々の価値判断を所与としている点、現実的には、各個人のWTPや、対策の必要性を実際に知り得るのか否かを確認していないという点、さらに、実践的には、我々が利用し得る対策手段を押さえていないという点などで、まだまだ厚みが足りないというべきである。

　したがって、これらの側面からの理解を深めておかなければ、環境問題に対してどのような対処をするにせよ、その対処は軽率のそしりを免れないことになるだろう。

　そこで、問題の発生要因の解明という角度から環境問題にずいぶんと近づけた我々の眼を再び少し引き離し、問題の構成要素の全体的布置を眺めてみよう。

第1節 環境の価値

環境問題はいかにして効率性の問題となり得たか？

　ひょっとすると、環境問題の発生要因についての議論よりも、もっと前に掘り下げておくべきだったかもしれない。最も基礎にあるべき問い、すなわち、環境問題はなぜ問題なのかという問いへの探求から始めることにしよう。

　この問いに対して、我々はひとまず、それが財の効率的な利用を妨げるからだという答えを用意した。平等性などの議論もあるからそれが問題のすべてとまでは言わないまでも、環境問題を効率性の問題として捉えることを意義あることとして受け入れた。

第4章　環境問題の始まりから終わりまで

　けれども本当に環境問題を効率性の問題として取りだすことは適切なのか、そこに何か問題はないのか、このことを少し考えてみたい*1。

　さて、我々が環境問題を効率性の問題だと診断したわけは、簡単にいって、次のように考えたからである。
　人の価値観は多様である。そして、その優劣を決定づけるための絶対的な評価基準は存在しない。だから、各個人がそれぞれに持っている価値判断は、それをそのまま受け入れて、それを情報ベースにして、社会状況の善し悪しを判断すべきである。そして、人びとの価値判断ということになれば、それはWTPというかたちで数値化できるから、そのWTPを所与として受け入れることを人びとの価値判断を尊重することだと読み替えることが可能である。ならば、たとえばWTPの合計値が最大化されないかたちで財が利用されているなら、そこには効率上の問題が生じていると判断できる。そして実際に環境問題といわれる問題を分析してみると、この意味での問題が生じていることが確認できた。それゆえ、我々は、環境問題を効率性の問題だと診断した。

　つまり、我々が環境問題を効率性の問題として取りだしたことの背景には、個人の価値観の尊重という基本的な思想があった。

　けれども実際に我々が行ってきたことには、よく見てみると、この個人の価値観の尊重という思想の具現化であるとは必ずしも言い切れない側面がある。というのも、これまでに行ってきた作業は、2段階のプロセス、すなわち、①各個人の価値判断を不変の固定されたものとして捉えることと、②そうやって捉えた個人の価値判断を所与とし

1　念のために確認しておくと、およそ問題だとされる事態は、はじめから問題然としてそこにあるわけではない。環境問題も、それが問題であるのは、ある事態に対して、認識上の操作を施す当事者がいて、彼が、その操作によって摘出した現実の一断面を、（これも操作を施された）ある視座から捉えて、「問題である」と評価するからである。ここでいう操作とは、それが意識的なものか否かにかかわらず、我々の限られた情報収集・処理能力の範囲で、ある視座からの判断が可能となるように、さまざまな仮定・仮説を前提として受け入れつつ、複雑な現象や思考を単純化し、構造化・体系化することである（この操作のうち意識的なものが、これまで「モデルによる思考」と呼んできた方法論にほかならない）。だから、この操作が不適切なら、環境問題を問題だと捉えた、その認識そのものが間違っているということも十分に考えられる。

て受け入れることという2つのプロセスに分解することができ、そしてそのうちの前者は、個人の価値観の尊重ということとは、本来なんの関係もないことだからである。つまり、たとえ個人の価値観が多様であるということを尊重し、個人の価値判断の背後に、社会として共有すべき特定の価値観の存在を仮定しないとしても、各個人の価値判断を固定して考えなくてはならないという理由はない。

　実際のところ、我々の価値判断はうつろいやすいものであるし、また、(工場からのばい煙による被害の例で見てきたように) 危ういものでもあるし、そして、人との対話の中で絶えず自主的な修正が施されるものでもある。つまり個人の価値観が変化し続けるものであるということは、およそ誰でも知っている事実である。
　だから、価値判断を一定不変のものだと考えて、単にそれを取りだせばいいといったように考えてしまうのはおかしいはずで、本来であれば、多様に変化する個人の価値判断の中から、どの価値判断を尊重することが個人の価値判断を尊重したことになるのかということが、まず問われなくてはならないはずである。
　だとすれば、個人の価値判断の固定化という、なんの必然性もない前提を取り入れているのだという意識を消去したまま、「環境問題は効率性の問題である」という判断だけを独立に取りだしてしまうことは、問題があると言わざるを得ないだろう。

　では、この問題を解消するためには、何をすればいいのだろう。そうして考えてみると、ひとつはっきりしていることがある。それは、その多様な価値判断というものは、本人にしてみれば、相互に比較可能なものだという事実である。他人の価値判断との優劣はつけられないかもしれないが、自分自身の価値判断の中でなら、完全にとまでは言わないまでも、優劣がつけられる。我々は、「ああするべきだった」とか、「やっぱり間違っていなかった」とかいって、後悔したり、再評価したり、さまざまなかたちで自身の価値判断に序列をつける。
　ならば、熟慮の上で、一人ひとりが自ら最も優れたもの、信頼できるものとして選び取った価値判断、それこそが社会が尊重すべき価値判断であるとする発想は、ごく自然に受け入れることができるだろう。

第4章　環境問題の始まりから終わりまで

　各人が自身の揺るぎない価値判断を導くための努力を惜しまず、しかも、その努力の結果として導かれる価値判断に限って、社会状態を判定する上での情報的な基礎とするという取り決めをすれば、環境問題を効率性の問題として取りだすことの社会的意義も、より大きなものとなるに違いない。個人のそうした責任ある判断の積み重ねがあってはじめて、我々はもっと信憑性のあるかたちで、「環境問題は効率性の問題である」と言うことができる。

　つまり、これまでの議論の中で取りだしてきた環境問題とは、実は、単に効率性の問題としてあったのではなく、効率性を判断する上での基礎となるべき、各個人の価値判断の質の向上の問題でもあったのだ、ということができるのである。
　環境問題を考える時、まず大切なことは、(その問題の社会性を踏まえて)環境問題はなぜ問題なのか(あるいは問題でないのか)という問いを、繰り返し自分に問いかけ、そうして自分の判断に責任を持てるように努力するということなのである。

環境の価値の分類

　では、実際にどうやって自分の価値判断を鍛えればいいのかと考えた時、まずヒントになるのは、そもそも環境にはどのような価値があるのかということについて、一定の見取り図を持っておくことである。
　我々は、環境には価値があるという。そしてその価値が損なわれているから問題なのだと考える。しかし、ひとことで環境の価値とはいっても、実はいろいろなタイプの価値がある。だから、どういったタイプの価値について考えているのかということを自覚しておかないと、そもそもどういう意味でそこに問題があると言っているのか、自分自身でも混乱してしまう可能性がある。
　そういうわけで、環境の価値について分類・整理しておくことは、環境問題はなぜ問題なのかという問いに自分なりの答えを見つけるための、とても大切な基礎工事になる。

　環境の価値の分類の方法は、ご多分に漏れず、それほど確定的なものがあるわけでは

第 1 節　環境の価値

ない。が、ここでは次のような分類を紹介しよう。これは、IPCCの第二次報告書を基に、筆者が加筆修正したものである（IPCC, 1996）[*2]。

```
              ┌─ 直接利用価値
              │   (direct use values: 水産資源、自然公園など)
  利用価値    │
  (use values)├─ 間接利用価値
              │   (indirect use values: 水産資源の捕食対象としてのプランクトン、防風林など)
              │
              └─ オプション価値
                  (option values: 原生林の遺伝子資源、メタンハイドレート[*3]など)

              ┌─ 存在価値
              │   (existence values: 南極大陸、エベレストなど)
  非利用価値  │
  (non-use    ├─ 利他的（直接利用・間接利用・オプション・存在）価値
   values)    │   (altruistic values: 上記の例のすべて、気候の維持など)
              │
              └─ 固有価値
                  (intrinsic values)
```

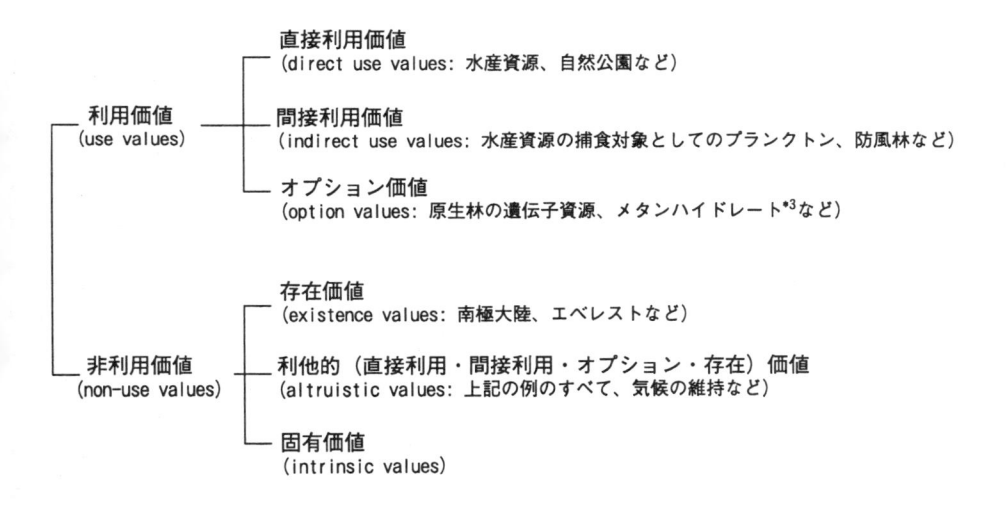

図 4 － 1　環境の価値の分類

これらの各タイプの価値の意味するところを簡単にまとめると次のようになる。

まず、利用価値のグループの「直接利用価値」（direct use values）および「間接利用価値」（indirect use values）とは、読んで字のごとく、その環境財を直接、間接に利用することによって得られる価値のことである。水産資源や自然公園は、直接に食物やレクリエーションの場として利用できるので、直接利用価値を有している。他方、海水中

2　IPCC第二次報告書では、非利用価値を存在価値とその他の非利用価値の2つに分類している。その他の非利用価値を利他的価値と固有価値とに分離したのは、筆者の判断による。
3　低温高圧の条件下で水分子のつくる多面体のかごの中にメタンガスが取り込まれたもの。シャーベット状の固体で、海底地層中などに莫大な埋蔵量があるとされており、将来的な燃料資源としての活用が期待されている。

の無数のプランクトンや防風林は、（直接利用も可能かもしれないが）水産資源である魚類の捕食対象となったり、農産物を生産する農地を保護したりするので間接利用価値を有している。

「オプション価値」(option values)とは、現時点では技術的な制約などから利用できないが、いずれ利用可能になることが予見できるので、とっておくだけの値打ちがあるという意味での価値である。たとえば、原生林中の多様な遺伝子のプールは、現時点で役に立たなくても将来的には有用な薬をもたらしてくれるかもしれないし、海底に眠るメタンハイドレートもいずれ燃料資源になるかもしれない。こうした可能性への期待を指して、オプション価値というのである。なお、「いずれ利用可能になることが予見できる」と言ったが、この期待感は、客観的に見てその実現がどの程度見込めるかということとは直接の関係はなく、あくまで各個人の主観的判断によるものである。

非利用価値のグループに移ろう。「存在価値」(existence values)とは、その財に対して物理的な意味での直接的なアクセスがまったくなかったとしても、それが存在しているという（情報を知っている）だけでうれしくなるような、そんな価値のことである。多くの人びとは、たぶん一生のうち一回も南極大陸やエベレストを訪ねたりはしないだろうが、それでもそれらがそこに存在するだけで価値を認める。そういうかたちで得られる価値が存在価値である。

「利他的価値」(altruistic values)とは、他人がその財に対して直接利用・間接利用・オプション・存在といった価値を認めるであろうと思う時、その財を他人のためにとっておいてあげることで得られる、満足感のような価値のことである。ここでいう他人には、もちろん他国の人びとや将来世代なども含まれる。たとえば、他国の人びとのために原生林を保護しようと決断するなら、あるいは将来世代のために地球温暖化対策を講じたいと考えるなら、そこには利他的価値が見いだされている。

最後に、「固有価値」(intrinsic values)とは、我々がその財をどのように評価するかにはまったくかかわりなく、その環境財そのものが固有に有している価値のことである。野性生物は、それ自身が生きる権利を有しているという主張がしばしばなされるが、こうした主張を支えているのは、野性生物には固有価値があるはずだとする思想である。

以上簡単に、環境が有する可能性のある価値概念について整理した[*4]。ここでひとまず確認しておきたいことは、このように環境の価値には多様なタイプがあるけれども、およそ価値があるということを言うためには、（固有価値を除き）必ず3つの要素が関係してくるということである。ひとつはもちろん環境財、それから価値を評価する主体、それに価値を受けとる主体である。

つまり価値とは、常に誰かにとっての価値であり、ある評価主体と財とがあって、当の評価主体がその財を評価することによってはじめて、見いだされるものなのだということである。

したがって、同じ財について、ある人は価値を見いだすし、別の人は価値を見いださないということは当然にあるし、それゆえに、「誰にとっての」ということなしに、ある財に価値があるないということを主張することは、本当は無意味である。漁業資源に直接利用価値があるとか、メタンハイドレートにオプション価値があるとかいった言い方を一般的には確かにするが、ベジタリアンにとっては、漁業資源は（少なくとも食物としての）価値はないし、メタンハイドレートにオプション価値がないと判断する人がいても不思議はない。だから、価値について考える時には、絶えず、誰にとっての価値なのかということを考えながら議論する必要がある。

またもうひとつ大切なことは、その価値の評価主体と、当の価値を直接受けとる主体とは、少なくとも概念上は区別して考える必要があるということである。現実には両者は一致するかもしれないし、しないかもしれない。たとえば利用価値であれば両者は一致しているが、利他的価値の場合にはそうではない。また、メタンハイドレートには価値があるとひとことでいっても、その評価をくだした本人が将来利用できることを期待している場合もあれば（これはオプション価値である）、将来世代のことを慮っていることもあるだろう（こちらは利他的価値である）。

その意味で、環境財の価値は、実は3つの要素の関係においてこそ、はじめて正しく見定めることができる。環境に価値があるということは、因数分解すると、私（価値が

---

4 ここで整理した価値という概念は、以前暫定的に規定した価値という概念よりも、もう少し幅の広い概念になっている。ここでは、財を直接消費することがなくとも、そこに価値を見いだすことを認めている。

あると表明する当人）が、価値を得る〇〇という主体にとって、△△というタイプの価値があると考える、ということを意味している。

このことを念頭におきつつ、価値を評価する主体をひとまず個人Aと見定めて、各タイプの価値が彼の効用関数といかにかかわってくるのかということを整理することにしよう（必要な場合には、彼とは別の主体である個人B、Cを登場させることになる）。彼の効用関数における位置関係を見比べることで、各タイプの価値概念の特徴が一層はっきりしてくるはずである。

まず、直接利用価値のある財とは、彼の効用関数の直接の要素となり、彼の効用レベルの向上に寄与する財である。したがって、この直接利用価値という概念は、「ある財に価値があるということは、その財を消費することで効用が得られる、つまり満足感や幸福感を得られることだ」という、かつての暫定的な価値概念の規定と、ぴったりと合致した価値ということになる。

他方、間接利用価値の場合には、効用関数との関係がもう少しだけ入り組んでいる。間接利用価値のある財は、別の財の供給量を規定していて、そのことによって、間接的に彼の効用関数にかかわっているのである。

したがって、以下に示した式4－1でいえば、x_1, x_2, x_3といった財が直接利用価値のある財、他方、x_3の供給量を規定しているａ，ｂといった財が間接利用価値のある財であるということになる[5]。

$$U_A = U_A(x_1, x_2, x_3 (a, b, \ldots), \ldots) \qquad (4-1)$$

では非利用価値の場合にはどうか？ 非利用価値の各タイプの特徴は、効用関数との位置関係の中で見てみると、とりわけ際立ってくる。実は、非利用価値の分類は論者によってまちまちなので、効用関数との位置関係を見ることによって、本書の分類の適切

---

5 先の整理では、利用価値のもうひとつのタイプとしてオプション価値を取りあげた。しかしながらオプション価値は、時間概念もしくは主観的な蓋然性判断の概念の導入が不可欠であるので、残念ながら、この静学的に定式化された効用関数では、はっきりとその位置を指し示すことはできない。

さをあわせて確認しておこう。

　まず、存在価値のある財は、式4-1でいえば、直接利用価値のある財と同様に、x_1, x_2, x_3といった位置を占めることとなる[*6]。その財は個人Aによって物理的に消費されるわけではないにせよ、その存在そのものが「消費」され、彼の効用に直接寄与しているからである。なお、存在価値は、利用価値と比べると捉えにくい概念ではあるが、環境財の場合には、このタイプの価値が大きな役割を果たしている場合もまれではない[*7]。

　利他的価値の場合には、効用関数の中にその位置を示すのは実はそれほど容易ではない。第1章で述べたように、効用関数はもともと個人主義的に定式化されているので、他人は登場しにくいのである。ただ、利他的価値は、他人を経由して当人にかかわる価値なので、たとえば以下のように定式化することができるだろう。

$$U_A = U_A(x_1, x_2, x_3(a, b, \cdots\cdots), \cdots\cdots, C_B(x_i, x_j(c, d), \cdots\cdots), C_C, \cdots\cdots) \quad (4-2)$$

　式4-2の中でC_B, C_Cとしたのは、個人B、Cの「消費」(する財の総量の指標)である。これは、B、Cの効用は彼ら自身の消費の関数だと単純化した上で、彼らの消費がAの効用関数の要素にもなるとモデル化したものである。

　これは一般的な定式化とはいえず、あくまでひとつのイメージに過ぎないが、この時のx_i, x_j, c, dに位置するような財が、利他的価値を持つ財になる。確認しておくと、これらの財は、あくまで個人Aにとって、利他的価値を持つといえるのであり、個人B

6　したがって、直接利用価値と存在価値とはこの定式化では明確に分離できないことになる。
7　ちなみにアメリカのコロンビア地裁(United States District of Columbia Court of Appeals)は、1989年、オプション価値と存在価値は、有意味な価値概念であるとの裁定を下している。"In Ohio v. US Department of the Interior, 800f. 2d 432, the court stated that option and existence value may present 'passive value' but they nonetheless reflect utility derived by humans from a resource and thus prima facie ought to be included in a damage assessment." (Hanlay・Shogren・White, 1997)

から見れば、直接利用価値、間接利用価値、あるいは存在価値を持つ財だということになる。

　最後は、固有価値である。固有価値とは、先に述べたように、我々がどのように評価するかにかかわりなく、その財が固有に有している価値のことである。ということはつまり、財の固有価値と個人Ａの効用関数とは、なんら直接的なかかわりを持たないということになる。ただし、固有価値を持つ財は、存在価値をあわせ持つことが多いので、存在価値の側面で、その財が効用関数とかかわるということは当然ある。

　このように、ここで取りあげた非利用価値の各種タイプは、効用関数における位置関係がはっきりと異なる。これらの価値概念を区別して理解しておくことが、有意味だと確認できたはずである。

固有価値

　ところで、固有価値という概念は、効用関数の中にきちんと位置づけられない価値であるというそもそもの概念規定のゆえに、いま見てきた各種タイプの価値概念の中で、おそらく最も議論の残る概念である。そこで、この固有価値については、もう少し掘り下げておきたい。

　「効用関数に入らないようなものは価値があるとはいわない、なんらかのかたちで効用レベルを高める機能を有するもののみを、価値を持つものというべきである」という言い方も確かにできる。そしてそれは、それなりに論理整合的な議論を可能とする。だから、そうした考え方にしたがって、固有価値という価値概念を認めず、誰かしらの効用関数とかかわるもののみを価値として認める（価値と呼ぶ）という考え方も、ひとつの方法ではあるだろう。

　ところが実際には、我々は、効用関数との関係いかんにかかわらず、取り扱いを気にかける（べき）ものなら、およそ「価値ある」と語るのが通例である。たとえば本書の議

論を振り返ってみても、価値あるもののみが社会の中に供給され、配分され、保全される意義があるのだというような論じ方をしてきた。我々は、価値という言葉を「大切にする意義がある」ということとほぼ同義、逆にいえば、価値がないものとは「それをどのように取り扱おうがなんの問題にもなり得ないもの」とほぼ同義に用いている。

したがって、もしも、我々がその取り扱いを気にかけ、にもかかわらず、効用関数の中には現れてこない存在があるのなら、そして価値という言葉に対する我々の語感・用法を大切にするのなら、価値という概念を先の言い方のように効用関数との関係の中だけに閉じこめてしまうのではなく、固有価値という概念を導入する必要がある。それによってはじめて、我々は、価値あるものを価値あると呼ぶことができるのである。

では実際のところ、「我々がその取り扱いを気にかけ、にもかかわらず、効用関数の中には現れてこない」ような、そんな環境財は存在するのか？　それが問題になってくる。

ただ、このことを考えるにあたっては、ひとまず固有価値という価値概念が有意味かどうかということと、環境財がその固有価値を有しているのかということとを分けて考えた方がいい。そこでここでは、固有価値という価値概念が有意味かどうかということを優先的に考えよう。つまり、環境財でなくともいいから、およそ固有価値という概念なくしては捉えきれないような価値を持つ存在物があるのかどうかを検討したい。

そう考えはじめると、我々は直ちに、固有価値という概念なくしては説明できない存在物を特定できることに気づくだろう。我々がその取り扱いを気にかけ、にもかかわらず、効用関数の中には現れてこないような存在物の存在を、我々は確かに知っている。

それはほかでもない、我々自身という存在のことである。我々一人ひとりは、「それをどのように取り扱おうがなんの問題にもなり得ないもの」などでは当然ないから、当然に価値を持っているというべきである。

では、どんな価値だろう。もちろん使用価値ではない。利他的価値か？　否。利他的価値とは、他人が消費できる財についての価値のことであって、他人そのものに関しての概念ではない。

では、存在価値だろうか？　確かに存在価値というべき部分もある。家族や友人が存在することは私の効用に関係するし、私の存在も、家族や友人の効用に寄与することは間違いない。つまり我々は、他人の効用関数の中に現れる限りにおいて、存在価値を有しているということができる。

ただ、存在価値というのはあくまで私にとっての家族や友人の価値、あるいは家族や友人にとっての私の価値を意味するものであって、他者の効用関数に現れてくる限りでの人びとの価値である。したがってそれは、家族や友人、あるいは私という存在の、それ自体としての価値を指し示すものではない。我々一人ひとりに、我々自身としての価値があるならば、（そしてそれは確かにあるはずだが）それは、存在価値と呼ばれる価値とは別の価値でなくてはならない。

この区別についての理解は重要である。もし個人の価値を存在価値の中にしか見いだせないとすると、他人とのかかわりが少ない人びと、たとえば身寄りのない老人や孤児たちは、他人の効用関数の中にまったく、もしくはごくわずかにしか現れてこないがために、ほとんど価値がないと評価せざるを得ないことになる。

しかしそれは明らかにおかしいだろう。こうした事実を見ても、我々という存在の価値を、存在価値の中に回収しきれないことは明らかである。

ところで、我々の固有価値は、他人の効用関数とはかかわりがないにしても、我々自身の効用関数とは関係があるのではないか、そう思われるかもしれない。けれどもそれは違う。我々自身の固有価値は、我々自身の効用関数とも関係がないし、したがって、自分自身に対するWTPやWTAの計測を試みることによっても評価できない。

まず、形式的にいうと、我々の効用関数の中に、我々という存在、あるいは我々の効用を組み入れることは奇妙である。我々の満足度を説明するのに、我々の満足度自体がその説明因子の方にも入っているのでは循環論法である。

また我々の価値をWTPやWTAで計測可能かという思考実験をしてみても、その計測が不可能であることはすぐにわかる。WTPの場合には、最大でも全資産を差しだすことと等価とみなせる財の価値の計測にしか用いることができないから、自身の価値の大きさは、WTPという尺度が意味を持ち得る範囲（定義域）を超えてしまうし、WTAの方も、自身を差しだすことにしてしまったら、もはやその対価を受けとるべき主体が存在

しないことになるから、概念そのものが成立しない[8]。

　したがって、我々という存在それ自体の持つ価値とは、誰の効用関数の中にも回収しきれない価値であるということができる。そしてそれはつまり、効用関数との関係の中では捉えられないその価値を特定するために、固有価値という新たな価値概念を導入することの必要性を証明するものである。

　こうして固有価値が意味ある概念であるということがはっきりしたので、次に進むべきステップは、その固有価値という価値が環境という財に備わっているかどうかを見極めることである。固有価値という概念に意味があるということがわかったからといって、その固有価値が環境財にあるかどうかということになれば、それはまったくの別問題だし、実際のところ、この点に関して議論すべきことは決して少なくないだろう。
　ただしいまは、固有価値という概念の有意味性を確認したところで止めておいた方がむしろ有益だと思われるので、あえてこれ以上は踏み込まないでおきたい。ともかく、固有価値という概念そのものには意味が認められる。そして、その価値の存在を環境財に想定することを否定する論拠も見あたらない。したがって、少なくとも可能性として、環境には固有価値があり得るということを、ここでの強調点としておこう。

環境の価値分類を知ることの意味

　さて、こうして、先に分類した環境の価値の概念が、それぞれに固有の特徴を持つ、有意味な概念であるということが明らかとなった。
　では、こうして環境の価値の分類を知ることは、どのようにして我々の判断をより的確なものとすることに役立つのだろうか？　次にこのことを考えてみよう。

　異なるタイプの価値は、時に異なるタイプの論理を必要とする。したがって、どのタ

8　こうしたことに加え、ここでも、資産を有していない人びと（たとえば子供たち）、明確な自己判断ができない人びと（たとえば重篤な病人たち）の価値をこうした方法では捉えられないという問題を指摘することができる。

イプの価値について議論をしているのかということを知ることは、適切な論理の選定に結びつくということがまずいえるだろう。

たとえば、利他的価値について語るなら、その便益を受けとるはずの他人の価値判断こそが重要になるはずであり、その財を私がどのように評価するかということは二の次でなくてはいけない、ということを押さえることができる。もちろん、そうはいっても、その他人というのが将来世代であったり、はるか異文化の住人であったりすると、彼らの価値評価基準を知ることはそもそも不可能であるし、あるいは、相手の評価基準を知り得る場合であっても、彼らの評価基準が適切とはいえない（彼らの本当の評価ではない）と断言できるような根拠（たとえば彼らの情報の不足）が存在するのなら、彼らの評価をそのまま尊重する必要はないかもしれない。しかし、他人が私と相当に異なる価値評価基準を持っていて、しかもその違いが個人の選好の違いというほかない場合もあるはずである。もしもそれが実情なら、少なくとも利他的価値について語る以上、我々は一歩引き下がる覚悟を求められることになるだろう。

議論の対象が環境財の固有価値なのか否かを見極めることの意味はさらに大きい。我々が環境財の固有価値について議論したいなら、それはつまり、我々自身の効用関数となんのかかわりも持たない価値について議論するということである。そしてそうである以上、稀少性というコンセプトも、WTPやWTAという考え方も通用せず、したがって当然ながら、その保護や破壊の便益や費用も計測できないし、パレート的分析も不可能になる。固有価値について議論しているのか否かというのは、そうした理由で、その後の議論の方向を分かつ、大きな分岐点になるはずである[9]。

こうして見てくれば、環境のどんな価値について議論するのかということに意識を持つことの意味は、決して小さくないことがわかるだろう。

環境の価値の分類を心得ておくことのもうひとつのメリットは、何度か取りあげてきた「モデルの仮定を分解する」ことの意義に関連している。我々の思考はしばしば錯綜

9　ただひとつ、つけ加えておく必要があるのは、固有価値を認めるということと、その価値を不可侵とみなすということとはイコールではないということである。たとえば、我々の命も、非常に低い確率のリスク、つまり限りなく小さく分割された命であれば、通常の財と同様に取り扱うことが可能であるということを調べた。環境財の固有価値も、ある一定の条件下において、他の価値概念で近似することが不可能だとは言い切れない。

しがちだから、思考の中で絡み合う糸を解きほぐす手助けをしてくれるだけでも、環境の価値分類を頭に入れておくことには意味がある。

「かけがえのない地球を救え」という声を聞く。しかし、そのシュプレヒコールを支える情報的基礎の中には、実にさまざまな知識がないまぜになって投げ込まれていることが少なくない。たとえば、地球温暖化や生物多様性の減少などと並んで、石油の枯渇の問題がそこに含まれていて、その問題の深刻さが、時に「かけがえのない地球」の危機の証拠を構成している。けれども石油の枯渇の問題は、本当に「かけがえのない地球」の危機の一部を構成しているといえるだろうか？

石油の枯渇の問題とは、いや、もっと遡って、石油の価値とはなんだろう。筆者自身は、石油に使用価値と利他的価値を認めることはできるが、存在価値や固有価値を認めることはできない。おそらく、多くの人びとも同じだろう。そうだとすれば、石油の消費が問題とはいっても、石油を利用すること自体が問題なのではなくて、その世代間あるいは世代内の適切な分け方が問題なのだということになる。そしてそうであるなら、我々が石油の埋蔵量のなにがしかを使っていくこと自体は、なんら後ろめたいことではないとしなければならない。つまり、石油はただやみくもに節約すればよいというものではない。そしてこうした検討の帰結として、石油の枯渇の問題は、存在価値や固有価値に近いところで語られる「かけがえのなさ」とは、少し異なった文脈で議論すべきものだということが鮮明になってくるだろう。

あるいは、生物多様性が大切だと考えたとしよう。けれどもそれが大切な理由を、利他的価値に見るのか、オプション価値に見るのか、存在価値に見るのか、あるいは固有価値に見るのかが人によって違うかもしれない。そしてそうした価値のうちどの価値（もちろん複数であってもよい）を評価して生物多様性が大切だと論じているのかによって、議論の仕方も、問題への取組の方針も、時にまったく異なるかもしれない。

この例からも明らかなように、環境の価値にどのようなものがあるのかを知っておくことは、思考の交通整理を手助けしてくれる。

環境の価値のタイプを知っておくことは、環境の価値の正確な判断にも役に立つはずである。一般的にいって、市場価値に比べて非市場価値、あるいは使用価値に比べて非使用価値は、見えにくく、それだけに議論のテーブルから落ちてしまっていることが少

なくない。たとえば、道路の必要性を論じるのに、いわゆる採算性ばかりが論じられ、その建設によって失われる環境財の価値、特にその非使用価値がまったく思考の対象となっていない場合などがそれである。しかし、市場価値や使用価値であるというそれだけの理由で、非市場価値や非使用価値よりも重んじるべき論拠はどこにもない。

となれば、こぼれ落ちている論点はないかということを確認するための手がかりとして、環境の価値のタイプへの理解は重要な意味を持つ。オプション価値や存在価値といった概念を知っていれば、テーブルに載っていない大切な論点を見失わずにすむ*[10]。

またこのことは、次節で説明する環境財の価値の計測ということにも関係してくる。環境財の価値の調査方法の多くは、特定のタイプの価値しか推計し得ないという弱点を抱えているが、実際の推計結果には、その事実が必ず付記されているわけではない。このため、環境財の価値分類を理解し、各手法がそのどの価値についての調査手法なのかということを押さえておかないと、環境財の価値の推計結果が示された時、それがその環境財の価値のすべてであるかのように誤認してしまう恐れがある。したがって、環境の価値のタイプを理解しておくことは、環境財についての価値の推計結果の意義を正しく理解するための前提条件ともなるのである。

環境財のさまざまなタイプの価値は、本来、異なった議論の道筋に連なるべきものだ。しかしその道筋は、しばしば未分化であったり、錯綜していたり、あるいは喪失し

---

10 なお、見えにくかった価値を意識するようになると、環境財の価値評価額が著しくふくれあがる可能性がある。自然公園の喪失について考えてみると、その公園の喪失の損害評価額は、入園料や土産物販売収益の損失に、その公園を訪れる人びとの楽しみが失われたことの費用を上乗せするだけではなく、さらに、その公園を訪れることのない、非常に広範囲の人びとの心の痛みも加算しなければならないことになる。こうして環境財の持つ多様な価値を視野に収めれば、その損害評価額はどうしても大きくならざるを得ない。

　もちろんそれ自体はいけないことではない。むしろなすべきことをなしたというべきである。ただ、気をつけなければいけないのは、見えにくくなっていた価値は、喪失してしまう環境財の側だけにあるわけではないということである。たとえば、環境規制によって失業者が増えるとすれば、我々は、たとえ彼らに決して会うことがないとしても、彼らのおかれた境遇について心を痛めるかもしれない。逆にいえば、雇用が確保されることによって彼らの境遇が改善されれば、彼ら本人のみならず、我々第三者の効用もその方向上するかもしれない。つまり、自然公園を守る側のみならず、地域開発や雇用創出の側にも、一般的には計測されないような価値が付随しているかもしれないのである。したがって、環境の側だけではなく、その反対側の価値についても、よく目配りすることが求められよう。

ていたりしていて、見通しがわるくなっていることがある。だから、環境の価値の分類とその意味をしっかりと理解しておくことは、環境問題についての問題認識、ひいては価値判断の質の向上に、まっすぐ連なっているのである。

【ヒントその17： 環境の価値】

■我々一人ひとりが、信頼に足る価値判断を獲得すべく努力することが、環境問題の解決に向けた第一歩である。
■環境問題が効率性の問題であるとする認識も、この第一歩とあいまってはじめて意味のある命題となる。
■環境財の価値とは、私（価値があると表明する当人）と価値を得る主体と環境財との三つどもえの関係の中に定められる。
■環境の価値には様々なタイプがあり、それぞれの価値のタイプは、時に異なった論理を必要とする。したがって、どのタイプの価値について議論しているのかということに自覚的になることが必要である。

第4章 環境問題の始まりから終わりまで

第2節 環境の価値の調査技術

財の価値の貨幣価値換算について、我々がすでに知っていることと、そうでないこと

　仮にである。仮に、我々一人ひとりが、信頼に足る価値判断を獲得できたとしよう。そして、そうした価値判断を持ち寄って、社会をいかにすべきかについて、皆で議論を始めることができたとしよう。So far, so good である。

　しかしそれでも、あとは万事うまく回りはじめるというわけにはいかないはずだ。なぜなら、ここに至って、あの「効用の個人間比較の不可能性」の難問に突きあたってしまうからである。すでに対話や内省をつくした後での話だから、いまさら話し合ってたがいの共通理解を深めようと論じてみても始まらない。優劣のつけようのない多様な価値判断を前に、我々はいったいどうやって社会の進むべき道を探っていけばいいのだろう？

　難しい局面に至ってしまったことは確かである。しかし、難しいとはいっても、個人の価値判断の比較も、まったく不可能だというわけではない。WTPやWTAの考え方にしたがえば、市場財であるか環境財であるかを問わず、個人の価値判断は貨幣価値に換算できるし、貨幣価値に換算してしまえば、すべての人の価値判断は相互に比較できるようになる。だから財についての効用の個人間比較の不可能性という困難は、こうして乗り越えられる可能性がある。

　もちろんこの考え方には少なからず深刻な欠点があることは、すでに見てきたとおりである。それは万能薬というわけではないし、用いるにしても細心の注意が必要であるのはいうまでもない。けれどもたとえそうした問題があるにせよ、このアプローチが有用である場合も決して少なくはないということは認めてもいいだろう。

　そこで少しの間、この考え方の難点には目をつむり、環境財の価値を貨幣価値換算する調査技術について調べてみたい。WTPやWTAの考え方を用いれば環境財の価値は貨

幣価値に換算できるということは確認ずみだが、それはあくまで理論上の話にすぎず、現実にその計測が可能かどうかは、まだまったく確認していないからである。

環境の価値の調査技術

　環境財の価値を知るための方法論のうち、代表的なものは、「CVM法」(contingent valuation method)、「トラベルコスト法」(travel cost method)、「ヘドニック法」(hedonic method)の3種類である。これらの方法のほかにも、いくつもの方法が提案されてはいるが、環境財の価値を貨幣価値換算することの意義についておおまかな感覚を得るには、この3つの方法を眺めておけば十分である。そこでここでは、これらの代表選手に焦点をあてて、その基本的考え方と妥当性とを検討していこう。

(1) CVM法（仮想市場法）

　環境財についての個人のWTPやWTAは、外側から簡単に推察するすべがない。ではどうやったらそれを知ることができるだろうか？

　そう考えた時、誰でもまず思いつく方法は、アンケート調査だろう。外側から知ることができないなら、直接本人に聞いてしまうのが一番だ。アンケートをして、直接WTPやWTAを聞いてしまえばいい。そう考えるのではないだろうか？

　実はこれが、CVM法といわれる方法であり、環境の価値の推計方法として、最も有力視されているもののひとつである。日本語にすると仮想市場法という何やらいかめしい名前がついているが、CVM法とは要するにアンケート調査のことである。

　アンケート調査というと、被験者の気分次第でどうとでも答えられそうで、いい加減な方法だという感じがするかもしれないが、少なくとも理論上は決していい加減なものではない。第2章で論じたように、各個人のWTPやWTAの値は、必ず一義的に決まる。つまり、WTPやWTAには「真の」値とでもいうべきものがあるのであり、被験者といえどもその値自体を意図的に操作できるものではない。CVM法というのは、被験者の心の中では確定しているはず（あるいは確定できるはず）の情報を引きだす調査なの

であり、その点でアイディアとしては間違ったものではない。

　ただし、ではそのWTPやWTAの真の値を本当にうまく引きだすことができるのか、ということになると、それはまた、まったく別の問題である。実際にアンケートを実施するとなると、もちろん問題も少なくない。
　たとえば、「もし仮にカリフォルニアのフクロウを完全に保護することができるとしたら、あなたはそのために年間いくら支払う意思がありますか？」といきなり聞かれたところで、「7,126円！」ときっぱり答えられる人はそうはいまい。CVM法は、こうして「もし仮に〜としたら、いくら支払う意思がありますか？」と聞くわけだが、その「もし仮に〜としたら」という仮想状態を被験者がきちんと理解するのは、場合によってはかなり難しい。この例でいうと、もし保護しないと、フクロウがどれほど危機にさらされるのか、その危機が生態系全体にもたらす影響はどれほどなのか、あるいはフクロウに出会える機会はどれほど減るのか、といったことをいったいどうやって予想すればいいのだろう？　こうした基本的な情報の見当もつかないのなら、どうやってその保護の価値（WTP）を決めることなどできるだろう[11]？　第一、7,126円ぽっきりで保護できないことはあまりに明白だから、そのリアリティーのなさも、正確な回答を妨げるかもしれない。
　また、このCVM調査が行政によるフクロウ保護の予算額を決定するために実施されたものだとわかっていたとすると、ストレートに尋ねたのでは、本当のWTPよりも、ずっと高額や、あるいは逆にずっと少額を回答する被験者も出てくる可能性がある。自分にとって望ましい方向に行政を向かわせるために、いかにうまくウソをつけばいいだろうと考えるかもしれないからである。たとえば環境保護派なら、一人では到底支払うことができない高額を答えるかもしれないし、開発派ならその逆の可能性もある。彼ら

---

11 とはいえ、こうした情報の制約の問題は、CVM法に固有の問題ではない。たとえば、我々が住宅を購入する際にも、周辺が今後どのように開発されるのか、隣人はつき合いやすい人びとなのか、といった、とても大切なはずの情報が十分には得られていないことの方が多い。しかしそれでも、我々は決断し、住宅を購入する。つまり我々は、市場財を購入する際も、不十分な情報に基づいて判断をし、対価を支払っているのである。したがって、市場価格という情報になにがしかの意味があるとするのなら、情報上の制約があることをもって、直ちにCVM法の調査結果には意味がないと結論してしまうのは、論理整合的な議論だとは言い難い。

に言わせれば、ウソも方便というわけである。

　さらに、「その金額は1万円以上ですか、以下ですか?」というような質問がはじめにあったりすると、その金額に引きずられて、1万円とそう違わない金額を答えなくてはいけないという心理が働いてしまうかもしれないし、5つぐらいの段階的な選択肢が示されていたら、なんとなく、両端の選択肢にマルをつけることに抵抗感が働くかもしれない。さらに「許す」という言葉の代わりに「禁止しない」と書いたり、「高い価格」ではなく「高い税金」と説明したりするだけで、回答が変わってくる可能性もある(Hanemann, 1994)。

　だから、調査のデザインはそう簡単ではない。CVM調査を実施する際には、いま見たようなさまざまな問題を防ぐためにいろいろな工夫を施す必要がある。

　しかしそれでも、WTPやWTAが突き詰めていえば個人の意思にほかならない以上、アンケートというアイディアは自然だし、であるがゆえに、CVM法は、潜在的にはとても有力な調査方法である。事実CVM法は、さまざまな論争を巻き起こしつつも、いろいろな場面で実際に使われるようになっている。その社会的受容について見るために、ひとつの例を紹介しておこう。これは、CVM法といえば必ず引き合いに出されるほどに、とても有名な事例である[12]。

　1989年3月、エクソン社のタンカー「バルディーズ」がアラスカ湾沖で座礁し、1.1千万ガロンの原油が流出するという大事故が発生した。この事故によって、漁業、観光業、さらには、環境そのものについても途方もない被害が生じた。

　この事故を受けて、アメリカ議会は、1991年に油汚染法(Oil Pollution Act)を成立させる。そして同法に基づいて、商務省に対して、NOAA(米国海洋大気庁)を通じ、被害の評価をとりしきるための規則を定めることを求めた。

　NOAAの規則の制定に関して大きな論点となったことは、存在価値の取り扱いであり、その推計方法としてのCVM法の信頼性である。もしもNOAAの規則の中に環境の存在価値への被害の評価が含まれることになると、各方面に与える影響は極めて大きい。そこで、CVM法の妥当性をめぐって賛否両論が渦巻くこととなった。

---

12 以下、主に(Portney, 1994)による。

そうした中で、NOAAは、専門家パネル（委員会）を組織し、その議長を二人のノーベル賞受賞経済学者、K．アロー[13]とR．ソローに依頼する。

社会の大きな注目を浴びる中、専門家パネルは、半年間の集中的な検討を行い、1993年1月に報告書を提出した（NOAA, 1993）。この報告書には次のような記載がある[14]。「CVM法の適用は、失われた受動的な価値を含め、被害の評価に関して司法手続きを開始する起点とするに足る、信頼できる推計値を算出することができる。」つまり専門家パネルは、CVM法は一定の信頼に足る推計方法であるという判断をくだしたのである[15]。

知る人ぞ知る、かのアローらに率いられたパネルの結論である。このことを契機に、CVM法への信頼は相当に高まった。事実その後アメリカでは、いくつもの訴訟でCVM法による環境の価値の推計値が利用されている。

このように、CVM法という環境の価値の調査技術は、（少なくとも一部の社会では）時として大きな社会的影響力を持つほどのものになっているのである。

(2) トラベルコスト法[16]

次の方法に移ろう。今度は、トラベルコスト法と呼ばれる方法である。

環境財には価格がない。したがって、環境財の価値を直接観察することは確かにできない。しかし、環境財の持つ価値に応じて人びとが起こす行動についてなら、場合によっては観察することができる。ならば、人びとのその行動を観察・分析すれば、環境財の価値を推計できるかもしれない。トラベルコスト法という方法の着想はそこにあった。

人びとは、自然公園を訪れる時、無意識のうちであれ、その公園の価値を推し量っているだろう。そして、大きな価値があると判断すれば旅行費用が高くついても数多く訪

---

13 この偉大な経済学者は、本書の後半で再び登場することになる。
14 若干ながら一部意訳した部分がある。
15 ただし、専門家パネルはCVM法を無条件に肯定したわけではない。専門家パネルは、CVM法が抱える課題を認識した上で、CVM法の信頼性を確保するために必要な項目をガイドラインとして提示するということもあわせて行っている。
16 トラベルコスト法およびヘドニック法に関しては、主に（Pearce・Markandya, 1989）を参考にした。

れるだろうし、逆にないと思えば、いくら安かろうが訪れようとはしないだろう。こうして自然公園に対する人びとの価値評価は、旅行費用と旅行回数とに現れる。

トラベルコスト法という方法は、こうした考え方に基づいて、旅行費用（トラベルコスト）と旅行回数という2つの情報を基にして、環境財の価値を推計しようとする方法である。

簡単な例で試してみよう。とある自然公園を想定する。その公園を利用している人びとの居住地は、公園までの旅行費用の違いによって、おおざっぱにいってA、B、Cの3つのゾーンに分類でき、それぞれの地域毎の旅行費用と年間の平均旅行回数は以下のとおりであったとする。

表4－1　旅費と旅行回数との関係

ゾーン	ゾーン内人口	平均旅行回数	旅行費用
A	1,000	X	1万円
B	5,000	Y	2万円
C	500	Z	3万円

するとこの表から、全地域の平均的な個人による、旅行費用と旅行回数（需要）との関係を描くことができる。それを示したのが、図4－2である。

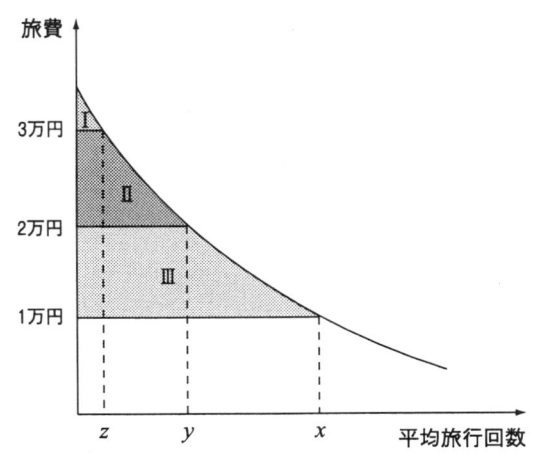

図4－2　自然公園に対する需要の推計

ここでゾーンAの居住者に着目すると、彼らは1万円という旅行費用に直面しているわけだから、彼ら一人あたりの平均的な消費者余剰は、Ⅰ＋Ⅱ＋Ⅲと見積もれる。したがって、ゾーンA居住者全員による消費者余剰は、これに人口を掛け合わせて、1,000×（Ⅰ＋Ⅱ＋Ⅲ）となる。同様にゾーンB、ゾーンCについても消費者余剰を計算できる。そして、この公園の持っている社会的な総価値は、ゾーン毎の消費者余剰を合計したものだとみなすことができるから、以下のとおりとなる。

$$公園の社会的総価値 = 1,000 \times (Ⅰ + Ⅱ + Ⅲ) + 5,000 \times (Ⅰ + Ⅱ) + 500 \times (Ⅰ) \quad (4-3)$$

これが、非常に基本的なトラベルコスト法の方法論である。こうして、自然公園のレクリエーション施設としての価値などは、このトラベルコスト法によって推計できる。

しかしもちろん、この方法論についても、いろいろな問題点を指摘できる。

まず、この計算では「平均人」を想定しているということがある。つまり、多くの人びとの行動データを集計して、全地区の平均的な人物にとっての需要関数を導いているから、人それぞれの個人的な特徴を無視しているという難点がある。一般的にいって、人びとの需要関数は、個人の選好の違いや所得水準によって大きく違うから、こうした事情を無視してしまうことは、少なからず計算結果に影響を及ぼすかもしれない。

また、観察できる旅行費用は、通常は交通費だけだが、本来それを費用のすべてとみなすのはおかしいという問題もある。なぜなら、公園を訪れるためには交通費のみならず時間も必要であり、だとすれば、その時間の価値も旅行費用に組み入れないわけにはいかないはずだからである。しかし、時間の価値は交通費のように直接観察できないわけだから、時間価値を計算に組み込むとなると、どうやってそれを貨幣価値に換算するかが問題とならざるを得ない。

他方、観察可能な交通費の方も、実をいえば問題が少なくない。上述のような計算をするとすれば、同額の交通費を要する人びとは同じゾーンに属すると分類するため、彼らにとってのその公園の価値を等しいとみなすことになるが、（個人の選好の違いということを別にしても）理屈からしてそんなことはないはずである。交通費が2つの地区で等しかったとしても、一方の地区には近くに別の公園があり、もう一方の地区にはな

いとすると、両地区の住人にとってのその公園の価値が等しかろうはずはない。(これは先に述べた機会費用という考え方と密接に関連している)

また、複数目的地を訪れる旅行の場合に、公園までの交通費をそっくりそのまま、その公園の価値評価に使っていいかどうかといった問題があるし、ドライブや汽車旅行そのものを楽しむ人も少なくないから、交通費を単純に費用と考えていいのかといった問題もある。さらに加えて、実際に旅行に出かけなかった人びとのデータをどう取り扱うかということや、公園内での滞在期間をどう処理するのかといった課題もある。

トラベルコスト法は、実データを基礎に計算を行う方法であるため、その分CVM法にはない強みを持っているとされることもある。しかし、これはこれで深刻な問題を抱えているということも否定できない。トラベルコスト法でも、さまざまな課題を克服するための工夫や努力を重ねることは、避けて通れないのである。

(3) ヘドニック法

最後に紹介する方法は、ヘドニック法と呼ばれている方法である。この方法は、すでに検討した「そもそも財とはいかなるものか?」という問いと深くかかわっている。先に財とは、多様な機能を持ち、そのそれぞれの機能に応じたさまざまな用途がある「潜在的な用途の束」であると整理した。

この考え方を前提とすれば、ある財を購入する際、各個人は、その財が持つさまざまな機能が同時に生みだす用途の価値を総合的に値踏みしているはずである。そしてその値踏みの結果が財の市場価格に反映されるのなら、財の市場価格には、それらの多様な側面についての価値評価情報が含まれていると考えられる。

一方、財の市場価格はもちろん、その財の持つ機能を規定する特徴についても、多くの場合、データの入手が可能である。たとえば住宅の購入について考えた場合、土地の広さ、家屋の間取り、そして大気汚染状況などのデータも入手できる。ならば、こうしたデータを基にして、財の市場価格と、その市場価格を規定している財の多様な特徴との関係を明らかにすれば、そこから環境財の価値の貨幣価値換算値を割りだすことがで

きるのではないか？　これがヘドニック法のアイディアである。

住宅の場合を例にとって、具体的な推計手順を見てみよう。

住宅のさまざまな機能は、部屋の数、大きさ、デザインのよさ、安全性、交通の便、そして大気質のよさなどといった、住宅の持つさまざまな特徴によって規定されている。したがって、これらのさまざまな特徴が住宅の価格を決めていると想定できる。そこでまず、住宅の価格を決めていると考えられる代表的な特徴を選びだす。次に、これらの特徴と住宅の価格との関係、つまり関数の形を想定する。

たとえば、まず、

　　住宅の価格 = f(部屋の数、駅までの近さ、大気質のよさ)　　　　(4 – 4)

と想定し、次に、

　　住宅の価格 = α(部屋の数)^a(駅までの近さ)^b(大気質のよさ)^c　　　(4 – 5)

と想定するわけである。

その上で、この関数の要素、すなわち、住宅の価格、部屋の数、駅までの近さ、大気質のよさのデータを収集する。後は統計学的な分析を施せば、関数のパラメーター(すなわち、式4 – 5中のα、a、b、cの値)を推定することができる。それらのパラメーターが求まれば、後は大気質のよさ以外の要素の代表値を代入すれば、図4 – 3のような、大気質と住宅の価格との関係を示す関数(推定住宅価格関数)を導くことができる。

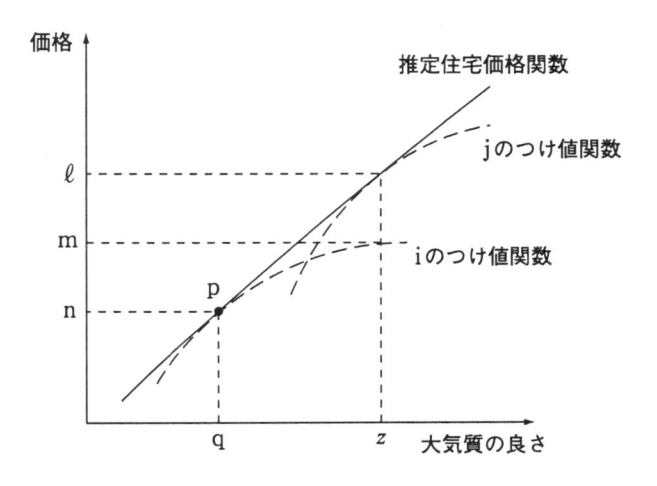

図4-3 大気質のよさへの需要

これは平均的な人びとの無差別曲線を示していると考えることができるから、いまqの大気質レベルにある地域の大気質がzにまで改善するなら、人びとはℓ－nだけ支払っても同じ効用レベルにとどまることができる。つまりWTPがℓ－nだということになり、これと地域の人口とを掛け合わせれば、その大気質の改善の価値を金額で示すことができるわけである。

さて、このヘドニック法の問題点としては、たとえば次のようなものがある。
まず、人びとが住宅を購入する時に、環境質の状況とその影響とを十分に把握し、それらをきちんと評価した上で購入の判断をしているはずだと想定すること自体、かなり疑わしいところがある。この前提が成立しなければ、この方法論は成り立ち得ないが、各個人がそれほどきっちり環境のことをわかった上で住宅を購入しているというのは、我が身を振り返ってみても、その信憑性に首をかしげたくなる。

また、図4-3の推定住宅価格関数は、実は、多くの人びとのデータを寄せ集めて作図されたものであり、トラベルコスト法の場合と同様に、選好や所得水準の違いを無視

した、平均人を想定して導かれている。しかし図中の破線で示したように、推計に利用された個人 i の実データが p だということは、彼のつけ値関数（これは彼自身の無差別曲線に相当する）と推定住宅価格関数とが、その点で接しているということを意味している[17]。したがって、大気質が q から z まで改善することに対する個人 i の真のWTPは m − n となり、WTPを ℓ − n と推定してしまうのは過大評価だということになる。

問題はまだたくさんある。住宅の市場は完全ではないから、住宅の価格自体、理想的な価格と相当に異なる可能性も少なくない。まず、税制などのさまざまな制度や公共セクターによる住宅の供給などがその価格に影響を与えているだろう。また、不動産屋は、各住宅の売値をまずつけて、その価格をはじめに受け入れた消費者に売るのであって、（一定の見込みを持って売値をつけているとはいえ）最大のWTPを示した消費者にその金額で売るのではない。さらに、当の住宅に関する情報はそれほど多くの人に行きわたるわけではないし、情報を得た人びとも、住所を移すことにはさまざまな障害があるから、簡単に住宅購入の決断ができるわけではない。

さらに、技術的にいえば、関数の要素や関数形の選び方も結果に影響を及ぼすし、住宅の価格を決定づけている各要素はたがいに影響しあっていることが少なくない（たとえば、大気の質のよさとバス停までの近さ、窒素酸化物濃度と粒子状物質濃度など）から、密接に関係しあう要素をいくつも選定しておくと、いったいどの要素の影響で価格が変化しているのか見誤ってしまう危険がある。「大気質のよさ」といっても、粒子状物質で評価するのか、窒素酸化物で評価するのかで違うだろうし、年平均値か、年最高値かでも違うはずである。大気質は年々変化しているわけだから、何年度の値を用いるかも問題になるだろう。

ヘドニック法は、トラベルコスト法と同様に実際の人びとの行動から環境財の価値を推計するアプローチであるが、この方法もまた、とても困難な多くの課題を抱えている

---

17 さもないと、（もしも彼のつけ値関数と推定住宅価格関数とが交差してレンズのような領域をつくっていたとすると）彼にとってより好ましい住宅が存在していたにもかかわらず、彼はその住宅を購入しなかったことになるからである。

のである。

　以上見てきたように、CVM法、トラベルコスト法、ヘドニック法のいずれの方法も、かなり深刻な問題を抱えているということがわかる。が、しかし一方で、それらはある程度しっかりとした理論的基盤に支えられており、決して好き勝手な数字ではないことも了解できるだろう。しかも、ここでは細かく述べてこなかったが、これらの方法を実際に利用するにあたっては、上述したような課題を克服するために、さまざまな工夫が施される。したがってこれらの方法論は、使い方さえ間違わなければ、それなりに役に立つ。100点満点は取れないが、赤点しかとれないというわけでもない。方法と使う場面さえ間違わなければ、まずまず合格点をとることができる可能性を持った技術だということができるはずである。

　もちろん、具体的にどの程度役に立つのかということになると、それは、一般論として結論できるようなことではない。推計方法の工夫の仕方にもよるし、調査したい環境財の特質や調査結果の使い方にもよるだろう[18]。

　ただ少なくともいえることは、CVM法、トラベルコスト法、ヘドニック法といった方法による推計結果を頭ごなしに否定するのも、全面的に信頼するのもおそらく正解ではないということである。そして大切なことは、なぜわざわざ貨幣価値換算を試みるのか、その理由をよく了解しておくことである。

　我々の世界では、市場価値というものが、政策の選択に極めて大きな影響力を持っている。そして市場価格を持たない環境財は、ゼロの価値しかないか、あるいは逆に、無限の価値があるか、そのいずれかとして取り扱われてしまうことが極めて多い（Anderson・Bishop, 1986）。だからこそ、環境財の価値を貨幣価値換算することには、環境財に対して相応の目を向けさせるという点で、一定の役割がある。

　たとえばそういう観点から貨幣価値換算をするのなら、たとえ時にオーダーとしての

---

18 上述したような個別の問題の深刻さについては、多くの実証試験や理論的検討が行われている。したがって、たとえ一般論のレベルで考えるにしても、調査技術の有用性についての見通しを得るためには、そうした研究成果もよく眺めてみる必要があるだろう。ちなみに、環境の価値の調査方法についての詳細な評価を試みている文献は数多い。たとえば、（Anderson・Bishop, 1986）、（Pearce・Markandya, 1989）、（Freeman Ⅲ, 1993）。

正確さしか得られないようなものであるとしても、その推計には十分な意義があるはずである。

1＋1≠2？

環境財の価値の貨幣価値換算については、さらに興味深い特徴がいくつかある。もう少し議論を続けよう。

まず、各調査技術には、その適用範囲に限界があるということが指摘できる。
たとえば、トラベルコスト法やヘドニック法では、存在価値などは計測できない。これらの調査技術は、実際にレクリエーション公園に出かけていったり、住宅を購入したりする行為の中から環境の価値を推定するので、公園に出かけなかった人びとや住宅を購入しなかった人びとが、その環境の存在そのものから得る効用などは、評価できないのである。
一方、CVM法はアンケート調査なわけだから、調査しようと思えば、行動に現れない価値判断であれ、調査することができる。したがって、存在価値の推計にも適用可能である。これは、3つの調査方法の、端的な違いのひとつである。

しかしながらCVM法も、あらゆる環境財の価値を測定できるというわけではない。まず、固有価値については測定することができない。これは固有価値の定義からして当然である。
また、存在価値はおろか、たとえ使用価値であっても、極めて価値の大きな財の価値は、推計することは不可能である。なぜかというと、先に述べておいたように、WTPやWTAという考え方そのものに、定義域の限定があるからである。つまり環境財の減少が、全財産を失うことよりも大きな損失である、あるいは、どれほどの予算増によっても補填しきれない、といった時には、WTPやWTAは計算できない。したがって、WTPであれ、WTAであれ、たとえば空気の総価値などというようなものは、評価のしようがないのである。
このように、いずれの調査方法によっても、計測不能な環境財の価値というものがあ

る。

　次に、一見不思議な事実として、複数の環境財の総価値は、それぞれの環境財の価値の和に一致するとは限らないということがある。つまりたとえ理想的なかたちでひとつひとつの環境財の価値が推計できたにしても、それらの価値の合計が、2つの財の価値をいっぺんに評価したときの値と一致する保証はない。つまり端的にいえば、1足す1が2になるとは限らないのである。

　CVM法で、富士山とアマゾン熱帯雨林の価値を順にWTPとして評価することを考えてみよう。アンケートの被験者は、あらかじめ予算を各財の購入費に振り向けて、最大の効用を得ている。そこに、富士山の価値についての評価額の表明を求められると、富士山にお金を振り向ける分、彼はその他の財の購入を切りつめなくてはいけない。そうやって支出を切りつめて、なんとか富士山のためにWTPを捻出するわけだ。

　だからもしここで、富士山だけでなく、アマゾンの熱帯雨林にもお金を振り向けなくてはいけなくなったとすると、新たなお金の振り向け先が増えるわけだから、支出をさらに切りつめなくてはいけない。簡単にいえば、実質的に予算(所得)が減少したのと同じことになる。当然、富士山への割当分も当初のWTPより小さくならざるを得ない。このため場合によっては、

　　(環境財A)の価値＋(環境財B)の価値＞(環境財A＋環境財B)の価値

$$(4-6)$$

という不等式が成立することになる。この効果は、特に価値の大きな環境財の価値を推計するような場合には、無視できない可能性がある。

　ただ一般論として、この不等式が成立するかといえば、実はそうとも言い切れない。いま述べたような予算の実質的な減少という側面のみならず、財どうしの相互関係もかかわってくるからである。財どうしの関係を考慮すると、この式の不等号の向きは、反対になるかもしれない(逆に、この不等式の関係が強化される場合もある)。たとえば、

第4章　環境問題の始まりから終わりまで

環境財Aをアマゾン熱帯雨林の北半分、環境財Bを南半分としてみる。この時、南北どちらか半分だけがなくなってしまうことにはあまり深い関心は示さないが、すべてがなくなってしまうのは絶対にいやだと思う人がいても、不思議ではないだろう。そうすると、アマゾン全体の破壊の防止に対する彼のWTPは、北半分と南半分のアマゾンの保護に対するWTPを別々に調査した時の合計と比べ、はるかに大きくなるかもしれない。

いずれにしても、厳密にいえば、環境財の価値評価では、単純な足し算すら可能とは言い切れない側面がある[19]。そしてその特質は、調査技術をどれほど精緻なものにしても解消されることはない。

最後に、富士山だとかアマゾンだとかいうような、多くの人びとが大きな価値を見いだす環境財の価値の測定の場合には、実は、その環境財のことだけ眺めていたのでは、正確な価値の調査はできないかもしれないということがある。

その理由は、富士山の保全に予算を振り向ける人が多数存在すると、その他の市場財の総需要が、目に見えて減少するかもしれないからである[20]。

各個人が富士山の保全のために予算を取りおき、その分市場財への支出を減らすとする。それが一人や二人だけの話ならば、（当人の予算配分の仕方は変化するにせよ）社会全体への影響は無視できる。しかし、まさに富士山のように、非常に多くの人が大きな支払い意思を持つ財の場合には、一人ひとりの市場財への支出の減少の積み重ねが、市場財の総需要の減少となって現れるかもしれない。

すると、各市場財の価格も変わってくるので、各個人の各財に対する予算の振り向け

---

19 もちろん等式が成立する場合もある。たとえば、ヘドニック法を用いて、地域の大気改善の便益を試算することを考えてみる。私の住む地域の大気改善の価値がX円、別の地域における大気改善の価値がY円だと推計できたとする。するとこの場合には、両方の地域の大気改善の価値は、X＋Y円となると考えてかまわない。なぜなら、この推計では、それぞれの地域の価値評価額は、まったく別の人びとのWTPから構成されているからである。

20 一般的なことではないとはいえ、総予算が減少すると、かえって需要が増加するような財も理論上は存在し得るので、このように市場財の需要が減少するという言い方をすることは、厳密にいえば正しくない。

方にも変化が起こる。そうなれば、富士山に対するWTPも、当初の見積もりとは違ってくるかもしれない。

つまり、富士山やアマゾン熱帯雨林のように、非常に広範囲の人びとにとって相当の価値のある財の価値を調べるためには、他の財の市場の変化をも考慮した、一般均衡分析を行わなければならないのかもしれないのである。

いま見てきたような、足し算が成立しない可能性だとか、他の市場への影響だとかといったことは、一般には無視されることが多い。そうした効果は極めて小さいから無視できるはずだという判断があるからである。

それは必ずしも間違ってはいない。いや、多くの場合には適切な判断だろう。たとえば、高々年間数万円程度の環境財への支出が、他の財の需要量に顕著な影響を与えるとは考えにくいし、したがってそうしたささやかな影響がいくら集まったところで、他の市場を大きく揺るがすことはないだろう。

しかし、そうした効果が潜在的には影響をもたらし得るのだということは忘れない方がよい。さもないと、環境財の価値の調査結果を、おかしな受けとり方をすることにもなりかねないからである。

たとえばCVM法による、いろいろな環境財の価値の調査結果が、一覧表のようなかたちでまとめられることがよくある。こうした一覧表から、どの環境財の価値が一番大きいかということを議論することは、もちろんできる。しかし、この環境財とあの環境財の合計の価値は別の環境財の価値よりも大きいだとか、あるいはこれらすべての環境財の価値を合わせるとおよそ○○の価値に匹敵するだとかいう言い方はできないかもしれない。複数の環境財の価値を調べるのであれば、それらを個別にではなく、同時に調査しなくてはならないかもしれないし、さらに、調査対象となる環境財を多くすると、WTPも相当な額に達し、他の市場への影響も無視できなくなるかもしれないからである。

環境財の価値の調査方法というと、各調査方法の調査技術としての信頼性という点に関心が向きがちになる。しかし、調査結果を受けとる側の立場からすれば、調査結果の信頼性が、調査方法そのもののみならず調査対象の価値の種類や大きさなどにも依存す

るということや、たとえ信頼性のある調査結果が得られたにしても、それらの値どうしの単純な足し算も成立しない可能性があるといったことにも、関心を払っておくべきなのである。

【ヒントその18： 環境の価値の調査技術】

■環境の価値の貨幣価値換算については、頭ごなしに否定するのも、全面的に信頼するのもおそらく正解ではない。

■あらゆる環境財の価値が、推計可能なわけではない。

■環境の価値の貨幣価値換算の妥当性は、調査方法のデザインのみならず、調査対象の特質（価値の種類や大きさ）にも依存する。

■貨幣価値換算値は、1＋1が2になるとは限らない。

第3節 環境対策の選択

環境対策の選択基準（費用便益分析と費用効果分析）

　前節で見たような方法で、環境財の価値を貨幣価値換算することは、「効用の個人間比較の不可能性」の難問を乗り越えて、さまざまなプロジェクトや対策を比較評価するための、ひとつの出発点になる。

　ただ、もしもうまく貨幣価値換算できたとしても、そのことをもって、直ちに難問を乗り越えたと考えてしまうのは少しばかり気が早い。というのも、貨幣価値換算値をどうやって各対策の比較評価に利用するかというところでも、いくらか注意すべきことがあるからである。

　そこでここでは、各対策の比較評価の方法論について簡単に検討しておきたい。ここで取りあげるのは、費用便益分析（コスト・ベネフィット分析）と呼ばれる方法と費用効果分析（コスト・エフェクティブネス分析）と呼ばれる方法である。名前が似ているので混同しそうだが、この両者には、その意味にも、役割にも、大きな違いがある。

　簡単な例を2つ取りあげて、両者の違いを確認するところから始めよう。
　環境対策 α と環境対策 β があったとする。この2つの対策は同時に講じることができないとして、いずれの対策を行うべきかという問いをまず考える。なおその前提として、それぞれの対策の便益と費用の貨幣価値換算値はきちんと推計できたとし、これを α-benefit、α-cost、β-benefit、β-cost と名づけておく。
　この場合、両対策の優劣を評価するための正しい方法は、α-benefit − α-cost の値と、β-benefit − β-cost の値とを比較するというものである。つまり、純便益の大きさを基準にし、前者の値が大きければ対策 α を、後者が大きければ対策 β を選択するのが正解となる。（なおこれはつまり、α と β の環境対策毎に社会的余剰を計算し、その大きさを比較しているということにほかならない）

こういって説明すると、しごくあたりまえに聞こえるかもしれないが、実のところそうでもない。便益と費用との差を比較する以外に、もうひとつ、もっともらしい方法があるからである。

それは、便益と費用の比をとるという方法である。便益／費用の値を比べ、その大きい方を選択するのである。比の値が大きいということは、同じ1万円なら1万円から得られる便益がより大きいということだから、この対策選択の方法も、確かに一見もっともらしい。

けれども、これは落とし穴である。我々の目的は、最大の価値を得ることであって、投資効率を最大化することではない。だから、この判断基準は最善の答えを導く基準にはならないのである。

このことは、先の4つの値に具体的な数値をあてはめるとすぐわかる。α-benefit = 9億円、α-cost = 3億円、β-benefit = 4億円、β-cost = 1億円としよう。すると、便益と費用の比を計算すると、対策αは9/3 = 3、対策βは4/1 = 4だから、対策βの方が値が大きい。したがって、この比を判断基準とすれば、選ぶべき選択肢は対策βの方だということになる。

しかし考えてみてほしい。環境対策αは9億円－3億円で6億円の純便益を生みだすのに対し、環境対策βは4億円－1億円で3億円の純便益しか生まないのである。どちらの選択が正解かは明らかだろう。

今度は、大気汚染問題に取り組むとして、どの程度まで対策を講じるべきかを考える。

対策強度を強めればそれだけ環境改善効果も大きくなるので、できるだけ対策強度を強めたいところだが、その分費用もかさむから、効果と費用とのバランスが問題になる。この設問を図示したのが、図4－4である。図中の曲線はそれぞれ総便益曲線と総費用曲線とを示している。

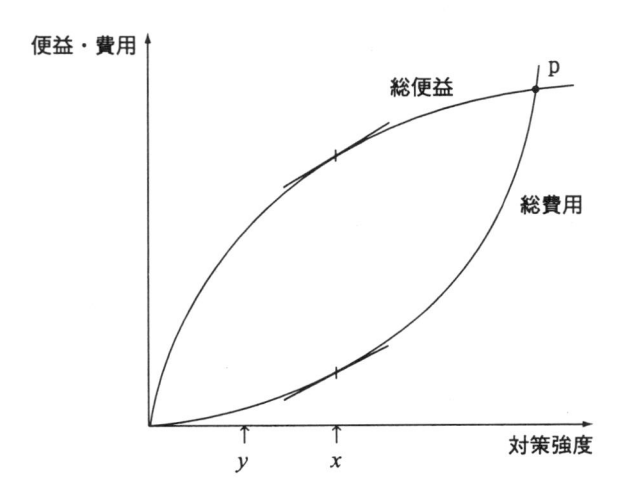

図4-4 対策をどれだけ講じるべきか？

　図中の総便益曲線と総費用曲線が、このような形状となっているのには理由がある。まず総便益曲線についていえば、便益は環境の質を改善すればするほど大きくなるから、この曲線は単調な増加曲線になる。また、大気汚染の改善が進んでいない初期の段階では、大気環境の改善のもたらす便益は大きいが、改善が相当に進むと、追加的な大気改善による便益は徐々に減少してくる。したがって、総便益曲線は、単調に増加しつつも、その傾きが徐々に小さくなる曲線になる。

　他方、総費用曲線の方も、環境の質を改善すればする分だけ費用がかさむことになるから、総便益曲線と同様、単調な増加曲線になる。ただしその傾きは、環境の質が改善すればするほど大きくなってくる。なぜなら、対策効率が徐々にわるくなるからである。というより、一定の対策効果を得るのに最低限どれだけの経費がかかるかを示すのが総費用曲線であり、効率的な対策から実施するのがルールだからである。たとえば、ばい煙対策をほとんど講じていない段階では、燃焼管理とか燃料転換など比較的安価な対策をとることができるが、そうした対策をすべて講じてしまった後になると、高価な対策装置を取りつけたりするほかなくなるというわけである。

こうして総便益曲線と総費用曲線は、原点と点pの2点のみで交わる、ちょうどレンズを挟んだような形を形成すると考えられる[21]。この図をながめながら、どこまで環境の質を改善するのが正解なのかを考えることが、ここでの問題である。

　結論をいってしまうと、答えは、縦方向から見てレンズが最もふくれている x まで対策を講じることである。レンズが最もふくれているというのは、便益−費用、つまり純便益が最大ということにほかならないからである。

　ちなみに、この x では、総便益曲線の傾きと総費用曲線の傾きとが必ず一致する。これは、限界便益と限界費用とが等しいということである[22]。だからここでは、需要曲線と供給曲線とがクロスする例の図で、市場均衡点を探るのとまさに同じことを試みていたのだということがわかる。

　さてここで、便益/費用比について考えてみる。するとたとえば、x よりも対策強度の弱い y では、その値が x よりも大きくなっていることがわかる。だから、便益/費用比を判断基準にしてしまうと、x までではなく、y までの対策をとるべきだといった、誤った結論を導きだしてしまうことになるのである。

　こうしたわけで、最善策が何かという問いに答えるためには、便益と費用の比ではなく、その差を判断基準としなくてはいけない。この、比か、差かの選択は、頻繁に間違われるのでよく注意する必要がある。

　そして、このように便益と費用の差に着目し、純便益が最大となる措置を選び出そうとする分析方法のことを、「費用便益分析」と呼ぶ。費用便益分析とは、潜在的パレート改善によって、パレート最適、つまり最大効率を導くための方法論であり、最善の解を導きたいなら、この費用便益分析を行うことが必須の条件になる[23]。

　しかし現実には、費用便益分析が行えるほど、十分なデータが得られることはまれで

---

21 ただし必ずレンズが形成されるとは限らない。前章第4節参照。
22 傾きとは、環境質1単位の改善あたりの便益や費用であり、つまり限界便益、限界費用そのものである。
23 ただしこの分析は潜在的パレート改善の考え方に基づいているので、すでに述べたような多くの問題もある。

ある。このため我々は、最善解をいかに導くかではなく、しばしば別の課題に取り組もうとする。そしてその場合には、便益／費用比に着目し、その値を最大化しようとする方法が積極的意味を持つ。これは、「費用効果分析」と呼ばれる方法である。次に、この費用効果分析の意味について考える。

現実世界においてしばしば見られる設問のかたちは、環境質などの達成目標が決まっていて、その達成方途を探るというタイプの問いである。たとえば、環境基準を達成するために自動車排出ガスをいかに規制するのが適切かということを考えたり、国際約束である温室効果ガスの削減目標の達成のためにどのような措置を講じるのが望ましいかを検討したりする場合がこれにあたる。便益と費用のうち、便益のレベルが固定されていて、対策オプションの選択によって費用の側のみを変えられる状況にあるわけである。

こうした状況では、はじめから、最善解を導けないことがほぼ運命づけられている。便益と費用の差を最大化しようとする時、その一方をあらかじめ固定してしまっていては、(偶然の一致ということはあるにせよ) 両者の差を最大にできるはずはない。

このように最善解の選択を諦めざるを得ない時、対策選択の基準となり得るのは、同じ目標の達成なら、最も安あがりに達成できる方法を選択しようという考え方である。そして、この考えを実践するための方法論が、費用効果分析なのである。

費用効果分析が役に立つケースを3つの場合に分けて考えよう。いずれの場合も、環境質などの達成目標があらかじめ定まっていて、その達成のための対策オプションの選択について考えている。

まず、いくつかの対策オプションがあったとして、そのうちどれかひとつだけ実施すれば、ぴったり目標達成が可能であるという状況を考えよう。この時には、各オプションの便益／費用比を比べればよい。その値が最大な対策が、与えられた目標を達成するための、最も効率のいいオプションである。

次に、多くの対策手段が存在するものの、ひとつひとつの対策は小さな効果しかな

く、したがって、複数の対策を組み合わせなくては目標は達成できない場合を考えてみよう。ここでも基本は、各対策の便益／費用比である。便益／費用比を見比べて、その値が最も大きい対策から順番に選んで実施していく。そうして選んだ各対策の効果を積みあげていって、その累積量がちょうど目標レベルに達したら、そこでストップする。そうすれば、結果的には、最小の費用で目標が達成できることになる。

　最後は、いくらでも対策強度を強めることのできる、複数の対策を同時に講じることができるとしてみよう。つまり、1種類の対策を強力に講じることによっても、多くの種類の対策を少しずつ実施しても、目標の達成が可能だということである。この設問は図を使って考えてみたい。

　各対策の効率のよさ、つまり費用あたりの環境改善効果は、対策強度に応じて変わってくる。このことを前提にして、図4－5には2つの対策の限界費用曲線を示している。図中でAとして示した環境対策レベルが、あらかじめ決められた環境改善の目標レベルである。

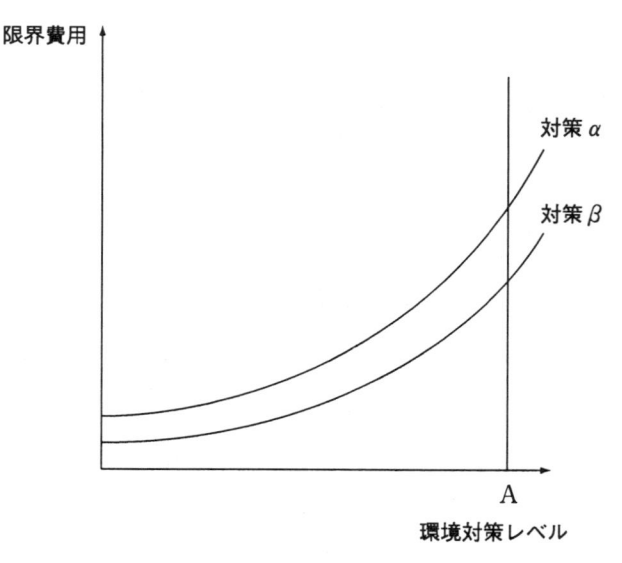

図4－5　効率的な目標達成の方法（Ⅰ）

この目標Aの達成は、前提上、対策αと対策βのいずれか一方だけでも可能ではあるものの、図から明らかなとおり、それでは非常に多くの費用がかかる。だから、両者を組み合わせることが必要になるわけだが、その最適な組合せを特定するための、(つまり対策費用を最小化するための)シンプルな対策選択のルールがある。
　それは、それぞれの対策の限界費用を等しくせよ、というルールである。なぜなら、限界費用が等しくなかったら、限界費用が大きい方の対策を少し控えて、代わりに小さい方の対策をもう少し実施すれば、より小さな費用で同じだけの対策効果が得られるからである。

　具体的には次のようにすればよい。まず、図4－6のように、暫定的に任意の金額pを決め、限界費用がそのpとなる対策レベルを、対策αと対策βのそれぞれについて特定する。この図の場合、それぞれの対策レベルはaとbであり、したがって、両対策を合わせた効果はa＋bとなっている。

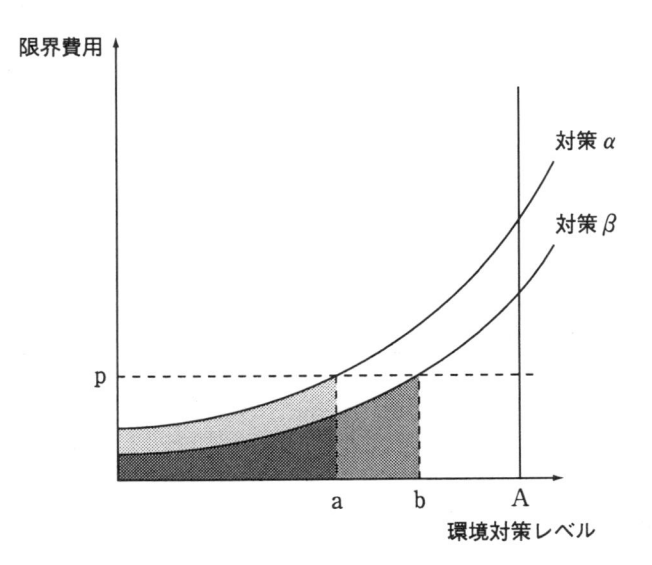

図4－6　効率的な目標達成の方法(Ⅱ)

このa＋bが目標レベルAと一致していなければ、限界費用レベルpを上げ下げして、a＋bが目標レベルAと一致するように調整する。そうして、a＋bが目標レベルAと一致した時、そのaとbとが、求めるべき各環境対策のレベルになる。その時費用は最小化されており、その費用は、図中グレーの部分の面積の合計になる。

この対策選択のルールは一般化可能なものである。すなわち、対策費用最小化のためのルールは、「各対策の限界費用が均一になるように対策を選定すべし」ということになる。

これは、各対策をそれぞれ細切れにして、1単位費用分の環境改善効果しかもたない小さな対策の集まりだとみなした時、その細切れの対策の中から、便益／費用比が大きい順に選んでいって目標を達成するということにほかならない。つまりここでも、上記2例と同様に、便益／費用比の最大化という判断基準を用いているわけである。

以上見てきたように、求めるべき対策の達成レベルが前もって決まっている時には、費用効果分析が役に立つ。費用便益分析が目指しているのが「最大効率」(efficiency)であるとすれば、費用効果分析が追求するのは、「費用対効果の大きさ」(cost-effectiveness)（つまり、コスト・パフォーマンス）である。

なお、ここでは便益の目標が固定されている中で費用を最小化するという課題ばかりを考えてきたが、逆に、費用の方が固定されていて、便益の最大化を考えるべき場合も現実にはよくある。そしてこうした場合にも、この判断基準は有効である。たとえば、各種の地球環境問題への対処のために、途上国支援の国際基金が設立されることがよくあるが、その資金をいかに有効に使うかを考える時には、費用効果分析が役に立つ。

費用効果分析の大きな特徴は、便益と費用の単位を必ずしも統一する必要がないということである。費用効果分析では、便益や費用の貨幣価値換算という困難な作業を（半分だけ）回避できる。便益側だけ、大気汚染レベル(ppm)だとか、ガス排出量（トン）だとかといった単位で設定してもかまわないのである。これは、情報が不足している際には、確かにメリットになるだろう。

ただ、費用効果分析が有用なのは、費用便益分析を行えるほどの情報が得られないことが多いから、という消極的理由のみによるのではない。

仮に情報が十分手元にあったとしても、我々は便益の貨幣価値換算を回避したいと考えるかもしれない。なぜなら便益を貨幣価値換算してしまうということは、すなわち、個人のWTPを単純に足し算してしまうということであり、その便益が最大となる措置を選択するということは、評価基準を潜在的パレート改善とパレート最適の中に閉じこめてしまうことだからである。けれども我々は、それ以外の基準も考慮に入れて判断したいと考えるかもしれないし、そしてその結果として、環境財の価値をあえて貨幣価値換算しない決断をするかもしれない。

　たとえば、平等性などのさまざまな観点を考慮したことの結果として、財産や居住地域によらず、すべての人びとが享受すべき最低限の環境質のレベルを見定め、その確保を政策目標のひとつとして自覚的に設定することも十分にあり得る。実際日本の環境基準には、それに近い発想がある。こうした場合には、費用便益分析ではなく、費用効果分析を採用することに、むしろ積極的な意味があるとすべきである。

　こうして、費用便益分析と費用効果分析とには、それぞれに重要な役割と意義とがある。これらは、「効用の個人間比較の不可能性」を乗り越え、我々の社会が進むべき道を選択するための有力な方法論となる。

　ただし、費用便益分析と費用効果分析とではその役割に大きな違いがあるので、場面場面で、いずれの方法を用いるべきか、よくよく検討してみることが大切である。もちろん、「効用の個人間比較の不可能性」を乗り越えようとしたその時点で、すでに深刻な問題を抱え込んでいるということもあるし、また、我々には効率性以外にも多くの考慮すべき規範があるということもある。したがって、これらいずれの基準によっても採択されない対策であっても、講じるべき対策があるかもしれないということを、最後にもう一度繰り返しておこう。

【ヒントその19： 環境対策の選択】

■効率的な対策の選択には、費用便益分析が役に立つ。
■費用対効果の高い対策の選択には、費用効果分析が利用できる。
■これらの方法論にはそれぞれに異なる重要な役割がある。しかし、いずれも万能というわけではない。

第4節 環境対策の手段

環境対策の広がり（Ⅰ）

　費用便益分析や費用効果分析は、複数の環境対策の中から、要請に応じた最適解を見つけだすための技術である。対策の選択肢がたとえどれほど多くあったとしても、これらの技術は、設問に応じた的確な選択肢を選びだす手助けをしてくれるだろう。

　だが、費用便益分析や費用効果分析が、たとえどんなに優れた方法論だったとしても、まずは、手持ちの対策手段を知っておかなければ始まらない。実際の対策は、手持ちの対策の中から選択するほかないからである。
　そこで、本章の最後に、環境対策にはいかなる種類のものがあるのかということについて、その概要を調べておきたい。そうすれば、おおまかにではあれ、ようやくにして環境問題の全体像を把握したことになるだろう。

　もちろん、現実の環境問題に対処するには、問題の状況を詳しく分析し、個別具体的に検討を進める必要があるから、対策手段についても、概括的な議論だけを知っていればすむというわけではない。
　けれどもたとえ個別具体的な検討が必要になるとしても、そうした検討に踏み込む前に、選択肢の幅を押さえておくことは無駄にはならない。なぜなら、どのような選択肢があるのかを十分知らずに対応策を選ぶとなると、いわば手持ちのカードを知らずにトランプゲームをするようなことになるかもしれず、本来実施可能であったはずの、最適な対策の適用機会を見逃すことにもなりかねないからである。だからこそ、たとえおおまかにではあっても、対策の幅を理解しておくことには十分な意味がある。

　ではさっそく考えてみよう。大気汚染物質などの排出量を削減しようとするなら、まず代表的な対策として、汚染物質の排出を規制するという方法がある。これは、規制的措置と呼ばれる方法である。この方法にはいくつものバリエーションがあり、たとえば

規制値だけを決めて、その実現のための手段の選択は排出者にゆだねる方法もあるし、逆に対策技術を決めてしまって、一定の公害防止装置の設置を義務づけたり、使用する燃料の品質を規制したりする方法もある。また、規制値を設定する場合でも、地域、企業の規模、工場の操業開始時点などによって、規制値を差別化する場合もある。さらに、良好な燃焼管理を確保するために、一定の技能を持った管理者の配置を義務づけることなども考えられる。

　次に、経済的な手段を利用する方法がある。これは経済的措置と総称される方法である。たとえばすでに調べたピグー課税などがこれにあたる。
　この方法に分類される対策としては、課税制度のほかに、たとえば補助金制度がある。課税が汚染物質の排出量に応じて課金する制度であるのに対し、補助金は逆に排出量を低減させることに対して金銭的支援をするという制度である。課税制度のもとでは、事業者は汚染物質を出せば出すほど税金を納めなくてはならなくなるし、補助金制度なら汚染物質を減らせば減らしただけ補助金がもらえるから、いずれの方法にも汚染物質の削減努力を促す効果があるわけである。
　また、汚染物質の排出総量を決めてしまって、その総量内に収まるように、汚染物質の排出権を各事象者に割りあて、その排出権の事業者間での取引を認めるという方法も経済的措置のひとつに数えられる。これは排出権取引制度と呼ばれ、汚染物質の排出総量を一定量以下に抑える効果があるのはもちろんのこと、社会全体での対策費用を低く抑える効果があるとされている。課税、補助金および排出権取引は、経済的措置の典型例として、しばしば言及される制度である。
　もっとも、経済的手段といえば、これら3つの手段のいずれかを新たに導入することだと考えるのは間違いである。「政府の失敗」の際に説明したように、既存の課税や補助金の制度などを点検し、そのゆがみを修正することも有力な対策となる。たとえば、課税や補助金制度が不適切に導入されていれば、それが原因で汚染物質が過剰に排出されている可能性もある。だから、それらの制度を調整すれば、それだけで汚染物質を減らせる可能性があるし、新たな制度の導入に比べて一般に実施に移しやすいというメリットもある。

このほか、公害防止協定の締結、自主的取組の促進などといった方法も、場合によっては有力な対策になり得る。

　以上の対策手段は、汚染物質の排出量削減をその目的においている。しかし、この目的自体を変化させてみると、また違った対策手段が考えられるようになる。
　たとえば、汚染物質の排出量や排出濃度ではなくて、環境濃度の低減に目標をおく。環境や人の健康への影響が環境濃度の関数だとすれば、こちらの目標の方が、むしろ説得力がある場合もあるだろう。そしてこの場合には、たとえば、住宅地から離れたところに工業団地を整備して工場の移転を促すとか、地域用途を指定するとか、あるいは場合によっては煙突の高さを規制することなども対策となり得る。

　あるいは、上述のような物理的な目標ではなくて、効率性の向上を目標として掲げてみる。この場合には、市場の機能を十全に発揮させることそのものが重要になってくるから、たとえば市場がうまく機能していない原因が、情報が十分に行きわたっていないことにあれば、情報の供給システムを構築することが的確な対策になるだろうし、また、取引費用が高いことが問題なのだとすれば、その費用を低減させるために、交渉を促進するコーディネーターをおくことなども考えられる。コースの議論のところで見たように、所有権を適切に設定し、それを実施可能となるように法制度で担保するということも、場合によっては有効な手段になる。また、オープンアクセスが問題なのだと診断できれば、財の共有管理を促進、あるいは義務づける方策をとることもできる。
　さらに広い意味では、地域開発だとかODA事業だとかの実施に先立ち、きちんと費用便益分析を行うことも、ひとつの対策として位置づけることができるだろうし、効率性という目標を真に意味あるものとするという意味では、各個人の価値判断の質の向上につながる、教育（十分な情報の提供、本書で述べてきたような考えるヒントへの理解の促進など）の推進といった方策も、決して対策リストの末尾においておくべき対策ではないはずである。

　以上のように、対策にはさまざまなタイプのものがある。いま述べてきたものも決して網羅的なリストだとはいえないが、対策の選択肢の幅の広さは、ひとまず示すことが

できただろう。

どの環境対策が優れているか？

　ところで、こうした多様な対策がすべて実施可能だったとしたら、どの対策を採用すべきか、事前に知ることはできるだろうか？　つまり、どの対策が優れている、劣っているというようなことはあらかじめわかるのだろうか？
　このことについて若干の結論を引きだすために、ここで、いくつかの対策オプションを相互に比較してみたい。

　まずは、規制的措置に分類した措置をたがいに比較しよう。規制を導入するにしても、規制値だけを決める方法もあれば、特定の公害防止装置の設置を義務づける方法もあると指摘した。このうち、どちらの方法が優れているだろう？
　結論は簡単に見える。どちらの方法でも、汚染物質を同じだけ削減できるとすれば、後はそれをいかに効率的に達成するかが問題になるはずで、そうなれば、特定の公害防止装置の設置を義務づけるのではなく、規制値の達成だけを義務づけて、その方法は排出者に任せた方がいい。なぜなら、彼らは、その装置の設置よりも、より効率的な対策手段を入手できるかもしれないからである。

　とおり一遍の分析では確かにそうした結論になる。けれども本当に規制値だけを決める方法の方が優れているかどうかは、実はもっとよく考えてみる必要がある。なぜなら「規制値を設定するだけ」とはいっても、文字どおりに規制値を決めただけでは、汚染物質の排出削減が保証されるはずもないからである。
　規制値を設定した後も、規制値が守られているか否かを確認するために、まず、汚染物質の排出濃度を確認する（モニタリングする）仕組みが必要になる。そして、そのモニタリングデータの精度を確保するためのルールや、モニタリングデータを使って基準適合状況を確認する手続き、さらには違反時の罰則を定めておくことなども必要になる。
　つまり、規制の導入というのは、実はこれら一連のシステムを導入するということな

のである。そして、そうしたシステムの導入の問題として捉えた時、問題はまた別のかたちで見えてくる可能性がある。

　また、規制値だけを定める方が効率的だというのは、各排出者が最善の選択肢を選べるだけの十分な情報を持っているということを前提としているわけだが、本当に十分な情報を彼らが持っているのか、あるいは仮にそうした情報を本当に持っていて自分で最適解を知り得るとしても、そうした最適解へのアクセスの機会が各排出者に公平に開かれているのか、といったことも考える必要があるかもしれない。

　したがって、どちらの方法が優れているかというのは、実は一概には決めつけられない。それはさまざまな要素がかかわってくる問題である。本来であれば、上述したような全体システムの構築可能性、情報へのアクセス、公害防止装置やモニタリング装置などの機器性能と価格、機器のメンテナンスなどにかかわる各事業者の技術水準、文化としての遵法意識の高さ、企業活動に対する消費者の関心、社会における制度の受け入れやすさ、既存法体系との整合性などといったことまで密接に関係してくるのである。

　次に、規制的措置と経済的措置とを比較してみよう。
　規制的措置は、基本的にはすべての排出者に同一規制値の遵守を求める対策である。これに対し、経済的措置の特徴は、排出者毎の異なる対応を許容するということであり、この点で両者は大きな対照をなしている。
　それ故、効率性の観点から見た時、経済的措置は、規制的措置よりもはるかに効率的に目標を達成できる可能性がある。ある目標レベルを、各排出者一律の排出削減で達成するのと、削減しやすい排出者で多く削減することを許容した上で達成するのとでは、後者の方が効率的になるのは当然である。

　しかしここでも、先ほどと同じように、実は優劣はそう簡単には判定できない。たとえば税金の徴収や管理には費用がかかるから、その費用がかなりの高額になるのなら、課税措置の方が規制的措置よりも効率がいいとは言い切れなくなる。また、最適な税水準を知ることはほとんど不可能だから、課税制度で目標レベルを着実に達成できる保証はない。排出権取引の場合には目標の達成は保証されるとはいえ、はじめの排出権の公

平な割り振りや新規事業者の取り扱いなどに頭を悩ませる必要がある。さらに、先ほどと同じように、状況確認・データ精度保証・審査・罰則といった全体システムの構築可能性について考えてみても、どちらの措置の方が優れているかは即断できない。

　最後に経済的措置どうしを比較してみよう。ここでも、課税、補助金、および排出権取引の各制度はそれぞれに一長一短があり、簡単にどの制度が優れていると結論づけることはできない。この辺の事情は、地球温暖化問題への対処のあり方などをめぐってさかんに議論されているので、詳細は関連の文献にゆだねたいが、たとえば、ごく一部の例だけを列挙しても、以下のような点が指摘されている[24]。

① 税と補助金は、外部不経済の内部化という観点から見れば、一見同じ機能を果たすようにも見えるが、実は、補助金の場合には、補助金を受けとれるということが新規事業者の参入を誘発するので、課税とは異なった結果を導くことになる。

② 排出負荷への課税は、事業者は対策を強化すれば、それだけ納税額を減らすことができるので、対策技術革新を促進するという利点が目につくが、一方で、被害者の自衛への努力を促すことはないという一面も持っている。

③ 課税の場合と異なり、排出権取引であれば、排出量の合計値が一定レベル以下となるように排出権が割り振られるので、目標の達成はあらかじめ約束されているといってよいが、しかしながら、十分検討した上で制度を設計しておかないと、目標を将来的に変更せざるを得なくなった場合、当初の目的達成に見合うように割りあてられた排出権がかえって足かせになる恐れもある。

④ 課税によって外部不経済を内部化しようとする場合、その目的を達成するための税水準の確定が困難なので、いちどきに税率を確定してしまうわけにはいかないが、暫定的な税率を設定した上で、状況を見ながら、税率を漸次修正していく方法であれば実現可能なようにも思われる。しかしこの方法も、a.当初の暫定的な税率が企業に不適切な投資を強いるので、これが企業の対応の修正を困難にする可能性がある、b.各企業の限界対策費用は経時的に絶えず変化するから、そうした発見法的な方法によっても、最適な課税レベルを特定できる保証はない、c.企業の新規参入による排出増への対処が困難である、などの問題がある。

---

24 以下は主に (Hanley・Shogren・White, 1997) による。

つまりここでも、一見したところ簡単に導けるように見える結論が、実はそれほど確固たる結論ではないことが明らかになっているのである。

以上見てきたように、各対策の優劣に関する判断は、どれひとつとっても簡単ではなく、検討を深めるほどに、当初の判断が反転することもしばしばある。たとえば、規制的措置よりも経済的措置が優れているとか、課税と補助金とは同じ機能を有しているとかいった結論は、まずは簡単に導かれそうだが、実はそれらは必ずしも正しくない。したがって、対策手段の優劣判断を安易にすると、意図したところとはまったく反対の選択肢を選ぶことにもなりかねない。

対策の選択肢の広がりを知っておくことは重要である。しかし、実際の対策選択の段階では、その問題の実情を押さえた、きめ細かで慎重な検討が必要になる。このことを説明しておきたかったので、少し寄り道をしたのである。

環境対策の広がり（Ⅱ）

環境対策の広がりを見定めようとする本節の本来の議論には、実はまだ先がある。これまで見てきた環境対策の多くは、環境への負荷の低減に焦点をあてている。これらは、環境、人もしくは社会への負荷を緩和する対策であるという意味で、「緩和策」（mitigation）と総称できる [25]。しかし環境問題への対応の方法は、この緩和策に限られるわけではない。

ＩＰＣＣの報告書などにおいて、緩和策と並んで強調されているのが、「適応策」（adaptation）と呼ばれる対策である。

適応策というのは、ひとことでいえば、広い意味での自衛策である。この対策は、個人レベル、企業レベル、地域レベル、国レベルなど、あらゆるレベルで考えることができる。たとえば騒音がひどかったら二重窓にするとか、著しく生活環境が悪化するな

---

25 ただし「緩和策」という用語は、通常は地球温暖化対策の文脈に限って用いられる。環境質の改善を目指す大気汚染対策などをこのように呼ぶことは、厳密にいえば適切とはいえないだろう。

ら移住するとか、あるいは地球温暖化による海面上昇に備えて防波堤を高くするとかといった取組が、この適応策の例である。環境変化を抑え込むのではなく、ある程度の変化を前提に、被害の方を抑制しようとするタイプの対策である。

　適応策は、環境負荷の原因を取り除くわけではないから、緩和策に比べて優先度の一段低い、次善の対応として位置づけるべきだと考えられていることも多い。いや、そもそも適応策という選択肢があること自体、人びとの意識にのぼらないことも少なくない。
　けれどもおそらく、緩和策と適応策の両方の要素を含んだものが最適解となる環境問題は、決して少なくないだろう。どんなに費用をかけてでも、環境負荷の原因を取り除くことに専念するのが、いつでも最善の方法だとは言い切れまい。場合によっては、一部は適応策で対応し、資金の余力は他の稀少な財の獲得のために有効に活用した方がいい。

　先に社会的費用を論じた時に、私的費用に上乗せされるべき追加的な社会的費用は、「汚染防止対策費用＋被害者の自衛費用＋なお残される被害」の最小額となるはずだということを説明した。これはつまり、費用の最小化を求めるのなら、どのような費用であれ同等に扱うべきだということを含意している。被害そのものの費用も、被害の原因を取り除く費用も、被害を防ぐ費用も、この点でなんら差別する理由はないのである。

　もしも環境への負荷を完全に除去しないでおいて、そのために将来深刻な問題が発生したらどうするのか？　そうした将来への禍根を心配する人もいるかもしれない。けれどもそれでも、ここでの結論は変わらない。なぜならここで論じているのは、そうした万が一のことをよくよく考慮してなお、ある部分は適応策で対応する方がいいという結論が導かれることは十分にあり得る、ということだからである。

　次にもうひとつ、緩和策、適応策に加えるべき対策がある。それは、「学習」(learning)という方法である。事態をより一層明らかにするために、まず、調査や研究に資金を投入しようというアプローチである。これも、決してないがしろにすることの

できない、重要な「対策」のひとつである。

　そんな悠長なことでいいのか？　それでは手遅れになってしまうのではないか？　問題の原因や因果関係などが明確になっていないからという理由で対応を遅らせてしまうと、被害が著しく拡大してしまうことがあるというのは、環境問題では周知の事実なはずだ。だからこそ、予防的原則とか、予防的アプローチとか呼ばれる対処の重要性がクローズアップされてきたのではなかったか？　そうした主張は確かにあるに違いない。

　けれども、先ほどの適応策の時と同様に、そうした手遅れになる恐れもすべて勘案した上でなお、学習に資金を投入するのが最適解だということが、十分にあり得るのである。これは、いま述べた予防的原則とか予防的アプローチとか呼ばれる考え方と必ずしも矛盾する主張ではない。なぜならここで言っていることは、なにも完全に事態が判明するまで行動を起こすべきではないということではないからである。

　そういっただけではピンとこないかもしれないので、簡単なモデルを使って確認しておきたい。
　図4－7は、ある環境問題に直面した時の状況を表している。□は意思決定をする場面、つまり政策を選択する場面を表し、○は偶然によって異なる状況が起こり得る場面を表している。
　ここでは、強力対策、ほどほど対策、対策なし、の3つの対策オプションがあり、また、被害大、被害中、被害なしという状況が、（どの対策を選択するかとは関係なく）それぞれ1/12、1/4、2/3の確率で起こるということを示している。また、図の右端の数値は、各状況が生じた時の費用（被害額＋対策費用）（億円）を示しており、○の下にかかれた数値は、その状況での費用の期待値[26]である。

26　（費用×確率）の総和

第4節　環境対策の手段

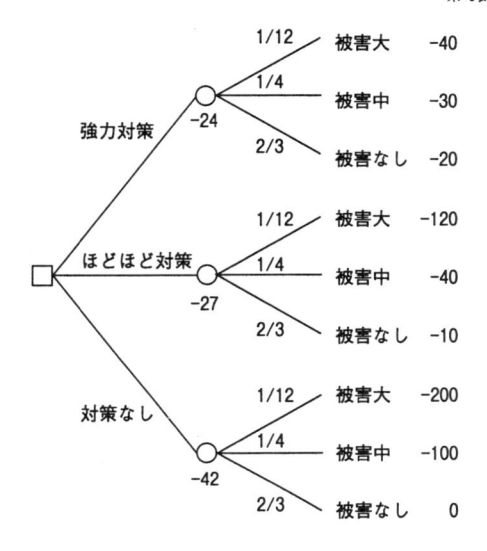

```
                            1/12   被害大    -40
                     ○────  1/4    被害中    -30
              強力対策  -24
                            2/3    被害なし  -20

                            1/12   被害大    -120
         □    ほどほど対策 ○─  1/4    被害中    -40
                     -27
                            2/3    被害なし  -10

                            1/12   被害大    -200
              対策なし   ○─  1/4    被害中    -100
                     -42
                            2/3    被害なし   0
```

図4－7　学習の意義（Ⅰ）

　話を簡単にするために、費用の期待値の最小化が我々の関心事だとして考えよう。その前提のもとで、はじめの段階でどの対策オプションを選択すべきかということを考える。そうすると、強力対策、ほどほど対策、対策なしのそれぞれの対策オプションの期待値は、順に-24億円、-27億円、-42億円だから、この3つの選択肢の中から対策を選ぶとすれば、強力対策ということになる。

　ここで、はじめに学習というオプションがあったとしてみよう。これを示したのが、図4－8である。

　調査（学習）を行うと、それによって、この環境問題が非常に深刻な問題（リスク大）なのか、それともほどほどに深刻な問題（リスク小）なのかということがわかるとする。非常に深刻な問題だとすれば、被害大と被害中が半々の確率で起こる。一方、ほどほどに深刻な問題だとすれば、2割の確率で被害中が生じるが、8割方問題は起こらない。なお、調査によって問題の素性が明らかになる前には、非常に深刻な問題である確率が1/6、ほどほどに深刻な問題である確率が5/6と予想されているとする[27]。

27　その予想のもとで、被害規模が大、中、なしとなる確率は、図4－7の確率と一致している。

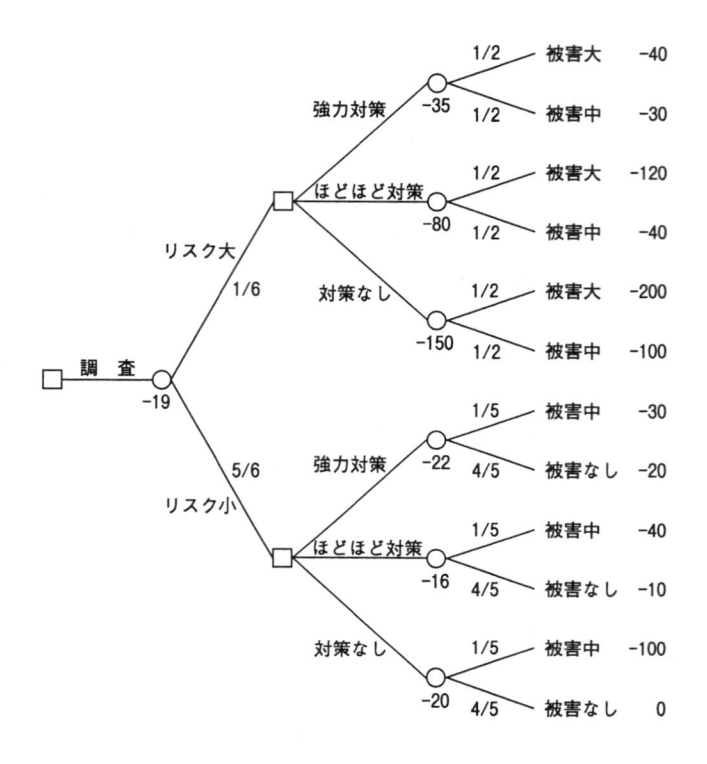

第4章 環境問題の始まりから終わりまで

```
                                        1/2  被害大   -40
                              強力対策  ○
                                  -35   1/2  被害中   -30
                        ┌─────
                        │     ほどほど対策 ○ 1/2  被害大  -120
                        │            -80   1/2  被害中   -40
                   リスク大 │
                    1/6  │     対策なし    ○ 1/2  被害大  -200
                        │            -150  1/2  被害中  -100
  調 査 ○
       -19               
                        │                1/5  被害中   -30
                        │     強力対策  ○
                        │         -22   4/5  被害なし  -20
                   5/6  │
                   リスク小 ┌─── ほどほど対策 ○ 1/5  被害中   -40
                        │            -16   4/5  被害なし  -10
                        │
                        │     対策なし    ○ 1/5  被害中  -100
                                     -20   4/5  被害なし    0
```

図4-8 学習の意義(Ⅱ)

　すると結局、非常に深刻な問題なら強力対策、ほどほどに深刻な問題ならほどほど対策を選択することになるので、調査(学習)をはじめに行うという対策オプションの期待値は、−19億円と計算できる。したがって、調査に費用がかかり、しかも調査をしている間に汚染が進行して被害が拡大するとしても、その調査費用と追加的被害額との合計が、24 − 19 = 5億円より小さいと見込めるならば、調査(学習)というオプションの方が対策として優れているということになる。
　大切なことは、ここでは不確実性が完全になくなったわけではないということである。つまり、この学習というオプションは、実情が完全にわかるまで対策を講じない

ということを意味するものではない。つまりそれは、適切な場面で、適切に実施されれば、十分に予防的アプローチの考え方と両立し得る対策なのである。

　こうして明らかになったように、状況次第では、学習から取りかかるというのも優れた対策となる。なぜなら、情報には価値があり、学習とはその価値ある情報を買うことだからである。したがって、購入する情報の価値が十分に高いと期待できるなら、他の対策オプションの導入を一部諦めてでも、その情報は購入するに値する[28]。学習という対策の意義は、獲得できる情報の価値の大きさと、その獲得の可能性の見極めにかかっている。

　さて、こうして、ひととおり、対策オプションの多様性を確認することができた。このように潜在的な対策オプションは実に多様である。したがって、対策の選定にあたっては、こうした広がりをひとまず念頭においておくことが必要になる。

　ただし、対策オプションの幅の広がりというのは、何を目指すのかによって異なってくる。はじめに見たように、目標を環境負荷の低減におくのと、効率性の向上におくのとでは、選択肢の集合はずいぶん違う。どのような対応をとり得るかという問題は、何を問題としてみるか、あるいは何を解決だと考えるのかということの関数なのである。したがって、対策手段を考えるためには、まずは、問題解決とはいかなる事態であるかについての像を持つこと、それがとても大きな意味を持っている。最後にこのことを補足しておきたい。

28　もちろん逆にいえば、獲得情報のなんの見込みもないままに学習のみに取り組むことは、なんら正当化されるものではない。

【ヒントその20: 環境対策の手段】

■潜在的な環境対策オプションは実に多様である。環境対策を選択するにあたっては、その選択肢の幅の広さを念頭においておく必要がある。

■各対策オプションの優劣についての結論はひっくり返りやすい。結論を導くには慎重な検討が必要である。

■対策オプションは、設定した目標の関数として与えられる。

5 環境問題を考える上でのいくつかの重要な視点

　これまでは、ひとつの大きなストーリーを追うようにして環境問題を考えてきた。その方が議論の流れがつかみやすくなるし、論点がより深く印象に残るだろうと考えたからである。このため、流れにぴったりとあてはまらないトピックについては、たとえ重要なものであっても、意図的に取りあげてこなかったものが少なくない。流れにそぐわない議論をあちこちに挟み込みすぎると、ストーリーがぼやけてしまうのではないかと心配していたからである。

　しかし、大きな流れを見ながらの検討がひとまず終了したいま、もはや、こうした課題の検討を避けておくべき理由はない。
　そこで本章では、これまでの議論で取り残してきた課題の中から、特に重要なものに焦点を絞って、いわば落ち穂拾いをしておきたいと思う。もっとも、落ち穂とはいっても、これまでは単に話の都合上、取りあげてこなかったというだけだから、重要性において劣るということを意味しているわけではない。

　では早速、検討に取りかかろう。ここで取りあげるのは、不確実性、ゲームそして時間の問題である。これらはいずれも、環境問題を考える上では避けて通れない課題ばかりである。

第5章 環境問題を考える上でのいくつかの重要な視点

第1節 危険なリスク ——不確実性への対応Ⅰ

避けることのできない不確実性

　はじめに取りあげたいのは、不確実性の問題である。この不確実性の問題——もう少し丁寧にいうと、不確実性のもとでの意思決定という問題——について、どのように考えたらいいのかということを整理してみたい。

　不確実性は、絶えず環境問題に寄り添っている。どんな環境問題を考えてみても、知りたい情報がすべて得られている場合はほとんどなく、不確実な部分がほぼ確実に残されている。

　地球温暖化は、今後どれぐらいの速度で進行していくのか、かなり不透明な部分があるし、被害の程度や被害が生じる時期もはっきりとはわかっていない。いや、そもそも温暖化が起こっているということについてすら、異論が完全になくなったわけではない。
　化学物質による環境汚染を見ても、それによる健康被害が誰に生じるのかを前もって知ることができないのはもちろんのこと、被害を受ける人数すら正確にはわからない。
　幾多の公害病とその原因との因果関係が、かなりの年月の間認められなかったということは、しばしば悔恨の念を持って振り返られる歴史的な事実である。

　多くの環境問題は、こうして絶えず不確実性の中におかれている。環境問題を取り巻く不確実性から逃れることはできないし、たとえできるとしても、そのための調査には長い年月を要するから、多くの場合、その調査が完了するのを待っているだけの時間的余裕はない。
　したがって、環境問題が不確実性の中にあるということを忘れてしまうわけにはいかない。不確実性を正面から受け止めて、それとうまくつき合っていくほかはない。
　そこでここでは、2節に分けてこの問題について整理する。

第1節　危険なリスク

まず本節では、不確実性には、向き合う課題の内容に応じて、異なった角度からの接近方法があるという事実を確認したい。不確実性の問題といえば、いつでもどこでも、同じように取り組めると考えられていることも多いが、実際には、そんなことはないのである。

リスクへの選好

不確実性への対処といえば、まず思いつくのは、期待値の考え方である。起こる可能性のある事象が複数あり、しかも、それぞれの生起確率が知られているとする（こうした状況を便宜上、「リスク状況」と呼ぼう）。この時、個別事象が起こった時の便益（あるいは費用）とその生起確率とを掛け合わせ、それらを合計すると期待値が算出できる。この期待値を用いると、リスク状況をずっとシンプルに考えることができるようになる。

たとえば、ある人がとある国に1年の予定で赴任することになったとする。当地では大気汚染がひどく、1年間住むと、三人に二人はしばらくの間咳に悩まされることになる。そしてその咳を治すまでには、きっかり6万円の費用がかかる。そうしたことがわかっているとする。

すると、彼女が当地に赴くというリスク状況の期待値は、

$$\text{リスク状況の期待値} = 2/3 \times (-60{,}000) + 1/3 \times 0 = -40{,}000 \text{円} \quad (5-1)$$

と計算できる。

これをこのリスク状況の価値と考えることができれば、たとえば、空気清浄機を設置すれば病気には確実にかからないとわかっていても、それが4万5千円もするのなら、彼女は購入しないだろうと予想がつく。

こうして考えるのが期待値の考え方である。この考え方は、不確実性に向き合うための最も基本的なアプローチである。

しかし残念ながら、この期待値の考え方を手に入れても、それで不確実性の問題が解

第5章　環境問題を考える上でのいくつかの重要な視点

決するわけではない。

　その理由にはいくつかあるが、ひとつの理由は、我々が不確実性そのものに対して選好を持っていることにある。不確実性に対する選好は我々が意思決定をする上でしばしば決定的に重要な役割を果たしているが、残念ながら期待値の考え方は、この選好を捉えることができないのである。

　経済学の分野では、この、不確実性に対する選好を捉えようとする問題意識の中で、不確実性の問題が長きにわたって検討されてきた。そこでまず、こうした問題の切りだし方から、不確実性の問題を検討してみることにしよう。

　不確実性の問題に直面した時、実は経済学でも、期待値の考え方で対応できないものかと考えた。

　しかし、人びとの行動をいろいろと観察してみると、どうも期待値の考え方ではうまく説明がつかないことが多い。当地に赴くリスク状況の期待値が-4万円だとしても、多くの人びとは、4万5千円の空気清浄機を購入する。つまり、期待値としての-4万円を、確実な-4万円と同価値とは考えておらず、むしろ、それよりもずっと低い価値しかないと見積もっている場合が圧倒的に多いという事実がわかってきた[1]。

　人びとはリスクそのものに対して選好を持っている。リスクを嫌い、安全を好む傾向がある[2]。そういうことが理解されるようになった。そうなれば、期待値としての-4万円と確実な-4万円との区別もできないのでは、分析装置として不十分なことは明白である。そこで期待値とは別の、新たなモデルの開発が進められることとなったのである。

1　たとえば宝くじの期待値はくじそのものの価格よりも低いけれど、それでも人びとは一攫千金を夢見て宝くじ売り場に長蛇の列をつくる。これはここで述べたこととは逆の事例である。けれどもそうした行為は例外的なもので、通常、人びとはリスクを避けようとする傾向がある、というのが経済学の見立てである。なお、しばらくの間、不確実性とリスクという言葉は、同義として議論を進める。
2　ただし、ここでいう選好は、「嫌う」ということがあり得るのが、第1章で見た選好とは若干異なるところである。

新たなモデルをつくるとなれば、やはり出発点は効用関数になる。効用関数で財とあわせてリスク状況の価値をも評価できるようになれば、こんなに便利なことはない。だから、リスク状況の評価にも、効用関数を使えるようにしたい、そう考えたのはごく自然なことだった。

ただ、従来の効用関数は、財に関する情報がすべて完全にわかっているということを前提にしている。また、そもそもリスク状況のようにモノですらないようなものは、価値評価の対象としてまったく想定されていなかった。

そこで、リスク状況についての評価も可能となるように、かなり根本からモデルが見直され、その結果、導入される公理からしてこれまでとは異なる、新たな効用関数が構築されるに至ったのである。

この新たな効用関数は、その開発者たちの名前にちなんで、フォンノイマン＝モルゲンシュテルン型効用関数と名づけられた（「VNM効用関数」と書いたりする）。そしてVNM効用関数によって導かれる効用の概念は「期待効用」(expected utility)、また、この一連の価値評価の方法論は、「期待効用理論」と呼ばれている。

期待効用理論は、簡単にいえば、従来の効用の考え方と期待値の考え方とを融合したものである。獲得される財（の貨幣価値換算値）そのものの期待値によってではなく、獲得できる効用の期待値によって、リスク状況の価値を評価しようというアイディアである。

リスク状況（L）は、生起する可能性のある複数の個別事象と、その生起確率の組として規定できる。ここで、生起する可能性のある個別事象（の価値を貨幣価値で表現したもの）を $(c_1, c_2, \ldots, c_n)$、それぞれの事象の生起確率を $(p_1, p_2, \ldots, p_n)$ であるとしよう。すると、Lの期待効用は以下の式で与えられる。これが、この期待効用理論のエッセンスである[3]。なお、u は各事象が生じた時に獲得できる効用を示す効用関数、

---

3 第1章で効用概念を導入した際、財に対する各人の選好関係が必ず満たすべきいくつかの条件を公理として立てた。そして、完備性とか推移性とかいった公理を受け入れてはじめて、効用関数という概念が成立し得るのだということを見てきた。これと同様に、ここでもリスク状況に対する各人の選好関係が必ず満たすべきいくつかの条件を公理として導入し、それによってはじめて、このVNM効用関数という概念も成立し得ている。したがって、――ここでは個別の公理の説明は省略するが――ここでも先の場合と同様に、このモデルの妥当性と限界は、これらの公理の説明力に依存している。

UはVNM効用関数である[*4]。

$$Lの期待効用 = U(L) = \Sigma p_i u(c_i) \qquad (5-2)$$

外国に赴任することとなった彼女の例でいうと、当のリスク状況についての彼女の期待効用は、

$$2/3 \times u(-60,000) + 1/3 \times u(0) \qquad (5-3)$$

と書ける。そして先ほど述べたように、確実な-4万円とこのリスク状況の価値が異なるということは、

$$2/3 \times u(-60,000) + 1/3 \times u(0) \neq u(-40,000) \qquad (5-3')$$

と表現できることになる。

なお、この式5-3'の右辺の方が大きいような人は、不確実な-4万円よりも確実な-4万円を好む人だということで、「リスク回避者」(risk-averter)、左辺の方が大きいような(例外的な)人は、「リスク愛好者」(risk-seeker, risk-lover)と呼ばれる。さらに両辺が等号で結べるような時は「リスク中立」(risk-neutral)であるという。先に述べたように、我々は一般的にはリスク回避者なので、通常はこの右辺の方が大きくなる。

さて、先の彼女がリスク回避者であると仮定して、彼女の効用関数を図示してみよう。すると、図5-1のようになる。このように、リスク回避者の効用関数は、徐々に傾きが小さくなる曲線で描かれる[*5]。

---

4 各事象が生じた時に獲得できる効用を示す効用関数と、VNM効用関数とでは、関数の要素が異なる(前者は貨幣価値、後者はリスク状況)ので、それぞれ別のタイプの効用関数として取り扱っている(Mas-Colell・Whinston・Green, 1995)。
5 逆にリスク愛好者なら傾きが徐々に大きくなるし、リスク中立なら直線である。

第1節　危険なリスク

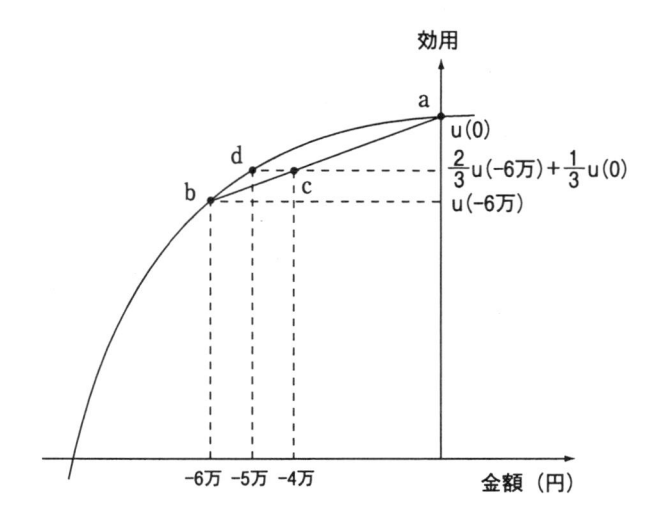

図5-1　リスク回避者の効用関数

　この彼女の効用関数上の点aと点bを結んだ線分の、点bから1/3のところにある点cに着目する。この点は、X座標が貨幣価値の期待値、Y座標が効用の期待値を示している。
　ここで、この点cを通過する水平線が効用関数と交わる点dに着目すると、この点dは、点cと同じ効用レベルにある。そして点dは、効用関数上の点だから、そのX座標の金額(すなわちここでは-5万円)の確実な損失でも、彼女はこの点cと同じだけの効用を得ることができる。そうしてみれば、彼女にとっては、このリスク状況の価値は、確実な5万円の損失と同価値ということになる。そこでこの金額(-5万円)のことを「確実性等価」(certainty equivalent)と呼ぶ。
　この確実性等価の金額が、このリスク状況の価値(を貨幣価値換算したもの)にほかならない。また、この確実性等価(-5万円)が貨幣価値の期待値(-4万円)よりも小さいということは、彼女がリスク回避者であるということを表現している。なお、この確実性等価と貨幣価値の期待値との差は、「リスクプレミアム」(risk premium)と呼ばれる。このリスクプレミアムの析出に成功したということこそ、人びとの不確実性

に対する選好にもきちんと焦点をあてたいとした、当初の問題意識への回答にほかならない。

さて、先ほどの彼女は、空気清浄機さえ購入すれば、確実に病気を免れることができるのだった。それはつまり、4万5千円の支払いと引き替えに病気を完全に回避できる、そういうオプションを手にしているということである。この確実なオプションとリスク状況とを比べると、確実なオプションの方は-4万5千円と等価値、リスク状況は-5万円と等価値だから、彼女にとっては前者の方が得になる。したがって、期待値で考えた時の予想に反し、彼女は空気清浄機を買うだろうということが、この期待効用理論を用いることによってはじめて説明できるようになる。

こうして、リスクそのものに対する選好が効用関数の中に組み込まれ、リスク状況が分析の対象に取り入れられた。

期待効用理論によって明瞭になったことは、我々が一般にリスク回避的であるとすれば、(そしておそらくそうなのだが)、たとえ期待値が同じ値にとどまるとしても、いやたとえ期待値が少しは減ることになったとしても、不確実性をなくすこと、もしくは小さくすることそのものが、我々にとって価値ある対策となるということである。

この発見の意味は小さくない。たとえばそれは、地球温暖化による破壊的な被害の可能性があるのなら、そのリスクに対処するための保険制度を構築できれば、それはなにがしかの価値を我々の社会にもたらすのかもしれないという示唆を与える[6]。

このように、不確実性の問題については、場合によっては、リスクプレミアムの存在に焦点をあてる必要があること、そして、(たとえ期待値が多少悪化するとしても)不確実性そのものを減少させることがひとつの「対策」となり得るということが見いだされ

---

6 保険という商品の存在について、少し説明を補足しておく。いまの彼女にとっては、リスク状況と-5万円とは等価である。そこで、(空気清浄機の購入という手段がなかったとすれば)保険料が5万円弱で、病気になった場合には無条件に6万円支払われる保険があれば、彼女はその保険に入るに違いない。一方、そのリスク状況は、平均的には期待値に相当する4万円分の損失しか生まないわけだから、保険会社は1万円弱得すると期待できるわけで、保険会社の方もその商品を売る意思を持つ。こうして、保険という商品の存在が、需要側からも供給側からも根拠づけられることになる。

た。これが、経済学が不確実性に関して学び、我々に教えてくれていることのエッセンスである。

リスクの存在とその同定

　これとはまったく異なり、期待値の利用以前の段階で、不確実性の問題に取り組む苦労を重ねてきた分野もある。化学物質対策の分野がそれである。この分野では、不確実性が存在するにもかかわらず、それを無理にないものとしてしまって取り扱おうとするような姿勢に対抗するために、多くの努力が傾注されてきた。そこで次に、この化学物質対策の分野における不確実性への取組について見ていこう。ここでもまず、問題意識の芽生えから見ていくのがいいだろう。

　かつて、化学物質汚染の問題では、決定論的な判断と行動とが要請され、汚染による健康被害をゼロにするという目標が追い求められてきた。有害な化学物質であっても、濃度レベルが一定値以下ならまったく無害なはずだということが前提とされ[*7]、政策として目指すべき目標は、その無害レベル以下に実環境の濃度レベルを抑制することだとされてきた。
　具体的には、たとえばまず実験などの結果から毒性影響が見られない最大のレベル（NOAEL：無毒性量と呼ばれる）を特定し、さらに、（実験サンプル数などの関係で、NOAELを達成すれば絶対に安全とは言い切れないので）これを安全係数と呼ばれるファクター（たとえば100）で割る。こうして導かれた値を、人が生涯摂取し続けても問題とならない量、すなわち摂取許容量とみなし、その値に対応する実環境濃度の実現を目指してきたのである。

　つまり、健康被害が生じるか否かは、イエスかノーかの二者択一問題の枠組みの中で考えられ、脅かされる恐れのない、絶対的な安全が求められてきたのだといっていい。ここでは、不確実性にいかに向き合うかではなく、不確実性そのものの解消が目指されていたということになる。

7　正確にいえば、人の暴露量（その物質にさらされる量）が一定値以下。

ところがここに、不確実性の完全な除去が不可能な事態が発生した。NOAELが存在するという想定は、非発ガン性物質の場合にはあてはまるが、発ガン性物質の場合には必ずしもあてはまらないということがわかってきたのである。発ガン性物質の場合には、たとえ汚染レベルをどれほど下げようとも、何百万人に一人とか何千万人に一人とかいった頻度でガンを引き起こしてしまう可能性までは排除できない。発ガンの可能性をゼロにするには、汚染濃度レベルを文字どおりゼロにするほかはない。

こうしてこれまでの方法論が機能しなくなる状況が出てきたので、NOAELのように自然と目につく目標値に変わる、新たな目標設定のあり方が検討されることとなった。

もちろん、ひとつの対応オプションとしては、確実な安全を確保するために、汚染ゼロを目指すという、いわば以前の思想を踏襲する考え方があり得た。しかしそれは、あまりに非現実的だというのが、多くの人びとに共有された感覚だった。厳格に汚染レベルをゼロにするとなると、その化学物質の利用によって得られるはずだったさまざまな便益を得られなくなることも含め、費用がいくらかかるかわかったものではないから、到底社会に受け入れられまいと考えられたのである[8]。

となれば、論理必然的に、被害が生じる恐れがある程度残ることを前提に、政策目標を設定するほかはない。そこでまず用いられるようになったのが、次のような方法であった。

まず、達成すべき目標として、健康被害が生じる恐れの程度を決定する。たとえばそれは、100万人に一人の頻度でガンになるであろうレベル、逆にいえば999,999人はガ

---

[8] ところで、もしもこうした議論が説得力を持つのなら、実は、非発ガン性物質についても、同様の議論が成立しなくてはならないというべきである。非発ガン性物質の場合には不確実性はないので、発ガン性物質の場合のように考える必要がないとするのは適切ではないのである。

コストが高くつきすぎるということが意味を持つなら、それは本来、どのようなレベルを目標とするかとは関係がない。濃度ゼロという目標の実現コストを心配するのなら、NOAEL以下という目標についても同じ心配をしてしかるべきである。そしてひとたび、非発ガン性物質についてNOAEL以上のレベルで考えるとなれば、そこでは被害の発現についての不確実性を考える必要が出てくる。

こうして、物質量と影響発現との関係（用量－反応関係）を示す曲線が原点を通るか否かということは、実は本質的な意味の違いをもたらすものではなかったのである。

ンにならないであろうレベルのことである。ちなみにこれを、100万分の1ということで、10^{-6}リスクといったりする。この目標レベルは、汚染物質の種類によらず一律に定められる（このため、これを「リスク一定の原則」ということもある）。ついで、この目標が具体的に何ppbの汚染濃度に相当するかということが物質毎に推定され、その濃度の達成をめがけて、各種対策が講じられることとなった[*9]。

こうしてようやく、化学物質対策の分野でも、不確実性に対して正面から向き合う構えが形づくられてきた。幾ばくかは残らざるを得ない健康被害の恐れを前に、確率的な考え方を導入しながら意思決定をするほかはないのだということが、否応なしに強く意識されるところとなったのである。

とはいえ、たとえば10^{-6}リスクという目標を立てたにしても、それが各化学物質の濃度で何ppbに相当するのか、あるいは実環境の汚染はどの程度のリスクレベルにあるのかといったことは、そう簡単にはわからない。しかも化学物質の種類は非常に多いので、どの物質からどうやって手をつけたらいいかということも、にわかに決め難いということもある。

そこで、これらの化学物質のリスクを総体として低減していくために、多種多様な化学物質のリスク（しばしば「環境リスク」とも呼ばれる[*10]）を、いかに体系的・戦略的に評価・把握するかということが、優先課題として浮かんできた。こうした環境リスクの評価の試みは、リスク評価とか、リスクアセスメントとか呼ばれている。現在は、このリスク評価のための取組がさまざまなかたちでさかんに繰り広げられている。

なお、このリスク評価の取組の中で、リスク一定の原則に代わる、さまざまなアプローチも検討されている。というのも、リスク一定の原則の考え方は、不確実性の問題

---

9 なお、その是非は別として、この方法では暴露人口（化学物質にさらされている人口）という情報が利用されていないという事実を指摘できる。ひとくちで10^{-6}リスクといっても、暴露人口が違えば、影響を受ける人数は当然異なるはずである。

10 環境リスクという用語は、その表現からして、本来、化学物質対策の文脈に限定されない概念として利用されるべきだし、実際そう説明されることが多い。しかし現実には、こうして化学物質に限定されたリスクを指す言葉として用いられる場合がしばしばある。

への向き合い方としては必ずしも十分ではないことが明らかだからである。

たとえば、化学物質A（発ガン物質）を化学物質B（非発ガン物質）に代替すると、発ガンリスクは減少するが、非発ガンリスクは増加することになる。こうした場合、リスク一定の原則の考え方では、その代替を進めるメリットを評価するすべがないから、それがいいことかどうかを判断できない。

そこで、こうした異なるタイプの健康被害を相互に比較するための尺度の開発がいろいろと試みられてきた。生活の質の劣化、あるいは余命の短縮といった指標で、多様な健康被害の大きさを一律に表現しようとする工夫である。そうして多様な環境リスクを同一の尺度で比較できるようにしておいて、その指標の値とその生起確率とを掛け合わせて問題の全体像を捉えようとするわけである。

つまり、以下の式で、「期待損失」とでもいうべきものを計算し、その値によって被害の程度を比較しようというのである。これはまぎれもなく、あの期待値の考え方を化学物質対策の分野に導入しようとする試みにほかならない。

期待損失 = Σ(環境汚染による健康被害の同一尺度換算値 ×
健康被害の生起確率)　　　　　　　　　　　　　　　(5 − 4)

なお、あらゆる損失をひとつの尺度で表現するという点では、これは経済学的コストの考え方に近いが、ここで同一尺度換算値を算定する際には、貨幣価値換算という方法論は回避され、損失をある特定の物理量に換算するのが一般的である。

またさらに、この期待損失の考え方を応用した、対策オプションの選択基準も提案されている。すなわち、各対策のメリットを期待損失の減少として推定し、これをその対策費用で割った値を推定して、その値の高いものから優先的に実施しようという考え方である。たとえば対策Aで余命が平均120日、対策Bで余命が平均50日延びるとして、それぞれの対策費用が2億円と1億円だとすると、費用1億円あたりの延命効果が前者は60日、後者は50日だから、対策Aから対策を講じようと判断するのである[11]。こ

---

11 ただし、ここでは便宜上対策のメリットを費用で割っているが、実際にはこの分子と分母が逆になっていることが多い。

れは、時に「リスク・ベネフィット分析」と呼ばれる[*12]。

　こうして、リスク評価に関連するさまざまな取組が進められているが、いずれにしてもここでいえることは、化学物質対策にとっての不確実性の問題とは、まずは、不確実性が存在せざるを得ないという事実への認識を普及・定着させるという問題であり、さらに、その不確実性をいかに正しく見定めるかという問題であるということである。
　ここにはまた、先ほどとは異なった不確実性の問題の切りだし方があり、その解決に向けた接近の方法がある。

リスク評価を評価する

　不確実性の問題とひとことでいっても、リスクプレミアムの存在に焦点をあてることが必要な場合もあるし、リスクの同定に力を注ぐことが必要な時もある。不確実性の問題にはさまざまなタイプがあるので、いつでも同じアプローチで不確実性の問題に取り組めるわけではない。

　ところで、アプローチを問題毎に変更するとなると、個々の問題の核心に焦点をあてるため、別の側面を無視せざるを得ない場合も出てくる。モデルによる思考である限り問題の単純化は避けられないから、それはそれで仕方がないが、とはいえ、仕方がないということと、その事実を無視してかまわないということとは同じことがらではない。
　たとえやむを得ないとしても、捨象している側面があるという事実をよく了解しておかないと、モデルを真実と取り違え、問題認識や状況判断を誤る危険がある。
　そこで次に、不確実性の問題に接近するにあたって、モデルの一面性を認識しないことがいかに危険かということについて調べておきたい。

　例として、化学物質対策をもう一度取りあげよう。まず、リスク一定の原則だとかリ

---

[12] ただし、このリスク・ベネフィット分析におけるリスクやベネフィットという言葉の用法は、コスト・ベネフィット分析(費用便益分析)におけるベネフィットなどの用法との整合が図られていないので、混乱しないよう注意が必要である。

スク・ベネフィット分析だとかといった考え方を、費用便益分析や費用効果分析の考え方に照らして評価し、そうした手法を万能だと考えることの危険について確認したい。

リスク一定の原則から取りあげる。リスク一定の原則とは、目標とすべきリスクレベルを 10^{-6} なら 10^{-6} と決めてしまって、ひとつひとつの化学物質について、そのリスクレベルを達成すべく対策を講じるアプローチである。

まず、このアプローチを、費用便益分析の考え方に照らして考える。すると、これが最善の対策を導く方法論でないことがすぐにわかる。最善の対策は、便益と費用との差を最大にする。だから、対策が比較的安価にできる種類の化学物質はかなり安全なレベルまで対策を講じ、逆に対策が高くつく化学物質については高いリスクを受け入れることが最適ということになる。すべての化学物質について、最適な汚染レベルが一致することはあり得ない。したがってこのアプローチは、費用便益分析の判定基準を満たしていない。

ではこれが、費用効果分析の基準を満たしているかといえば、残念ながら、その答えも否である。費用効果分析では、まず対策目標を決めてしまった後で、その目標を最も効率的に達成するための、最適な対策の組合せを選択する。リスク一定の原則も目標をはじめに 10^{-6} リスクと定めているので、費用効果分析と同じに見えるかもしれないが、それは違う。リスク一定の原則というのは、個々の物質のリスク目標を定めているのであって、総リスクの目標を定めているわけではない。つまり、対策後の総リスクがどの水準に落ち着くのかは、事前には知られておらず、その意味で費用効果分析における対策目標のようなものは、リスク一定の原則には存在しないのである。

実際のところ、費用効果分析においては、最適な対策は「各対策の限界費用が均一になるように対策を選定すべし」というルールによって選定されるのだった。しかし、リスク一定の原則では、物質毎の対策費用のことはまったく考慮の外にある。

では次に、リスク・ベネフィット分析の考え方について見てみよう。

これは一見して、費用効果分析に近い考え方であるということがすぐにわかる。リスク・ベネフィット分析とは、各対策によるメリットを期待損失の減少分として推定し、これをその費用で割った値を推定して、その値の高い対策から優先的に実施しようとい

う考え方である。したがって、期待損失の減少分を、費用効果分析でいう効果と同じものと考えることができるなら、このリスク・ベネフィット分析は、費用効果分析とそっくり同じということになる。
　けれども実は、このリスク・ベネフィット分析と費用効果分析との間には、いくつかの点で重要な相違がある。

　費用効果分析でいう効果とは、一般的には、温室効果ガスの排出削減量であったり、河川への流入負荷の削減量であったりといった量である。そしてその分析の際には、それらの量で効果を測るということについて当事者間で合意があるのが前提である。またその効果は、計器による計測によって同定可能な量であるか、もしくは、その算定の方法について、事前に一定の合意がある。その意味でこの効果に関しては、(実際の推計が的確にできているかどうかは別にして)いわば「正しい」値が存在する。

　これに対して、リスク・ベネフィット分析での期待損失の減少は、いくつかの大胆な仮定を導入してはじめて導かれる数値である。たとえば、多様な健康被害を比較可能とするために、統計情報などに基づいて、A病にかかることも、B病にかかることも、同一指標の値(たとえば余命の短縮)に換算される。実際には、病気の受け止め方は人によってさまざまであり、両疾患の質の違いを大きく受け止める人も、そうでない人もいるだろうが、そうした個人毎の選好は無視される。また、期待損失とは実質的に期待値と同じだから、リスクそのものに対する人びとの選好は組み入れられておらず、リスク中立が前提になっているということもある。つまりリスク・ベネフィット分析で導入されているいくつかの仮定は、理論的あるいは経験的必然として導かれたものではない。
　さらに重要なのは、そうした仮定に基づいて計算することについて、社会的な合意形成がなされていないという点である。病気の余命短縮への一律換算にせよ、リスク中立にせよ、ほとんどの場合、それは(科学的根拠によって支えられているとはいえ)その分析を行った研究者によって暫定的に設定された算定条件の域を出ない。

　つまり、リスク・ベネフィット分析における期待損失の減少量の推計値には、そもそもその推計が目指すべき、「正しい」値なるものが存在しないのである。

したがって、費用効果分析とリスク・ベネフィット分析との間には大きな違いがあるというべきである。その意味で、リスク・ベネフィット分析の結果をもって、直ちに、対策Aの方が対策Bよりも対策効果が高いと断定するわけにはいかない。

こうして、リスク一定の原則であれ、リスク・ベネフィット分析であれ、化学物質対策の分野におけるリスクへの向き合い方は、これまで調べてきた判断基準に照らしてみれば、必ずしも高得点を獲得できるものではないことがわかる。

もちろんだからといって、これらのアプローチが役に立たないと論じているわけではない。文脈と利用方法さえ間違わなければ、それらは十分に意義のある方法論である[13]。

---

13 そこで、これらの方法論を擁護する議論も示しておくことにしよう。
「リスク一定の原則」は、確かに費用を考慮していない。けれども、費用の推計がしばしば極めて困難であることを考えれば、費用概念を必要としないこの考え方には、実行可能性が高いというメリットがある。
いや、たとえ費用推計が可能であり、費用便益分析や費用効果分析が利用可能だったとしても、リスク一定の原則の方を採用すべき積極的な理由があるかもしれない。費用便益分析などの方法論では、「効用の個人間比較の不可能性」を侵犯して、どこの誰に発生する費用であれ無差別の取り扱いを要請するので、たとえば多くの人びとに薄い便益をもたらすことの代償に、特定の人びとに著しい健康被害をもたらす選択肢を導いてしまう可能性もある。もしもそれが適切ではないと判断するのなら、リスク一定の原則を選択することができる。リスク一定の原則のもとでは、どこに住んでいようが、どれほど資産が少なかろうが関係なく、最低限の安全が皆に対して確保される。したがって、効率性よりも平等性を重んじるべきとの自覚的判断でリスク一定の原則を選択するのなら、それはそれでひとつの考え方である。
一方、リスク・ベネフィット分析の方も、その意義を少なからず認めることができる。リスク・ベネフィット分析は、確かにリスク中立を仮定している。それは恣意的だし、おそらく事実とは異なるだろう。けれども、化学物質による環境汚染の問題では、期待損失がほぼ同じで不確実性のみが異なるというような状況はほとんどない。物質によって、期待損失のオーダーが1桁も2桁も違うことの方が多いのである。だとするなら、各個人の不確実性への選好を調査するのに時間を費やすより、多少推計がラフになるとしても、リスク中立を仮定し、期待損失の大きさを調査することを優先した方がはるかに意義が大きいはずである。
病気の余命短縮への換算にも重要な意味がある。確かに、病気の受け止め方は、個人によって主観的判断に大きな差があるだろう。そして、そうした一人ひとりの主観的判断をこそ尊重して政策を決定すべきだということも理論的にはいえるかもしれない。けれども、そうした一人ひとりの判断を基礎とし

しかしそれはあくまで「文脈と利用方法さえ間違わなければ」の話である。ここで強調しているのはこのことである。先に述べたような方法論上の限界と制約とをよく自覚した上で、適切な利用のあり方を見極めて用いることが重要である。たとえば、リスク・ベネフィット分析の結果を「正しい」値であるかのように考えてしまうと、場合によっては誤った結論を導くことになるだろう。

不確実性の問題に取り組むための万能のアプローチがあるわけではない。必要に応じた問題の切りだし方と、相対的に優れた分析手法があるということにすぎないのである。

危険なリスク

今度は、不確実性と関係の深い「リスク」という言葉を通して、特定の問題の切りだし方を常に正しいと考えてしまうことの危険について考えてみよう。

リスクという言葉は、文脈に応じて相当に異なった意味で用いられている。しかしそれでも、それぞれの文脈の中では、問題の核心を切りだすために重要な役割を果たしているといってよい。けれどもそれは、あくまで特定の文脈の中にあればこその話である。ひとたび、リスクとはこういう意味に決まっていると信じてその文脈を離れたりすると、とたんに議論に混乱を招き入れる危険が生まれる。

て判断するのは、2つの意味で非常に困難である。ひとつには多くの人の選好を調べあげるのは時間的にも経費的にも大変だということがある。もうひとつ、もっと重要なこととして、化学物質汚染の問題の場合、人びとが自らの選好というべきものを本当に形成できるかどうか疑わしいということがある。化学物質汚染の実情がどれほど詳細に記述され、提示されたとしても、人びとは自身の選好をきちんと形成できないかもしれない。「この対策を講じると、肺ガンになる確率は、○○ほど下がります。しかしその代わり、代替物質Bの使用が増えると予想されるので、××という疾患に冒される可能性が△△ほど高くなります。その病状は□□といったものです。なお、肺ガンについていえば、確実に定期検診を受ければ、検査によって発見・完治できる確率は＊＊あります。……さて、あなたはこの対策を講じることを望みますか、それとも望みませんか？」

たとえばこんな風に問われて、いったいどれほどの人が自信を持って結論を下すことができるだろう？

したがって、調査しさえすれば、各個人の選好を必ず引きだせるはずだと考えるのは、この場合には相当の無理がある。であるとするなら、個人の受け止め方の違いをあえて無視し、情報をわかりやすく加工することにも、場合によっては一定の意味があるとしてよいはずである。

第5章　環境問題を考える上でのいくつかの重要な視点

　リスクという言葉は、大括りにいえば、文脈に応じて以下の4つの意味で使われている。ここに見られる意味の違いには、かなり大きなものがある。

① **危険としてのリスク**
　まずひとつめは、「危険としてのリスク」である。おそらく最も多くの場合、リスクという言葉は、この危険という意味で使われている。
　たとえばリスクという言葉を広辞苑（第五版）で引いてみる。すると、「(1)危険」と出ている。英和辞典を引いても、英語のriskの訳語は、まずもって、「危険」である。つまり日常用語的にいえば、リスクとは危険とほぼ同義なのだということになっている。この定義のもとでは、たとえば本節の見出しとした「危険なリスク」などという言い方は、冗長表現以外の何ものでもない。

　さて、このようにリスクが危険とほぼ同義であるということになれば、そこからいえることが少なくとも3つある。
　まず、リスクという概念は、価値中立的なものではなく、否定的なニュアンスを背負わされているということである。危険としてのリスクは可能な限り避けるべきものである。もちろん、「リスクを冒してでも、〇〇をする」といった表現に見られるように、何かを得るためにあえてリスクが冒されることはある。しかしそうした場合も、むしろリスクが当然に避けたいものであればこそ、それを避けずに取り組むほどに〇〇には価値があるということが語られているにすぎない。リスクは避けるべきものである。この点において日常用語的用法は揺らぐことはない。これがひとつである。
　もうひとついえるのは、リスクには、大きさがあるということである。我々は、危険が大きい、小さいという言い方をごく自然にするから、リスクが大きい、小さいという言い方も成立する。大きさがあれば、その比較もできる。つまり、複数のリスクがあった時、どのリスクの方が大きい、小さいということが論じられるはずだということが、当然のこととして期待される。
　そして最後にいえることは、リスクに不確実性が伴うとは限らないということである。リスクとは危険である。不確実であろうが、確実であろうが、危険なことはリス

クと呼ばれる。たとえば、確実に死ぬとわかっていても、ソクラテスが毒杯を仰いだのも、ビルの10階から飛び降りるのも、リスクのある行為ということになる。これらの行為には不確実性はほとんどないが、それでもリスクが大きいとはいえるのである。逆に不確実性があっても危険がないことは、この意味ではリスクではない。双六のさいころを振ることや宝くじを買うことは、リスクがあるとはいわない。

「危険としてのリスク」は、避けるべきものであり、大きさが比較でき、そして不確実性とは必ずしも関係がないものとしてのリスクである。

② **不確実性としてのリスク**

次に、「不確実性としてのリスク」というのがある。不確実性という言葉をきちんと規定していないので、やや曖昧さが残ってしまうことは否めないが、ほかにいい言い方も見つからないので、期待効用理論のところで論じたようなリスクの概念のことを、とりあえず「不確実性としてのリスク」と呼んでおくことにしよう。これはつまり、結果的な便益や費用の大きさとは分離された、純粋に不確実性の部分のみを取りだしている概念としてのリスクである。

不確実性としてのリスクの特徴は、まずひとつには、それが価値中立的な概念として成り立っているということである。ここでは、危険としてのリスクのように、否定的なニュアンスがあらかじめ負荷されているわけではない。現実にはいやだと思う人が多いとはいえ、好ましいと思う人もいるかもしれない。そういう概念として、この不確実性としてのリスクは成立している。リスク回避者 (risk-averter) とならんでリスク愛好者 (risk-seeker, risk-lover) といった呼び方が成立していることそのものが、そのことを如実に物語っている。この意味でリスクという言葉を使う限り、リスクを望んでいるから人びとは宝くじを買うのだ、という言い方ができるわけである。

ちなみにそうなると、ここでは「危険なリスク」という表現は、単なる冗長表現ではないということになる。危険でない、好ましいリスクもある以上、危険なリスクという表現はあっておかしいものではない。

もうひとつのポイントは、不確実性としてのリスクは、その大きさが比較できるとは

限らないということである。

　期待効用理論のもとでは、あらゆるリスク状況は、それと等価なひとつの値(確実性等価)に置き換えることができるから、必ず相互に比較することが可能である。しかしこれはリスク状況についての話であって、リスクそのものについての議論ではない。

　もちろん、リスクの大きさを比較できる場合もないわけではない。先に取りあげた例でも、空気清浄機を買って確実な4万5千円の支払いをする方が、何も予防策を講じないよりも、「リスクが小さい」と論じることは、ごく自然で無理のない言葉の解釈だろう。また、リスク状況どうしの比較であっても、たとえば期待値が等しいなど一定の条件を備えている場合には、注に示したようにリスクの大きさを比較できるかもしれない[14]。

　しかし、無作為に複数のリスク状況を選び出せば、それらの期待値が一致する見込みはほとんどない。したがって、期待値の一致を前提としているこうした方法論では、極めて限定的な場面でしかリスクの大きさを比較できない。比較の方法論に拡張の余地はあるかもしれないが、少なくとも、いついかなる場合でも相互に大きさを比較できるわけではないのである。

　不確実性としてのリスクは、価値中立的な概念であり、大きさの相互比較が必ずしも可能ではない。こうして見ると、このリスクが、危険としてのリスクとはかなり違うということがわかるだろう。

14　2つの抽選PとP′を考える。抽選Pは、賞金10万円と20万円をそれぞれ2/3、1/3の確率で獲得でき、また、抽選P′は、賞金5万円、15万円、30万円をそれぞれ1/3、5/9、1/9の確率で獲得できる(期待値は、いずれの抽選も13.3万円である)。このような場合であれば、抽選P′の方が、抽選Pよりもリスクが大きいといっていいはずである。なぜなら、次のように考えることができるからである。

　抽選Pについて、抽選が終わった後で、さらに追加抽選をやることを考える。10万円当たった時は、さらに追加で5万円もらえる場合と、逆に5万円分減らされる場合とがそれぞれ1/2の確率、20万円当たった時には、増額10万円と減額5万円がそれぞれ1/3と2/3の確率という抽選を行うのである。この時、追加されたものは、期待値がゼロの抽選だから、抽選Pの期待値そのものを変化させることはない。しかし、それだけ不確実な要素が加わるわけだから、以前よりも「リスクが大きくなった」と言うことができるはずである。そして実は、この新たに期待値ゼロの抽選が加味された抽選は、抽選P′と等価なのである。そこで、抽選P′は抽選Pよりもリスクが大きいといえる。

　つまり、A、B 2つのリスク状況があった時、Bに期待値ゼロの「ノイズ」を加えたものがAと等価であるのなら、AはBよりもリスクが大きいといってよい(Kreps, 1990)。

③ 確率としてのリスク

不確実性としてのリスクに近い概念として、「確率としてのリスク」というのもある。

期待値のような量概念から切り離されているという意味では、確率としてのリスクは、確かに不確実性としてのリスクに近いところがある。実際、確率としてのリスクは、不確実性の問題をかなり意識した文脈の中で用いられる。しかし、この両者は、かなり違うところがあるので、やはり別のものとして考える必要がある。

確率としてのリスクは、ある特定の、たったひとつの事象のことだけを想定している。たとえば、「発ガンのリスクは 10^{-6} と推定された」といったりするのは、発ガンという事象のことしか念頭にないわけである。

これに対し、不確実性としてのリスクは、ひとつの事象のみではなく、起こり得る事象の多様性そのものを視野に収めた概念である。たとえばくじ引きをした時には、1等が当たることも、3等が当たることも、はずれることもあるということを考えている。したがって、不確実性としてのリスクと確率としてのリスクは、相互に翻訳可能ではない。

両者の違いは、「大きさ」ということを考えるとよくわかる。先ほど見たように、不確実性としてのリスクは、必ずしも大きさを云々できる概念ではない。これに対して、確率としてのリスクは、想定している事象の生起確率が1に近づくほど「大きい」と言うことが可能である[15]。

なお、確率としてのリスクは、確率的な事象であればなんでもリスクと呼ぶというわけではなく、通常は、ある好ましくない事象の生起が想定されている。

このように確率としてのリスクは、ひとつの好ましくない事象の生起だけを念頭において、その不確実性を取りだした概念であり、大きさについて論じることが可能である。

---

15 ただし、不確実性という言葉に忠実に考えてみると、こうして確率が大きいほどリスクが「大きい」と言うのでは、このリスクが不確実性を適切に言いあてているとは言い難い面がある。結果の予想が最も困難なのは当の事象の生起確率が $1/2$ の時だから、生起確率が $1/2$ の時に不確実性は最も大きく、確率がそれより大きくなっても小さくなっても、不確実性は減少するという言い方ができるようにも思われる。したがって、一貫して確率が大きいほど大きいと表現するなら、このリスクは、確率が $1/2$ 以上の時には、不確実性のではなく、むしろ確実性の尺度というべきなのかもしれない。

④ 期待損失としてのリスク

　最後は、化学物質のリスク評価のところで見たような、「期待損失としてのリスク」である。先に示した式をもう少し一般的に書き直せば、

$$\text{期待損失としてのリスク} = \Sigma(\text{被害の同一尺度換算値} \times \text{被害の生起確率}) \quad (5-5)$$

と表現できる。

　これは先ほども述べたように、ほぼ期待値の考え方に等しい。ただし、確率としてのリスクと同様、通常はプラスの事象が起こる可能性は想定されておらず、望ましくない事象の生起のみが念頭におかれている。

　また、大きさに関していえば、その同一尺度に換算できる限り、あらゆるリスクは相互に比較可能であり、大きい、小さいということが意味を持ち得ることになる。

　このリスク概念は、「危険としてのリスク」という曖昧な概念を、一定の方法で定式化したものと考えることができるかもしれない。ただしもちろん、意味が鮮明な分、その利用範囲はより限定される。

　さてこうして、リスクという言葉は、少なくとも4つの意味、
① 危険としてのリスク——日常用語
② 不確実性としてのリスク——経済学用語
③ 確率としてのリスク——リスク一定の原則における用法
④ 期待損失としてのリスク——リスク評価における用法

を持つということになる[16]。これだけ多様な意味を抱えているわけである。どの意味で用いているかに気をつけておかないと、議論が混乱してしまうのは当然である。

　ここで、議論の混乱の可能性をひとつだけ示しておこう。

---

16 ここでは取りあげなかったが、好ましくない事象とその生起確率とのペアや、(生起確率が1でもゼロでもない)好ましくない事象それ自身をリスクと呼んでいる場合もある。

第1節　危険なリスク

　化学物質対策の中で芽生えた問題意識に基づいて、環境リスク管理の重要性が強調されることがある。化学物質対策をめぐる議論の中で発見されたリスク管理という考え方——つまりリスクを期待損失として捉える視点——は、およそさまざまな環境問題を考える上で重要なコンセプトになっていくはずだ。そういう意識に基づいて、化学物質対策の文脈を離れ、一般論として、(期待損失としての)「環境リスクを総体として低減していくことが必要である」とか、「リスク・ベネフィットの考え方は、今後、広範多岐にわたる環境リスク対策を進めていくための有効な判断材料となることが期待される」とかいった言い方がなされることがある。

　しかし、こうした考え方が化学物質対策の議論において意味を持ち得たのは、それなりの背景事情が存在していたからである。かつて絶対の安全ばかりが追い求められてきたことへの反省があって、①不確実性を視野に入れた議論の重要性が認識されたこと、②そして不確実性に対処するためには、ラフでもいいからリスクの規模を同定するのが優先課題であると判断されたこと、などがあったからこそ、期待損失としてリスクを捉える議論も意味を持ったのである。

　したがって、こうした問題認識をそもそも共有していない分野にまで、同じメッセージを伸展させても、そこに届けるべきものがあるとは限らない。
　たとえば、このメッセージを地球温暖化の文脈に届けようとしても、そこでは絶対の安全を目指してきた記憶などは存在しないし、それどころか不確実性を意識していない議論はないに等しい。したがって、「絶対の安全ばかりを追い求めるのではなく……」というメッセージを届けられても、首をひねるほかはないということになるだろう。
　むろん不確実性への配慮の必要性ということに限っていえば、地球温暖化の文脈の中でもその強調には一定の意味がある。しかしその場合であっても、期待損失という切り口で問題に接近することは、ここでは必ずしも有用な方法ではない。
　なぜなら、まず、地球温暖化で想定される被害は、伝染病の拡大から、作物被害、浸水による都市機能障害まで、多種多様なものがあるので、その多様な被害を統一尺度の値に換算し、期待損失を計算することには相当な無理がある。また、地球温暖化対策の分野では、壊滅的な被害の、わずかだが否定しきれない可能性に対処するため、リスク

プレミアムの存在を前提に、保険の構築は可能かといった問題を論じるべき時もある。この点からしても、リスク中立を前提に、単純に期待損失の値を求めるアプローチを採用するわけにはいかない。

　この例でも明らかなように、「期待損失としてのリスク」の問題意識をあらゆる文脈で強調することには少なからず問題があるし、リスクという言葉の意味を期待損失のことだと決めてかかるのも適切ではないのである[17]。

　リスクは、「危険なリスク」と言った時、それが冗長表現になってしまうこともあれば、そうでないこともある。

　ソクラテスが毒杯を仰いだのは、リスクが極めて大きかったともいえるし、リスクはほとんどなかったという言い方もできる[18]。また、その毒の量を半分にしたら、リスクが小さくなったともいえるし、逆にリスクが大きくなったという言い方もできる[19]。まるで反対の言い方が同時に可能なほどに、リスクという言葉は大きく揺らぐ。

　いずれの言い方も、文脈によっては可能だから、注意を怠ると議論が混乱するのは当然である。その意味で、リスクは気をつけないとあぶない、とても危険な言葉なのである[20]。

17　先に環境リスクという用語は、その表現からして、本来、化学物質対策の文脈に限定されない概念として利用されるべきところ、化学物質に限定されたリスクを指す言葉として用いられる場合がしばしばあると指摘した。しかし、この環境リスクという言葉をめぐる問題の本質は、環境問題について考えるとなれば、その文脈に応じて多様な意味で使い分けるべきリスクという言葉を、文脈にかかわらず常にひとつの意味(つまり期待損失)で用いることができるはずだと決めてかかっているところにあるのである。
18　前半はそれが危険だからであり、後半は彼が確実に死んでしまうからである。
19　前半は死ぬ確率が減少したからであり、後半は結果が不確実になったからである。
20　こうして言葉の意味・解釈は、しばしば非常に重要な役割を担う。このことについては、すでに「経済」や「コスト」といった言葉に関連して調べておいた。

第1節　危険なリスク

【ヒントその21：危険なリスク】

■不確実性の問題には、多様な切りだし方、向き合い方がある。リスクプレミアムの存在に焦点をあてる必要がある場合もあるし、リスクの同定に力を注ぐことが必要な時もある。どのアプローチが最適かは、状況によって異なる。

■不確実性の問題の多様な切りだし方は、文脈依存的であり、他の文脈にそのまま移植できるとは限らない。

第2節 さまざまな不確実性
——不確実性への対応 II

不確実性のタイプについて

　不確実性に関連し、期待値、リスクプレミアム、期待損失、確率といった考え方を紹介してきた。ここまでは、これらの概念の違いを強調してきたわけだが、しかし実は、これら考え方には、ある共通点を見いだすことができる。それは、不確実といわれる状況は、事象と生起確率とのペアからなり、それらはいずれも正確な把握が可能なはずだという認識である。この2つの要素をはっきり特定できるからこそ、リスクプレミアムも期待損失も計算が可能になる。

　その意味でこれまでは、同じタイプの不確実性を異なる角度から眺めてきたともいえるのである。

　ところが考えてみると、不確実な状況なら、必ずこの前提が成立しているというわけではない。起こり得る事象やその生起確率をしっかり特定できない、そうした現象も世の中には確かにある。

　つまり、より曖昧な不確実性、これまで見てきたものとは別のタイプの不確実性も存在するのである。そして我々は、そうした曖昧な不確実性にも関心があるかもしれないし、それらと前節で見てきた不確実性との識別を必要とするかもしれない。

　そこで本節では、前節よりも一歩引き下がって、事象とその生起確率の把握の可能性に注意を向けつつ、不確実性には多様なタイプがあるということについて論じたい。そして、曖昧な不確実性に向き合うとすれば、これまでとはまた違ったアプローチが必要になるということも明らかにしよう。

　まず、不確実性といえば必ず登場するさいころを使って、不確実性の多様性を確認するところから始めよう。

① 普通のさいころ

普通のさいころを振ることを考える。この場合、起こり得る事象やその確率は、いたって明らかである。起こり得る事象は、1から6のいずれかの目が出ることであり、各事象の起こる確率はそれぞれ1/6である。

② インチキさいころ

次は、インチキなさいころである。このさいころを振ることと、普通のさいころを振ることとでは何が違うのかを考えてみる。するとすぐにわかるのは、起こり得る事象が1から6のいずれかの目が出ることだという点は変わらないが、確率が前もってはわからないという点が違うということである。

もっとも、この違いは、それほど大きな違いではないと見ることもできる。確率を前もって知ることはできないにせよ、それは単に我々が知らないだけのことで、「正しい」確率は実は存在するのだと考えることができるからである。実際のところ、無限にインチキさいころを振った時の頻度、つまり頻度の極限値として、正しい確率を定義することもできそうである。だとすれば、事象とその正しい確率とで構成されているということに関する限り、両者の違いはもはやないことになる。

ただそれでも、インチキさいころの場合には、普通のさいころと区別して考える必然性がある。というのもここでは、正しい確率とは別に、その推計値としての確率という概念を考えることができるからである。

確率の推計方法には多様なものがあり、まったくのカンによることもできるし、重心の位置を分析して数値解析を行うことも可能である。だからその推計方法次第で、正しい確率との乖離の程度には違いが出てくるだろうが、ともかくその推計値が正しい確率に必ず一致するという保証はない。そしてだからこそ、正しい確率とは別に推計値としての確率ということを考え、両者の距離（つまり誤差）について考えることにも意味が生まれる。これをここでは「推計確率」と呼ぶことにしよう。なお、この推計確率は、たとえば実際にさいころを何度も繰り返し振ってみることで、その妥当性を「検証」できるという性質も有している。

③ 1回限りのインチキさいころ

では、もしもこのインチキさいころが、1回振って目が出ると壊れるような仕掛けがしてあったとしたらどうだろう。

ここでのポイントは、先ほどと違って、無限に試行を繰り返した時の頻度として、正しい確率を定義することが許されていないという点である。正しい確率を定義できないという意味で、このケースは、上記の2つの場合とは本質的な違いがある。

ただし、まったく確率という概念が使えないかといえば、そうでもない。正しい確率という概念が成り立たなくとも、たとえば、起こり得る各事象に割りあてた数字を合計すると1になるなどといった最低限の条件を通常の確率概念と同様に満たした上で、そのそれぞれの数字に、なんらかの主観的意味を持たせた概念として、主観確率というものを定位できるかもしれない[*21]。

実際のところ、「このさいころの1の目が出る確率は、私は20％だと思う」という言い方には、多くの人がさほど違和感を覚えないだろう。むしろこうした議論の方法は、広く一般に行われているといってよい。たとえば、1年後に株価が1万円台を回復する確率は○○％、今度の選挙で自民党が単独過半数を獲得する確率は○○％、地球温暖化によって50センチ以上の海面上昇が起こる確率は○○％などといった議論は、いずれも歴史上1回限りしか起こらない事象について確率を論じているという点で、このケースに近い[*22]。

ただし、こうした主観確率は、定義上、決してその正確さを「検証」することはできない。正しい確率という概念が成立しない以上、それとの距離も測りようがない。したがって、ここでの主観確率は、②のケースにおける推計確率とも、まったく性格が違う。推計確率は、正しい確率の予測値としての確率である。これに対し、ここでいう主観確率とは、将来像の予測に対する予測者の「自信のほど」を表現する指標とでも捉えるべきものである[*23]。

---

21 なお、①や②のケースでは、確率を分数の形で表現した時に、その分子と分母それぞれの数字の意味をきちんと定義できるが、ここでいう主観確率は、そのように両者を分けて考えることができない。そうした意味で、これを確率という名で呼ぶことは適切ではないという主張があるとすれば、それはそれでひとつの見識である。

22 ただし後述するように、これらを1回限りの事象とみなすべきか否かには議論が残る。

23 なお、一般的には、確率は、主観確率と客観確率との二分法で論じられることが多い。しかしながら、たとえば②の推計確率と③の主観確率はまったく性格が異なるし、また、②の推計確率には、個人的なカンによるものも、厳密な数値解析によるものもある。したがって、確率を単純に二分法で考えることには限界があるように思われる。

④ ゼリーのさいころ

　さらに、今度はこの1回しか投げることのできないインチキさいころが、柔らかいゼリーでできているとしよう。このさいころは、投げるとどうなるか、前もってはまったく見当がつかない。普通のさいころのように1から6までの目が出るかもしれないし、つぶれて角で立つかもしれない。あるいは、ペチャンコになって、まるで立方体の姿をとどめなくなるかもしれない。

　この場合には、起こり得る事象すら厳密には定義できそうにない。したがってその点からして、これまでとは明らかに状況が異なっている。

　むろんこの場合にも、無理をすれば起こり得る事象を定義できないわけではない。たとえば、きちんと1から6までの目が出る場合とその他の場合というように分類してしまえば、起こり得る事象は7つになって確定する。ただし、そうして無理に定義してしまうことは、意味があるかもしれないし、ないかもしれない。

　たとえば、オゾンホールの発生という事態は、フロンガスが発明された時点での環境影響予測の能力をはるかに超えたものだった。当時からその他の場合として予想できていたのだと言い張ることは可能かもしれないが、そういったところで意味ある予想をしていたことになりはしまい。

　同様に、地球温暖化が進んだ時に景観がどのように変化してしまうだろうかとか、遺伝子組み替え生物が一般環境に侵入したらどのような影響があるだろうかといったことも、起こり得る事象を的確に定義することは、ほとんど不可能に近いという意味でこのグループに分類されよう。

　こうして、このゼリーのさいころの例に代表されるような場合には、生起する事象をよく定義することは困難である。したがって当然、「正しい」確率なるものも存在しない。なお、主観確率については、③と同様な意味で定義できるかもしれないが、事象そのものが十分に意味あるかたちで定義できるとは限らない以上、場合によっては、③の場合にもまして希薄な意味しか持ち得ないだろう。

　さて、さいころを用いて4つの事態を検討した。これらはいずれも、将来のことが確実にはわかっていないという意味で不確実性を抱えているとは確かにいえるが、その内

容にはかなりの違いがある。したがって場合によっては、これらを別のタイプの不確実性として、分けて考えた方がよいのである。

そこでこの具体例を基礎にして、不確実性を分類してみよう。不確実性は、たとえば以下のように分類できるはずである。

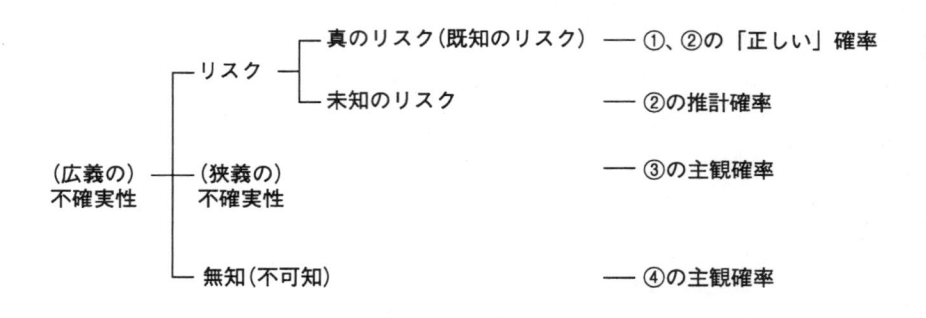

```
                        ┌─ 真のリスク(既知のリスク) ── ①、②の「正しい」確率
                ┌─ リスク ┤
                │        └─ 未知のリスク         ── ②の推計確率
(広義の)    ┤
不確実性     ├─ (狭義の)                        ── ③の主観確率
                │    不確実性
                │
                └─ 無知(不可知)                  ── ④の主観確率
```

図5－2 不確実性の分類

ここでは、不確実性を、「リスク」(risk)、(狭義の)「不確実性」(uncertainty)、「無知(不可知)」(ignorance)の3つに分類し、リスクをさらに2つに分類している[24]。

まずリスクとは、事象とその「正しい」確率がともに定義できる状況を指している。不確実性のある事態の中でも、このリスクの状況においてのみ、「正しい」確率という概念は意味を持つ。先のさいころの例でいえば、①と②のケースがこれにあたる。

このリスクはさらに2つに区分でき、真のリスクと未知のリスクとに分けられる。ちなみに、真のリスク(既知のリスク)をいかに取り扱うかについての工夫のひとつがリスクプレミアムの考え方であり、未知のリスクを真のリスク(既知のリスク)に近づけるための努力がリスク評価だということができる。

---

24 一般的にはさほど知られていないとはいえ、この不確実性の3分類は、すでに利用されてきた用語法なので、ここでもそれを踏襲した。ただしそのために、リスクを前節とはまた若干異なる意味で用いることになるし、不確実性という言葉にも2とおりの意味を与えることになるので、混乱のないよう十分注意していただきたい。

この2つのリスクを区分することで、両者の関係を考察することが可能になる。すなわち、推計値としてのリスクと真のリスクとの間の誤差という概念が意味を持つ。

次の(狭義の)不確実性とは、事象は定義できるがその確率は定義できない状況を指している。先の③はこれに該当する。リスクや後述の無知をも含めて、総称としても不確実性という言葉を用いているのでわかりにくいが、この(狭義の)不確実性はそうした包括的な概念とは別の概念である。なお、このタイプの不確実性において確率が定義できない主たる理由は、それが1回しか起こらない事象であることに起因する場合が多い。また、上述したように、ここでも確率概念を主観確率として定義することは可能であるが、それはリスクにおける確率とは質が異なり、将来予測に対する各個人の主観的な自信のほどを表現している。したがって、正しい確率は存在しないし、分数表現した時に、通常の確率のようにその分子と分母がそれぞれに意味を持つこともない。

最後の無知(不可知)とは、文字どおり我々が何も知らないということを指しており、事象からして定義できない状況を指す。事象が定義できないのだから、当然、その生起確率も定義できない。これは④のケースである。ここでも③と同様、主観確率を考えることはできるが、その意味はさらに曖昧になる。

こうして不確実性は大きくいって3つのタイプに分類できる。それぞれの不確実性は、適用可能な方法論にも違いがある。たとえば、前節での議論は、基本的には、ここでリスクと呼んだ不確実性においてのみ適用できる議論である。

ただし、この分類は、あまり厳格なものと考えるべきではない。なぜならこの分類の境界線は非常に緩やかなものであり、領域が重なり合っているようなところもあるからである。

たとえば、最後のゼリーのさいころのところで述べたように、事象を定義できるかどうかは、ある程度、判断次第というところがある。生起する可能性のある事象を7つ(1から6の目が出る場合＋その他)に区分することに意味がない場合もあるが、ある場合もあるのである。だから、ある種の無知(不可知)は、見方によっては(狭義の)不確実性だと考えることもできる。

また、無知(不可知)とされるものは、(狭義の)不確実性に付随するようにしてある場

合も多い。つまり、起こり得るすべての事象を特定できないにしても、その一部は特定できることがある。ゼリーのさいころの場合、起こり得る事象の中に、少なくとも1から6までの目が出るケースが含まれるのは確かだろう。そうした意味からしても、無知（不可知）と（狭義の）不確実性とは、きれいに区別できない面がある。

さらに、ある事象を繰り返し事象とみなすかどうかという判断も難しいところがあるし[25]、あるいは何を正しい確率とみなすかという判断にも、主観的な要素が少なからず入り込んでいる[26]。したがって、リスクと（狭義の）不確実性、正しい確率と推計確率とは、解け合ってしまうような側面があることは否定できない。

実はこういうこともあって、不確実性という概念に関してはいろいろと議論がある。したがって、ここで示した不確実性の分類を、絶対的なものであるとみなす必要はない。

ただ少なくともいえることは、不確実性というのはすべてが同じようなものではない

---

25 来年に台風が上陸するかどうかという問題は、一般的には、来年に想定される特定の気象条件をインプットすれば過去の統計データに基づいて推定できる、繰り返し事象として捉えられている。けれども、厳密な意味では一度として同じ気象条件が再現されることはないわけで、その意味でこれを一回限りの事象と考えることも可能である。

26 たとえば、今年中に、ある男性が盲腸になってしまう「正しい」確率とはなんだろう。来年になって振り返った時に、今年中に盲腸になったことが判明した人数の総人口に占める割合だろうか？ あるいは、過去のすべてのデータに基づいての、盲腸の年間発生頻度だろうか？ また、その統計をとるべきなのは、全人口だろうか、男性だろうか、あるいは特定の年齢層だろうか？ こうした疑問への回答には正解というべきものはない。したがって、厳密な意味で正しい確率を指定することはできず、それはある程度の主観的判断を含まざるを得ない。（ここにもまた、客観と主観とをきれいに弁別しようとする行為の限界を垣間見ることができる）

ただし注意すべきなのは、そのことと、正しい確率という概念が定義できるかどうかということとは別だということである。主観的判断の入り込む余地はあるにせよ、それでも正しい確率なる概念を「定義できる」ことには意味がある。全男性のうち、今年中に盲腸になる人数を正しい確率だと決めてしまえば、その正しい確率についての推計確率を考えることもできるし、その誤差を論じることにも意味が生まれる。

なおやや余談であるが、男性とか特定の年齢層とかといったように、特性の違いによって、特定の集団をその他の集団と分けて考える必要があると判断される時、そうした集団特性の違いのことを、ヘテロジニティー（異質性: heterogeneity）という。ヘテロジニティーへの意識・配慮は、社会状況を分析する際には、時にとても重要になる。

ということ、そして、「正しい」確率という概念が定義すらできない場合もあるということである*27。このことは、確かに知っておくに値する。さもないと、不確実だといえばいつでも「正しい」確率を探し求めるような、ないものねだりをすることにもなりかねないからである。

どうも我々は、不確実性といえば確率で考えられるはずだと思ってしまっているところがある。たとえば、「地球温暖化で被害が発生する確率は本当は何％ぐらいなんだろう？」と考えたりする。が、しかしそうした問いは、本当はそもそも成立し得ない問いなのかもしれないのである。

結果の信頼性の共有

では、確率、あるいは事象すら明確に定義できない問題に出会った時、我々はどのように対応すればいいのだろう。この場合には、明らかに期待値もリスクプレミアムも計算できない。そうした道具が使えない時、我々はいったい何をすればいいのだろうか？

まずいえるのは、将来起こり得るあらゆる事象を視野に入れることは不可能かもしれないが、生起し得る事象のうちから、特に関心のあるものを取りだすことは可能だろうし、また意味もあるだろうということである*28。たとえば、地球温暖化の問題は、それによって何が起こるのか完全には予測がつかないという意味で無知（不可知）の要素を抱えているが、それでも50センチ以上の海面上昇だとか、台風の発生頻度の一定レベルの上昇だとか、マラリアの特定地域への拡大だとかいった、特定の懸念を取りあげることはできる。そしてそこに焦点をあてて議論をすれば、無知（不可知）の問題は（狭義の）不確実性の問題へと様変わりすることになり、思考のための枠組みが少し明確になってくる。

---

27 ちなみに「正しい」確率という概念が有意味である可能性がある場合としては、①普通のさいころのように先験的に了解される確率、②インチキさいころの時のように、繰り返し事象における頻度の極限値、③母集団の中からのランダムなサンプリングの時の、母集団中の構成割合、④盲腸の例のような事後頻度、などが考えられるだろう。

28 なお、あらかじめ視野に収めることができなかった事態が現実に生じてしまった場合、そうした事態をサプライズ（surprise）と呼ぶことがある。

第5章　環境問題を考える上でのいくつかの重要な視点

　さらに、海面上昇だとかマラリアの拡大だとかいった事象は、その発生の可能性がまったく見積もれないかといえば、もちろんそんなことはない。たとえば海水の挙動は、当然、物理法則にしたがうはずだし、マラリアを媒介する蚊の生態もある程度わかっている。過去の気温変化と海面レベルの変化に一定の関係を見てとることができたなら、それは、海面上昇の蓋然性を予測する上での有力な手がかりになる。
　問題を、いくつかの基本要素の合成による事態であるとか、あるいは他の事態と近似的には同一であるとかいった捉え方ができるかもしれない。そして、それぞれの基本要素は確実な因果律にしたがってふるまうことが知られているかもしれないし、類似とみなせる事態については「正しい」確率の近似値――たとえば経験頻度――が得られているかもしれない。その場合には、(狭義の)不確実性と考えられた事態についても、リスクに近いかたちで議論できるようになるはずである。

　このようにして、無知(不可知)や(狭義の)不確実性の要素をはらんだ事態についても、なにがしかのアプローチができることは少なくない。というよりもむしろ、予測にかかわる多くの科学では、ほとんどそうした方法によって、さまざまな事態を予測しようとしているのだといっても過言ではないかもしれない。その意味では、無知(不可知)や(狭義の)不確実性の要素を含んだ事態についても、実は相当な可能性が開かれている。

　ただし問題は、そうしたアプローチによって予測のブラッシュアップが可能だとしても、外側からは、その予測(やそれに基づく結論)がどれほど信頼できるものかが十分には明らかでないということである[*29]。
　無知(不可知)や(狭義の)不確実性の事態について、主観確率を示すことはできるかもしれない。しかしその確率は、各個人の自信の程度を示したにすぎない数値なわけだから、同じ70％という数字が表明されたにしても、個人Aの予測と個人Bの予測が、同じだけの信頼性を持っている保証はない。したがって主観確率の数値だけでは、予測の信

29　実はこの問題は、程度の差こそあれ、(狭義の)不確実性や無知(不可知)の状況のみならず、推計確率を含めて、およそ予測ということには不可避的につきまとう問題である。

頼性を見極めることはできない。つまりここには、情報の出し手と受け手との間に情報ギャップがあるのである。

そこで、予測の信頼性、さらにはその予測に基づく判断の妥当性を社会と共有しようとする努力が重要になってくる。これが、曖昧な不確実性に向き合う上での、ひとつの重要なポイントである。

この点に関していえば、まずは、予測の前提をきちんと示すことが重要である。このことについては何度も繰り返してきたので、ここで振り返る必要はないだろう。

しかしこの場合のように前提と予測結果との結びつきが見えにくい場合には、前提を明らかにするだけでは十分ではない。予測結果やそれに基づく判断結果がいかに信頼がおけるかということ、言い換えれば結果の「強固さ」を示そうとする努力も必要とされる。こうした結果の強固さは、しばしば「ロバストネス」(robustness)と呼ばれている。

ロバストネスを示す具体的な方法はいくつかある。まず、予測が各種の数学的なモデルに基づいているとすれば、そこで採用しているさまざまな定数(係数)を、その値が取り得る範囲でいろいろと変化させてみるという方法がある。これは、しばしば「感度解析」と呼ばれる方法である[30]。同様に、将来に起こり得る事態をいくつかのシナリオとして整理し、それぞれのシナリオ毎に結論がどのように変化するかを確認することもできる。これは「シナリオ分析」と呼ばれている。

また、モデルに採用されている数式のタイプ(二次方程式だとか、正規分布だとかいったもの)が任意に選択されたものならば、その数式そのものを変えてみるということもひとつの方法だし、さらに、多くの研究者がたがいに独立に予測をしてみるということもできる[31]。

こうして、いろいろと条件を変えて検討をしてみて、それでもその予測や判断が揺

---

30 なお、入力データの変化幅を狭くとれば、結果の変化幅も狭い範囲に収まるだろうという常識的な予想は、残念ながら裏切られる場合がある。原因と結果とが非線形的な関係にあると、入力データのわずかな変化は結果に大きなゆらぎを引き起こす。これはサプライズの一因になるとされている。
31 たとえばIPCCの報告書などでは、将来予測に関する世界中の研究成果を総合的に分析することなどにより、これらに相当する努力が積み重ねられている。

がないのなら、その主張は強固(ロバスト)である。このロバストネスを示す努力を怠った予測結果や判断は、信頼されなくても仕方がないし、読者の側からすれば、それらを全面的に信頼するのは慎まなくてはいけないということができる*32。

　我々は、複雑な計算やコンピューターシミュレーションの結果として示されると、それをそのまま鵜呑みにするようなところがあるが、多くの場合にそれは適切な態度ではない。実際のところ、こうしたロバストネスを示す努力を怠った危うい科学的分析というのは、実は驚くほどに多いのである。

スタビリティー(安定性)とフレキシビリティー(柔軟性)の確保

　無知(不可知)や(狭義の)不確実性の事態についても、こうして予測の質を高め、さらに、結論の信頼性を社会と共有していくことができる。しかし、これらの事態については、対策の構想、選択という点に関連して、もう少し論じておくべきことがある。

　もしも問題となっているのがリスク状況なら、前節で述べた不確実性としてのリスクを低減したり、あるいは期待損失を最小化したりすることを目標にして、対策を設計することができる。

　しかし無知(不可知)や(狭義の)不確実性の場合には、そううまくはいかない。リスク状況の場合にならったアプローチをとることもあながち不可能とはいえないが、確率が定義できない以上、ここではリスクの場合とは違うアプローチも視野におく必要がある。

　完全に無知(不可知)な状況ならともかく、(狭義の)不確実性のような状況なら、対策の選択に関し、依拠可能な行動基準もないわけではない。たとえば、最悪のシナリオを比較して、その最悪シナリオが最もましな対策を選択することもひとつの考え方(ミニマックス基準)だし、あるいはバクチに打って出て、最良シナリオが最もすばらしい対策を選択すること(マックスマックス基準)なども考え方としてある。

---

32 先にリスク・ベネフィット分析は使い方さえ間違わなければ有用であると言ったが、「使い方を間違わない」ということには、結果のロバストネスを示す努力を果たすことが含まれていると考えるべきである。

第2節　さまざまな不確実性

　しかし、そうしたさまざまな基準の中で、どれが最善な基準なのかを決定づける確固たる判断基準は、残念ながら存在しない。これまでのように、優劣の判断を効率性に求めることはできないし、かといって、それに代わる有力な判断根拠も見あたらない。
　ただそれでも、こうした不確実性に向き合う上で気をつけておくべきことが少なくとも2つある。

　まずひとつは、どのような基準を採用するにせよ、目を向けたシナリオの果実の大きさばかりに目を向けるのは賢明ではないということである。
　たとえばミニマックス基準やマックスマックス基準は、ただひとつのシナリオ（事象）のもとでの果実の大きさだけを基準にしている。けれども、（狭義の）不確実な状況下にある以上、そうしたシナリオが実現する蓋然性が低いのは当然である。したがって、このようにたったひとつのシナリオにピンポイントで焦点をあてて方針を決めてしまうのはほめられた考え方ではない。
　あらかじめ予想範囲にある程度の幅を持たせて、そのうちのどの結果がもたらされたにしても、まあまあ、うまく対応できるようにしておくことが望まれる。これは、「スタビリティー」（安定性：stability）という言葉で表現することができる。将来のことが確実にわかっていない以上、対策におけるスタビリティーの確保はとても重要である。
　スタビリティーを確保するための方法は、実際には先のロバストネスの方法論とかなり重なり合うところがある。先ほどは、結論の信頼性を論証するために、感度解析やシナリオ分析を用いたわけだが、ここでは、対策デザインのためにそれらの方法を用いるわけである*[33]。
　また、場合によっては、対策の中に自律的なスタビリティーを組み込めるかどうかを考えてみることも有益である。自律的なスタビリティーとは、外部からの操作をなんら加えることなく、ズレを自動的に修正するメカニズムのことである。その典型例は、

---

[33] ここでは便宜上このように言葉を区別したが、ロバストネスとスタビリティーは、このように使い分けるものと決まっているわけではなく、一般的にその用法はかなり重なり合っている。なお、IPCCは、自然システムや社会システムを特徴づけるための概念として、sensitivity, vulnerability, susceptibility, coping range, critical levels, adaptive capacity, stability, robustness, resilience, flexibility などが使われていることを紹介した上で、これらの用語で捉えられている基礎概念にはかなりの重なりがあることを指摘している（IPCC, 2001）。

市場の価格調整メカニズムである。市場は、たとえ一時的に均衡点からのズレが生じても、需要と供給との差の圧力によって、均衡点へと引き戻す力を備えている。こうした回復のメカニズムを、不確実性への対応プログラムに備えつけることができるなら、我々は心配をいくらか減らすことができるだろう。

　２つめに指摘したいのは、当初の方針決定の段階では、将来的な対応の修正可能性を残しておくことが大切だということである。
　当初の判断は、通常、限られた情報に基づいて行われる。一方、判断の参考となる情報は、将来に向かって徐々に増えていく公算が高い。時の経過とともに自然と明らかになることもあるし、対策のひとつとして学習に取り組めば、情報を意識的に増やすこともできる。だから将来、対応方針を修正する必要が明らかになる可能性は小さくない。
　しかし、貴重な情報が得られても、それを利用できる余地が残されていなければ意味はない。だから、いったん決断した方針を後で修正できる余地を残しておくことが望まれるのである。少なくとも、修正の余地の少ない対策を講じるのなら、それと自覚した上での決断が必要になるだろう。

　たとえば、ある化学物質による環境汚染への対策を考えた時、特別な除去装置の排出口への取りつけを義務化するのがうまい方策のように見えることがあるかもしれない。けれども、いったん装置の装着を義務づけてしまえば、後にその義務を修正することは容易ではない。
　原生林をそのまま保存するよりも、開発を進めた方が、社会にとって望ましいように見えることもあるかもしれない。けれども、いったん開発してしまうと、後になってその原生林の価値が極めて高かったということがわかっても、もうそれを取り戻すことはできない。
　道路ネットワークの整備は、その後の都市発展の方向を大きく規定する。各地区の利用形態もおのずと決まってくるし、自動車と電車との相対的な利便性も相当程度固定される。後になって、たとえば公共交通機関中心の社会にふさわしいネットワークが望まれたとしても、いったん整備された道路ネットワークの大幅な見直しは困難である。
　途上国が自由貿易を受け入れるとする。すると、その国の産業構造は、特定の一次

産品の生産に適したものに特化していくかもしれない。それはその国の発展に寄与するかもしれないが、一方でそれは、その社会の脆弱性を高め、また、将来的な発展のオプションを狭める可能性もある。

こうした対応が一概にいけないと断じているわけではない。こうした対応が必要な時もあるだろう。ただ、これらの対応策は将来的な方針の修正可能性が乏しいという事実を認識した上で、決断する必要があるということである。

当初の決断の段階ですべてがわかっていないなら、あるいは決断の基盤とした情報が将来変化する可能性があるのなら、当初の段階で、すべてについて最終決定をしてしまうのは得策ではないかもしれない。将来的な状況変化の可能性を認識し、方針の修正の余地というものについて気を配っておくことが望ましい。このことは、方針の「フレキシビリティー」(柔軟性：flexibility)という言葉でしばしば表現される[34]。先のスタビリティーが、当初の方針の変更なく、ある程度の見込み違いに対応できるようにしておくことを指しているのに対し、このフレキシビリティーとは、大きな見込み違いに対して、当初の方針を変更できるような余地を残しておくということを意味している。

以上が、無知(不可知)や(狭義の)不確実性の事態に向き合うに際して、気を配っておくべきポイントである。ここで取りあげた2つのポイントは、いずれも、せいぜい配慮事項とでもいうべきもので、到底、処方箋と呼べるようなものではないが、期待値のような手法を適用できない以上、ここでは、こうしたところから始めるほかはないのである。

予防的アプローチと不確実性への不安

このように、無知(不可知)や(狭義の)不確実性の事態に対しては、あまりきっちりとしたことは残念ながらいえない。

---

34 なお、フレキシビリティーを生かすためには、それを対応方針に埋め込むのみならず、対応方針の妥当性を、その後継続的に点検していく作業が求められる。

第5章　環境問題を考える上でのいくつかの重要な視点

しかしはじめに述べたことをもう一度繰り返せば、環境問題は絶えず不確実性の中にあるという事実をきちんと受け止めて、それと向き合っていく必要がある。このことは最低限、明言できる。不確実性の存在を見て見ぬ振りをするのでも、それを完全に取り除こうとするのでもなく、不確実性に冷静に対峙しなくてはいけない。

かつて、環境にかかわるリスクの存在は、およそ無視されることが多かった。そしてそのために、水俣病などの幾多の悲惨が生み出された。それは本当に取り返しのつかないことである。しかしそれでも、ずいぶん時間を要しはしたが、社会は徐々にそこから何かを学んでいった。そして、安心・安全な社会を築いていくことをひとつの目標とするまでになった。また国際社会においても、悪影響の可能性を否定できないことは可能な限り避けるべきだとする「予防的アプローチ」(precautionary approach)の考え方が、大きな流れとなりつつある。多くの悲惨を振り返る時、こうした不確実性への配慮の方法は、環境問題への向き合い方として、確かに大きな前進であり、進歩であるといってよい。

しかしながら、少し冷静に物事を見られる時代に至ったいま、安心・安全をその極限まで求めようとすることの難点についても、よく認識する必要が生まれている。発ガンのリスクをゼロにするのは費用がかかりすぎるという側面にも、きちんと目を向ける必要がある。

漠とした不確実性は、しばしば人びとの危機感や恐怖心を膨張させ、時に過剰反応を引き起こす。リスク状況のような定量評価が可能な状況においてさえ、化学物質による健康被害の恐れがあるという意識だけに囚われると、その対策のためならどれほど莫大な費用をかけてもかまわないと考えてしまうこともある。無知(不可知)や(狭義の)不確実性の事態であれば、それを避けようとする傾向は一層強くなってくる。

しかし、いうまでもなく、費用がかかりすぎるというのは、軽視していい問題ではない。それは、喫煙対策や交通事故対策に投資した方がはるかに多くの人命を救えるかもしれないのに、その資金を無駄にしてしまうことを意味しているのかもしれない。

さらに、無限の安全の追求を正当化するのなら、極めて小さな蓋然性を持つ大規模洪

水に備えるために、河川をすべてコンクリートで護岸したり、大規模ダムをいくつも建設したりすべきだというような主張に対しても、正面から反論することができなくなるだろう。

　いや、無限の安全の追求に慎重であるべき理由はほかにもある。内部での無限の安全の追求は、外部への過剰な負荷を意味する場合があるというのがそれである。となれば、外部への配慮から、ある程度の不確実性を自ら進んで受け入れることがひとつの責任になるかもしれない。そうした不確実性の引き受けを拒み、各主体がそれぞれの不安感に依拠した主観的な判断に身をゆだねて防衛手段を講じると、相当に深刻な事態に陥る危険がある。

　おおげさに言っているつもりはない。実際のところ人類は、これまで幾度となく、不明のリスクに対する防衛を理由として、他国に戦争を仕掛けたり、特定の民族を弾圧したりすらしてきたのである。こうした反応は、特定の集団によって意識的に利用されてきた場合もあるし、人びとの無自覚な判断の結果である場合もある。

　すでに述べてきたような理由で、ここには客観的な判断基準は存在しない。だから、こうした判断も間違っているとは言い切れないはずだと反論する人もいるかもしれない。しかし少なくとも、こうした歴史を振り返ってみれば、不確実性を冷静に見つめることの重要性は明らかなはずである。

　不確実性については、見ない振りをすることも、万全を期すことも、正しい向き合い方ではないと言うべきである。先の言い方にならっていえば、それらはいずれも、ひとつのシナリオにピンポイントで焦点をあてて方針を決めてしまっているのと違わない。多様な可能性の全体像を視野に入れ、どちら側の極論に逃げることもなく、不確実性とつき合っていく必要がある。水俣病は決して繰り返してはならないし、他者に巨大な重石を背負わせていいはずもないのである[35]。

35　先に化学物質対策の文脈の中で、リスクを正しく見定めることの意義を強調したが、ここで、もう一度その意味を確認しておくべきだろう。化学物質のリスクを「正しく見定める」というのは、その環境リスクを $\bigcirc\bigcirc \times 10^{-6}$ と評価することに止まるべきものではない。そうではなくて、我々は日々、小さなリスクと引き替えにさまざまな行動を選択しているのだと自覚すること、そしてそれらの行動と比較した時、当の環境リスクをどれほど深刻に受け止める必要があるかをきちんと見積もれるようになることと捉えるべきである。必要なのは、いわばリスクの相場観を醸成し、その感覚に照らして問題の軽重を冷静に判断できるようにすることである。

【ヒントその22: 様々な不確実性】

■不確実性には多様なタイプのものがある。そのタイプや我々の要請の違いによって、不確実性への向き合い方も変わってくる。
■常に「正しい」確率があるとは限らない。
■ひとつの可能性にピンポイントで焦点をあてることはおそらく適切ではない。多様な可能性の全体像を視野に入れて、冷静に、正面から、不確実性に向き合っていく必要がある。

第3節 協調の困難 ——ゲーム

囚人のジレンマとは何か？

　社会への働きかけと自然への働きかけとでは、どんな違いがあるだろうか？
　たとえば社会にある制度を導入することと、ある土地に家を建てることとでは何が違うだろう。
　むろんさまざまな答え方があるだろう。けれども、両者の最も大きな違いのひとつは、社会は思考力を持った人びとによって構成されているという事実に起因する、次のような点にあるといっていい。社会のここを直せばいいと考えて、いざ社会に働きかけてみると、人びとがそれに反応し、もともとの動き方を変化させてしまうことがある。働きかけたとたん、元の社会はもはや存在しないというわけだ。こうして相手が変化するかもしれないということこそ、自然への働きかけには見られない、社会への働きかけの大きな特徴である。

　こうした現象は、一方的な働きかけの場合に限って生じる話ではない。個人と個人、国と国との関係などで、およそ少数の主体がかかわる状況においては、たがいが影響を与え合い、それぞれが行動を調整するということがしばしば起こる。そうやってたがいが変化を誘発しあう関係の中で、個人どうし、国どうしの関係は刻々と変化していく。
　しかも我々は、単に他人からの影響を受動的に引き受け、それに反応するようにして行動を変化させているわけではない。我々はみな、自身の行動が相手の行動を変化させるということを知っているから、どうやって自分が行動すれば、相手はどう反応するかということまで考えながら行動する。つまり、相手からよい反応を引きだすような「戦略」を時に立てながら、自身の行動を決するのである。

　こうして、たがいに相手の反応を予測しながら、戦略を持って行動している様子を、経済学では「ゲーム」(game) と呼ぶ。ゲームについての理論、すなわちゲーム理論は、応用範囲が非常に広く、経済学の研究分野の中でも特に活発に研究が進められている分

野のひとつである。

　これまで本書では、こうしたゲーム理論的な状況について、ほとんど注意を払ってこなかった。というのも、これまでは一般的な（理想的な）市場を中心に考えてきたので、その必要がなかったからである。一般的な市場では、関係する生産者や消費者の数、すなわちゲームに参加している人びと（プレーヤーという）の数が非常に多い。したがって、一人ひとりが何を生産し、何を消費しようが、そうした行動が市場全体に及ぼす影響力は極めて小さく、他人のことを考えて戦略を弄することが無意味になる。そこで人びとは、他人のことなど気にせず、財の市場価格のみに反応して行動しているとみなすことができたので[36]、ゲームのことなど考える必要がなかったのである。

　しかし現実には、プレーヤーの数が少なく、それぞれのプレーヤーの戦略的な行動が、大きな影響力を持つ場合もまれではない。たとえば、車、家電、コーラ、石油などのように生産企業の数がごく限られている財の市場や、限られた数の国が関係する国際的な環境問題においては、そこで生じるゲームのことを無視するわけにはいかない。
　そこでここでは、このゲームの問題について簡単にまとめておきたい[37]。

　ここで「強いパレート改善」とでも呼び得る状況変化を想定する。パレート改善とは、誰一人損をする人はおらず、得をする人だけが生まれる状況変化のことであるが、ここで強いパレート改善と呼んだのは、すべての人が得をするような、そんなパレート改善のことである。
　さて、この強いパレート改善の機会が存在する時、つまり全員が得をする状態変化が可能である時、にもかかわらず、それが実現しないことがあり得るか、という問題を考えてみよう。

　直感的には、少なくとも決定権を当事者が握っているなら、強いパレート改善は、まず間違いなく実現しそうな気がする。皆が得をするのにその機会をほうっておくはずは

36　これを、「プライステーカー」（price taker）の仮定という。
37　ただしここでは、ゲームの勝ち方のような議論については取りあげない。

あるまい。そう考えるのが、まあ、常識というものである。
　しかし実は、こうした強いパレート改善の機会でも、必ず実現するとは限らない。すべての人が得をするような状況変化でも、それが実現する保証はないのである。

　それはなぜか？　その理由が、ゲーム理論で明らかになる。
　強いパレート改善が実現しない状況を説明するのは、かの有名な「囚人のジレンマ」(prisoner's dilemma)というゲームである。囚人のジレンマの状況にあると、強いパレート改善の機会が存在しても、その状況変化はもたらされない可能性が高い[38]。囚人のジレンマはあまりにも有名になってしまったので、そのありがたみも軽く見積もられがちであるが、皆が得をする余地があってもそれが実現しない場合があるということをきちんと示したという点において、この定式化の意義はやはり極めて大きいというべきである。

　2つの国A、Bの国営企業が、それぞれにばい煙を排出しながら、同一の工業製品を生産しているとする。ばい煙は、相手の国に悪影響を与えている。その影響を抑制するには、工業製品の生産量を落とさなくてはならない。この時、両国がどのように行動するかを考えてみる。

　表5-1は、両国それぞれの便益を表している。（　）内の、前の数字がA国の便益、後ろの数字がB国の便益を示す。単位はたとえば百万ドルとしておこう。いま両国は、(A国の対応、B国の対応) = (β, β) の状況にある。つまり、両国とも、生産量が大きい。この時それぞれの国には6百万ドル分ずつの便益がある。

38　なお、強いパレート改善が実現されない理由は、囚人のジレンマに限られるものではない。たとえば、必要な情報が各関係者によく行きわたっていないがためにその実現が阻害されるというようなことも考えられる。

第5章 環境問題を考える上でのいくつかの重要な視点

表5−1 囚人のジレンマ

		B国の対応	
		生産量 中 (α)	生産量 大 (β)
A国の対応	生産量 中 (α)	(10, 10)	(1, 15)
	生産量 大 (β)	(15, 1)	(6, 6)

　表から明らかなように、この問題設定においては、当初の状態から(α, α)の状態へと変化することは、強いパレート改善である。その変化は、両者に生産量の減少というデメリットをもたらすが、逆に大気汚染被害の減少というメリットもあって、差し引きではメリットの方が大きく、たがいに1千万ドルまで便益を拡大できるというわけである。

　ここで、一方の国だけが生産量を下げるとどうなるかというと、これは生産量を下げた側の国にはいいことはひとつもない。生産量削減によって収益が低下するのにとどまらず、隣国に製品のシェアを大きく奪われ、それによって生産量はさらに著しく減少するかもしれない。そしてそうなれば、隣国のばい煙排出量は増加するから、大気汚染は以前よりも悪化する。逆に生産量を変化させなかった側について見ると、こちら側はいいことずくめである。相手の生産量削減によってマーケットを支配できるようになるので、大きく売り上げを伸ばすことができ、なおかつ隣国からの大気汚染も減少するのである。このため、たとえばA国だけが生産量を下げたとすると、A国の便益はわずかに百万ドル、B国の便益は1千5百万ドルになる。

　ゲームのプレーヤーそれぞれの便益が、この表のような大小関係にある時、この二人のプレーヤーのおかれた状況を、囚人のジレンマという。囚人のジレンマの状況では、強いパレート改善の可能性がそこに見えているにもかかわらず、その実現は困難である。

　なぜかというと、つまりこういうことである。

(β, β)の状況から、(α, α)の状況へと変化するために、両国が約束をすることを考えてみる。おたがいに得になるのだから、いっしょに生産量を削減しようと約束するのである。この約束にはなんら自国に不利な要素はないわけで、両国ともに異存はない。

　しかしである。約束をした後で、自国に帰ってからもう一度考えてみるとどうなるだろう。約束をしたのは確かだが、本当にその約束を忠実に守るべきだろうか？ もしも、相手が約束を忠実に守るとすると、約束を破って自国の生産量を大きいままに保てば、マーケットの支配は確実である。いったん大きなシェアを獲得してしまえば、後になって隣国が気づいたところで時すでに遅しである。ならばこの際、約束を破った方が得ではないか？

　いや、自分が忠実に約束を守るのはいい。けれども、隣国が約束を守る保証はあるのか？ もしも隣国の方が約束を破ったらどうなるだろう。そうなれば、自国は今後ずっとみすぼらしい状況に陥ることになる。考えるだけでも恐ろしいことだ。ならば万が一のことを考えても、やはり約束は守るべきではないのではないか？

　とまあ、このように双方とも考えることになるから、たとえ約束をしたにしても(α, α)を実現するのは極めて困難なのである。ましてや、両国が信頼関係のない間柄だとすれば、(α, α)の状況が実現する可能性はまずゼロに近いといっていいだろう。

　囚人のジレンマがこれだけ有名だという事実からすれば少々驚くべきことではあるが、パレート改善の機会が存在しても、それが実現しない可能性があるという事実は、案外軽視されることがある。たとえば一部のテキスト類では、パレート改善という概念は指針としてほとんど役に立たないということが指摘されている。パレート改善が可能な状況など、ほとんど残されているはずがないからというのである。

　けれども、そんなことはない。囚人のジレンマのような状況におかれていれば、パレート改善が実現していないことは十分にあり得る。皆が得するとわかっていても、それが実現するとは限らない。そのことを、囚人のジレンマは教えてくれる。

囚人のジレンマからの脱出

　本来であれば、誰もが望む状態変化である。にもかかわらず、その状態変化が実現しない。こんなばかばかしい話はないだろう。ならば、この囚人のジレンマからの脱出を考える必要がある。そこで、その手だてについて簡単に整理しておこう。ここでは4つの方法を取りあげる。

　まず、ひとつめの方法は、相手が裏切らない限り自分は絶対に裏切らないという自身の決意を、なんらかの方法で相手に伝えることである。こうした決意のことを「コミットメント」（公約: commitment）と呼ぶ。こうしたコミットメントを相手に伝えることができれば、相手も自分と同じような行動を選ぶようになるだろう。

　ただし注意する必要があるのは、コミットメントというのは単にそのメッセージを表明することではないということである。単に表明するだけでは、たとえそれが本心からのものであっても、相手は疑いの気持ちを拭いきれないから、それでは十分な効果は期待できない。メッセージ内容とともに、その公約が信頼できるものだということを相手に伝える必要がある。

　自らのメッセージの信憑性を高める方法にはいろいろなものが考えられるが、ここでは一例だけ紹介しておこう。乱発気味なので、効果のほどは定かでないが、たとえば、家電量販店のチラシで、「どの店にも負けない低価格。もっと安いお店があったらチラシをお持ちください。それと同じ価格でお売りします」というような宣伝文句を見たことがあるだろう。これは、コミットメントを信憑性のあるかたちで相手に伝えようとする努力の典型例である。

　家電量販店どうしは、囚人のジレンマの状況にある。各店は、製品を大きく値引きして売るか、定価に近い価格で売るかの選択を迫られている。各店ともに定価で販売できれば、十分な利益を確保できるが、すべての店が一斉に値引きをすると、各店の利益は大きく減少してしまう。けれども、値引きをするのが一店だけなら、その店に客が集中するのでその店だけは売り上げを大きく伸ばす。他方、その他の店は大幅な売り上げ減となる。そこで結果的には、すべての店が値引きをするというところに落ち着かざるを得なくなる。

第3節　協調の困難

　そこでこのチラシの登場である。チラシは、自分だけ安く売ることはしないが、他店にも一人だけ儲けさせるようなことはしないよ、と他店に伝える効果がある。つまりチラシとは、消費者への宣伝であると同時に、実は、他店に対するメッセージなのである。

　大切なのは、このチラシで示されたメッセージが、他店に対して信憑性の高いメッセージとして伝わるという点である。チラシの主が、そのチラシで示した値段以上に値引きすることはまず考えられない。消費者はそのチラシの価格を期待して来店するわけだから、来店した消費者相手にわざわざそれ以上の値引きをする必要はない。そのようにチラシの主は考えているはずだと、相手側は読みとることができる。
　一方、もうひとつのメッセージ、つまり他店だけに安売りはさせないというメッセージにも信憑性がある。チラシで宣伝した以上、他店が値引きをすれば、必ずそれに追従して値引きするはずである。そうでなければ店の評判にかかわるから、これもまず間違いあるまい。そう他店は考えるはずである。
　こうして、チラシによるメッセージは、信頼のおけるコミットメントだと、他店によって評価されることになる。そこで、他店も安心して大幅な値引きを控えることができる。その結果、各店は値下げ競争でたがいに首を絞め合うようなことなく、うまく共存していけるというわけである。
　このように、コミットメントという方法が、囚人のジレンマから逃れるためのひとつの有力な方法になる。

　2つめの方法は、問題をジョイントすることである。つまり、囚人のジレンマのような問題を、そうでない問題と意図的に抱き合わせにしてしまうのである。囚人のジレンマの問題は、便益の大小関係が、先ほどの表で見たような関係（序列）にあるからこそ生じる。したがって、これを別の問題と組み合わせて、便益の大小関係を変えてしまえば、その強いパレート改善が自然と達成されるようになるかもしれない。
　たとえば、先ほどの大気汚染の問題を、貿易協定の締結という問題と結びつけてみよう。両者が大気汚染問題で協調できた時に限り、双方に大きなメリットのある貿易協定を結ぶことにするのである。試しに、この貿易協定による便益を1千万ドルとする。す

ると先ほどのゲームは、表5－2のようになる。

表5－2 問題のジョイントによる囚人のジレンマからの脱出

		B国の対応	
		生産量 中 （α）	生産量 大 （β）
A国の対応	生産量 中 （α）	(20, 20) （うち10百万ドルは 貿易協定による）	(1, 15)
	生産量 大 （β）	(15, 1)	(6, 6)

こうなれば、もはや生産量削減の約束を一方的に破棄するメリットは、いずれの国にもない。したがって、(α, α) は自然と実現することになる。

ここでは貿易協定はそれ単独でもメリットがあるわけだが、それをあえて大気汚染の問題と結びつけることによって、囚人のジレンマからの脱出も可能になるというわけである。

3つめは、ゲームを1回限りのものではなく、無限に繰り返すゲームにするということである。ゲームが1回限りのものなら、たとえ約束があったにしても、相手を裏切った方が得になるかもしれない。けれども、ゲームが無限に続くとなるとそうはいかない。1回目のゲームで一人勝ちをしたプレーヤーは、次の回からは報復を受けてしまう。それよりは、ずっと協力しあっていく方が、結果的には両方のプレーヤーにとって得になる。

先ほどの大気汚染の例でいえば、裏切るという戦略の便益は、15＋6＋6＋6＋……となり、一方協調の方の便益は10＋10＋10＋10＋……となるから、3回目のゲームでは、早くも後者の便益が前者を追い抜いてしまうわけである[39]。

たとえば隣国どうしは、通常、1回限りのゲームをやるような関係にはない。好むと好まざるとにかかわらず、果てしなく関係を持ち続けなければならない。したがって、

---

39 ただしここでは生産量を元の水準に戻すことが可能と想定している。

たがいにそうした関係にあるということさえ認識できるなら、両者は囚人のジレンマの袋小路に迷い込む必要はなくなるかもしれない。

　最後の方法は、上記の組合せのような方法ではあるが、ここではあえて別のものとして取りあげておこう。その方法とは、調停を第三者（コーディネーター）に頼むという方法である。信頼のおけるコーディネーターに判断を預ければ、彼は当事者たちを最善の選択肢のもとにおいてくれるだろう。一回限りのゲームならそれでよし、そうでないゲームでも、ともかくいったん最善の選択肢のもとにおかれれば、そこにおかれたということそのものが、当事者たちをその選択肢に引き留める力を持つ。なぜなら、もしも裏切れば、コーディネーターの顔に泥を塗ることになるからである。コーディネーターとの関係が1回限りのものではないのなら、コーディネーターとの関係も気にしないわけにはいかない。つまりこれは、当事者間のゲームに、当事者とコーディネーターとの間のゲームをジョイントさせるものだと見ることもできる。もちろん、コーディネーターを介して各当事者がコミットメントを宣言できればさらによい。

　したがって、当事者どうしが膝をつき合わせて相談するより、第三者を挟んだ方がいいということは十分にあり得る。たとえば中東和平の問題に、第三国が調停役として登場するニュースをしばしば耳にするが、これは、ゲーム理論の考え方に基づけば、（残念ながらうまくいっていないとはいえ）とても理にかなった方法なのである。

　こうして、囚人のジレンマから抜け出るための方法はいくつかある。囚人のジレンマに陥っていると診断できたら、こうした方法が利用できないかと考えてみるとよい。

【ヒントその23：協調の困難】

■パレート改善の機会が存在しても、それが実現するとは限らない。囚人のジレンマは、その代表例である。

■囚人のジレンマから脱出するには、①コミットメントをすること、②問題をジョイントすること、③繰り返しゲームを認識すること、④コーディネーターに調停を依頼することなどが考えられる。

第5章 環境問題を考える上でのいくつかの重要な視点

第4節 時間 ―― 世代間衡平

割引率を通じた時間の検討

　環境問題を検討する上で、時間は特に重要な意味を持っている。現在と将来、あるいは近い将来と遠い将来との間で、便益や費用を比較することが絶えず必要になるからである。たとえば、環境対策を講じるということは、すでにその時点で、現時点で生じる対策費用と将来の便益という、異時点における価値の比較を行っているということにほかならない。

　もちろん異時点間でも、便益と費用とを単純に比較できるなら、取り立ててここで論じるまでもない。現在であれ、将来であれ、100万円は100万円で同じだけの価値があるのだとすれば[40]、少なくとも効率性の観点からする限り、便益と費用とを単純に比較して、その対策の是非を判定すればいい。
　けれども残念ながら、現実は、そう簡単にはいかない。なぜなら我々は、実際問題として、10年後の100万円は現時点での100万円よりもずっと小さな価値しかないと考えることが多いからである。

　そこで経済学では、将来の便益や費用に対して一定の係数を乗じることで、それらを現時点の評価額に換算するということをする。この操作によって、さまざまな時点で発生する便益や費用を、一律に比較できるようにするのである。

　本節で検討するのは、この方法論についてである。この手法は極めて幅広い分野で利用されている反面、具体的な係数の選択というような段になると、専門家の間でも見解に大きな相違がある。そこで本節では、まずこの手法の基本的な考え方を整理した上で、主要な論争を整理し、そこから何を取りだすことができるのかを考えてみる。

---

40 もちろん、インフレ分を補正しての話である。

現在価値への換算方法

　一人の消費者の立場に立って、銀行に預金することを考える。預金をすれば、数年後には利息がついて戻ってくる。たとえば、利率が1％だとすると、預けた100万円が、1年後には101万円になって帰ってくる。したがって、いま100万円消費するよりも、1年後に101万円にして消費する方が得だと思う人は、その100万円を預金に回すだろうし、逆に損だと思う人は、100万円をいま使ってしまおうと思うだろう。各個人はそれぞれに、手元の資金総額（所得）や自分の選好と相談しながら、消費と預金との最適なバランスを見いだそうとする。そして手元の資金を消費と預金とに振り分けていって、最後の（限界の）1万円については、消費しようが預金しようが優劣はない、つまり無差別という状態（均衡点）を見つけだす。利率が高ければ、それだけ均衡点は預金側にずれて、預金が増えることになるだろうが、限界において消費と預金とが無差別であることに変わりはない。

　さて、こうして銀行に集まった資金は、企業に貸しつけられ、企業の投資に使われることとなる。企業は、銀行から借り入れた資金を用い、収益率のよい投資機会から優先的に投資を行い、徐々に収益率の低いものに資金を振り向けていく。つめていえば、各企業は、銀行を介して各消費者から資金を集め、その資金を投資に利用しているわけである。だから、やがては、借りた資金に利子分を上乗せして消費者に返済しなくてはならない。したがって各企業は、投資収益と返済額を見比べて、利益が出る範囲で資金を借り入れる。具体的にいえば、集めた資金の最後の1単位分の投資によって得られる利益が、消費者に返済すべき利子よりも多い場合に限り、さらに多くの資金を集めようとするだろう。

　各企業がさらに資金を集めようとすれば、資金に対する需要が高まり、銀行の預金利率を押し上げる。利率の上昇は、消費者からの預金を誘い、企業に貸しつけられる資金の総額を大きくする。企業による資金需要がある限り預金利率は上昇し続け、やがて、投資の限界収益率と一致したところで安定する。つまり、均衡点では、限界収益率と銀行の預金利率とは、一致することとなる。

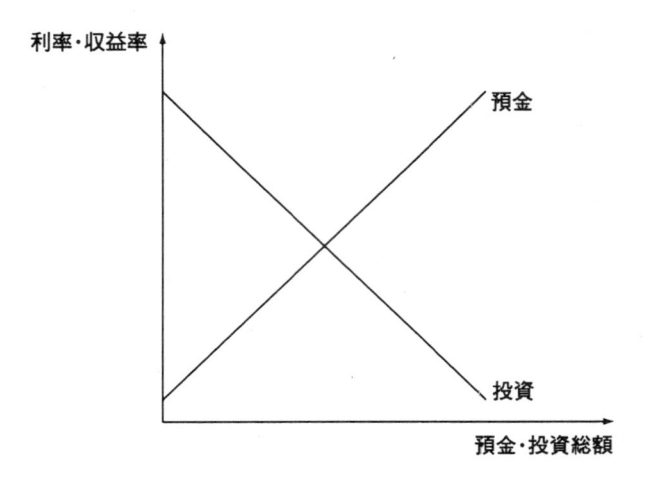

第5章 環境問題を考える上でのいくつかの重要な視点

図5-3 利率と収益率との関係

　簡単にいってしまうと、預金の利率が定まるプロセスというのは、一般の商品の価格が定まるプロセスと基本的に同じである。利率は、「将来の資金」という商品の価格である。そして、その利率は、図5-3で見るように、将来の資金に対する需要（企業側）と供給（消費者側）とのバランスで決まる[41]。

　突然なぜこんな話を始めたのかというと、実はこの中に、異時点の便益や費用を比較するための基本的な考え方が示されているからである。ここでの消費者の判断が、まさにその考え方を示している。

　そこでもう一度、消費者に着目してみよう。彼の消費と預金とは、与えられた利率のもとで、限界において無差別であった。ということはつまり、現在の100万円と1年後の101万円が等価であるということであり、逆にいえば、1年後の100万円は、現在の100万円×100/101の価値しかないということにほかならない。

　これを一般化すると、利率がrの時、資金aはt年後には、$(1+r)^t a$になるか

---

41 ただし実際には、課税や、取引費用、あるいはリスクなどの攪乱要因があるから、メカニズムはもっと複雑である。

ら、逆にいって、t 年後の資金 α の現在価値は、

$$\text{t 年後の資金 } \alpha \text{ の現在価値} = \frac{1}{(1+r)^t} \times \alpha \quad (5-6)$$

だということになる。なお、この時の $\frac{1}{(1+r)^t}$ を「割引係数」(discount factor)、r を「割引率」(discount rate) と呼ぶ（以下では、利率 r と区別するために、割引率は d と表記する[42]）。

これをさらに発展させてみると、環境政策や公共事業など、異なる時点にさまざまな便益や費用をもたらすプロジェクトの正味の価値も、それらすべてを現在価値に換算し、その現在価値を合計することによって、たったひとつの値で表現できることになる。これを「純現在価値」（NPV: net present value）という。つまり、プロジェクトの NPV は、

$$\text{NPV} = \sum_{t=0}^{\infty} \frac{1}{(1+d)^t} \times (B_t - C_t) \quad (5-7)$$

$\quad$ d：割引率
$\quad$ B_t：時点 t における便益
$\quad$ C_t：時点 t における費用

となる。なお、ここでは時間を離散的に捉えたが、時間を連続的に捉えると、式は、

$$\text{NPV} = \int_0^{\infty} (B_t - C_t) e^{-dt} dt \quad (5-8)$$

となる。式 5−7 と式 5−8 は、数学的に等価である[43]。

---

42 ここでは割引率と利率の数値は同じだが、概念的には異なるものであるため、両者を区別することとする。
43 t の区間を無限に小さくすると、式 5−7 は式 5−8 となる。

こうして、各プロジェクトの優劣は、このNPVを相互に比較すれば判定できることになる*44。このことが、上述の消費者の預金行動から推察できる。

環境対策でも、公共事業でもそうだが、あるプロジェクトが着手され、一定の期間を経た後に、その見直しや中止が議論されるということはよくある。そんな時に散見されるのが、「このプロジェクトにはこれまで〇〇億円も費やしてきたのだから、ここでやめてしまうのはもったいない。もう少しだけ投資して、目に見える成果を生みだすべきだ」というような議論である。

しかし、NPVの考え方を尊重するなら、この考え方は適切でないということになる。この場合の適切な判断は、プロジェクトの見直しを行おうとしたその時点で、将来の便益と費用との流れを見積もってNPVを算出し、それがプラスならば事業を継続するし、マイナスならば事業を中止するという判断なのである。たとえそれまでに何億円投資していようが、過去の費用は取り戻すことはできないから、考えてみてもしかたがない。いままでの資金が無駄になるからという理由で、さらに無駄を増やすのは得策とはいえない。

このようにして、時間について考える時にはNPVの考え方が基本となる。特定のプロジェクトを実施する（もしくは継続する）意味があるかどうかは、そのNPVがプラスかどうかを確認すればよいし、（何もしないというプロジェクトも含めて）複数のプロジェクトの中から選択する場合には、それぞれのNPVを算出して、その値が最も大きなプロジェクトを選び出せばいい。効率性の観点から論じる限り、そう結論することができる。

---

44 NPVの見積もりに関し、若干補足しておきたい。まず、費用（C_t）についてであるが、各プロジェクトの実施費用が、消費と投資とをいくらかずつ犠牲にすることによってまかなわれたとすると、投資の方の犠牲については、投資額そのままを費用と考えてしまってはいけない。正しくは、その投資が生みだしたであろう将来の便益の流れを見積もり、それをその各時点で生じる費用と考えることが必要になる（これは、機会費用の考え方を踏まえた考え方である）。このため、各プロジェクトの評価にあたっては、そのプロジェクトが消費と投資とに与える影響を明確に分析することが重要になる。
　もうひとつ重要な点は、将来における不確実性（リスク）の取り扱いである。将来に便益や費用が発生するプロジェクトの場合には、リスクを無視するわけにはいかない。そこでリスクに対処するために、時点毎にまず確実性等価を算出し、それを現在価値に割り引くという処置が必要とされる。

さて、このフレームのもとで考えるとなると、式5－7から明らかなとおり、プロジェクトを評価する上で重要なのは、①割引率（d）の選択と②各時点における純便益（$B_t - C_t$）の見積もりということになる。が、このうち特に議論の焦点となっているのは、割引率の選択である。地球温暖化などの問題を考える際、この率の選択そのものが、世代間の衡平の問題に大きな影響を及ぼすことになるからである[45]。

そこで以下では、この割引率に焦点をあてて、時間をめぐる問題について調べていくこととしたい。

割引率のインパクト

割引率の概念的な検討を行う前に、まず、この割引率の選択がいかに影響力が大きいかということを確認しておこう。割引率の選択は、地球温暖化などのように遠い未来の議論をするとなると、とりわけ大きなインパクトを持つようになる。

一般に提案されている割引率の値は、およそ年率2～10数％程度であるが、この幅の中で考えても、採用する割引率の違いが及ぼす影響力はかなり大きい。これを確認するために簡単な計算をしてみたのが、表5－3である。この表は、将来の各時点に10億円の損失が生じるとして、その損失のNPVが割引率によってどれぐらい違ってくるかを算定してみたものである。

表5－3 将来発生する10億円分の損失のNPV

	50年後	100年後	200年後	300年後
割引率 2%	3.7億円	1.4億円	1,900万円	260万円
割引率 3%	2.3億円	5,200万円	270万円	14万円
割引率 10%	850万円	7.3万円	5円	0.0004円

---

45 世代間の財の配分などにかかわる問題は、一般に intergenerational equity の問題と呼ばれており、これは「世代間衡平」と訳される。ちなみに「公平」は、fairness の訳語である。

この表を見てまず驚くのは、割引率が大きい場合には評価額が極めて大幅に圧縮されてしまうという事実である。割引率10％だとすると、200年後に発生する10億円の損失は、わずかに5円分の現在価値しかない。300年後ともなると、なんと日本の総GDPですら200円に満たない価値しかないことになる[*46]。つまり、300年後に現在の日本のGDPが失われるほどの被害が生じるとしても、現時点でコーヒーを一杯我慢するぐらいなら、その被害の防止は諦めた方がいいという結論が導かれるのである。

　さらに、割引率の違いによる評価額の差にも目を見張るものがある。割引率2％の場合と10％の場合を比較すると、評価額の違いは、50年後で40倍、100年後では1,900倍にも達する。割引率がわずかに1％しか違わない2％と3％とで比べても、100年後で2倍、200年後では7倍の違いになる。遠い将来の便益や費用の現在価値は、割引率に対してとても敏感であることがわかる。

　こうしたことを見れば、割引率の選択について議論が生まれるのも当然だと得心がいくし、地球温暖化の将来影響など、超長期的な問題についての議論では、割引率によほど注意を傾けなければならないということもわかるだろう。

割引率の基本的考え方

　ではいよいよ、少し理論的な側面から、割引率の選択問題にアプローチしてみよう。ここではまず、専門家の間でおおよその合意が見られる基本的考え方を整理した上で、見解のわかれる論点についての分析に進みたい。

　将来の純便益を現在価値に換算するということは、将来に消費できる財の現在価値について考えることを意味している。つまり、割引の対象として想定しているのは、「効用」などではなく、あくまで財の「消費」である。そして、その消費を割り引くことを前提とすれば、割引率はある種一定の構造をしているということについての幅広い合意

46　年間GDPを500兆円として計算。

がある。すなわち、割引率は、以下のように、2つの要素の和として表現できるとされている（IPCC, 1996）。

$$d = \rho + \theta g \qquad (5-9)$$

  ρ：純粋時間選好率（pure time preference）
  θ：限界効用の弾性力（elasticity of marginal utility）
  g：一人あたりの消費の増加率

　ここで、「純粋時間選好率」（ρ）とは、その名のとおり、時間に対する人びとの純粋な「好み」を表現している。一般に我々は、将来に対しては現在ほどの関心を示さないという傾向があるので、その事実を割引率に反映させているのである。なお、この純粋時間選好率には、①自分自身の将来の消費には、現在の消費ほどの関心を示さないこと、②将来世代の消費には、自身の消費ほどの関心を示さないこと、という2つの傾向のいずれか、もしくは両方が反映されている。
　もう一方の要素であるθgは、消費総量が多くなれば、同じ量の消費の増加がもたらす効用の増加分（限界効用）は徐々に減少するはずだということ、つまり300万円の年収が100万円増加するのと、3,000万円の年収が100万円増加するのとでは、同じ100万円の増加といっても、獲得できる効用は、後者の方がずっと小さいであろうということを表現したものである。
　なお、θgの説明からも明らかなとおり、割引率を式5-9のように表現できると想定することの背景には、各個人の効用が消費にもっぱら依存しているということ、つまり、

$$u_{it} = u_{it}(c_{it}) \qquad (5-10)$$

  u_{it}：個人 i の時点 t における効用
  c_{it}：個人 i の時点 t における消費

第5章　環境問題を考える上でのいくつかの重要な視点

が成立しているという前提がある。

さて、割引率の考え方の前提として、すべての財は消費というひとつの指標に換算可能であるという認識があるということは、次のような含意がある。

まず、ひとつの指標に換算するということは、あらゆる財の間で代替性が成立することを前提としているということにほかならない。したがってもしも、代替性が成立しないような場合があれば、そこではこの考え方は妥当しないことになる[47]。
たとえば、地球温暖化のような激甚な被害をもたらす可能性のある問題であってもNPVのフレームのもとで考えられることが多いが、この点で、それが本当に妥当なことかどうかはよく考えてみるだけの意義がある[48]。

一方、いまの論点のちょうど裏返しに、もしも財相互の代替性が成立するのであれば、それを前提にして通時的な問題を考えることが正当化できるということもいえる。
このことは、「持続可能性」などを考える上でも大きな示唆を与えてくれる。たとえば石油などの枯渇性資源について考えてみると、これらの資源は使ってしまえばその分必ず埋蔵量が減少するから、将来に残すことのできる資源量は(潜在的には)必然的に少なくなっていかざるを得ない[49]。しかしだからといって、それゆえに持続可能な発展は不可能だと、絶望的になる必要は必ずしもない。なぜなら、減少した石油資源の価値以上の価値を、社会資本の整備や教育などによって将来に残すことができるなら、石油資源の減少は埋め合わせることができるからである。石油は、石油だけで考える必要はなく、もっと幅広い財の集合の中で考えることが可能だし、また適切でもある。

47　すでに述べたように、環境財の価値の「すべて」を、ひとつの指標の値に換算することは不可能である。したがって、このような定式化を文字通りに受けとっていいかどうかについては、検討の余地がある。消費の全体が推定できないとなると、たとえばg(一人あたりの消費の増加率)といった値そのものが算定できないはずである。

48　一般的には、地球温暖化問題は、この分析の枠組みを越えてしまうほどに深刻な被害をもたらすものではないという前提で検討されることが多い。しかしこの立場は、後述するように問題が少なくない。

49　もちろんすでに述べておいたように、これらの資源について論じる際には、新埋蔵の発見や採掘技術の向上などの論点を無視してはならない。

IPCCの言葉を引けば、「将来の世代が、少なくともあらゆる資源とともに、この世界を受け継ぐべきことを意味するのではないという点については、経済学者の間では意見が一致している。そうでなければ、このような見解［持続可能な発展］は、いかなる枯渇性資源の利用をも不可能にするだろう。(物理的あるいは人的)資本の蓄積が、天然資源の減少を埋め合わせることができる、というのが一般的な解釈である」ということになる（IPCC, 1996; ただし［ ］は筆者による補足)。これは、我々を少なからず勇気づけてくれる事実だろう。

このようにして、割引率の基本的考え方が財の代替性を基礎にしているということには、長短いずれの意味でも重要な意味がある。

なお、NPVとは費用便益分析の手法を通時的に適用可能としたものと考えてよく、それ故評価対象毎にアプローチ方法を変えるべき理由はない。したがって、環境問題についてであれ、公共事業についてであれ、基本的にはすべての場合に同一の割引率が用いられなければならないということを補足しておこう。

論争

では続いて、論争の的となっている大きな2つの論点について検討していくことにしよう。ここではそれぞれの論点につき、主要な主張のポイントを整理した上で、それぞれの主張をどう捉えるべきかということについて解釈を加えてみたい。ただし論争は継続しているわけだから、ここでの評価も広く受け入れられているものだとは到底いえないし、むしろ、筆者個人の評価だと言った方がよほど真実に近い。もちろん筆者としてはそれなりの自信があるからこそ記述しているわけだが、ともかく確立された評価を提供するものではないということは、公正のためにまず前置きしておこう。

また、割引率をめぐる論争が生じているとはいっても、割引率の選択が問題になるのは、基本的には地球温暖化に代表されるような、世代をまたがる超長期の問題においてである。逆にいえば、およそ30から40年ぐらいまでの比較的短期の問題や施策に関しては、プラスでかつ不変の割引率を用いてNPVを算出するということについて幅広い了解がある。したがって、ここでの議論も、基本的には超長期の問題について論じてい

るのだと考えていただいた方がいいだろう [50]。

(1) 論点1：割引率は、プラスかゼロ（もしくはマイナス）か？

第一の論点としては、割引率は正の値をとるべきか、それともゼロか（もしくはマイナスか）という論争がある。この点から検討を始めよう。ただし、式5－9でいうところの ρ と θg のいずれについての議論かで、その議論の中身がまるで異なってしまうので、この2つの要素を分けて整理してみたい。

まず、ρ については、これをゼロとすべきだという議論がある。個人的な問題であればいざ知らず、将来の人びとの消費を割り引くことは、倫理的に許されるべきではないというのがその論拠である。たとえばIPCCによれば、ラムゼー（Ramsey）は、最適な貯蓄についての古典的な論文の中で、純粋時間選好率（$\rho > 0$）についてのいかなる斟酌も、「倫理的には弁護し得るものではなく、単に想像力の貧しさから生じるにすぎない」と断じているという（IPCC, 1996）。この議論に共感する論者たちは、ρ はゼロでなくてはならないと主張する。

けれども、この議論に対しては、いくつかの強力な反論がある。
その反論のひとつは、「普遍化可能性」（universalizability）という基本的な道徳律に完全にしたがうことを我々の責務と考える必要はないとする議論である（Arrow, 1999）。ここでいう普遍化可能性とは、他人を自らとまったく同じように扱うべしとする道徳律のことである。この道徳律に忠実にしたがうなら、他人と自身とを差別することは許されないから、当然に ρ （のうち将来世代にかかわる部分について）はゼロとなる。しかし、「まったく同じように扱う」ということになれば、私がパンを食べようが、他人がパンを食べようが、どちらでもまったく同じことだと主張しなくてはならないわけである。それは、あまりといえばあまりのことではないか？
アローは、あるラビ（ユダヤ教指導者）の言葉を引用して言う。「もしも私が私自身の

---

50 ここでは論点を2つに整理したが、この他、具体的な割引率の推定方法についても大きな論争がある。しかしこの点はやや技術的なのでここでは議論しない。

ための存在でないとするならば、ではいったい誰が私のための存在なのだ？」（If I am not for myself, then who is for me?）と。我々は、少なくともいくらか、我々自身のための存在であってしかるべきである。自身の消費を他人の消費よりもいくらか重んじようとすることは、決して非難されるようなことではない*51。

もうひとつの反論は、そもそも誰に「〜べきだ」などと断じる資格があるのか、という指摘である。割引係数を乗じて現在価値に換算するというNPVの考え方は、基本的に費用便益分析の枠組みの中にある。そして、費用便益分析が正当性を持ち得るのは、それが「民主主義的性質」を備えているからである。たとえいくつもの難点を抱えているにせよ、「現在に存在するすべての人びとの選好に基礎をおいているからこそ、費用便益分析は魅力的なのだ」（Kopp・Portney, 1999）。

したがって、世の中の人びとの選好を度外視して、ただ、個人的な理性的判断に基づいて、純粋時間選好率はゼロである「べきだ」と断じるのは、傲慢であるとは言わないまでも、少なくとも費用便益分析の考え方にはそぐわない。

これらの反論にはかなりの説得力があるというべきである。この論争を見る限り、ρ は正の値をとると結論せざるを得ないように思われる。

次に、θg について考えよう。こちらについては、その値がプラスか否かの判断は、一人あたりの消費の増加率（g）についての客観的な将来予測に基づくべきだとの大方の合意がある。そしてその上で、ほとんどの経済学者は、g はプラスである、つまり将来世代は我々よりも豊かであると予測し、それゆえに、（たとえ ρ がゼロであるとしても）将来世代における消費を割り引くことには正当な理由があると論じる。

しかし、地球温暖化の問題に関する限り、その判断は正しくない。そう指摘したのが、シェリングである（Schelling, 1995）。なぜなら、温暖化対策費用を負担するのは先

---

51 しかしアローは、だからといって完全にエゴイスティックな態度をとることを是認しているわけではない。アローによるラビの言葉の引用は、「もしも私が他の人びとのための存在でないとすれば、いったい私とは何者なのだ？」（If I am not for others, then who am I?）と続くのである。

進国の現在世代であるが、割引の対象となる便益の大半を享受するのは途上国の将来世代だからである。途上国の将来世代は、いまよりは豊かになるだろうが、それでもおそらく先進国の現在世代ほどの生活水準に達することはないだろう。だとすれば、豊かなグループから貧しいグループへの富の移転である以上、この項はマイナスの値でなくてはならない。

　シェリングのこの議論もまた、力強いものがある。彼が指摘したことは、つまりヘテロジニティー（異質性）[52]への配慮が重要だということである。ひとつのグループの中にも、特性を異にするグループ群（サブグループ）が存在し、それぞれのサブグループ毎に、受ける便益や費用が大きく異なるかもしれない。だとすると、そうした多様性を無視してしまうと、問題を見誤ってしまう恐れがある。シェリングはこのことを指摘している。彼の指摘は、NPVという方法論の強引さ——すなわち、すべての便益や費用を時点毎にひとつにまとめてしまい、さらにそれをひとつの割引率で割り戻そうとする手法——に対する注意喚起として受けとることができる[53]。確かに、NPVはかなり強引な思想を含んでいる。このことを忘れてしまってはいけない。

　ただ、モデルは、単純化するところに、（その欠点とともに）利点がある。個別事情はあるにせよ、事情にはプラス・マイナスがあるから、平均として個人の生活水準が向上するなら、まずそれを前提に世代間の問題を考え、世代内の問題はその後で考えても、それほどズレたことにはなるまいという言い方もできなくはない。おそらくこうしたこともあるのだろう、このシェリングの議論は、その妥当性にもかかわらず、大勢を説得するまでには至っていない。つまり、平均としては一人あたりの消費は将来に向かって増加していくはずだというところに軸足をおいて、θgの値をプラスと評価することが一般的である。

52　本章注26 参照。
53　この考え方を発展させれば、ひとつの国の中だけで考える時にも、集団内の多様性を考えることが有益かもしれないという議論が出てくる。ある途上国の現在世代と将来世代とを比べた場合、平均すれば将来世代の方が豊かになるとしても、最貧層の生活水準はほとんど変わらないかもしれない。そして、そこに地球温暖化などの環境負荷が加わると、その最貧層の福祉レベルは現在よりもかえって低下するということが起こるかもしれない。たとえばこうしたことへの配慮が、意味を持ってくる可能性がある。

さて、こうして、ρ の値はプラス、θg の値も（平均的には）プラス、ということになる。したがって、その2つの要素の合計である割引率もプラスになり、将来の消費は現在の消費よりも小さな価値しか有していないと結論される。

(2) 論点2：割引率は、一定値であるべきか否か？

第二の論点は、割引率は経時的に一定値であるべきか否かという議論である。この点についていえば、割引率は一定の値であるべきという見解と、そうではなくて徐々に小さくすべきという見解の2つがある。

このうち多くの支持を集めているのは、一定値の主張の方である。その主たる論拠は、「時間整合性」（time consistency）と呼ばれる考え方にある。割引率が一定でないと、どのプロジェクトの方が優れているかの判断が途中で反転してしまう可能性があるのでおかしいというのが、この時間整合性の理屈である。

簡単な事例で確認してみよう。たとえば、100年目に100万円の費用が発生し、101年目に105万円の便益が得られるようなプロジェクトについて考えてみる。そして割引率 d_t は一定ではなくて、1年目の $d_1 = 0.1$（10％）から徐々に小さくなって、101年目では、$d_{101} = 0.02$（2％）まで、低下するものと仮定する。

このようなプロジェクトの便益と費用それぞれのNPVは、以下の式によって算定される。

100年目に生じる費用のNPV

$$= \frac{1}{(1+d_1)} \times \frac{1}{(1+d_2)} \times \cdots \times \frac{1}{(1+d_{100})} \times (-100) \qquad (5-11)$$

101年目に生じる便益のNPV

$$= \frac{1}{(1+d_1)} \times \frac{1}{(1+d_2)} \times \cdots \times \frac{1}{(1+d_{100})} \times \frac{1}{(1+d_{101})} \times (105) \qquad (5-12)$$

したがって、プロジェクトを実施すべきか否かを判断するためには、この2つの値のいずれが大きいかを見極めればよい。大きさを比較するだけなら、両者に同じ数値を乗じてかまわないはずだから、両者に $\alpha = (1+d_1) \times (1+d_2) \times \cdots\cdots \times (1+d_{100})$ を乗じてみる。すると、両者はそれぞれ

$$\alpha \times 100\,\text{年目に生じる費用のNPV} = -100 \qquad (5-11')$$

$$\alpha \times 101\,\text{年目に生じる便益のNPV} = \frac{1}{(1+d_{101})} \times (105) \qquad (5-12')$$

となるが、想定によれば $d_{101} = 0.02$ だから、後者の方が大きいことは明らかである。したがって、現時点（$t=0$）で考える限り、このプロジェクトは便益の方が大きいと評価され、結果としてゴーサインを出すべきということになる。

さてここで、100年が経過したとしよう。今度は、100年目は現在、101年目が1年後になる。したがってその時点（$t=100$）でのNPVを計算すると、

$$100\,\text{年目に生じる費用のNPV} = -100 \qquad (5-13)$$

$$101\,\text{年目に生じる便益のNPV} = \frac{1}{(1+d_1)} \times (105) \qquad (5-14)$$

となる。先ほどの場合と比べると、用いる割引率が d_{101} から d_1 に変わっただけの違いである。しかしここでは、この違いが決定的な意味を持つ。なぜなら、$d_1 = 0.1$ だから、今度は費用の方が高くなり、プロジェクトは中止するべきだという、当初とは反対の結論が導かれてしまう。

つまり、現時点でゴーサインを出したはずのプロジェクトが、単に時間が経過しただけで、将来ストップさせられることになる。単に時間が経過しただけでというのは、途

中の段階で新たな情報が得られたわけでもないのにということである。つまり、当初の段階で、将来的に方針変更せざるを得なくなることが完全に見通せてしまうのである。

これはおかしい。そして、こうしたおかしいことが起こるのは、割引率を一定にしていないからである（割引率が固定されてさえいれば、その値が2％であれ10％であれ、こうしたことが起こらないのは明らかだろう）。だから、割引率は一定でなくてはならない。そう考えるのが、時間整合性の考え方である。

一方、これに対して別のアプローチを提唱したのが、ワイツマンである。ワイツマンは、割引率は一定にすべきではなく、徐々に小さくしていくべきだと主張した(Weitzman, 1998; Weitzman, 1999)[54]。(彼は、0-25年: 3-4％、25-75年: 2％、75-300年: 1％、300年超: 0％という割引率の採用を提案している)

彼がこうした主張を展開した背景には、「もしも本当の割引率がわかるなら、それを用いるのが正しいに決まっている」という素朴な着想がある。つまり、いずれ実際に観察できるであろう将来の割引率を、いまから正確に予測できるのなら、その予測値を割引率として用いるのが当然だというわけである。

では、将来の本当の割引率は予測可能だろうか？　彼はその問いに対して、近未来の割引率であれば過去のデータからある程度推定できるだろうが、遠い将来の場合にはそうはいかないと答える。遠い将来は、あまりに不確実性が大きく、期待値的な考え方を導入せざるを得なくなるというのである。

さらに彼は、その期待値計算の対象となるべきものについて考え、そしてその対象となるべきものは、しばしば誤解されているように割引率なのではなく、割引係数なのだということに思い至る。その上で、割引係数の期待値は、最も低い割引率を用いた時の割引係数で近似できるはずだということを明らかにしたのである。

こうした思考をたどった果てに、彼は、不確実性が高まる将来に向けて、割引率は徐々に小さくしていく必要があり、やがて可能な限り小さなものとする必要があるという結論を導くこととなった。

彼のこの議論はそれなりの説得力を持った。実際たとえば、イギリス財務省では、こ

---

54 (Newell・Pizer, 2001)も参照。

のワイツマンの議論をひとつの有力な論拠として、割引率を徐々に小さくしていくことを提案している (H.M.Treasury, 2003)。

　以上、時間整合性の考え方とワイツマンの議論とを見てきた。この2つの議論には際立った対照がある。前者は割引率は一定であるべきだといい、後者はそうではないという。この2つの主張は並び立つものではない。だから我々は応応なしに、そのいずれか一方、もしくは両方の考え方に対して否定的な評価をくだす決断を迫られる。

　さて、この問題に決着をつけようとすれば、どうしても、我々はいったい何について考え、何のために割引率を特定しようとしてきたのかという、問いの原点に立ち戻ることが要請されるように思われる。そこでここでは少し腰を据えて、我々の考察の原点にまで遡って考えてみよう。

　我々がなぜ、そもそも割引率を用いてNPVを計算しようと考えたのかといえば、それは次のような動機に基づいていたのだった。
　我々は、便益や費用が異なる時点に発生するプロジェクトなり政策なりを、費用便益分析という枠組みの中で評価したいと考え、そのためにNPVを計算しようと試みた。費用便益分析を行おうとしたのは、効率的な財の利用が果たされているか否かを確認したかったからである。
　では、効率的な財の利用とはどういうことか？　それは、我々の選好を所与とした時に、プロジェクトによってパレート最適が達成されるということにほかならない。
　つまり、割引率を用いてNPVを計算するのは、我々の選好を前提とした時に、財の利用の仕方が効率的なものとなっているかどうかを評価するためだったわけである。さまざまな消費や投資の機会がある時に、どのように財を用いれば、我々が最も満足を得られるか？　このことを考えるためにこそ、我々はNPVを計算しはじめたのである。
　この点を振り返ってみると、上記の2つの議論をどのように考えるべきかということがはっきりしてくるように思われる。いまの議論を念頭におきつつ、もう一度、先の議論を振り返ってみよう。

順序が逆になるが、まず、ワイツマンの議論の方から始めよう。彼の着想である、「もしも本当の割引率がわかるなら、それを用いるのが正しいに決まっている」というのは、直感的に理解しやすいし、一見したところの説得力もある。けれどもいま整理したNPVの考え方を踏まえてみると、このワイツマンの議論は、実はおかしいということが見えてくる。

なぜなら、彼が推定しようと考えた「本当の」割引率とは、将来観察できるはずの割引率であり、将来観察できるはずの割引率とは、我々の選好ではなく、その時点に存在する人びとの選好を示すものだからである。だとすれば、我々の選好を前提に、我々にとっての効率的な財の利用を考えるための方法論である費用便益分析の枠組みの中で考える限り、ワイツマンの方法論は適切ではないことになる[55]。

では、時間整合性の議論はどうだろうか？ この考え方は肯定できるのだろうか？ 一見すると、この考え方には、ワイツマンの場合のような問題はないように思える。けれども少し掘り下げて考えてみると、この時間整合性の考え方にも奇妙なところがあるということがわかる。この考え方もやはり、費用便益分析の考え方とは整合しないのである。

この点については、少し順を追って説明する必要があるので、まず、時間整合性の考え方が明らかにおかしいと簡単にわかる事例の紹介から始めよう。

割引率が式5-9に示したようなかたちで捉えられるのだとすると、割引率には一人あたりの消費の増加率（g）という要素が含まれていることになる。そして、このgの値は、一定である必然性は何もない。事実、このgは徐々に低下すると考えられることの方が一般的なぐらいである。したがってこの点だけでいっても、割引率は変化する（一

---

[55] ところで、現実の市場で観察される比較的高率の投資収益率を割引率として採用し、遠い将来まで適用することが妥当か否かという文脈の中で、「すべての中間世代が現在世代と同じように行動するとすれば、高い収益を得ることができるはず」だから高い割引率を採用することが適切だとか、逆に「中間世代を現在世代と同じように行動させることを強いることは不可能」だからそれは不適切だ、といった議論もある。しかしこうした議論も、（現在世代が将来に対して完全な決定権を持っているのではないという論点は重要であるにせよ）同様の理由で、的を射たものではないように思われる。中間世代の行動についての予測は、費用便益分析とは直接のかかわり合いがない。それはただ、我々が、将来の消費に対して我々の選好を形成する際に考慮要素となる限りにおいてのみ、費用便益分析と関係するのでなくてはならないはずである。

般的な想定にしたがえば徐々に小さくなる)と考える方がむしろ当然なのである。

つまり、たとえ仮にρやθが一定であるとしても、100年経った後でのNPVは、式5－13と式5－14のようなものではなく、以下のように示されるはずである。

$$100\text{年目に生じる費用のNPV} = -100 \tag{5-15}$$

$$101\text{年目に生じる便益のNPV} = \frac{1}{(1+d_{101})} \times (105) \tag{5-16}$$

なぜなら、100年目から101年目にかけての現実の g の値が反映されている割引率は、d_1ではなくd_{101}だからである[*56]。すなわち、先の想定では、100年経ったら100年目は現在、101年目は1年目になるから、割引率も1年目のものを用いるべきだと素朴に考えたわけだが、実はそれは間違いで、いまから数えて何年目の消費を割り引くのかということよりも、いつの時点の社会における消費を割り引くのかということを考えるべきだったというわけである。ここでは時間整合性の考え方が妥当しないことはもはや明らかである。

とはいえ、こうした難点を乗り越えるべく、時間整合性の考え方はごく自然に拡張することができるので、この問題はもう少し考えてみる必要がある。つまり、割引率そのものは確かに変化せざるを得ないにしても、少なくとも純粋時間選好率(ρ)は一定であるべきだという主張はできる。純粋時間選好率が一定でないと、文字どおり「単に時間が経っただけ」で消費レベルにまったく変化がなくても、判断が反転してしまうからおかしい、と主張することは可能だからである。

ではこのρに限った時間整合性の考え方は正しいだろうか?

各種の研究結果によって明らかにされているところによれば、実際に我々が選好する

---

56 ただしここでは、現時点で推定した101年後の g の値が、101年後の実際の g の値とぴったり一致したという、無理な仮定をおいていることは補足しておくべきだろう。ぴったり一致していなければ、もちろん真実の消費増加率を用いる必要がある。

割引率は、時間の経過とともに段階的に小さくなっているという事実がある。これは、(そのすべてが g に対する我々の見込みということで説明がつかないとすれば) ρ の時間整合性の考え方と矛盾することになる。したがって、時間整合性の考え方にそれでも固執するというのなら、この現実は、単に人びとが十分合理的ではないことの結果、つまり我々が「間違っている」からであると理解するほかはない。

シェリングなら、我々が間違っているとは考えないはずである。彼の展開した議論を敷衍すれば、我々が間違っているなどと考えなくても、この現実を無理なく理解することが十分可能だからである (Schelling, 1995)。

シェリングは、世代をまたがるような長期的な問題について考える時、時間は、ある種の「距離」のようなものとして機能すると主張した。2050 年の世界に住む世代の人びとよりも、2150 年に生きる人びとは「ずっと遠い」存在である。ちょうど、自分と同じ団地の住人よりも、遠くの国の人びとの方が、ずっと遠い存在であるのと同じである。そんな感情的な「距離」を反映しているのが純粋時間選好率なのだと彼は考えている。

そうした感情的な距離についていえば、距離が遠くなるにつれ感覚が鈍くなるのはごく自然なことである。自分と同じ団地の住人のことか、それとも 100 キロ隔てた町に住む人のことかでは、関心の持ち方は著しく違うだろうが、トルコの人びとに起こったこととチュニジアの人びとに起こったこととの間には、我々はまずたいした関心の違いを示さない。

だとすれば、直近の数世代については、世代の違いに重大な関心があるが、はるか遠くの世代については世代の違いにたいした意味を見いださないということがあってもなんら不思議ではない。そして、割引率が徐々に小さくなっているということも、そうした我々の感情的な「距離」の現れと考えれば、無理なく了解できる。

このシェリングの議論で重要な点は、割引率を、いま現在の「我々の選好」として捉えることが可能だということを示したという点にある。そして、費用便益分析が我々の選好を基礎に財の効率的利用を評価するための方法論であるのなら、そこで用いる割引率は、まさにこの割引率であるべきである。ほかの誰でもなく、いま現在の世界に生きている我々が、将来の人びとの消費をどのように評価するかということを投影した割引

率を、NPV計算に採用する必要がある。

　我々は、遠い未来の消費にもなにがしかの価値を見いだす。我々自身が直接消費するのではないと知りつつ、いやむしろ、自分とはまったく別の人格が消費するのだということを前提にして、遠い未来の消費に対して評価をくだす。100年後には自身が存在しないことを確実に知った上で、にもかかわらず、100年後の消費を現在価値に割り引いて評価する。これがいま現在の我々の選好としての割引率である。したがって逆にいえば、その遠くを見つめる視点を手放してしまっては、もはやそれは我々の選好ではない。

　このように考えてくれば、ρ のみの議論ではあっても、やはり時間整合性の考え方は、費用便益分析の考え方と整合しないということは明らかである。時間整合性が主張していることは、まさに遠くを見つめる視点を手放し、我々の選好を離れてしまうことなのである。「単に100年経っただけで判断が反転するのはおかしい。100年経った時点から眺めてみよ」、そう時間整合性の議論は語るが、それはつまり、我々に100年後の世代の立場に立てと命じることにほかならない。しかしそのように別の世代の立場に立ってしまっては、もはやそれは我々の選好ではなくなってしまう。したがってその割引率を用いて計算した結果も、費用便益分析とは無縁のものにすぎなくなる。

　もしも我々がトルコ人になったと仮定すれば、周辺のトルコの人びとに起こることには、チュニジアの人びとに起こることに比べてずっと大きな関心を見いだすだろう。それは確かだ。しかし、それを理由に、トルコの人びとに起こったこととチュニジアの人びとに起こったこととの間に、我々がたいした関心の違いを示さないのはおかしいなどということはできない。なぜなら、我々はトルコ人ではないからである。他人になった時の選好が、我々自身の選好と違っていることが予想されるからといって、我々自身の選好がおかしいなどとはいえないのである。

　ここでは、アローの「普遍化可能性」の議論の延長線上で考えてみることが役立つかもしれない。我々は、他人をまんべんなく、均等に重んじることはできない。自分により近い人を重んじること、それは決して非難されるべきことがらではないのである[*57]。

57　ただし、だからといって、なにも我々がエゴイスティックだと想定する必要はない。我々には、自己中心的なところも博愛的なところもある。それらをすべてひっくるめて、我々は、自らの割引率を形成する。

第4節　時間

「単に時間が経っただけで」などという言い方をするのは適切ではない。時間が経過すること、それは、時に極めて本質的な意味を持っている。

さてこうして、時間整合性の考え方も、ワイツマンの考え方も、割引率の導き方としては適切ではないということを見てきた。したがって我々は、依然、的確な割引率の導出方法を手に入れていないことになる。

けれども、これまでの議論を経てみると、その的確な割引率の導出方法はもう手の届くところにぶら下がっているように思われる。

それは、我々自身の割引率を直接に探しだそうとする方法である。つまり、現実のデータの分析や、あるいは追加的な調査を通じて、我々の選好としての割引率を「記述的に」（descriptive）把握し、それを使用しようということである[*58]。我々の割引率が、どうなっているべきかと考えるのではなく、もちろん、将来の人びとの割引率に代替させてしまうのでもない、ただありのままの我々の割引率が、どのようなものとしてあるのかを探しだす。そうすれば、費用便益分析の考え方と整合的な、的確な割引率を手に入れることができるはずである。

現実のデータの分析というのは、実際の利率や投資収益率から、我々の割引率を推定しようとする方法である。とはいっても、実データの中から唯一絶対の割引率を探しだそうとするのではなく、割引率は時間的に変化し得るものであるということを前提に、経時的な割引率の流れを推定することになる。

我々は、我々自身に対する不確実性（たとえばいつ死んでしまうかもしれないというようなこと）、将来世代への配慮、さらには中間世代の投資行動や将来世代の福祉水準についての見込みなどを考慮し、その上で割引率を形成する。そしてそれゆえに、将来に向かって割引率が変化したとしても不思議はない。

したがってこの方法では、手元にあるのは、0年、10年、50年、100年と時点がさまざまに異なる多様な消費の機会であり、我々は、そうした多様な機会への財の最適な配分を追求しているのだと考える。そして、現実の預金の利率や投資の収益率といった情

58　ただしここで言っている記述的な方法というのは、ＩＰＣＣの第二次報告書以来定着した感のある、割引率決定にあたっての「規範的アプローチ」と「記述的アプローチ」との二分法における後者とはまったく別のものである。本書では、この二分法は誤解を招くとの判断で、あえて取りあげていない。

報を、期間の長さ（満期の違い）によって分類し、そこから、経時的な割引率の流れを推定する。

　もっとも、100年よりも先の果実を期待するような機会は極めてまれだから、参考となる実データは得られないかもしれない。その時には、我々の時間選好を直接調査するということもあり得よう。CVM法と同様の方法で時間選好を聞きだすことを考えればよい[59]。

　そして調査の結果、割引率の推移が明らかになったなら、それがどのようなものであれ、それをそのまま割引率として採用する。なぜならそれが我々の選好であり、その我々の選好に忠実に分析を進めるのが、費用便益分析というものだからである。

　ちなみに調査の結果を待つまでもなく、我々の割引率が遠い将来に向かって徐々に小さくなっていくのは、確かなことのように思われる。

　なぜなら、我々は、割引率をめぐる議論を延々と続けてきたという事実があるからである。議論を続けてきたのは、割引率一定では遠い将来の消費が小さく評価されすぎておかしい、と多くの人びとが感じてきたからである。もしも、その「小さく評価されすぎておかしい」というのが多くの人びとの本当の感情であるのなら、ほかでもない、それが我々の選好であり、割引率として析出されるべきものである。

NPVという方法論の論点

　さて割引率の選択をめぐる論争をひととおり見わたしてきたので、論争の対象とはなっていない点も含めて、ここで、NPVという考え方のポイントを整理しておこう。

　まず、NPVの算定に関してひとまず結論できるのは、割引率を「我々の選好」として捉えることには相当の妥当性があるということである。割引率の導出方法については、確かにさまざまな議論がある。しかしそれでも、我々の選好として割引率を捉え、

---

59 もっとも、わざわざCVM法のような調査を実施するのに、将来の便益や費用の推計から切り分けて、割引率だけを特定しようとすることが得策なのかどうかはわからない。

その割引率を使ってNPVを算定することが、意味ある分析手法であるということに関しては、少なからず賛同を得られるに違いない。費用便益分析というものを、我々の選好を所与とした時に、効率的な財の利用が果たされているか否かを判断するための方法論として捉えるなら、割引率を我々の選好として取りだすことは論理整合的な考え方である。

　しかしである。こうして割引率の選択にひとまずの決着がつけられるにしても、それで問題がすべて解決するということではない。たとえNPVという分析の枠組みを基本的に承認するとしても、割引率の選択に問題解決のすべてを期待するわけにはいかないのである。

　この、割引率の選択にすべてを期待するわけにはいかないということには、実は3つの意味がある。
　まずひとつは、たとえ上述したような方法論が論理的には正しいとしても、その我々の選好としての割引率を正確に推定することは、現実にはとても困難だという事実を無視できないということである。社会の中には割引率らしきデータがあふれているが、そのどれもがいろいろな要因で攪乱された数値である。したがって、これらの実データから我々自身の割引率を推定するのは容易なことではない。実際のところ、その割引率を実データの中から抽出するのが困難であればこそ、正しい割引率の選択をめぐる議論に拍車がかかったという面もあるだろう。
　だとすれば、理論的な分析も大切だけれども、こうした現実も念頭において、時間をめぐる問題を考えなくてはならないはずである。

　第二点目は、NPVの計算は、割引率の選択のみでは完結しないという点にかかわっている。将来の影響を評価する上で重要なのは、①割引率の選択と②各時点における純便益の見積もりとの両方の要素である。だとすれば、将来にかかわる問題を考えるにあたって、割引率に関心を集中させてしまうのでは、問題の全体像をバランスよく捉えていないことになる。どんなに適切な割引率の選択ができたにしても、将来の純便益の的確な見積もりができないのであれば、その割引率の選択からは、さほど意味ある成果は

導き出せないだろう。ましてや、将来の純便益の見積もりの方にも、割引率の選択に劣らぬ困難が待ち受けているとすれば、割引率をめぐる課題ばかりを考えていてもはじまるまい。

　実際のところ、環境対策による将来の純便益の見積もりは、おそらく割引率の選択にもまして困難な作業である。なぜならその見積もりにあたっては、次のようなさまざまな要素を勘案しなくてはならないからである。

① まず、評価の対象となる対策効果が通時的にどのように出現するのか、それを物理量として正確に見積もることが必要になる。
② ①で評価した物理量を消費等価に換算する必要がある。その際、環境財の稀少性が将来徐々に高まっていくと予想されるなら、その稀少価値の高まりを考慮する必要がある。
③ 将来の世代が現在世代よりも豊かで、環境財が所得に対して弾性的な財だとすれば、将来の人びとはいま以上に環境財に投資したいと思うはずで、環境財の価値は相対的に高くなる。そこでそうしたことへの配慮が必要となるが、それはつまり、将来世代の豊かさそのものを見積もる必要があるということをも意味する。
④ 環境対策は公共財だから、その価値は各個人のWTPを合算したものになるわけで、当然ながら人口の将来推計とも関係する。
⑤ 技術開発や社会資本の蓄積が進めば、環境劣化は、いままで以上に技術的対応が可能であったり、他の財によって埋め合わせることができたりするかもしれない。したがって、技術発展や財どうしの代替性の予測も必要となる。

　こうして将来の純便益の見積もりにあたっては、その推定が極めて困難な、さまざまな要素を勘案することが必要とされる。したがって、将来をめぐる問題を考えようとする時には、こうした事実についても考慮する必要がある。

　最後の点は、割引率の選択があくまで費用便益分析の枠組みの中にあるということに関連している。つまり費用便益分析の枠組みの中にある以上、あくまでそれは効率性分析のためのものだから、どのような割引率を選択しようと、それだけで世代間の問題が解決されることは決してないということである。

先に見たように、倫理的観点から、割引率をゼロにするべきだという主張がある。けれども、たとえどんなに割引率を小さくしても、それだけで衡平性が保てるものではない。たとえ割引率をゼロにしたとしても、費用便益分析は、たとえば、非常にやせた土地を持つ貧しい農民から作物の苗を取りあげて、それをとても生産力の高い土地を持つ富豪に与えるプロジェクトを正当化する。それが費用便益分析というものなのである[60]。であればこそ、ここでは効率性以外の評価軸は何も考慮されていないのだということは、決して忘れてはならないだろう。

以上のように、割引率の選択に過剰な期待をするわけにはいかない。したがって、NPVという方法論につき合うにあたっては、以下のような点に注意する必要がある。

まずひとつには、確からしい割引率をひとつだけ選んで、それで算定されるNPVに全幅の信頼をおいてしまうのではなく、割引率をある幅の中で動かしてみて、結論が強固なものであるか否か（ロバストなものかどうか）を見極める、つまり感度解析が大切になるということがある。また、完全情報を基礎にしてプロジェクトの是非を判断できるわけではないのだから、知識を継続的に蓄積し、その知識に基づいて判断を改善していくというアプローチの重要性も指摘できる。もちろんそのアプローチを生かすためには、学習というオプション（調査研究、モニタリング、アセスメントなど）に投資して知識を蓄積していくのみならず、集積した情報を生かせるような、フレキシビリティー（柔軟性）をプロジェクトの中にあらかじめ盛り込んでおくことも必要になる。

また、NPV計算はあくまで効率性判断のためのものであり、衡平性への視点を欠くという事実を重んじれば、次のような提言も傾聴に値する。それは、割引率を用いてNPVを計算するだけではなく、NPVになる以前の、純便益の経時的な流れそのものを判

---

60 逆にいえば、だからこそ、意図的に低い割引率を選択することによって衡平性問題の解決を図ろうとすることは、結局のところ中途半端な解決しかもたらさず、結果の意味づけも困難となるので、避けるべきだということなのである。これとは対照的に、我々の選好としての割引率を用いる方法であれば、衡平性への配慮がまったくなくなる代わりに、その分析結果の持つ意味を明確に捉えることができる。

　なおここで、コースのところで論じた倫理と効率の分離についての議論を想起されたい。割引率をめぐる議論の混乱の一部は、この分離の必要性がよく理解されていないがために起こっているように見受けられる。

断の材料として利用すべきではないかという提案である (Lind, 1999)。NPVを計算すると、多くの情報がたったひとつの数値に還元されてしまってもったいないから、元の情報をもっと尊重してはどうかというわけである。

　この指摘は先のシェリングの議論につなげることができる。つまり、ヘテロジニティーにも配慮が必要だと考えれば、経時的な純便益の流れのみならず、各時点における純便益の空間的分布についても、それをそのまま情報として参照してもいいだろう。

　NPVの方法論は有用なものである。しかしそこには限界もある。そうした限界を見極め、慎重な態度でつき合うことができれば、NPVの方法論からより有益な結論を導きだすことができるはずである。

議論はつきたか？

　以上、NPVという考え方に関していくつかの結論を導きだしてきた。けれども、ではこれが時間をめぐる問題のすべてなのかといえば、そう言い切ることはできそうもない。ここまでは、通時的な問題をNPVの方法論で考えることをひとまず承認し、その上で議論を展開してきたわけだが、この分析の枠組みそのものを問うところまで視野を広げれば、実はまだ、いくつか本質的な論点が残されていることがわかる。そこで本節の最後に、これらの論点について少し考えておくことにしたい。

(1) 我々は、そもそも確実性等価が算定し得ないような問題だからこそ、地球温暖化などの問題を深刻な問題だと考えているのかもしれない。

　地球温暖化問題をめぐって割引率が議論される際、一人あたりの消費は将来も増加し続ける、そう想定されている場合が多い。地域差、個人差はあるにせよ、総体としてみれば、将来の個人の消費は相当に大きくなるに違いない、ただ、地球温暖化はその増加分を若干減じるかもしれない、そういった全体像が思い描かれている。であればこそ、貧乏人（現在人）から、豊かな人びと（将来人）に向かって富を移転するのはおかしいといった議論もまじめに論じられることになるし、g がプラスなのだから d もプラスと想

定されることになる。
　けれども、こうした問題の捉え方は、将来の不確実性への十分な配慮を欠いている可能性がある。

　NPVのフレームのもとでは、不確実性は各時点における確実性等価を算定することで処理できるものとされているから、確実性等価は将来増加するだろうという見込みがあって、上述したような問題の捉え方がなされているというのなら、それはそれで筋が通っていることになる。
　ところが実際には、このように確実性等価を見極めた上で議論を展開するのではなくて、(主観的に)最も確からしいと思われる将来の消費の推移(これを「最確将来シナリオ」と呼ぶことにしよう)を想定し、そのシナリオを基にして議論を展開していることの方が一般的であるように思われる。言い方を変えるなら、最確将来シナリオが確実性等価の代用になるということを暗黙の前提にしているわけである。
　けれども、最確将来シナリオは、確実性等価の代用品になるとは限らない。特に地球温暖化のような問題の場合には、それにはかなりの無理がある。

　なぜかといえば、つまりこういうことである。地球温暖化問題は、蓋然性としては小さいかもしれないが、壊滅的な被害をもたらす可能性をはらんでいる。その被害たるや、それこそ絶望的なほどの消費レベルの低下(「カタストロフィー」という)であるかもしれない。しかも、地球温暖化という現象は、問題の複雑性、超長期性、そしてなによりただ1回限り生起する事象であるという事実のゆえに、リスクというよりはむしろ(狭義の)不確実性の側面を強く持っている。だから、被害の発生確率も原理的に見積もれず[61]、その価値をどれほどに見積もるべきかは、にわかには判断できないはずである[62]。当然、その確実性等価を最確将来シナリオで近似できる理由もない。

61　地球温暖化問題に伴う可能性のある原因と結果との間の時間的ズレ(タイムラグ)や、非線形的な関係性(サプライズ)が、こうした認識上の問題を助長するかもしれない。
62　生命保険という商品が成立していることからもわかるように、結果として生じる被害が壊滅的である可能性があるということだけでは、必ずしも確実性等価が特定できないとは言い切れない。被害の深刻さに(狭義の)不確実性という要素が加わるからこそ、こうした結論が導かれるのである。
　もっとも、もしも近似的にリスク状況として評価でき、その確実性等価が特定できるにしても、最確将来シナリオでその確実性等価を代替できる保証は依然としてない。

たとえ主観的な評価であれ、カタストロフィーが起こる可能性なぞゼロに等しいという思いがあり、その思いを前提に、地球温暖化の問題の議論をしているのなら、最確将来シナリオに基づいて議論をしても、それなりに意味があるかもしれない。けれども、地球温暖化問題を我々が論じようとしたそもそもの動機は、こうしたカタストロフィーの可能性への憂慮であったのではないのだろうか？

したがって、確実性等価を最確将来シナリオに置き換えてするNPVについての議論は、まったく意味をなしていないかもしれないし、我々の主要な関心事を取りこぼしてしまっているのかもしれない。考えてみればよい。そもそも、我々の消費水準の確実な上昇が見込まれるというのなら、地球温暖化の問題なぞ、それこそたいした問題ではないのではないだろうか？

(2) 我々は、効率性や平等性よりも前に、我々現在世代の「責任」について、問題意識を持っているのかもしれない。

地球温暖化の問題については、現在世代が将来世代に被害をもたらす、つまり、現在世代から将来世代への費用の移転であると考えられることが一般的である。我々現在世代は、将来世代に負の遺産を残すことが許されるのだろうか、多くの人がそうした文脈の中で地球温暖化問題を考えてきた。

ところがシェリングは、そうした問題設定は誤りだと主張する。そうではなくて、地球温暖化対策によって、現在世代から将来世代への便益の移転を考えていると捉えるべきであると論じたのである (Schelling, 1995)。なぜなら、対策費用を負担するのは、我々現在世代だし、一方で、便益の方は、ほとんど遠い未来にしか生じないからである。実際、NPVの計算をする時にも、費用を現在と近未来に、便益を遠い未来に想定している。だから、NPVの考え方にしたがえば、便益の移転と捉える方が正しいことになる[63]。

その上でシェリングは、これは、先進国に住む我々現在世代から途上国の将来世代への財の移転なのだから、つまるところODA (政府開発援助) と同種の活動なのだと主張した。そして、どうせODAを実施するのなら、遠い未来をめがけて地球温暖化対策な

---

63 ただし、シェリングが、自身の主張とNPV分析との関連を論じているわけではない。

どをするよりも、現在のODAを増額する方がずっとましだと考えた。なぜなら、途上国の現在世代は将来世代よりもはるかに貧しいに違いなく、その方がずっと人助けになるからである。

このように、一般的な認識とシェリングの捉え方とには、際立ったコントラストがある。温暖化そのものによる費用の移転と捉えるべきか、それとも対策による便益の移転なのか、この2つの考え方のうちどちらが正しいのかを少し考えてみよう。

この点に関しては、あのコースの議論がいいヒントになる。コースが論じたのは同世代内の問題についてであるが、彼の議論は通時的な問題にも大きな示唆を与えてくれる。

コースは、いわゆる外部不経済の問題を取りあげて、問題は実は完全に「相互的」(reciprocal nature)だということを明らかにした。企業と住民のどちらか一方が得をし他方が損をする、この点において両者の立場はまったく対称をなしている。どちらに権利を付与した方が効率的かということがあらかじめ決まっているわけではない。したがって、権利をどちらに付与することが望ましいかは、個別の状況に応じて評価しなくてはならない。そうコースは主張したのだった。

相互性という点に関する限り、地球温暖化の問題もまた、コースの問題と類比的である[64]。現在世代と将来世代との関係は相互的なものだと論じることができる。確かにNPVの計算では、費用は我々に、便益は将来世代に生じるような算定方法をとるし、それゆえ、シェリングが費用は我々が払っているのだと言いたくなった気持ちもわからないではない。けれどもそれは、ひとつの便法であり、あるいは、我々が対策実施の意思決定をする立場にあるということを反映しているにすぎない。我々が意思決定をするとしても、それは、我々の消費に対して、我々に正当な所有権があるということと同義ではない。所有権が本来どちらにあるべきかということは、効率性の観点からする限り、あらかじめ決まっているわけではない。将来の気温を上昇させる権利を我々が持っていると考えることも、あるいは逆に、上昇しない気温を享受する権利を将来世代が持っていると考えることも、理論的には等価である。その意味で、費用の移転と決めてかかるのはおかしいと考えたシェリングは部分的に正しかったが、彼自身の問題認識もまた、

---

64 ただし両者には、直接交渉が可能か否かという点で本質的な違いがある。

十分なものではなかったのである。

　NPVが表面上どのような計算方法をとるかということはともかく、その背景にある基本的な経済学的思考に忠実であろうとする限り、問題は相互的だと結論せざるを得ない。まずはこのことが確認できる。

　けれどもしかし、相互性を最終結論としてしまうのはまだ早い。コースに依拠する限り、確かに相互性という結論にならざるを得ないとしても、逆にいえば、コースが下敷きにしている経済学的思考を離れてしまえば、問題は違って見えるのかもしれないからである。

　我々は将来の問題を考えるために、NPVという分析の枠組みを開発した。そしてそのためにまず、式5－10のように効用を消費の関数だと捉えることを受け入れた。これはごく自然な定式化であるように思われた。消費から効用を得るということを定式化したという点において、経済学的な思考に忠実であったからである。

　けれどもこの定式化を受け入れた段階で、我々はすでにある思想を引き受けているという事実を思い起こす必要がある。その思想とは、結果主義のことである。富豪が略奪を受けた結果でも、貧民が宝くじに当たった結果でも、結果としての消費レベルが同じになるなら、そのプロセスの違いが個人の効用に影響を及ぼすことも、あるいは社会がそのプロセスに関心を向けることもないから、そのプロセスの違いは考える必要はない、そういう前提と判断とがここにはある。
　この結果主義的定式化を受け入れていればこそ、プロセスには関心のない効率性なるものを評価軸の中心に備えつけることができるようになるし、その結果として、コースがしたように相互性という結論を導くことができる。相互性という結論が導けたのは、こうして結果主義を引き受けたことの帰結なのである。

　しかし本当に我々は、そうした結果のみに関心があって、地球温暖化の議論を始めたのだろうか？
　おそらくそうではないだろう。我々のせいで将来世代に著しい負担がかかるというこ

と、つまり、我々が自らの手で将来世代の消費レベルを引き落とすことになるというプロセスと、そのプロセスへの「責任」を問題にしていたのではなかったか？　結果としての将来世代の消費レベルにも関心があったかもしれないが、むしろ、そのプロセスにこそ関心があったのではないのか？

効率性云々といったこととはまったく別の理屈によって——おそらく、いまと同じような気候を享受する権利は将来世代にも当然あるはずだという自然権的な発想によって——まず将来世代の方に権利があると見定めて、その権利を我々が侵害しているかもしれないということを憂慮したのである。ならばコースのように、「効率性の観点から考える限り」どちらに権利があるかは確定できないといってみても始まらない。そもそも「効率性の観点から考える限り」ということで考えはじめたのではないのだから。

つまり、将来世代に権利があるべきだということは、分析の結果として導かれるべきことではなく、むしろ分析の前提なのかもしれないのである。

こうして考えてみると、地球温暖化対策をODAと同じものと考えるべきだというシェリングの主張もまた、適切でないことが明らかになるだろう。

現時点で、多くの発展途上国が貧困に苦しめられているのは確かに不幸な事実である。が、しかしそれは、(関連が指摘されているとはいえ)少なくとも全面的に我々先進国の責任というわけではない。一方、地球温暖化の問題は、まぎれもなく現在世代(および過去の世代)に責任がある。この点で、両者には決定的な違いがある。となれば、途上国の貧困と地球温暖化とをずいぶん違う問題だと我々が考えたとしても、それはなんの不思議でもない。

大切なことは、本当は我々の責任問題にかかわるプロセスに関心があって議論を開始したのかもしれないのに、式5－10のような結果主義的な定式化を受け入れてしまうと、核心にあったはずの我々の問題意識がひそかに脱落してしまう恐れがあるという点である。NPVの考え方によってはすくい取れないということ、それは、我々の関心事ではないということと、同義ではないのである[65]。

65　ちなみに、効率性ばかり議論してはいけないということは、経済学における議論でもしばしば指摘されてきた。しかし、そうした指摘の中には、(公平性や衡平性といった言葉を使いつつも、実質的に)結果的な平等性の観点のみからの批判に終始しているものが少なくない。この事実もまた、結果主義的枠組みの根深さを物語っているのかもしれない。というのも、ほとんど効率性と結果の平等性のみが、結果主義的な枠組みのもとで論じることが可能な評価軸であるからである。

(3) 我々は、将来世代は我々の効用を通じて現れる以上の存在であると考えているのかもしれない。

　費用便益分析の枠組みの中で考える限り、NPV計算には我々の選好としての割引率を利用することが論理整合的である。我々自身の割引率を基礎において、きちんとNPVを計算すれば、我々にとって効率的な財の利用が達成されているか否かを正しく評価できるはずである。これまでそうしたことを議論してきた。
　けれども、この議論の趣旨は、費用便益分析の考え方に忠実であろうとすればそうなるということであって、我々の選好をこうして記述的にすくい取りさえすれば、割引率をめぐって人びとが思い悩んできた問題意識はすべからく解消されるはずであるということを主張するものでは決してない。このことは強く強調しておきたい。「割引率を大きくすると、将来の人びとの消費をあまりに小さく評価することになるのでおかしいのではないか」という感覚は、NPVについて論じる限り、我々の割引率に反映される限りですくい取られるべきである。これは確かに論じた。けれどもだからといって、そうしてすくい取りさえすれば、もうその感覚には論じるべきものが残っていないと主張したわけではないのである。

　実際、そこにはまだ、重要な論点が残されているように思われる。すなわち、将来世代の効用、あるいは彼らの存在そのものには、我々現在世代による彼らの評価だけではすくいきれない、なんらかの価値、つまり固有価値的な価値があるのではないかという論点である。

　もちろん我々の選好としての割引率をきちんとすくい取ってくれば、そこには、我々が将来世代に対して持っている思いやりは、きちんと反映できているはずである。だから、我々の選好を用いる方法を採用したからといって、なにもその結果がエゴイスティックなものになるとは限らない。
　けれどもそうはいっても、この枠組みのもとでは、将来世代の存在なり効用なりは、現在世代の効用に反映される限りでのみ評価されるということは否定しようもない。だ

とすると、我々の将来世代への配慮がわずかなものでしかないのなら、将来世代の福祉は結果的にほとんど無視されてしまうだろう。それでいいのか、ということである。

「それでいいのだ。実際に我々の選好がそうなっており、将来の人びとに対する思いやりがその程度のものなら、それを正確に社会の選択に反映させるのが政治の仕事であり、また、社会の望ましいあり方である。」そう主張する人もいるかもしれない。

この見解の妥当性は疑わしい。なぜなら、もし彼の言うように社会の内部の人びとの選好のみが重要なのだということになると、たとえば工場排水によって周辺の人びとが健康被害を受けるとしても、工場という小さな社会の内部の人びとの選好が正しく反映されての結果なら、それはそれで仕方がないということを主張するのと大差ないからである。もちろんほとんどの社会では、それでいいなどとは考えてこなかった。意思決定にかかわる人びととその影響を受ける人びととが分断されている時、前者の後者に対する配慮を正確にすくい取りさえすればよいなどというのは、我々の共通了解事項ではないのである。だとすれば、「我々自身の割引率」を基礎にしたNPVによる評価だけでは何かが足りないと考えることには、やはり一定の正当性があるというべきである。

もちろん、将来世代はこの世に存在せず、彼らの選好や人口を正確に推測することもできないから、将来世代の問題を世代内の問題とまったく同様に論じるわけにはいかない。けれどもそれでも、将来世代の存在や彼ら自身による消費の評価には、現在世代の評価の中に現れる以上のなにかしら固有の価値があるはずだ、という考え方は直ちに否定されるべきではない。たとえ我々が将来世代の選好を正確にすくいとる方法論を持っていないとしても、方法論の不在と価値の存在とはまったく別の問題である。重要なことは、将来世代には現在世代の評価の中には還元しきれない価値があるかもしれないと考えている人びとがいるという事実であり、その事実に考慮を払うことなのである。

なお、このような省察は、次のような議論につながる。
　森林という環境財を考える。公共財としての森林の価値は、一般的には、我々一人ひとりのWTPを合計した額によって表すことができると考えられてきた。現在世代の選

好さえ調べればその価値を評価できるとみなされてきたのである。トラベルコスト法であれ、ヘドニック法であれ、現在の人びとしか登場してこなかったという事実が思い起こされる。

けれども、森林のような公共財は、ほとんど定義上、共時的のみならず通時的にも多くの人に効用を与え続ける。だとすれば、その公共財の価値を、(将来世代への配慮を含むとはいえ)我々の選好だけで判断してしまっていいのか？ 現在世代のWTPの合計値に、(割り引いた上での?)将来世代のWTPを足し合わせなくてはいけないのではないのか？ そういう問題意識が浮かんでくる。いってみれば、公共財とは、世代内で公共(世代内公共財: intra-generational public goods)であるのみならず、世代間でも公共(世代間公共財: inter-generational public goods)であるのかもしれない。

だとすれば、その環境財の価値を世代内での判断のみに基づいて評価してしまうことは、その公共財の価値を相当に過小評価している可能性がある[66]。この点で、地球温暖化問題に関して将来世代のことが心配されるなら、森林破壊などの問題にもそうした視点が求められるのかもしれない。通常、超長期的影響という特質は地球温暖化問題の専売特許のように論じられるが、地球温暖化問題に限らず、環境財にかかわる我々現在世代の決断は、超長期的な影響力を持っているのである。我々は、温室効果ガスという負債を残すのと同様に、森林の「不在」という負の遺産を残す。

こうして、将来世代の固有価値という論点を取りだすことのインパクトは、決して小さなものではない可能性がある。

以上見てきたように、NPVの枠組みを前提に考えていると、こぼれ落ちてしまいそうな論点がいくつか存在する。時間をめぐる問題というのは、NPVの方法論の中にとどまっていては捉えきれない広がりを、確かに持っているのである。

---

66 不可逆性が環境問題の専売特許のように論じられることを批判して、ワイツマンは、不可逆性という要素は、環境被害の側のみならず、投資の側にも存在するので、不可逆性に依拠する議論は、緩和策を促進する方向のみならず、遅延させる方向にも与する可能性があると指摘している(Weitzman, 1999)。この点に関する限り、ワイツマンの指摘は正しい。けれども、環境問題をめぐって多くの人びとが不可逆性という言葉を使って言い表そうとしてきたことは、(確かに不可逆性という言葉ではうまく言い表せていなかったかもしれないが)もしかすると、この世代間公共財にかかわる問題であったのかもしれない。

ここで論じてきたことは、カタストロフィックな事態が起こる可能性を絶対に信じるべきだとか、結果のみならずプロセスに関心を持たないのは間違っているとか、あるいは、将来世代の固有価値は間違いなくあるとかいったことでは必ずしもない。そうではなくて、もしも我々がカタストロフィーを心配したり、将来世代の固有価値を慮ったりしていて、それを起点に将来の問題について議論を始めたのだとすれば、問題をモデル化する段階で、当初の関心を無意識のうちに欠落させてしまってはいけないということである。

　カタストロフィーが起こる可能性はゼロと考えるべきだと自覚的に主張するとか、あるいは明示的に責任の問題を取りだした上でそれでも効率性や平等性さえ考慮すればいいはずだと論じるならば、それはそれで主張としては成立する。

　しかしそうではなくて、単にNPVという特定のモデルを選択したということだけのために、当初の関心が捕捉されなくなるようなことがあるとすれば、それは、そもそもモデルという装置を利用することの目的に反する。我々の問題意識をモデルに反映させるべきなのであって、モデルによって我々の問題意識が制約されるべきではない。

　割引率をめぐる一連の議論は、このことをもまた、我々に教えてくれているように思われる*[67]。

---

[67] なお、世代間問題に関して、最後にひとつ、大切な注釈をつけ加えることを忘れるわけにはいかない。
　本節での議論は、基本的に世代間問題と世代内問題との間に相当の類比的関係が成立するという認識に着想を得ている。しかし、では、（世代間交渉の不可能性といった側面を除いて）両者を完全に類比的に考えることができるかといえば、それは極めて疑わしい。なぜなら、将来世代は、いま現在、文字どおり実在していないからである。この事実は、現在世代と将来世代とでは、存在（論）的資格において決定的な違いがあるということを含意する。これは決して軽んじるべきこととは思われないが、ここで説明してきた分析の枠組みでは、将来世代をあたかも実在の人物であるかのようにしか扱えていない。

第5章 環境問題を考える上でのいくつかの重要な視点

【ヒントその24: 時間と世代間衡平】

■通時的な問題を考える方法論として、NPVの考え方がある。
■NPVとは、我々の選好を所与とした時の、財の利用の効率性を評価するための技術であると捉えることができる。
■NPVの考え方は、場面によってはとても役に立つが、それで将来にかかわる我々の関心をすべてカバーできるわけではない。
■我々は、将来の問題に関し、①(狭義の)不確実性を伴うカタストロフィー、②結果(効率と平等)のみならず我々の責任、③将来世代の固有価値などにも関心を持っているかもしれない。

終章 ヒントの限界と可能性

　長きにわたった検討も、ようやく終わりに近づいてきた。あとはいよいよ最終章を残すのみである。そこで本章では、本書のまとめのつもりで、これまで調べてきた考えるヒントの位置をもう一度鳥瞰的視点から振り返り、その限界と可能性とを捉えることに焦点をあててみたい。

　もちろんこれまでも、考えるヒントの意義やその位置づけは努めて明らかにしてきたつもりである。しかしながらこれまでは、理解しやすさを優先して個別の課題にずいぶんと近づいて検討してきたため、大きな構図の中で捉え返した時に、これらのヒントにいかなる意味を見いだすべきなのかということが、少々見えにくくなっていたきらいがある。そこで、個別のヒントからあえて距離をとり、ずっと大きな視野の中でもう一度考えておこうというわけである。

　我々が検討してきた考えるヒントとは何だったのか？　その答えを探ること、それが、本書が最後に検討してみたい課題である。

第1節 完全なる社会の幻想

社会的規範の構想

　およそ社会のあり方を考える時、その前提として絶えず想定されている要素が2つあ

終章　ヒントの限界と可能性

る。ひとつは個・人・の「善き生」（well-being）であり、いまひとつは社・会・の役割である。この２つの要素は、社会は個人の善き生にどのようにかかわるべきかという問いの中で結びつく。

　だとすれば、最初の段階で、個人の善き生と社会の役割とをどのように見定めるかということが、社会のあり方についてのその後の議論を大きく規定するに違いない。

　個人の善き生と社会の役割をどのように捉えるかということについては、もちろんいろいろな考え方があり得る。だが、経済学での議論では考え方の相場が決まっている。すなわち、個人にとっての善き生とは、効用関数による算定値、つまり効用の値が高い状態にあることであり、他方、社会の役割は、各個人がその善き生を享受するために必要となる財の、効率的な利用を確保することであるとされる。

　個人の「効用」と社会における「効率性」、この２つを基礎概念として構築されてきた理論が経済学である。そして、これまで見てきた考えるヒントの多くもまた、これらの基礎概念によって支えられている。

　だが、社会のあり方を検討するにあたり、こうして効用と効率性という概念に着目するものと決めてかかっていいのかどうか、これは再考してみるだけの価値がある。

　なぜなら、たとえば、個人の選択行動を効用関数というかたちで定式化してしまえば、すでにその時点でいくつかの深刻な問題を導き入れてしまうからである。他者に興味を持たないという個人主義、財の獲得プロセスなどに関心を示さないという結果主義、個人の価値観の重層性・可塑性などを無視するという効用主義などを引き受けなければならない[1]。こうした問題があるのであれば、効用関数によって定式化するという方法には、やはり再検討の余地が残っているとしなくてはならないはずである。

　他方、社会の役割についても、多くの社会的規範を検討した上で、効率性に焦点をあてることにしたわけではないから、他の規範を失念してしまっていいという保証はどこにもない。実際のところ効率性に焦点をあてた理由は、たまたまそれが重要であるとわかったから、あるいは、それを目標に据えれば少なからず意味のあるメッセージを生みだすことができるから、といったところがせいぜいなのである。しかも、効率性を満足

1　第1章注43参照。

する解というのは無限にある。ケーキを二人で半分ずつに分けることも、すべてを一人でとってしまうことも、効率的だという点では変わらない。であれば、なによりもまず、ともかく効率性を達成しよう、と効率性を錦の御旗として掲げることには、おそらく相当の危険が伴っている。図らずも、すべてのケーキを一人に割りあてることを目指してしまうかもしれないからである。

　こうしたわけで、個人にせよ、社会にせよ、典型的な経済学的捉え方が最善なものであると断定するだけの十分な理由はない。

　となれば、個人の善き生と社会の役割に関する経済学的な議論の前提を思い切って一度解体してしまい、その果てに何を見届けることができるのかを調べておくことは、決して無駄にはならないだろう。
　個人の選好の定式化にあたって、少し多くの仮定を導入しすぎ、そのためにさまざまな問題を導き入れてしまったかもしれないから、これまでよりももっと限定的に、確固たる仮定だけを取り入れて、そこから、より信頼性の高い結論を導くことはできないのかと考えてみる。あるいは、社会的規範に関しては、効率性よりももっと基底的な社会的価値はないのかをあらためて問い直してみる。そうした問いかけを追求してみることである。
　そうすれば、社会を捉える視野をさらに広げることができるだろうし、そのことによって、効用や効率性をめぐる議論の位置、ひいては考えるヒントの位置が、一層はっきりしてくるはずである。

　そこで、こうした問いかけに正面から向き合うこと、これを、本章での検討の手がかりにしよう。
　具体的には、まず社会的規範の方を先に考えることにして、あらためて何を基底的な社会的価値として選びとるべきなのかを考える。そして、その新たに見定められた社会的な価値が、徹底的に絞り込まれた仮定のみを負わされた個人からなる社会において確保できるものなのかどうか、そのことを調べてみる。これを、出発点の議論としたい。

終章　ヒントの限界と可能性

一般不可能性定理

　さて、社会がまずもって追究すべき基底的な価値は何か、という問いである。

　このことを考えるにあたって、人びとの価値観の多様性を踏まえる必要があると見定めることは、確かにひとつの見識である。環境問題に引きつけていえば、環境問題が重要だと思う人ばかりでこの世が構成されているわけではないという事実、議論をどれほどつくしても人びとには考えの違いが残るという事実を、出発点にしようとするスタンスである。

　なにかしら特定の社会的価値を選びだし、それを最優先の価値だと主張したところで、その評価の正当性を証明することは極めて困難である。だとすれば、その困難を生みだす価値観の多様性の事実を無視していては、多くの人びとにとって説得力のある議論を展開することはできないに違いないからである。

　もちろん、安直な相対主義に陥ってしまっては身も蓋もない。何が正しいか、望ましいと思うかは人それぞれだという思想を本当に徹底するつもりなら、語るべきことは何もなくなってしまうだろう。そこではもはや、他者との対話を求めること自体が自己矛盾である。したがって、およそ対話の力を信頼し、そして社会的規範を構想することに希望を見いだそうとするのなら、価値観の多様性を前にしてもなお、なにがしかの価値を尊重することが必要になるはずである。

　我々の社会では、こうした多様な価値観を前にして、なお、尊重すべき規範があるということについて、ひとまず合意がある。それはデモクラシー、すなわち民主主義と呼ばれているところのものである。

　何が重要な価値なのか、経済成長、効率性、環境保全、安全などなど、いろいろな判断があるだろうが、その中からひとつだけを選び出そうとする議論は、そうそう簡単に決着がつくものではない。だとすれば、ある特定の価値を選びだすのではなく、むしろ価値が多様であること自体を大切にすべきなのだ。これが、我々の社会がひとまず達した結論であり、それを我々は民主主義と名づけたのであった。

　社会の中にはいろいろな価値観の人がいる。そのそれぞれの人の価値判断を等しく尊

重しつつ、公平で公正なプロセスを経て、社会の歩みを選択する。それが、民主主義と呼ばれている手続きであり、大切な価値であるとされてきたものである。

そこで、この民主主義をひとまず最優先の社会的規範として立ててみよう。そしてその民主主義が、最低限の仮定だけを負わされた個人からなる社会において、達成可能か否かを確認してみることにしよう。

とはいっても、ここで、この課題にはじめの一歩から取り組む必要はない。なぜならこの課題については、すでに多くの研究があり、その成果を学びさえすれば、ここでの当面の目的は達せられるからである。

実際、この課題に果敢に挑んで大きな成果を上げ、後に社会選択理論と呼ばれる学問分野を事実上一人で切り開いてしまった学者がいる。それが、すでに登場したアローなる人物である。彼は、まさにいま設定した課題に関連して、「一般不可能性定理」と呼ばれるセンセーショナルな定理を証明したのだった（Arrow, 1963）[2]。

彼の証明したこの一般不可能性定理は、実際センセーショナルだった。なぜかといえばそれが、いま見定めた課題に答えて、民主主義の確保は不可能であるということを証明したものと受けとられたからである。彼は、厳密な分析の枠組みを用い、個人に関するものも含めて、非常に絞り込まれた仮定だけを導入し、その上で、民主主義的な社会であればおよそ満足すべきいくつかの条件を同時に満足することは不可能なのだということを論証してみせた。

我々の社会の、最も基底的な価値であるはずの民主主義に対する根本的な異議申し立て。アローの提示した定理がそうしたものであるならば、これは深刻な事態に違いあるまい。それは、社会のあり方について語るべきことはもはやなく、個人の多様な価値観を前にして、そこに呆然と立ちつくすほかはないのだということを語っているのかもし

---

2 なお、この定理は、「一般可能性定理」と呼ばれる（!）ことも少なくない。

れない。事実、それが深刻な問題を提起するものだと受けとられたからこそ、社会選択理論という学問分野が発展してきたのであり、そこからの脱出口を探る努力が繰り広げられてきたのである。

つまり、我々がたったいま見定めた問いに直接関連し、しかも、大きな社会的インパクトを持ってきた一般不可能性定理という達成がある。ならば、ともかくまず、このアローの研究成果の意味するところをはっきりさせておく必要があるだろう。

そこで以下では、一般不可能性定理の解説を試みる。ただし、定理の証明そのものは長くなるので省略し、その代わり、議論の前提条件や結論をきちんと整理して、定理の意味がはっきりと理解できるように提示することを目指したい[3]。

順を追って見ていこう。

社会のあり方について考えるわけだから、まず、およそ想像できる限りの社会のタイプ（以下では、「社会状態」と呼ぶことにする）を列挙することから始める。ここでは、少しでも違いがある社会は、別の社会状態であると考える。大きくいえば、自由が保障されているかどうか、誰がどれだけの財を獲得するのか、といった点でも区分されることになるし、もっとミクロに、隣の屋根が赤か青かの違いしかない社会状態どうしでも、別の社会状態として並べあげる。

社会状態の列挙が終わったら、各個人に、これらの社会状態に優先順位をつけてもらう。環境保全でも、経済発展でも、どんな価値基準に基づいていてもよい。各個人の思うままに、実現を望む順番（選好順序）をつけてもらうのである。もちろん、ある種の違いにはなんの意味もないと考える人がいてもかまわない。たとえば、獲得できる財の量さえ同じなら、それぞれの社会状態は同じ価値だと評価する人がいたなら、彼はそれらの社会状態を同順位にランクすることができる。

こうして社会の成員一人ひとりに、社会状態に関する選好順序を表明してもらう。価

---

3 なお、この定理の証明は、一度はフォローしてみる価値がある。ちなみにこの定理はしばしば難解だとされるが、実際には恐れるほどのものではない。基礎的な論理だけを頼りに証明されているので（たとえば、あらかじめ〇〇定理といったものを知っている必要はまったくない）、丁寧に追っていけば必ず理解できるはずである。

値観の多様性を前提にしているわけだから、そのランクづけも実にさまざまなものであるはずである。

この、個人 i による選好順序を、R_i と書くことにする。R_i とは、i という個人独自の、社会状態の優先順位についての長いリストである。この R_i の集合を基礎にして、民主主義が確保可能かどうかを確認していく。これが、アローが用いた分析の枠組みである。

こうした枠組みを用意した時点で、個人主義や結果主義の難点は、相当に解消されていることに注意してほしい。他人への配慮も、財獲得プロセスへの関心も、社会状態を考慮の対象にするという問題設定をした時点で、すでにかなりの程度検討対象の中に盛り込まれているのである[4]。この優れた特質は、効用関数の場合と比べてみるとよくわかる。効用関数であれば、財だけが関数の要素になっているので、財の獲得プロセスがどのようなものであろうが、財が同じなら、各個人は同じだけの効用を得ると評価されてしまうことになる。しかし、この枠組みのもとでは、財の獲得プロセスが違う社会を、違う社会状態であるとさえ特定しておけば、各個人はそれらの社会状態について、優先順位をつけることができる。したがって、財の獲得プロセスへの我々の関心は、それ相応に反映できるようになっている。

この枠組みのもとで、R_i に以下のことだけを条件として課す[5]。これらは、財か社会状態かという違いを別にすれば、かつて効用関数の導入に先立って導き入れた、公理の一部と同じものである。

① 完備性

すべての社会状態はたがいに比較可能である。つまり、任意に2つの社会状態 x、y

---

4 しかしながら、この問題設定の方法では、効用主義の難点は依然として回避できていないということは注意しておくべきである。あらゆる社会状態を一列に並べるということは、単一の評価軸の存在を前提としていることになる。また、結果主義、個人主義を免れるということについても、あくまで社会状態の中に反映し得る範囲において、ということであるので、完全にそれらの難点から解放されているかどうかについては議論が残る。
5 なおここでは、R_i を選好順序ではなく、社会状態についての選好関係を示すものとして捉え直している。

を取りだせば、$x R_i y$ か $y R_i x$ のどちらか（または両方）が必ず成り立つ。

② 推移性

x と y とでは x の方を好み、y と z とでは y の方を好むとすれば、もし x と z とを比較した場合には、x の方を好む。

$$x R_i y \text{ かつ } y R_i z \text{ であるならば、} x R_i z \qquad (6-1)$$

③ 反射性

x と y とが同じ社会状態であるならば、$x R_i y$ かつ $y R_i x$ $\qquad (6-2)$

繰り返すが、これらは先に導入した公理の一部であって、すべてではない。たとえば、連続性の公理などは含まれていない。したがってここでは、各個人の選好順序が辞書的順序であることすら、認められているわけである。

つまりこの段階で、個人の選好に関する仮定の絞り込みを行い、本当に必要不可欠な仮定だけを導入するという当初の目論見を実践しているわけである。

個人の選好順序が定式化できたら、次は、社会について考える順序である。まず社会としての社会状態の優先順位というものを考え、これを各個人の選好順序（R_i）と結びつけることを考える。

社会としての社会状態の優先順位については、社会的選好順序（R）と呼ぶこととし、個人の選好順序と同様に、上記の3つの条件（完備性、推移性、反射性）を満足する順序として見定める。

そしてこの社会的選好順序（R）は、すべての個人の選好順序（R_i）さえ特定されれば、そこから一義的に導出されるものと考える。つまり、すべての個人の選好順序（R_i）を関数の要素とし、ひとつの社会的選好順序（R）を導く、関数（F）の存在を想定するのである。これを、「社会的厚生関数」（social welfare function）という。

$$R = F(R_1, R_2, \ldots, R_n) \tag{6-3}$$

Fというのは、イメージとしては、たとえば二者択一による多数決方式(2つずつの社会状態について多数決をとり、それによって社会的選好順序を決める方式)や順位評点方式(各個人の選好順序に上から順番に点数をつけて、各社会状態の合計点を比較して社会的選好順序を決める方式)などのことである。こうした方法のうち、上記の3つの条件を満足するRを導くものが、社会的厚生関数(F)と呼ばれることになる[*6]。

そして議論は、このFが、民主主義社会においては、どのような性質を備えたものであるべきか、そしてその性質を備えることは可能なのか、という点をめぐって展開されていく。

アローが見定めた民主主義の条件、それは社会的厚生関数(F)が満足すべき、以下の4つの性質である[*7]。

① 個人選好の無制約性 (unrestricted domain)(以下、Uと略す)

各個人はどんな選好順序を表明してもかまわない。したがって、個人がどのような選好順序を持っていようとも、個人の選好順序の集合に対して、ひとつの社会的選好順序が必ず対応している必要がある。「あなたの考え方はおかしいから、社会的選好順序を決定するにあたって考慮に入れない」などということは認めない。形式的にいえば、R_iの定義域を限定しないということである。(ただしもちろん、上記の3つの条件は満たしている必要がある)

② パレート (Pareto)(以下、P)

全員が社会状態AのほうがBよりも望ましいという評価をするのであれば、社会的選好順序においても、AがBよりも上位に位置づけられなければならない。わかりやすくい

6　もちろんここでは、多数決方式や順位評点方式が、これら3つの条件を満足するRを導くかどうかを確認していないわけだから、これらがFのひとつであるかどうかは、いまはまだ明らかではない。(実は、多数決方式は、特定の条件を加えない限りFでないことが、すぐに論証されることになる)

7　各条件の説明書きは、主に(川本,1995)を参考とした。

えば、全員一致の選好順序は、それをそのまま社会的選好に反映させるということである。ちなみにこれは、前章の囚人のジレンマのところで指摘した、「強いパレート改善」に相当する概念である。

③ 無関係対象からの独立性 (independence of irrelevant alternatives)（以下、I）
　社会状態AとBとについての社会的選好順序は、AとBのみについての各個人の選好順序から決定されなければならない。つまり、それ以外のCとかDとかいった社会状態については考慮する必要がないということである。この条件は、社会的選好順序を決定するにあたって必要とされる情報を節約するために要請されている条件であると解釈されることが多い。

④ 非独裁性 (non-dictatorship)（以下、D）
　社会的選好順序の決定権を特定の個人に与えることは認めない。つまり、ある特定の個人の選好が、ほかの人びとの選好いかんにかかわらず、そっくりそのまま社会的選好順序として採用されるようなことがあってはならない[8]。

　アローは、およそ民主主義的な社会であると名乗る限り、その社会的厚生関数（F）は、この4つの条件を満たすべきだと考えた。そして彼が一般不可能性定理で導いた結論、それは、これら4つの条件を同時に満足するような社会的厚生関数（F）は存在しない、ということだったのである。

【一般不可能性定理】
　U、P、I、Dの条件を同時に満足する、社会的厚生関数（F）は存在しない。

　ここで、先に挙げた多数決方式と順位評点方式とについてだけ、このことを確認しておこう。

8　この条件は、偶然の一致として、特定の個人の選好が社会的選好と一致することを否定するものではない。ここで否定されているのは、ある個人の選好の変化につられて社会的選好もそれに忠実に変化するようなこと、つまり文字どおり特定の個人が社会的選好の「決定権を持っていること」である。

まず多数決方式であるが、これはほとんど入り口のところで頓挫してしまう。つまり、個人選好の無制約性の条件のもとでは、この方式は、順序を導く保証がないから、社会的厚生関数とはいえない[9]。

三人の個人A、B、Cと3つの社会状態 x、y、z があったとして、各個人の選好順序が、次のようであったとする。

$$
\left.\begin{array}{ll}
\text{個人A} & x、y、z \\
\text{個人B} & y、z、x \\
\text{個人C} & z、x、y
\end{array}\right\} \tag{6-4}
$$

この時、多数決で社会的選好順序を決定しようとすると、x は y に勝ち、y は z に勝ち、z は x に勝つということになって、優先順位が循環してしまう。したがって社会的選好順序を確定することができなくなる。

次に、順位評点方式を見てみよう。この方法は、「無関係対象からの独立性」の条件でつまずくことになる。先ほどの例にもうひとつの社会状態 a をつけ加え、三人の選好を以下のような順序としよう。そして、順位の高い社会状態から順番に3点、2点、1点、0点の点数をつけて、合計点の大きいものから順に、上位に位置づける方法を考える。

$$
\left.\begin{array}{ll}
\text{個人A} & x、y、z、a \\
\text{個人B} & x、y、z、a \\
\text{個人C} & y、x、z、a
\end{array}\right\} \tag{6-5}
$$

ここで、x と y とに着目すると、x、y それぞれの得点は、8点、7点となるから、社会的選好順序としては、x が y に優先することになる。

ここで個人Cの考えが変わって、

---

9 逆にいえば、多数決方式のもとで、3つの公理を満足する社会的選好順序を必ず導くことを保証しようとすれば、個人の選好に制約をかける他はなくなり、「個人選好の無制約性」の条件が満たされないといってもよい。

　　　　個人C　　　y、z、a、x　　　　　　　　　　　　　　　(6－6)

となったとしよう。この変化の後でも、xとyとの関係だけでいえば、個人Cの選好順序には変化がない。したがって、「無関係対象からの独立性」の条件を満足するなら、依然として、xがyの上位に位置したままでなければならない。

　しかしここでxとyの得点を再集計してみるとxが6点、yが7点となって、yがxの上位にくるように修正せざるを得なくなる。こうして、この順位評点方式も、上記の要件を満足するものではないということが明らかになった。

　これらの例と同様に、どのような社会選択の方法を持ってきても、アローが見定めた民主主義の条件のいずれかが侵犯されてしまうことになる。効率性に関する理論よりもはるかに少ない仮定を基に導かれ、したがってその限りにおいてより信頼のおける結論として、民主主義における基本的な価値であるはずの4つの条件は同時に満たされることはあり得ないということが証明された。そうしてみれば、この定理によって、「いままでは当然のこととみなしていた民主主義の基本原則が、相互に矛盾すること」(佐伯, 1980)が明らかになったと捉えられたのも、なるほど無理のない話であったのである。

　この定理が与えたインパクトは非常に大きなものがあり、アロー以降、この難問の克服に向けて、実に多くの論文が生み出されてきた。民主主義の要件として定められた各条件がそもそもおかしいのではないか、あるいは各条件の内容を修正すれば問題を克服できるのではないかということで、いろいろな可能性が追求された。しかし、大勢の了解を獲得するような解決策は見つからず、むしろアローの定理の強固さを浮かびあがらせる結果となっている (Sen, 1982)。

　世の中には、環境保護派や開発派、いろいろな人びとがいる。したがって、対話によってコンセンサスの形成に努めるのが、まずは追求されるべきことがらである。しかしそうした討議を経てもなお、残念ながら、少なからず価値観の違いが残る。すると、多様な価値観の中でどうやって社会全体としての決定を行うべきか、それが必然的な問

いとして浮かびあがってくる。

　この問いにどのように答えるべきか、それは自明なことのはずだった。各個人の価値観を尊重し、民主主義的な手続きにしたがって社会的な決定を行うべきだ、ということだったはずなのである。

　けれども、その最低限の希望すら満たされることはない。アローはそう語っているようにみえる。本当に彼は、民主主義など不可能であるというような絶望を証明してしまったのだろうか?

自由主義のパラドックス

　このアローの定理に解釈を与える前に、もうひとつ、別の困難を理解しておこう。これは、民主主義に劣らず基本的な価値、いやむしろ、民主主義的価値の重要な構成要素であると考えられている価値、すなわち「自由」にかかわっている。実は自由をめぐっても、先ほどと同様に深刻な問題が発見されている。

　この問題を発見したのは、A.センである。彼が発見したのは、自由なるものは、たとえ最も弱い意味での自由であっても、最も基本的な民主主義の条件であると考えられてきたパレートの条件[10]、つまり全員一致の選好があればそれをそのまま社会的選好順序とするという条件と両立しないということである。

　これまたとんでもない話である。そこでここでも、センの議論を忠実にフォローしておきたい。

　まず、社会状態に対する個人の選好順序 R_i を想定し、その R_i に(完備性、推移性、反

---

10 この文脈では、この全員一致の条件は、しばしば「弱いパレートの条件」とも呼ばれている。これは先に「強いパレート改善」と呼んだものであるから、先の場合とは、言い方がまるで反対になっていることになる。しかしここでこれを弱いと呼ぶのは、それはそれで筋が通っている。
　この条件は、全員の効用が向上することだから、一人以上の効用が向上することを指す「パレート改善」の一部である。したがって、この条件と自由とが矛盾しない場合でも、パレート改善全般と自由とが矛盾しないことは保証されない。その意味で、条件としての要求水準がパレート改善よりも相対的に低いので、この文脈では、これを「弱い」と称するのである。

射性)の条件を課す。ここまでは、アローの場合と同じである。

　次は社会的選好の定義であるが、ここでセンは、アローよりも緩やかな概念を導入する。社会的選好は、完備かつ反射的で非循環的でなければならないが、必ずしも推移的でなくてもよいとしたのである。この条件とアローの条件との違いを説明すれば、「社会が z よりも y、y よりも x を選好し、z と x に対しては無差別であるとする。アローならば、非推移性が存在しているという理由でこれを許容しないであろうが、我々はそうではない。なぜならこの場合、x は他の2つのものと少なくとも同じくらい望ましいという意味で、『最善』の選択肢だからである」(Sen, 1982; 邦訳 大庭・川本, 1989)ということになる[11]。つまりセンは、各個人の R_i への要請と、社会的選好への要請とを区別し、社会に対してはより緩やかな条件の充足のみを求め、それが必ずしもきれいな順序を構成していなくてもかまわない、と考えたのである。

　そしてセンは、すべての個人の選好順序(R_i)を要素とし、それから、このタイプの社会的選好(D)を導く関数(f)を想定した。その関数を、彼は「社会的決定関数」(social decision function)と呼んでいる[12]。

$$D = f(R_1, R_2, \ldots, R_n) \qquad (6-7)$$

センは、この f は、以下の3つの性質を同時に満たすべきだと考えた。

① 個人選好の無制約性(U)

　R_i の定義域は限定されておらず、各個人はどんな選好順序を表明してもかまわない。(アローの条件と同じ)

② パレート(P)

　全員が社会状態Aの方がBよりも望ましいという評価をするのであれば、社会的選好においても、AがBよりも望ましいと評価しなければならない。(アローの条件と同じ)

---

11 $z I x$ かつ $x P y$ だから、推移性を満たすなら $z R y$ でなくてはならない。
12 したがって、アローの社会的厚生関数は、この社会的決定関数の一種ということになる。

③ 個人的自由の容認（リベラリズム）（以下、L）
　あらゆる個人について、彼の選好がそのまま社会的な選好に反映されるような社会状態のペアが少なくともひとつは存在する。すなわち、2つの社会状態A、Bについて、彼がAの方を選好するなら社会もAの方をより望ましいと評価し、逆に彼がBの方を選好するなら社会もBを選好する、そうしたペア（A、B）が少なくともひとつはある。

　最後の条件の説明を補足しておくと、このリベラリズムの条件とは、自由と呼ぶべきものの最低限の要請を定式化したものである[13]。
　たとえば、もしある個人がうつ伏せよりも仰向けに寝ることを好むなら、ほかのすべての人びとがそれとは反対のことを望んでいようとも、社会は彼女が仰向けに寝ることを認めるべきだ、というようなルールのことである。これは自由と呼ぶさえ値しないほどの、いかにもささやかな自由である。こうして彼女自身に最終的な決定権がごくあたりまえに付与されるべきと考えられる社会状態のペアは、それこそ無数にあるだろう。このリベラリズムの条件とは、社会はそうしたペアを最低限ひとつずつは各個人に与えなくてはならないという、本当にわずかばかりの自由を表現したものである。逆にいえば、もしもこのリベラリズムの条件が満足されないような社会なら、彼女には、それこそ文字どおりひとかけらの自由もないということになる。それほどに自由のない社会は、たとえどんなに独裁的な社会を含めて考えても、間違いなく人類の歴史上かつて存在したことがないだろう。

　しかし驚くべきことには、この最低限の自由が、これまたしごくあたりまえに見える全員一致の条件と両立する保証がない、このことをセンは証明したのだった。

【自由主義のパラドックス（リベラルパラドックス）】
　U、P、Lの条件を同時に満足する、社会的決定関数（f）は存在しない。

　例をあげてみる。

---
[13] なお、後にセンは、このリベラリズムの条件を、「弱いリバータリアニズム」（弱い自由至上主義）と言い直している。

終章　ヒントの限界と可能性

　２つの町の間の山村に、田中家と水野家が隣り合うようにして住んでいた。この村には、この２家族しかおらず、それぞれかなり広大な土地を有していた。田中家は、先祖代々この土地に住んでいて、過疎化が進んでもこの土地にとどまった最後の一家族である。彼らは、この土地が再び活気を取り戻すことを真に願っている。一方、水野家は、都会の喧噪を避け、地域の豊かな自然を保護したいとの希望を持って、全財産をはたいてこの土地に30年前に移ってきた。水野家はこの地域の豊かな自然が守られていくことを真に願っている。
　さてある時、この村を通過する道路を建設し、２つの町を結ぶという計画が持ちあがった。可能なルートは２つ。それぞれ、田中家か水野家かの、いずれかの土地を通過するルートである。田中家ルートは、ずいぶん迂回路になり、しかも天然林を大きく切り開く必要があるルートである。他方、水野家ルートは、かなり直線ルートに近く、自然環境もそれほど多くは喪失しない。

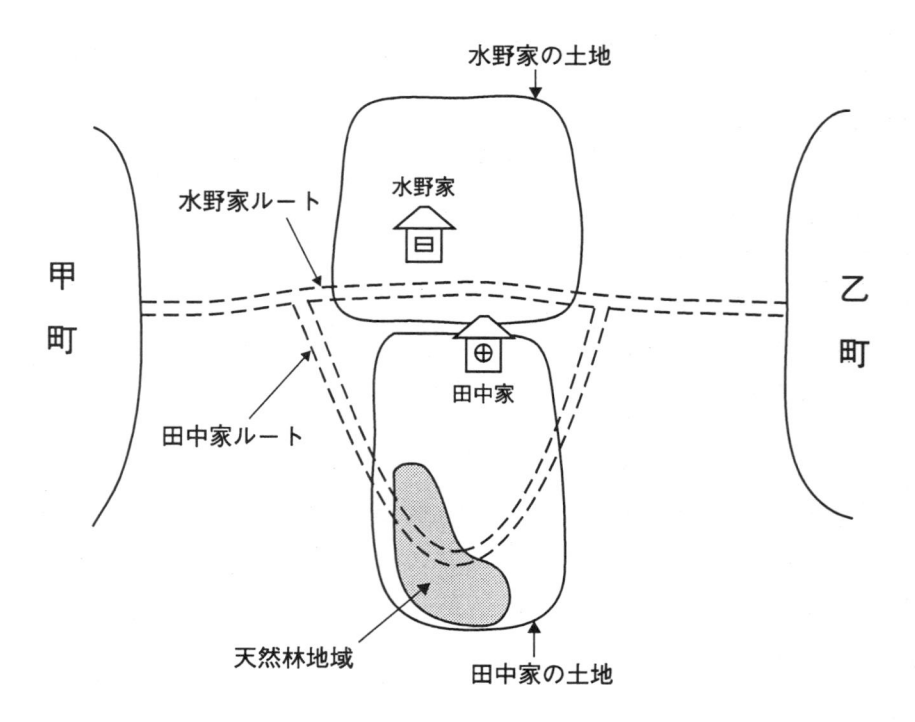

図６-１　自由主義のパラドックス

この時、田中家、水野家の選好順序が次のようになると考えるのは、ごく自然なことだろう。

田中家（開発派）： 水野家ルート ＞ 田中家ルート ＞ 道路建設なし　　（6 - 8）
水野家（自然保護派）：道路建設なし ＞ 水野家ルート ＞ 田中家ルート　　（6 - 9）

さて、所有地をどのように利用するかは、その土地の所有者の自由であるべきだと、自由を重んじる人なら主張するかもしれない。

そうであれば、田中家は、（田中家ルート、道路建設なし[14]）のペアについて決定権があり、水野家は、（水野家ルート、道路建設なし）のペアに決定権があるということになる。するとそれぞれのペアについて、田中家は田中家ルートを選好し、水野家は道路建設なしを選好するから、社会は、田中家ルート、道路建設なし、水野家ルートの順に選好しなければならないことになる。

こうしてこの社会は、田中家ルートを選択し、道路を田中家の土地に通すことで決着するようにも見える。しかしここであらためて振り返れば、田中家も水野家も、（田中家ルート、水野家ルート）のペアでは、水野家ルートの方を選好している。つまり2家族ともに、水野家ルートの方が望ましいと考えているにもかかわらず、社会は田中家ルートを選択してしまうのである。

こうして、自由とパレート原理とが衝突することが示された。

センン自身の言葉を借りつつ語れば、次のように言うことができる。
　極めて根本的な意味において、リベラルな価値観とパレート原理とは衝突する。パレート原理と価値観の多様性を信じ込んでしまえば、社会は最低限のリベラリズムすらも許容し得なくなる。その時社会は、ほかの人びとの選好のいかんにかかわらず、好きな本を読み、好みのやり方で眠り、着たいものを身にまとうなどの自由を個人に与えることが不可能になる。逆に、リベラルな価値観を貫こうとするなら、パレート原理を固守することをやめなければならなくなる……。

---

14 もちろん厳密にいえば、「自分の土地における」という限定詞つきの話である。

終章　ヒントの限界と可能性

　前章まで、社会的な変化の善し悪しを判断するために、パレート改善、潜在的パレート改善という基準を取りあげ、これらを基礎にして検討を進めてきた。そして、潜在的パレート改善という考え方にはやや難点があるにしても、パレート改善ならおよそ無条件にいいことに違いあるまいとみなしてきた。

　しかしもしも、少なくともなにがしかの自由が、各個人には認められるべきだということを前提とするなら、このパレート改善の原則を無条件に是として承認するわけにはいかない。社会的選択の範囲を、パレート改善な選択肢に限定しようとしたその時点で、最適解はすでに我々の手からこぼれ落ちてしまっているかもしれない。

　センのパラドックスが明らかにしたのはこのことである。

パラドックスの再解釈

　アローやセンの示したパラドックスをどのように受け止めればいいのだろうか？
　まず、アローの不可能性定理から考えてみよう。

　先に述べたように、アローの不可能性定理の議論は、確かに強固（ロバスト）なものである。センの言葉を借りると、「社会的推移性や社会的選択の二項性、さらに独立性の条件や定義域の非限定性を弱める試みが最近行われているけれども、それらが結局明らかにしたのは──アローの定理が指し示した不可能性そのものを避けようとしても、その挙げ句──アローの定理に類似した不可能性の帰結へといとも簡単に陥ってしまう、ということにほかならなかった」（Sen, 1982; 邦訳 大庭・川本, 1989）ということになる。

　けれどもこのことから、直ちに民主主義の不可能性を声高に叫ぶわけには、実はいかない。
　なぜかというと、この不可能性定理が成り立つのは、アロー流の分析の枠組みがあってのことだからである。ある特定の枠組みがあって、はじめてこの不可能性が生じる。だとすれば、この不可能性を、民主主義の諸条件の真の意味での競合と解釈すべきか、それともアロー流の分析の枠組みの限界と解釈すべきか、そのいずれかを直ちに結論づ

けるわけにはいかないはずである。ここには、このいずれの解釈が正しいのかを問う余地が確かにある。したがって、このパラドックスを見て、直ちに民主主義の不可能性を結論づけるのは早計である。

とはいうものの、実をいうと、この問いが存在するということ自体、そう簡単に気づかれたわけではなかった。紆余曲折の末ようやくにして、ほかならぬセンの手によって、この問いの存在が明らかにされた。そしてセンは、この問いを自ら引き取り、不可能性定理の読みとり方としては、実は前者よりも後者の方——つまりアロー流の分析の枠組みの限界と捉える解釈——が正解なのだという結論を導いた。

センは次のように論じた。
アローは、各個人の効用（＝選好）を順序として捉え、基数で表すことを認めなかった。しかも、効用を個人間で比較することも禁じ手とした。もちろんそれはアローが勝手に導き入れた仮定ではなく、伝統的な経済学的考え方をそのまま踏襲したにすぎないだろう。しかしともかく、そうした情報的飢餓状態をつくりだしておいて、その状況の中で、社会的厚生関数に対して厳格な民主主義的要件の充足を求めたのはまぎれもない事実である。実はそこに無理があったので、だからこそ、不可能性が帰結してしまったのだ、と。

実際これらの情報上の制約、すなわち効用の序数性と個人間比較不可能性という制約を同時に捨て去るなら、民主主義の4条件を満足する、多様な社会的選択のルールを構想することが可能になる。2つとも捨て去らなくても、最低限、効用の個人間比較の可能性さえ認めるならば、（それほど豊かな可能性が開かれるわけではないものの）不可能性から抜けだすことは可能である。このことをセンは論証している。

たとえば、効用主義的マキシミンルールとでも呼ぶべき規則を考えてみよう。社会状態の順序を定めるにあたって、それぞれの社会状態における最も効用レベルが低い人びとに着目し、その人びとの効用レベルを相互に比較して、そのレベルが高い社会状態から順に、上位にランクさせていくという方法である。この方法は、最も不遇なランクの人びとを選びだし、彼らの効用の大小を比較するわけだから、（基数性は導入していな

終章　ヒントの限界と可能性

いものの）効用の個人間比較を認めていることになる。

　この方法は、個人の選好にはなんの制約も課していないから、いうまでもなくUの条件を満たしている。またこの方法によって決定された社会的選好順序に対し、すべての人が一致して反対することはあり得ない。なぜなら、下位にランクされた社会状態における最も不遇な人びとの効用レベルは、上位の社会状態に移行すれば、必ず上昇するからである。このことから、Pの条件も満足していると結論できる。さらに、任意の２つの社会状態の社会的選好順序は、それらの社会状態における最も不遇なランクの人びとの効用レベルの大小のみによって決定されるので、他の社会状態の存在によってはなんらの影響も受けない。すなわち、Ｉの条件も満たしている。最後に、この方法では、常に最も不遇なランクの人びとに着目するので、特定の個人が独裁権をふるうことはあり得ない。つまり、Dの条件にもかなっている。

　こうして、効用主義的マキシミンルールにおいては、U、P、I、Dの民主主義の諸条件を、簡単に満たすことになる。

　つまりこういうことになる。

　アローは、できるだけ異議申し立てがされにくい分析装置を追求して、結果主義や個人主義などの非難を最大限免れるような枠組みを整え、その枠組みのもとで民主主義の可能性を探求した。単一の評価軸を前提とする、あの効用主義は残さざるを得なかったが、そこでもしかるべき配慮を怠ったわけではない。過去にさんざん批判されてきた効用概念、すなわち基数性や個人間比較可能性を備えた効用概念については、その導入を差し控え、あくまで序数的かつ個人間比較不可能な効用という概念にとどまって、分析を遂行しようとした。すなわち、非難を呼び込む可能性のある要素は、およそあたう限り、あらかじめ排除しておいたはずだったのである。

　ところが結果として明らかになったことは、そうした枠組みをとったことそのものが、民主主義の不可能性を導き入れてしまったということであった。効用の個人間比較を禁じ手としてしまったことの直接的な帰結として、不可能性定理が成立する。

　つまりアローの不可能性定理が指し示していることは、なんの付帯条件もない命題としての、「いままでは当然のこととみなしていた民主主義の基本原則が、相互に矛盾すること」だったのではない。そうではなくて、「もしも効用の個人間比較を拒むなら、民主

主義の基本原則をすべて同時に並び立てることは不可能である」という条件つきのメッセージだったのである[15]。

このことは、民主主義そのものではなくて、むしろ効用の個人間比較の不可能性の問題を、再び主題として引っ張りだすことになるだろう。つまりアローによって示されたことは、民主主義は成立し得るか、し得ないか、し得ないのだとしたら民主主義の諸条件のうちのどの条件を諦めるべきなのか、といった問いではない。彼が明らかにしたことは、各個人の効用を比較可能とみなすべきかみなさざるべきかというかつて決着したはずの問いが、実はまだ決着してはいなかったという事実なのだと理解できるはずである。

効用の個人間比較は極めて困難である。依拠すべき客観的な評価基準が構想し得ない以上、他人どうしの効用レベルを比較してしまうことは、十分に科学的な試みだとは言い難い。これは、しごくもっともに聞こえる議論であり、だからこそ、個人間比較を諦め、パレート原理群のみを評価基準とする経済学が発展してきたのだといっていい。
けれども、アローの不完全性定理が明らかにしたところによれば、他方で効用の個人間比較をすっかり諦めてしまうと、今度は民主主義が不可能になってしまう。つまりこちら側にも、バラ色の展望が開けているわけではなかったのである。
要するに、効用の個人間比較を全面的に認めることも、完全に拒絶することも、ともに深刻な問題を呼び込まざるを得ない。このことこそ、ここで明らかになったことなのだ。そのように、アローの不完全性定理は読み解くことが可能である。

次に、自由主義のパラドックスについて考えよう。
自由主義のパラドックスについては、残念ながら、不完全性定理の時のような脱出口は開かれていない。基数か序数か、あるいは効用の個人間比較ができるかできないか、といったことは、パラドックスの成立いかんとは、およそ関係がない。
したがってその意味では、このパラドックスは先の不完全性定理よりもさらに悩まし

---

15 ただしこれはひとつの読み方であって、これ以外の解釈ができないということがここで論証されたわけではない。

終章　ヒントの限界と可能性

い問題だということになる。

　自由主義のパラドックスを脱出するためには、リベラリズム（L）かパレート（P）かの、いずれかの条件の適用に制約を課すほかはない。ある状況で個人の自由を制限することを認めてしまうか、それとも、全員一致の選好があったにしてもそれを社会的選好に反映させない場合をつくるか、いずれかしかないわけである。では、そのいずれの方法を選択すべきか？　そう問われれば、最後の最後にはPの条件の方を制限するほかないのは間違いあるまい。なぜなら、先ほど述べておいたように、Lの条件はミニマムなものとして構想されており、うつ伏せに寝るか仰向けに寝るかといった、極めてささやかな自由を、しかもたったひとつだけ各個人に与えるということを考えているにすぎないからである。この自由すら制約するなどということは到底考えられることではない。
　したがって、自由主義のパラドックスからの脱出のためには、おそらく最終的にはPを修正するほかはない[16]。

　ではパラドックスの解消のためには、具体的にどのようなPの修正が可能か？　この問いへの応答として、セン自身は、「他人の権利を尊重する個人」（以下、この個人をAと略す）なる人物を構想した。このAは、自分の選好全体の中で、他人の自由との矛盾が生じない部分だけ、社会的選好に反映させることを望んでいるような個人である。つまり、LとPとが衝突する場面では、自らの選好の表明を控えることによって、Pの成立を意識的に拒絶するような個人を考えたのである。Aが社会に一人でも存在すれば、パラドックスが生じることはない[17]。
　このセンの提案は、複数の価値判断基準を使い分ける人間像を導入しているという点

---

16 ただし、実際の社会において個人に与えられている自由の権利の範囲は、いかなる社会を例にとろうとも、もっとはるかに大きいので、現実社会でこうした問題が生じていたにしても、その場合には、Lの側に問題があるとすべきか、あるいはPの側に問題があるとすべきかは、一義的には定まらない。ここで指摘しているのは、最終的にはPを修正しなくてはならないということであって、LとPとの衝突があるなら必ずPを見直すべきというようなことではない。

17 ただし厳密にいえば、自由主義のパラドックスを回避するには、Aの望みが社会的選好に反映されるよう、Pの条件にも若干の修正を加えることが必要である。すなわち、全員一致に加え、全員が自らのその選好を社会的選好に反映させることを望む場合に限り、それをそのまま社会的選好にするというルールに修正する必要がある。

で、効用主義そのものに挑んだ試みであったということができる。そして、こうして複数の価値判断基準を使いこなす人物が社会の中に存在するなら、確かにパラドックスは解消されるのだから、効用主義の限界を告発したという意味で、この試みは少なくとも一部は成功していると評価することができる。

しかしながら、では、この構想が自由主義のパラドックスを克服していることになっているかと問われれば、残念ながら、その答えは否であるほかはない。センの議論そのものに誤りがあったわけではない。しかしこのセンの議論が意味しているところは、Ａが一人以上存在する社会ではパラドックスは生じないという、ひとつの事実の記述にすぎず、それ以上でも以下でもないからである。

ここでは、第２章の冒頭で取りあげた、規範と記述の区別の問題が重要になる。もしもこのセンの構想を生かしつつパラドックスを解消しようと思えば、「社会にはＡが必ず存在すべきこと」、つまりＡの存在そのものを規範として論じなくてはならない。しかし、センはＡの存在を社会的規範のひとつとして論じているわけではないし、実際のところ、Ａの存在を社会の規範として構想してしまうと、Ａでない人びとのみから構成される社会は認めないということになる。それはつまるところ、「個人選好の無制約性」（Ｕ）の条件の否定を主張しているのと大差なく、不適切な規範を導入するものだと判断せざるを得ないことになるだろう。ゆえに、「他人の権利を尊重する個人」の構想によっても、自由主義のパラドックスは依然パラドックスであり続けるのである。

実際のところ、ＬとＰとが衝突するのは、──センの構想した「他人の権利を尊重する個人」（Ａ）という名称が、その裏返しとして語っているように──各個人の選好に身勝手なところがあるためだとは言い切れない。その点からいっても、Ａの存在を規範として構想することには無理がある。

田中家と水野家は、それぞれに真摯に地域の行く末を慮っているのだが、それでもなお、彼らの選好は衝突しつつ表向き一致して、その結果としてＰを構成している。確かに彼らは「他人の権利を尊重する個人」（Ａ）ではない。つまり相手の自由にかかわることだからという理由で自身の選好の一部を引っ込めるつもりはない。しかしだからといって、彼らに、他人を尊重しない身勝手な個人だというレッテルを貼ってしまうわけ

終章　ヒントの限界と可能性

にもいくまい。彼らは、ごく一般的な意味でのエゴイストではないからである。ここにあるのは、何を個人の自由と考えるのかについての判断の違いである。つまり、最低限の自由なるものの構想が共有されなければ、いかに良心的な市民からなる社会であっても、「他人の権利を尊重する個人」（A）なる特性を備えた人物が存在しないことは、一向に不思議なことではないのである。

論点は、Aがいたら自由主義のパラドックスが解消されるということではない。むしろAがいない社会があり得ること、その社会は必ずしも道徳的に許し難いとはいえないこと、そしてその社会にあってはパラドックスが発生してしまうということである。こうして見てくると、自由主義のパラドックスの解消がいかに困難であるかが、あらためてはっきりするように思われる。自由とパレート原理とは、非常に基底的なレベルで衝突する可能性がある[*18]。

以上駆け足ながら、アローとセンの議論が訴えていることは何かということについて考えてきた。ここで明らかになったことは、次のようにまとめることができる。

まず、我々は、複数の大切な規範を持っているということである。たとえ、ひとことで民主主義が最も大切であると主張することがあるにしても、それは実のところ、複数の規範を同時に大切にしたいという表明にほかならない。

アローやセンが定式化したのは、我々が複数の規範を抱えているからこそ発生する困難である。たとえば、非独裁性の条件を加えなかったり、パレートの発動を認めなかったりすれば、パラドックスは一気に解消される。にもかかわらず、そうした方法を我々

---

18 なお、セン自身は、アローの定理や自由主義のパラドックスが生まれる原因は、それらの枠組みが、いずれも多様な情報への配慮を欠いているためであるという論を展開している。貧相な情報だけに基づいて社会のあり方を論じるからいけないのだというのである（情報面でのけちくささ）。アローの不可能性定理についていえば、確かにそうした面があった。効用の基数性や個人間比較の可能性という情報を利用しなかったがために、問題が発生したのだと捉えることができた。

　しかしながら、自由主義のパラドックスに関する限り、たとえどんなに良質な情報が得られても、それだけで矛盾が解消されることはないのである。この点で、アローの定理と自由主義のパラドックスには確かに大きな違いがある。したがって、情報ベースを広げさえすれば問題がすべからく解決するかのような言い方は、必ずしも適切ではないように思われる。

が解決だとみなさないということそのものが、社会的規範についての、我々の意識を如実に反映しているだろう。我々は、複数の規範を同時に抱えているし、しかも、いずれの規範も簡単に捨て去ることはできないと強く信じているのである。

　しかしながら、それと同時に明らかになったことは、固持すべきだと我々が信じてきたそれらの規範も、ひとつひとつを丁寧に検証してみれば、実は無条件に是として受け入れるべき規範はほとんど見あたらないのだということである。どれほど確実に見える規範であっても、非常に基底的なところで、別の規範と衝突してしまう可能性をはらんでいる。

　アローの定理は、(アロー自身がそれを意図していたかどうかは別としても)すでに全面的に受け入れられていたはずであった、「人びとの効用はたがいに比較すべきではない」という規範的命題に対してあらためて疑問を投げかけ、実はそれは全面的に肯定すべき命題ではなかったのかもしれないということを明らかにするものだった。それを全面的に受け入れてしまったのでは、民主主義の成立する可能性が閉ざされてしまうかもしれないからである。

　また、センのパラドックスは、これまで全幅の信頼がおかれてきたパレート原理という規範でさえ、疑問の余地なしとはしないということを強力な論理で訴えかけた。パレート原理は最低限の自由すら傷つけてしまう危険を秘めたものなのだということを、疑いようもない事実として白日の下にさらしたのである。

　こうしてまとめてみると、アローやセンの示した事実は極めて深刻な事態の存在を指し示しているということが、あらためて明らかになる。象徴的に言い表すなら、「完全なる社会は幻想である」ことを明らかにしたのだといってもいいかもしれない。理想と現実との間には絶えずギャップがあるからなどという理由によってではない。そもそも「完全なる社会」という理想(＝規範)を構想することそのものが、不可能であるかもしれないという理由を示すことによってである。

　けれどもこのことは、必ずしも絶望的に捉える必要はないし、嘆くべきことがらでもない。なぜなら、これまで曖昧な議論の中で、その存在が見えていなかった問題が明ら

かにされたという点で、それはむしろひとつの前進ともいえるからである。
　解かれるべき深刻な問題がそこにある。きちんとしたモデルによってそれを明らかにしてくれたこと、このことこそ、まずもって、アローやセンの貢献と考えるべきだろう。

【ヒントその25：完全なる社会の幻想】

■我々は、どうあっても捨て難い複数の基底的規範を抱えている。
■したがって、それらに対して、バランスのとれた目配りをする必要がある。
■しかもその全体への目配りは、はじめの段階からなされなくてはならない。なぜなら、特定の規範のみから出発すると、他の基底的規範を大きく侵犯してしまう恐れがあるからである。

第2節 自由の問題としての環境問題

部分妥当の意義

　繰り返しになるけれども、ここにあるのは、悲観論や虚無主義的な構えを誘うような事態ではない。取り組むべき問題の存在が明らかにされたのだ。ここは終着点ではなく、むしろ前進のための大切な第一歩であると考えたい。

　もちろん肝心なのは、そこからどうやって次の一歩を踏みだすかである。どちらの方向に進んでいけばいいのか、その道筋を探しだすことが次の重要な仕事になる。

　そこで本節では、この道筋を探しだすという課題に取り組んでいきたい。
　具体的には、2つの可能性を検討する。ひとつは、完全なる理想の追求を諦めて、部分的に妥当するものとしての理想を掲げることの意義をより真摯に捉え返すこと、もうひとつは、こうした困難にぶつかってなお、より完全な理想像の探求に取り組むことである。そのいずれのアプローチもが、アローらの提示した困難を乗り越える上で重要な意義を持っており、大きな可能性を秘めているということが、ここでは示されることになるだろう。

　さて、アローの不可能性定理やセンの自由主義のパラドックスが明らかにしたことは、特定の規範を無限定に信頼してはいけないということである。特定の規範のみに関心を集中し、そこから出発して社会のあり方を決めてしまうと、自覚のないままに他の規範を大きく侵犯してしまう恐れがある。したがって、たとえどんなに強固に見える規範であれ、そのほかにも捨て難い規範があるはずである以上、それを無条件に承認してしまうことには警戒的でなくてはならない。
　絶対的規範なるものの存在を軽々に確信することに対して警鐘を鳴らすもの、そうやって彼らのメッセージを整理してみることも可能だろう。

終章 ヒントの限界と可能性

そうだとすれば、この言明を反転させることによって、次のようなメッセージを引きだすことができるかもしれない。すなわち、「普遍的にではなく、部分的にのみ妥当する規範を構想することは、大きな意義を持っている可能性がある」というメッセージである。完全なる規範を構想することが困難なら、むしろ、部分的に妥当する規範を積極的に評価・活用する可能性を探ってみてはどうかということである。

もちろん厳しくいえば、このメッセージはアローらの議論から論理必然的に帰結するものではない。しかしながら、我々が捨て難いと信じる規範がいくつもあり、しかも、それらの規範のいずれに対しても全幅の信頼をおけないのだとするなら、いったいほかにどのような道を考えることが可能だろう？

この、部分的に妥当する規範を構想することの意味を、「効用の個人間比較の不可能性」の問題に引きつけて考えてみよう。

二人兄弟が、それぞれひとつずつ、大好物のリンゴとミカンとを手に入れた。さて、どちらの得た効用が大きいか？ こうした質問であれば、「客観的に効用の大小を計測する方法はないのだから、どちらの効用が大きいかは判定できない」と答えたくなる。それが経済学者というものだし、その経済学者の判断は、多くの人の常識的感覚にもかなっている。

これに対して、干ばつに襲われた地域の農夫にとっての米100俵と、大富豪にとっての米一粒を比べるとなったらどうか？ いまにも飢え死にしそうな人と、昨晩も豪勢なディナーを食べきれずに残してしまった人とで比べてみるのである。そんな時には、「農夫が獲得できる効用の方が大きいに決まっている！」と言われれば、ほとんどの人が強い賛意を示すのではないだろうか[19]？

---

19 ここで述べていることは、単に私的な評価として、我々がこの評価に賛意を示すだろうということではない。この農夫と大富豪との効用の比較評価は、我々の個人的な評価以上のものであって、誰もが認める社会的な評価であるべきだという言明にすら、強く反論する人はいないであろうということ、そしてそうなれば、もはやこの効用の比較評価を社会的規範の基礎に据えることを阻むものは何もなくなる、ということを指摘しているのである。個人間での効用比較は、主観的には可能だが、客観的にできないことが問題なのだということがしばしば強調される。それはその限りにおいて正しいのだが、すでに調べてきたように、客観と主観とは、どこまでもきれいに弁別できるようなものではない。満場一致の「主観的判断」のもとで、その判断の「客観性」のなさをあげつらうことに、いったいなんの意味があるだろう？

これら2つの評価に対して、そのいずれにも強く賛成したい気持ちがある。ならばどうして、これら2つのことがらを矛盾だとして捉える必要があるのだろう？ なぜ、一方の評価を維持するために、他方の評価を犠牲にする必要があるのだろう？
　困難が生じたのは、個人間比較の可能性を、完全に捨て去るか、あるいは隅々まで適用させるか、2つにひとつだと考えていたからである。言い方を変えるなら、この2つの問題はいずれもが「効用の個人間比較」というひとつの問題のバリエーションにすぎないから、同じ答えを与えなくてはならないはずだと信じてきたからである。
　しかし問うべき問いは、あれかこれかの二者択一問題ではないかもしれない。もともと部分的にのみ妥当する社会的規範だということを前提に、効用の(序数的)個人間比較の考え方を導入する、その可能性を探求することの方に、むしろ展望は開けているのかもしれない。たとえば、効用比較が可能だと社会の構成員がすべからく思う範囲が見定められるのなら、その範囲に限って効用の(序数的)個人間比較を導入することは、むしろ積極的に肯定すべきことではないだろうか？

　これは、いってみれば「部分妥当の意義」とでも呼ぶことができる考え方である。完全なる言明を求めるのではなく、部分的、局地的に妥当する言明を追求することに、もっと積極的な意義を見いだしていこうとする方針である。

　自由主義のパラドックスが明らかにしたところによれば、自由とパレート原理とは、潜在的に衝突する可能性を秘めている。とはいえ、このパラドックスが明らかにしているのは、どのような社会にあっても衝突が必然的に内包されているということではない。社会の成員の持つ選好と、その社会で個人に割りあてられた自由との間に、ある一定の関係がある場合には、その社会ではパラドックスが生まれてしまうということを明らかにしたにすぎない。したがって、任意の社会を選びだした時に、その社会において自由とパレート原理との間にまったく矛盾がないということは当然あり得る。実際のところ、その可能性は決して小さなものだとはいえないだろう。なぜなら、少なくとも、個人の自由に割りあてられた社会状態のペアのうち、いずれか一方と連結したかたちでパレートが成立してさえいなければ、自由主義のパラドックスは起こりようがないから

終章　ヒントの限界と可能性

である。これは十分条件であって、必要十分条件ではないけれども、この条件だけ見ても、それを満たすような社会は、それほど例外的な社会ではないように思われる。

だとするなら、現実の社会の中で考える時、そうした矛盾を引き起こす見込みが実質的に皆無であるといえるなら、自由主義のパラドックスは恐れる必要はないのかもしれない。つまり、普遍妥当の規範として、自由とパレート原理との両立を主張できないとしても、だからといって個別具体の状況において、その両立を直ちに拒絶する必要があるとは言い切れない。

部分妥当の考え方に基づけば、複数の規範がある場合の社会選択のあり方にも、工夫の余地が見えてくる。複数の規範それぞれの普遍妥当性を前提とすると、それらが相互に矛盾してしまうとしよう。けれどもだからといって、必ずしもいずれかの規範を諦める必要があるとは限らない。複数の規範がそれぞれに指し示す社会的選好順序を見比べて、その共通部分だけを取りだすという方法も、あながち役に立たないとはいえないからである。たとえば、効率性、平等性、社会的安定性などの規範がいずれも大切なのだとすれば、それぞれの規範が指し示す順序の、共通の部分だけを抽出するのである。抽出された順序は、およそ考慮すべきだと考えられた規範のすべてによって承認される順序なのだから、これを社会的に妥当な結論だと見ることには相当の信頼がおけるだろう。むろん完全な順序を形成するものではないだろうが、それでもそうした試みは、状況次第ではとても有益かもしれない。

もう少し形式的な議論をしてみよう。経済学や社会選択理論で前提とされている、合理性という概念について考えてみる。

合理性のひとつの条件は、選好順序が推移性を満たすことである。すなわち、xRy であって、かつ、yRz であるならば xRz でなくてはならない。この推移性が満たされないと、選好が順序を形成できなくなるからおかしいというわけである。

けれども、常に順序を構成することが必要だと考えることは、必ずしも適切ではないかもしれない。たとえば、労働内容がまったく異なり、年収が 5 万円だけ異なる 2 つの仕事を比べた時、ある個人はそれらの仕事に甲乙つけ難い（無差別）と判断するかもしれない。しかしそうした微妙な違いのある仕事を 100 個も並べると、端と端との仕事で

は、年収が500万円も違うわけだ。こうなると当の本人もこれらを無差別だとは評価しない可能性が高い[20]。

　合理性についてのもうひとつの条件である完備性について考えてもよい。完備性とは、任意のx、yについて、xRyかyRxかのいずれかが必ず成り立つということであり、つまり、あらゆるものは必ず比較可能であるということである。完備性が満たされなくても、やはり完全な順序が形成できないから、合理的ではないとされる。

　しかしこの条件も、必須のものではないかもしれない。たとえば、平等ということについて考えてみる。二人兄弟にリンゴとミカンとを分け与える場合、両方とも兄に与えてしまうのは明らかに不平等だと大半の人は思う。しかし一方、一人にはリンゴ、もう一人にはミカンを与える場合には、どちらに何を配る方が不平等なのか評価できないと考える人が多いかもしれない。つまり、ある配分方法どうしではどちらが不平等だとは決められても、別の配分方法どうしではどちらが不平等なのか決められないということがあり得る。だとすれば、我々は、完備性を備えない、もっと緩やかな平等性の観念を持っているのかもしれない。

　このように見てくれば、いわゆる合理性をあくまで維持しようとするよりも、たとえば無差別関係を含まない強い選好関係（P）でのみ推移性が成立すること、あるいは一部の選択肢間でのみ比較が可能であることなどを前提として受け入れる方が、むしろより有益かもしれないと思えてくる。現実の我々の価値判断が、そのように緩やかなものである以上、合理的か、非合理的かの二者択一的な思考ではなく、もっと柔軟で局地的な思考こそが必要なのかもしれない。

　効用と効率性の一辺倒には確かに問題がある。しかしだからといって、では、これらの概念が役に立たないかといえば、そんなことはない。これまでさまざまに検討を加えてきたとおり、効用概念や効率性の考え方は時にとても役に立つし、我々の思考につきることのない刺激を与えてくれる。

　「すべてを貨幣価値に換算することなどできない」というのが本当だとしても、だからといってその方法論がおよそ無益であるということになるわけではない。実際のとこ

20　$xRx+5万$、かつ、$x+5万Rx+10万$、……、$x+495万Rx+500万$。にもかかわらず、$xRx+500万$ではなくて、$x+500万Px$。（ただし、x等は、年収によって各仕事を指し示したもの）

ろ、その方法論の有用性を見いだせる範囲は、相当に広いものである。

さて、ここまでくると、この部分妥当の意義に関する議論は、本書のどこかですでに出会った気がするのではないだろうか？

そう、これは本書の一番はじめで取りあげた、あの「モデルによる思考」の意義の再発見なのである。

現実は複雑を極めており、現実のすべてを完全に汲みとるモデルを構成することなどできはしない。だからこそ、モデルは真であるかどうかが問題なのではなく、要請との距離が問題になる。このことを、事実を示す命題のみならず、規範的な含みのある命題にも広げて確認したのが、この部分妥当の意義ということである。

完全な正（正確、正義）への確信に対しては常に自戒的であるべきこと、完全な正でないからというだけですべてを破棄するのは適切ではないこと、柔軟で局地的な思考も十分に有用であり得ること、これらのことを捉えたのが、部分妥当という考え方である。

他の規範との齟齬が生じていないことをよく確認しつつ、信頼できる範囲を見定めて、部分的に妥当するものとしての規範をもっと積極的に重んじること。それは確かに、ひとつの賢明な道である。

補足しておけば、それは完全性がなかなか手に入れられないからという理由で歩まれるのではない。むしろ、完全性を得たと錯誤した時、人はしばしば横暴になるという洞察こそ、そうした実践の重みを背後で支えているはずである。

本質的自由の発展とは何か[21]？

社会は、いったい何を目指してゆくべきなのだろう？

---

21 以下の議論はセンに極めて多くを負っている。また、取りあげた具体例も、そのほとんどが(Sen, 1990)、(Sen, 1999)からの引用である。ただし必要に応じ、筆者独自のアレンジを施している。

効用の総和の増大、効率性の確保、国民財産の蓄積、民主主義の尊重などなど、いくつもの答え方があり、また、実際に答えられもしてきた。
　しかしいずれの答え（＝社会的規範）を取りあげてみても、そこに潜む深刻な問題を指摘することは、もはやさほど難しいことではない。我々の重要な価値観を捕捉できていないことや、あるいは規範の内部に矛盾が潜んでいることを、すぐさま指摘することができる。そうしてみれば、絶対的な社会的規範を立てて社会のあらゆることがらをきれいに裁定しようとするのは、絶望的なほどに困難な技と思わないではいられない。

　だからこそ、柔軟で局地的な規範を追求していこうとする部分妥当のアプローチの中に、ひとつの脱出口が開かれている可能性がある。部分妥当の考え方は、我々の現実に合致しているかもしれないし、実践においても有用性が高いかもしれない。その意味で、この部分妥当の考え方は、決して過小に評価されるべきではない。

　しかし、取り得る方途はこれひとつではない。ここにもうひとつの道がある。

　既存の社会的規範には問題があった。それはわかった。けれどもだからといって、完全なる社会的規範の探求を諦めてしまう必要はないはずだ。諦めることなく、もう一度、新たなる規範の構想に取り組もう。そうして、少しでもよりよい道しるべを探しだそう。
　その努力の結果も暫定的なものであるほかないのかもしれない。それでもなお、既存の規範の困難の根本的な克服に挑み続けること、そして旧来のものに取って代わる新たな規範の構想を諦めないこと、それは常にひとつの道筋であり続けるだろう。

　ここに、そうした新たな社会的規範となり得る可能性を秘めた命題がある。それはまさに、幾多の社会的規範の中に見えた困難を克服しようとする努力の中から析出されてきた考え方である。

　この新たなる規範は、端的にいって、次のように宣言する。

終章　ヒントの限界と可能性

【本質的自由尊重の立場】
　社会の目標、それは、人びとの本質的な「自由」（freedom）を発展させることにこそあるべきである。

　社会が目指すべきは「自由の発展」である。これが、この新たなる社会的規範の要諦であり、その中心概念はかのセンによって示されたものである。ここには、「自由」にすべての社会的規範の在処を集約し、「自由」の概念をして包括的な規範概念にまで高めようとする意志が読みとれる[22]。そして、「自由」によってあらゆる既存の規範を超克してしまおうとする、大胆な構想がある。

　もちろん、自由にそこまで大きな負荷をかけるからには、その概念の相当な深化が必要である。また、従来の規範よりも優れたものだというからには、それがいろいろな角度から論証できなくてはならない。つまり、ここでいう自由は、一般的な自由の概念とはかなり異なるものとならざるを得ない[23]。事実そのために、この自由は、とても豊かに解釈し直されて定位される。したがって、この、生まれ変わった自由の意味をよく理解しなくては、上述した社会的規範の本当の意義を理解できようはずもない。

　けれども結論からいってしまえば、この命題には、実に印象的で、そして深みのあるメッセージが込められている。そしてそこには、社会にとって、より確かな道しるべとなり得る潜在力が備わっている。そこでここでは、この自由について考える。そしてその自由なる概念を踏まえた上で、上述の社会的規範の意義について考えていきたい。なお便宜上、ここでは、この新たな規範を「本質的自由尊重の立場」と呼ぶことにしよう。

　自由とは何か？　そう問われれば、他者による抑圧、制限、強制、圧力などがなく、個人が主体的に行動できる状態のことだと答える人が多いだろう。外部から負荷された力

---

[22] ただしセン自身は、自由という言葉を大変重んじてはいるが、それがすべてという言い方はしていない。
[23] もちろん、前節の自由主義の議論の中で定式化した自由の概念とも違ったものであるべきである。

によって好きな行為をなし得ない時、個人の自由は阻害されているとされる。この自由は、抑圧などがないことを指し示しているという意味で、「〜からの自由」と表現できる。「自由至上主義」(libertarianism)と呼ばれる立場は、この自由に重きをおいた立場であり、他人による抑圧を取り除くことに主たる関心を寄せている。なお、この自由は「消極的自由」と呼ばれることもある。

　他方、自由にはもうひとつ意味があると主張することは、まったく無理なく可能である。それは、行為をなし得ることをもって自由と捉える考え方である。他人の妨害の有無にかかわらず、個人が何事かをなし得ない時、彼は不自由な状態におかれていると指摘することができる。たとえば、自転車に乗れないことや、フランス語がしゃべれないことも、この意味で不自由である。実際のところ、この意味で(不)自由という言葉が使われることは珍しくない。けがで歩行困難になっている人が、自らのおかれた状況を不自由という言葉を用いて嘆くといったことは、ごく一般的に観察される。先ほどの自由とのコントラストでいえば、この自由は、「〜への自由」と表現できる。この自由は、「積極的自由」とも言われている[*24]。

　先ほど述べたように、消極的自由(〜からの自由)が大方の注目を集めがちだし、実際のところ、他者、慣習、国家権力などによる抑圧、制限、強制、圧力などは世界のあちこちで依然深刻な事態をもたらしており、消極的自由に特段の注意を払う必要があることは多くの事例が雄弁に物語っている。
　しかしそうはいっても、自らの人生を好きなように選択できることが大切だとするなら、何ができるのかということそのものに着目する積極的自由(〜への自由)の重要性もまた、疑いようがないだろう。
　消極的自由と積極的自由の2つの自由は、そのいずれもが重要である。消極的自由のみに焦点を絞ってしまうことは、社会状態に対する事実認識においても、あるいはその評価においても、不十分、不正確な結論を導く懸念がある。

---

24 ただし、消極的自由と積極的自由の区分を提案したアイザイア・バーリン本人は、両概念の境界線を、やや異なったところに引いていたとされる(鈴村・後藤, 2001)。

終章　ヒントの限界と可能性

　このため、社会のあり方を論じる文脈の中では、消極的自由と積極的自由との両方に注意を払う方がいい。であればこそ、本質的自由尊重の立場では、消極的自由と積極的自由とをともに意味するものとして、この自由という概念を捉えようとする。
　この自由は、ひとことでいうなら、「～できる」ことを意味しており、まさにその限りにおいて、自由と呼ぶに相応しい特徴を持つ。自由とは、自らの意思で実現可能な、ひとつひとつの「～できる」こと、およびその「～できる」ことの束である。

　健康であること、幸福を感じられること、好きな表現ができること、適度な栄養状態にあること、住む家があること、自尊心が保てること、共同体に参加できること、自転車に乗れること、失業の不安がないこと、長生きできること、おいしい食事が食べられることなどなど、個々人にとって大切なことがらに手が届く（～できる）ことを「自由」と呼ぶ。ここには、消極的自由も、積極的自由も、ともに自由を構成する重要な要素としての役割が与えられている。また、財や効用にかかわるものも、そうでないものも、ともにその位置づけを見いだすことができる。

　ここで、そうした自由によって各個人が手にする能力のことを、慣例にならい「機能」と呼ぶことにしよう。機能とは、各個人が実際に実現している、あるいは潜在的に実現し得る諸能力のことである[25]。
　この機能の概念を導入すれば、個人が自由であるということは、ひとまず、①各機能を実現するか否かの最終的な選択権を当の個人が保持していること（個別の機能に対する自由）、および②その個別の機能に対する自由の束が十分な大きさで与えられていること（総体としての自由）と考えられる。

　さて、こうして自由というものが、実現可能な機能の束だとすると、その機能の中には実際に実現されるものも、そうでないものもあるはずである。つまり各個人は、機能を実現できる機会が手元にあったとしても、その機能を実現するとは限らない。したがって各個人の現実の機能となるものは、多くの実現可能な機能のうちのおそらくごく

25　ただし、機能そのものは、どうやって獲得されたのかを問わずに定義されている。このため、社会の強要など、自由以外の方法によっても獲得され得る。

第2節　自由の問題としての環境問題

一部である。

となれば、実現した機能の束と、実現可能な機能の束とを分けて考えることができようが、この本質的自由尊重の立場では、実現してしまった機能だけではなく、実現可能な機能の束、つまり可能性の方にも注意を払う。なぜなら、各個人にとっては、そのいずれもが少なからず大切であると考えられるからである[26]。

実現している機能は、各個人によって選び取られたものではなく、社会によって強いられたものかもしれない。また、たとえ自由によって選び取られたとしても、ごく限られた選択肢の中から選び取られた場合も、多くの中から選ばれた場合もあるだろう。するとやはり、実現された機能だけに着目して議論することには限界がある。

簡単な例をあげると、同じ「空腹である」という機能を獲得するにしても、貧しくて買うものも買えずに空腹である場合、抗議行動としてハンガーストライキをする場合、さらには美容ダイエットのために食事制限をする場合では、それぞれの個人が手にしているものは大きく異なるはずである。ダイエットの場合には多くの選択肢の中から選び取られた空腹である場合が多いだろうし、抗議行動の場合にあっては、抗議すべき社会的事実があるという意味で彼の自由は一部阻害されているということができるだろうが、それでも彼には選択肢がないわけではない。しかし貧困の結果としての空腹は、まったく選択の余地なく与えられた機能である。そうした観察と判断に基づいて、本質的自由尊重の立場では、実現された機能のみならず、実現されなかった機能を含めて、実現可能な機能の束を重視する[27]。

26　これとは対照的に、既存の社会的規範では、いくつかの例外を除き、自由に手段としての重要性を認めることはあれ、それ自身に意義があると認めることは少なかった。つまり、ここでいう実現可能な機能の束には、さほど注意が払われてこなかったのである。

27　とはいえそれは、可能性のみを重視して結果を重んじないということではない。たとえば、ダイエット実行の段階では彼女に幅広い自由があったかもしれないが、その結果として彼女が拒食症になったとしよう。それは彼女が自らの自由意思で選択した結果であるというよりもむしろ、ダイエット実行の段階での不確実性の結果であると考えるべきかもしれない。こうした例から見ても、可能性のみならず、結果を重視する必要があることは明らかである。したがって、本質的自由尊重の立場も、そのことを軽視するものではない。そして実際に、この可能性と結果とをともに重視する考え方は、この立場にはそもそも備わっているのである。なぜなら、ダイエットを選択できることが自由のひとつであるのと同時に、彼女がその結果として実現を望んでいた機能——つまり、健康で美しくいられること——を手にで

終章　ヒントの限界と可能性

このようにして自由なる概念を、実現可能な機能の束として解釈する。けれどもそうすると、およそ「～できる」ことがなんでも含まれることになるから、ただやみくもに自由を広げることが重要であるとするのは、危険だし、不適切でもある。

「マラリアにかかることができること」も、「マラリアにかからないことができること」も、いずれも自由のひとつではある。けれどもこれら２つの自由が、等しく重要なものだというのはバカげている。「マラリアにかかることができること」が社会の追究すべき自由でないことは明らかである。

あるいは、「重大犯罪の現場に立ち会うことができること」という自由について考えてもよい。この自由があれば、望むなら現場で犯罪を防ぐ行動をとることができる。しかしそうなれば、犯罪を防ごうとして負傷する羽目にあうかもしれないし、あるいは逆に、尻込みして難を逃れることができたとしても、犯罪現場に直面しなかったなら感じなかったであろう罪の意識や、安全が確保されていないという不安を感じないではいられないかもしれない。したがってこの自由の場合にも、社会はそれを追究すべきだと、直ちに断言することはできない。

したがって、社会によって追求されるべき自由は、理性的判断に基づいて取捨選択されなくてはならないことになる。個人にとって重要な自由であると多くの人びとによって評価がくだされるだけではなく、社会としてもその発展を追求すべき（社会としてコミットすべき）、と結論されるような自由でなくてはならない。

だからこそ先の命題では、追求されるべき自由は本質的な自由とされたのであり、むやみな自由の拡大とは一線が画されている。

こうして構想された本質的な自由を発展させていくこと、これがこの新たな社会的規範のいわんとすることである。

きることそのものも、自由のひとつだからである。彼女は、前者の自由は手にしたが、後者の自由は手にできなかったのである。このように、ここでいう自由とは、幾重にも折り重なるようにして構成されるものなのであり、自由を実現可能な機能の束と呼んだ時の、その実現可能という意味は、――やや舌足らずな感があるが――いま述べたような意味で、可能性のみならず結果をも視野に収めたものだといってよい。

整理してみると、本質的な自由とは、
① 消極的自由と積極的自由とをともに視野に収めつつ、
② (財でも効用でもなく) 機能に着目し、
③ 実現した機能のみならず、実現可能な機能の集合を重視し、
④ しかも、幾多の自由の中から、理性的な評価・判断によって選択された自由に着目する

概念である。つまり各個人が、「善き生」を主体的に追求し得るという意味での自由である。その自由の発展に寄与していくことをこそ社会は目指していくべきとするのが、本質的自由尊重の立場のエッセンスである。

本質的自由尊重の立場の特徴

では、この本質的自由尊重の立場が、いかに他の規範よりも優れているのかを見るために、財に注目する考え方(財中心主義と呼ぶことにしよう)、および効用に焦点を合わせる考え方(つまり効用主義である)との相違点を確認してみよう。

財そのものに焦点をあてて社会のあり方を議論しようとする財中心主義の立場は、いまでも決して珍しいものではない。それは、効用主義への反省の上に立って、積極的な支持を得ていることもある。

財中心主義の立場の代表的なものとしては、社会は、人びとの手元に届く財の全体量を大きくすることにこそ意を用いるべきだとする考え方がある。たとえばGDPによって社会発展のレベルを評価しようとする考え方にもその思想の痕跡がある。また、平等主義的な考え方からは、社会は、人にとって必要不可欠な財(社会的基本財[28])を各人平等に確保することをこそ追究すべきだという考え方もある。このほかにも、この立場に含まれる考え方には、いろいろなバリエーションが存在する。

---

28 ただし、ここでは社会的基本財という言葉をある財の集合という意味で用いているが、この言葉は、これまで述べてきたような意味での財にとどまらない、より幅の広いものを指す概念として用いられることも多い。

終章　ヒントの限界と可能性

　いずれにしても、このグループの主張の基礎にあるのは、財の量を正しく把握できれば、社会の状況を的確に評価できるはずだとする認識である。しかし実際には、財の量だけでは十分ではない。なぜなら、財が確保されるだけでは、その財から期待される機能を各人が獲得できるとは限らないからである。また我々は、それらの機能以外の機能にも強い関心があるからである。

　飢饉について考えてみよう。飢饉の有無は、食糧生産量によって判断し得るとしばしば考えられてきた。しかし実は、必ずしもそうとは言い切れないのである。たとえば1943年のベンガル飢饉、1973年のエチオピアでの飢饉、1974年のバングラデシュにおける飢饉などは、いずれもその地方の食糧供給量が著しく低下したわけでもないのに発生したという。特にバングラデシュのケースなどでは、食糧の生産がピークの時に生じたという証拠すらある(Sen, 1990)。だとすれば、食糧という財の供給量のみに着目していたのでは、社会の窮状をよく捉えることはできないし、社会の進むべき道を見誤ることにもなりかねないということになる。

　そうしたわけで、本質的自由尊重の立場では、実現可能な機能そのものに着目しようとする。財を通じた機能は、①財そのもの、だけではなくて、②それを利用する身体的・知的な能力、さらには③その機能の発揮を可能とする自然的・社会的諸条件などが整ってはじめて、確保されるものだからである[29]。食物がその意味をなすためには、食物があることに加え、その食物を享受できる適切な身体的能力があること、さらにはその食物に的確にアクセスできることが必須の要件になる。同じだけの食物であっても、栄養障害のある病人や体格のよい人には不足かもしれない。また、食物が十分に生産されていても、それを手に入れるだけの所得がなかったり、それを売っている市場へのアクセスができなかったりすれば、やはり十全な機能は獲得できない。実際のところ、多くの飢饉は、食糧生産量よりもむしろこうした点に問題があるために生じたのだという指摘もある。そこで、本質的自由尊重の立場では、この3つの要素に等しく関心を向けることになる。

29　なお、財そのものだけに着目することの限界は、すでに所有権を論じた際にも調べておいた。先に、所有権とは、個人が自由にできる(財、使用法、状況)のセットであると論じたが、この所有権についての考え方は、ここでの機能の捉え方に通じている。

財そのものに着目する立場と、機能を考える立場とでは、平等についての考え方にも顕著な違いが生まれる。

すでに述べたように、ひとつの考え方として、社会的基本財の平等な確保を目指すべきだとする立場がある。しかし、本当にそれで人びとは平等になるのだろうか？

病人は病気と闘うために、健康な人よりも多くの財を必要とするかもしれない。寒冷地に住む人には、暖房器具や温かい衣服が必要だろう。劣化した環境に居を構えるとなれば、より多くの公園・病院・移動手段などがいる。アメリカ人には必要なくとも、日本人には着物を持っていること、あるいは少なくとも必要な時に借りられることがとても大切なことかもしれない。

財の代替指標として所得を考え、その所得により平等を判断する考え方を取りあげてみよう (Sen, 1999)。アフリカ系アメリカ人の一人あたりの所得は、生計コストの違いを調整した後でも、インド (ケララ州) 人や中国人よりもはるかに高い。にもかかわらず、高齢までの生存率で見ると、ケララや中国の男性はアフリカ系アメリカ人男性よりも明らかに長生きであるという。この点に関する限り、アフリカ系アメリカ人男性はケララや中国の男性よりも深刻な欠乏状態にあるといえるが、にもかかわらず、所得のみに着目していたのでは、アフリカ系アメリカ人のこの欠乏状態は、決して評価できないことになる。

こうした意味で、所得は各個人のおかれた状況を評価するには十分な情報ではない。長生きできること、自尊心が保てること、言論の自由があることなどなどといった、財と直接的な結びつきを持たない、しかし我々にとってはとても大切な機能について、十分な情報が含まれていないからである。

つまり個人や自然・社会環境の多様性、あるいは機能そのものの多様性を前提とすれば、端的にいって、財の均等配分は自由の平等を意味しない[30]。

---

30 簡単に記してしまったが、ここには実は大変重要な論点が隠れている。民主主義といえば、必ず持ち出されるのが自由と平等である。そしてそれらはたがいに対立しあうものとして捉えられるのが常である。平等を追求すれば個人の自由が阻害され、逆に個人の自由を尊重すると著しい不平等が生じる。そうした認識の下に、自由と平等とをどのように調和させていくべきかということが問われ続けてきた。

終章　ヒントの限界と可能性

であればこそ、本質的自由を尊重する立場では、財ではなく、個人の獲得し得る機能に着目する。財が重要なのではなく、そこから生み出される機能(やそれ以外のところで生み出される機能)こそが、我々には重要だからである。

財のみに着目して評価してしまうと、所得の不足したインド(ケララ州)や中国の男性と比べれば、所得の高いアフリカ系アメリカ人男性の方がずっと豊かだと信じてしまうかもしれない。けれども本質的な自由を尊重する立場に立てば、そうした主張をそのまま受けとることに疑義を差し挟めるようになるだろう。

今度は、効用主義との比較をしよう。本質的自由尊重の立場は、効用主義とも際立った違いがある。

効用主義とは、各個人は、①複数の評価基準を使い分けることもないし、②評価基準を変化させることもなく、たったひとつの固定した基準を基に行動していると考える立場である*31。

まず、評価基準をひとつだけだとみなしているという点から取りあげる。この考え方はつまり、「個人は何を善き生だと感じているか?」という個人の事実についての問いも、「個人は何を善き生とみなすべきと考えているか?」という個人の規範についての問いも、「社会は何をなすべきか?」という社会の規範そのものへの問いも、すべて「各個人の効用レベルが高い(を高める)こと」というひとつの命題で答えようとすることを意味している。

しかしたとえば、他人の犠牲の上に獲得された財であっても、財は人に幸福感をもたらすかもしれないが、だからといって、彼がその個人的な選好を社会的選択に反映させることを望むとは限るまい。つまり、ある個人にとって、個人の心理的幸福感の順序と社会に望む順序とは異なるかもしれず、彼はそうした複数の評価軸を整合的に使い分けているかもしれない。

そうすると、効用主義のように各個人の心理的幸福感に基づいて社会のあり方を探る

ところがセンは、「何の平等か?」という問いを発し、この問いを自ら引き受けて「自由」と答えたのである!つまり、自由か平等か、というくだんの問いは、自由の概念の強化により、「自由の平等」という命題のもとに解消できる可能性がある。自由と平等とを「の」で結びつけたこと、このことの持つ意味は、とてつもなく大きいのである。

31　第1章注43参照。

と決めてかかると、その結論は、人びとが実際に社会に望んでいるものとはかけ離れてしまうかもしれない。

　そこで、本質的自由を尊重する立場では、各個人の心理的幸福感を自動的に社会的規範の基礎としてしまうのではなく、社会がその発展を追究すべき本質的自由というものを、理性によって自覚的に選びだすという作業をあえて挟みこんでいる。だから、それぞれの個人の心理的幸福感の順序と社会に望む順序とが違っていても、きちんと社会に望む順序の方を取りだせるわけである。

　次に、個人の評価基準を固定化して考えているという点について取りあげよう。効用主義では、気分、教育、社会状況、さらには対話などによって、個人の評価基準が変わり得るという事実に目が向けられていない。

　しかしたとえば、個人の評価基準が社会や自然の環境に適応し、そのためにゆがんでいるといったことは十分に考えられる。だとすれば、当事者の効用レベルのみを情報的基礎にして人びとの境遇を評価することは、間違った結論につながる可能性がある。

　麻薬中毒者に麻薬を与えることが、その人の境遇を高めることになりはしない。スラムに住んでいる人びとは、その不幸な境遇への適応から、その状況の中にも大きな効用を見いだしているかもしれないが、だからといって、彼らのおかれた境遇が高い価値を有していると社会が評価するのは不適切である。

　次のような例がある (Sen, 1990)。インドでは、死亡率、罹患率、栄養状態への配慮などの項目についての男女間比較の詳細な調査が積みあげられており、その結果によれば、多くの地域で女性が不利な立場におかれている。にもかかわらず、女性の立場向上のための社会改革が必要だという主張に対しては、強い反論があるという。その反論の論拠は、概してインドの女性たちは男性の地位を羨望することも、自分たちのおかれた状況を痛ましいとみなすこともなく、改革など熱望していないからというものである（そしてそれはある程度事実であるという）。

　この反論は、効用主義的な考え方に基づいており、社会状態の善し悪しを判断するには、各個人の効用判断さえ見届ければいいと考えているわけである。けれども、もしも多くの自由を味わえるようになった時、彼女たちがその状態に価値を認めないなどということはあり得ない。世界のどこを探しても、そのような事態があり得ることを教えて

終章　ヒントの限界と可能性

くれる史実は見いだせない。だとすれば、ここでは効用主義は誤った結論を導くことになる。実際、「根強い不平等や搾取は、多くの場合不正な取り扱いや搾取をこうむっている側からの、こうした消極的な支持者をひねりだすことによってうまく温存され続けてきた」という側面がある (Sen, 1990; 邦訳 川本, 1991)。したがって、個人が自ら送りたいと思うような暮らしとはどのようなものかを正当に判断できるだけの状況が整っていないのなら、たとえ本人の効用判断であっても全幅の信頼がおける情報ではないかもしれない。

こうしたことがあるからこそ、本質的自由を尊重する立場では、効用情報だけには頼らない。「幸福を感じられること」は重要な情報ではあるけれども、情報のすべてではない。言論の自由があることとか、健康でいられることなどと同様に、あくまでひとつの機能にすぎない。そして、そうした多様な情報の積み重ねの中から浮かびあがる本質的自由の全体像が、評価の対象となるのである。

本質的自由尊重の立場は、効用主義のように「本人が喜んでいるのだからいいではないか」とは言わない。そして、いまのインドの女性の例でいえば、なにがしかの社会改革を支持する立場に立つのである。

このように、本質的自由を尊重する立場は、実際の判断の上でも、財や効用に重きをおく立場と異なる結論を導く可能性がある。つまり、これらの立場の違いには、具体的、かつ実践的な含意がある。

このことをひとまず明らかにしたところで、これまで調べてきた論点も含め、本質的自由尊重の立場の優れた特徴を列挙しておこう。以下では必ずしも財中心主義、効用主義との対比はしないが、ここに示したほとんどすべての利点が、それらには見られない特徴である。

① 個人および自然・社会環境の多様性への配慮

本質的自由尊重の立場は、機能に着目しているために、個人や自然・社会環境の多様性に対して十分な配慮ができる。なぜなら、機能に着目しておけば、そうした多様性が機能において発現するものである限り、目配りがおろそかになることはないからであ

る。実際、だからこそ、財を平等に配分することが直ちに人びとの平等に結びつくとはいえないことや、財の生産量のみで社会状況が良好か否かを評価するのは適切でないことなどを的確に検出できる。

② 我々の関心の幅広さへの配慮

　この立場では、財中心主義や効用主義などのように、我々の関心事を無理に財や幸福感に絞り込んでしまったりはせず、総体としての本質的自由を捉えようとするので、財や幸福感以外のさまざまな対象にも目を配ることができる。たとえば、自尊心を保てること、言論の自由があることなどにも重要な価値があると認識し、それらを評価対象に組み込む。

　またこの立場では、我々が必ずしも結果のみを求めているわけではないことを重視して、結果のみならずそのプロセスにも関心を向ける。我々には、パンだけでなく、パンを手にする選択の自由も必要である。そこで、実現された機能のみならず実現可能な機能の集合にも着目し、非結果主義的なアプローチをとる[32]。

　こうして我々の関心事に幅広く配慮するということはつまり、この立場の背景に、個人の主体性を尊重する思想があることを物語っている。社会には本質的自由の確保・発展という役割を持たせるだけで、あとは各個人の主体的な「善き生」の選択にゆだねようとするのが、この立場の基本的スタンスである。ここには功利主義などが持つ温情主義的な性向——何が善いことなのかは、当の本人よりも社会や国家の方が的確に評価できるというような考え方——はない。本質的自由尊重の立場は、各個人を、社会開発や福祉政策の単なる受け身の受益者とはみなさない。

③ 我々が重層的な社会の関係性の中にある存在であることへの配慮

　財を通じた機能は、個人の身体的・知的能力などと並んで、その機能をよく発揮させるような社会的環境が整っていなくては十分なものとはなり得ない。さらに、自尊心の確保や言論の自由などの機能の場合には、社会の役割はより本質的である。したがって、本質的自由尊重の立場では、機能への関心を通じ、社会のありように目を向けるこ

---

32 非結果主義とは、結果のみに着目するのではないということであって、結果を重視しないということを意味するものではない。

ととなる。そしてそのことを経由して、各個人の自由が、社会によって生み出され、影響され、制約され、守られるものであるという事実に向き合う。

その認識は、個人の自由というものは国家という社会とのみ関係するのではなく、多様で重層的な社会と関係を結ぶものであるとの認識へとつながっていくはずである。日本国民であることのみならず、地域住民であること、地球市民であること、ある会社の社員であること、技術者であること、親であること、男性であることなどの折り重なる社会性、関係性をしっかりと見据えることなくしては、自尊心を持って生きられる自由であれ、財を通しての自由であれ、各個人の自由が十全に確保されることはないからである。

このようにして、本質的自由を尊重する立場においては、個人という単位に寄りかかりすぎると——その対立概念として国家という存在が浮かんでくることはあるにせよ——見えなくなる、他者との多様な相互依存性が捕捉される。

こうした特徴は、「自由の拡大は必ずしも望ましくない。なぜなら人間はあまりの自由には耐えられないから」というしばしば指摘される批判が、この立場への批判としてはあたらないことも明らかにしてくれる。ここでの自由とは、個人の自由が社会的な関係性の中で規定され、あるいは創造されるものであることを前提としたものであるからである。本質的自由の発展とは、個人をまったくの孤立無援の中にほうりだすこととは反対に、相互に関係しあう幾重もの関係性のネットワークの中で、それぞれの個人が「〜できる」ことを十分に確保できるように、社会のありようを構想し、実践していく努力を求めるものなのである*33。

この点に関連し、さらに二点つけ加えておきたい。まずひとつは、重層的な社会性を検討の俎上に乗せることは、単に社会との関係を考える上でのみ重要なわけではないと

---

33 この点でいえば、この立場は、消極的自由にしか関心のない単純なタイプの自由至上主義とは、単に違いがあるというよりも、むしろ逆向きのベクトルを持っているということになるだろう。本質的自由尊重の立場は、個人がすべてを自分自身で決めてしまえるかのような個人主義的な構えを基本的に持っておらず、むしろ社会的存在としてしか存在し得ない人間を——にもかかわらず、主体的な存在であろうとする意志を持つことをも含めて——捉えようとする立場に立つ。したがって、社会的関係性の切断をそのまま是とするような考え方を持ち合わせてはいないのである。

いうことである。

　各個人が属するさまざまな社会集団は、たがいに異なる規範や価値を持っているので、それらに同時に属する各個人は、しばしば内部に対立や矛盾を抱え込む。しかし個人は、それに気づくことなく、曖昧さの中でやり過ごしてしまっているかもしれない。けれども、ひとたび本質的自由を評価する必要に迫られれば、各個人はそうした対立や矛盾を自覚しないわけにはいかなくなるし、それらに折り合いをつけなくてはならなくなる。つまり、本質的自由を尊重する立場は、錯綜する価値観・規範の中に漂う我々のありようを浮かびあがらせ、価値基準の整序に向けた自覚的な評定・選択を迫る[34]。もちろんそうした自己統一が簡単に達成できるとは限らない。しかし少なくとも、自己矛盾への自覚を促し、自己統一を要請する作用があるということは、本質的自由尊重の立場の利点のひとつに数えられてよい。

　さらに、本質的自由の重層的な社会性への認識は、ひるがえって、そもそも社会的規範なるものはいかなる社会において要請されるのかということに対しても新たな光を投げかける。つまり、社会的規範を必要とするのはなにも国家だけではないのだ。国際社会や地域社会における合意形成、職場の決まり、マスコミ報道のルール、学校の教育方針、家族のあり方など、いくつもの社会的な関係性が、個人の自由とかかわりを持っている。そのそれぞれの関係性において、それぞれ異なったかたちで、社会的規範は要請されるということが自覚されるところとなるだろう。

④ **評価基準の多元性を踏まえた、規範的視点の徹底**

　本質的自由尊重の立場では、「個人は何を善き生だと感じているか？」、「個人は何を善き生とみなすべきと考えているか？」、「社会は何をなすべきか？」という3つの問いは、それぞれ別個の問いとして取り扱われる。一番目と二番目の問いは、「善き生だと感じること」（＝幸福を感じること）が多くの機能のひとつとしてしか位置づけられないことにより、また、二番目と三番目の問いは、社会が関与すべき本質的自由を構想・選択するという理性的作業が挟まれることにより、切断を余儀なくされるからである。

34　いろいろな社会集団によってもたらされる規範は、望ましいものばかりとは言い難い。強権的軍事国家における職業軍人にも、規範というものが確かにあるはずだということを想像すれば、このことはすぐに了解できるだろう。

終章 ヒントの限界と可能性

　３つの問いが異なるのは並べてみれば明らかだが、それらは効用主義のもとで同一視されてきた長い歴史があるがゆえに、そのことがなかなか見えにくくなっている。であればこそ、本質的自由尊重の立場に、これらの問いを分離する機能が備わっているということは、それだけでも相当の意義がある。これらの問いを区別するということは、つまり、我々の評価基準が多元的である可能性を直視しているということである。

　このことを社会的規範を構想するという最終的な目標から遡って考えてみれば、本質的自由尊重の立場とは、規範を追求しているのだという意識と視点を、一番のふもとまで徹底させることなのだということができるかもしれない。本質的自由尊重の立場は、どのような自由を本質的な自由と判断すべきか、さらには、その本質的な自由の中で、どの自由の発展にどのようなかたちで社会は関与すべきかと問いかけ、各個人によって異なるそれらの問への答えを基礎に、社会のありようを探っていこうとする。つまりここでのまなざしは、はじめから事実にではなくて規範へと向かう。こうして本質的自由尊重の立場は、「本人が喜んでいるのだからいいではないか」というような論議のあり方に強く異議を申し立てる。規範と記述とを峻別し、規範的課題を規範的課題として、一貫して取り扱うことを要請するのである[35]。

⑤ 自由の力強さ（統合性・包括性）

　最後に取りあげておきたい本質的自由尊重の立場の特徴は、そこに社会的規範としての力強さが備わっているということである。

　各自由は、ひとつひとつ個別に独立して成立するのではない。たとえば餓死を免れる自由は、失業の恐れなく働ける自由、市場にアクセスできる自由などが整えられてはじめて確保される。さらに、その失業の恐れなく働ける自由は、言論の自由とも密接に関係しているかもしれない。こうしてひとつひとつの自由は、密接な相互連関性の中におかれている。

35　これとは対照的に、効用主義とは、個人の（広い意味での）快・不快計算にすべての価値判断を集約しようとするところにその本質がある。したがって、効用主義的思考のもとでは、各個人の快・不快計算結果を観察し、その事実観察に基づいて抽出された各人それぞれの「望ましいこと」、これをたがいにどうやって和解させるのかということが、社会が第一義的に検討すべきことがらなのである。それはつまり、突き詰めていえば、広い意味での「利害調整」にほかならない。

第2節　自由の問題としての環境問題

　こうしてそれぞれの自由は、バラバラな個別の目標として目指されることなく、密接な相互連関の中で、重みづけをされつつ評価され、本質的自由の発展というひとつの目標に向けて統合されていく。
　しかも本質的自由の尊重という規範は、単に多くの価値のうちのひとつなのではなく、社会的規範のすべてであると主張する。きっかりこれだけ達成しようと、退路を断って潔く宣言するのである。効用主義でさえ、効用がすべてと明言するにはいささか躊躇せずにはおれないであろうことに照らして考えれば、これはあまりに大胆な主張かもしれない。およそ「すべて」などと言われれば、どうしたって反論したくなるだろう。しかしそれでも、あと、あれも考えなくてはいけない、これも考えなくてはいけないと、いつ絶えるともわからない問いの連鎖を想定しなくてよいのであれば、それは確かにひとつのメリットである。
　そして、このようにして統合性、包括性を身につけることによって、本質的自由尊重の立場は、社会的規範としての力強さを一層増すのである。

　以上が本質的自由尊重の立場の特徴である。
　多少の乱暴を承知でいえば、本質的自由尊重の立場とは、これまでに提案されてきた社会的規範——財の増大、効用の最大化、パレート、個人的自由の容認（リベラリズム）など——をすべてうち払い、規範としての一切の責任を引き受けようという、かなり大胆な構想である。にもかかわらず、その主張に相当の説得力を持たせるだけの力強さがここにはある。

　我々は、モノを求めているのではない。効用を求めているのでもない。我々は自由——とりわけ本質的な自由——を求めている。我々はあたかももっぱら財や効用のみを求めているかのように、自分たち自身をみなすように強いられてきた。けれども我々が求めてきたのは、そのようなものではない。我々が求めているもの、それは自由と呼ぶことができる。我々は、大切な「～できる」ことの束を手にすることをこそ望んでいる……。

　なお最後につけ加えておかなくてはならないが、もちろん本質的自由尊重の立場に立

脚したからといって、社会的規範を立てることの困難がすっかり雲散霧消してしまうわけではない。そんな魔法のような方法論がこの世にあろうはずはない。何を自由の発展とみなすべきと考えるかは、当然、個人や集団による違いがあるだろうし、そうした違いを和解させるような、絶対的な評価基準も存在しない。したがってそこから具体的な規範を導きだす作業には、効用主義における効用の個人間比較の難問と同じような、多くの困難が横たわっている。

　いや、公平に評価するなら、効用主義の場合よりも状況ははるかにわるいというべきである。効用主義であれば、WTPやWTAといった、曲がりなりにも効用の計測に利用可能な概念装置がある。けれども、本質的自由尊重の立場には、そのようなものは何もないのである。その点からいえば、この考え方の操作性はかなり低い。厳しい言い方をすれば、そうした操作性や厳密さを犠牲にすることによってはじめて、本質的自由尊重の立場はその説得力を手に入れたのだといってもいいかもしれない。実際、細部の厳密さに関する限り、この考え方を批判することはそれほど難しい話ではない。

　しかしそれでも、この本質的自由尊重の立場は、「何がGDPの増大に寄与し得るのか？」とか「どうすれば人びとの幸福感を高められるのか？」とかいった問いが見逃してきた大切な論点を回復し、核心をつらぬく問いへと我々を誘う作用を持っているということは忘れないでおきたい。困難に直面せざるを得ないとはいえ、自由をこそ議論の俎上に載せるべきだという視点が確保できることに、まずは大きな意味がある。

　何が本当の論点なのかをまずは的確なかたちで導きだしたこと、ここに、この本質的自由尊重の立場の貢献を見いだす必要がある。

自由の問題としての環境問題

　社会的規範にかかわる問題である限り、およそあらゆる問題を自由の問題として捉えることができる。となれば当然、環境問題も、自由の問題のひとつとして考えられるということになる。

　なぜ、地球温暖化問題に取り組まなくてはならないのか、なぜ環境ホルモンの問題に

目を向ける必要があるのか、なぜ循環型社会の形成が重要なのか、それはみな——誰の自由かという点に違いこそあれ——本質的自由の発展につながるからだと理解する方法がある。

たとえば、化学物質による環境汚染がなぜ問題なのかという問いを考えてみよう。この問いに対するごく一般的な答えは、それが我々一人ひとりのかけがえのない健康にかかわるからだというものである。健康被害の恐れがあること、それが、有害な化学物質の排出を規制する上での論拠とされる。

とはいえ一方で、たとえば喫煙についてはそうした議論はなされてこなかったという事実がある。喫煙には相当に深刻な健康被害の恐れがあるという広範な了解があるにもかかわらず、たばこの販売や喫煙の禁止を求める声は依然大きくない[36]。

いずれの問題にも健康被害の可能性がある。にもかかわらず、化学物質汚染の場合には対策を講じるのが当然だと論じられ、たばこの場合にはそうは論じられてこなかった。

その理由については、大方の共通了解がある。それは、たばこの場合には当人がそれと知った上で好きで選び取った行為であるのに対し、化学物質汚染の場合にはそうではない、だから、化学物質による環境汚染については対策を講じる必要があるのだというものである。

この理由には十分な説得力がある。そう考えるのなら、我々は、健康にかかわるからという理由で化学物質汚染が問題だと考えていたのではなかったのだということになる。化学物質汚染の場合には、我々は否応なしにそのリスクを被ることとなり、選択の余地がまったくない。何か好きなことをして、その代償としてリスクを受け入れるか、それともそうした行為をしない代わりに、良好な環境を享受するか、そのいずれを取るかの主体的な選択ができなくなっている。我々は、この点に問題を見いだしている。

つまりまさに、各個人の自由が阻害されていることに問題の核心がある。そのように我々自身が考えていたのである。その観点から、化学物質汚染の問題は対策の必要性が叫ばれ、そして、たばこの問題とは異なる扱いが要請されてきた。そう分析することが

---

36 なお以下では、間接喫煙については除外して考えている。

終章　ヒントの限界と可能性

可能である。

　このように、環境問題も自由の問題だと見ることができる。我々の選択の自由が奪われていること、それが、環境問題の問題たる所以である。

　では、このように環境問題を自由の構図の中で捉えることにはいかなる意味があるのか？　それを少し考えてみよう。実際のところ、自由という概念を持ち込むことによって、環境問題への向き合い方が変わってくる可能性を見てとれるはずである。

　はじめに「環境権」の考え方を自由尊重の考え方に置き換えることを試してみよう[37]。環境権とは、典型的には、良好な環境を享受する個人の権利という概念を想定し、そこから環境対策の必要性を説こうとするものである。この環境権の考え方を自由尊重の考え方に置き換えてみると、どのような違いが生まれるだろうか？

　まず明らかな違いが出てくるのは、「なぜ」環境対策が必要なのかという問いへの構えである。この問いに対して、環境権の考え方は回答を用意できない。権利論はまず守られるべき権利を措定するところから始まるので、それ以上、理由を遡れないのである。これに対し、それが自由の妨げになっているからだというのは確かにひとつの答えである。さらに、ではなぜ自由が必要なのかと追求されても、それは我々が（財でも効用でもなく）それを求めているからだと答えることができる。本質的自由尊重の立場に立てば、この環境対策の必要性について、少なくともいくらかは答えられる。それですべての人が納得するわけではないかもしれないが、最低限、こうして討議のきっかけをつくれるということ自体が、とても重要な意味を持つはずである。

　また、権利論の考え方では、環境権が確保されているか否かという問い方になるので、問題設定の方法がどうしても二分法（デコトノミー的思考）になる。このため、程度の問題を考慮することが困難になってしまう。権利が確保されていなければ、問題の質

37　ただし以下で論じる「環境権」とは、あくまで日常会話に見られるレベルでの環境権の考え方であり、その概念の意味するところを、やや模式的に単純化して捉えている。

や程度などにはかかわりなく、深刻な問題であると言わざるを得ない。それは断固たる立場を貫くという意味では意義があるかもしれないが、どの程度深刻な問題なのか、どれほど急を要する問題なのかといった問いを縮小してしまうことは、問題への対応を困難にする面も否定できない。

さらに、このような二分法的な思考だと、将来展望を持つことも困難になる。なぜなら、もしも権利が確保されれば、問題は解決し、後には言うべきことが残らないからである。だから、環境権の考え方は、権利の確保の後に何をすべきかが必ずしも明らかではない。

これに対して、自由の発展を目指す立場では、はじめから問題の程度を問う構えが組み込まれているし、終着点も存在しないから、将来、歩みを止めてしまう必要もない。

さらに、他の社会問題との比較検討が可能になるという点も大きい。

権利論は、環境権に限らずそれぞれの権利をすべて十全に確保することを求めるので、権利どうしの比較検討の可能性を自ら進んで放棄する。これは先ほど述べたように断固たる立場を保持するという点では意味があるかもしれない。しかしそれでは、複数の権利が競合してしまう場合について何も語ることができなくなるし、権利はしばしば不可避的に競合するという事実から目をそらすことにもなりかねない。たとえば、植田の紹介によれば、ある論者は「環境破壊を市民的権利の侵害の問題ととらえている。近代市民社会では、各市民がさまざまな形での市民的自由を享受する権利をもっている。しかし、その権利の行使は同時に、各人の行動の自由が他人の自由を侵害しない限りにおいてのみ認められる[38]」といったかたちで環境問題を考えているという（植田，1998）。これは時に古典的な自由の公理ともされる考え方ではある。しかしそもそも、多くの環境問題が生じるのは、権利の競合が避け難かったり、あるいは、ある行為を他人の権利の侵害だと思う人もいればそう思わない人もいたりするからこそである。この世は外部効果で覆いつくされ、人びとの選好は多様である。したがってこの論者のように、たがいの権利はおよそ衝突しないで併存可能であるかのように論じるのでは、ほとんど何も論じていないに等しい。

これに対しここで論じてきた自由論では、すべての社会問題は、自由の問題という大

---

[38] いうまでもなく、この論者のいう自由とは、本節で論じている自由とはまったく別物である。

終章　ヒントの限界と可能性

きな構図の中で考慮され、自由への貢献という視点を介して統合的に論ぜられる。したがって環境問題も他の問題との比較検討が可能となり、価値対立の現場に立ち入れるようになる。つまり、はるかに実践的な意味を持てるようになるのである。

　以上のように、自由尊重の立場への移行には、環境権論が持つ論点先取的・デコトノミー的・孤立断片的思考を乗り越える潜在力がある。
　この対照には、自由を尊重する立場から環境問題を論じることの意義が端的に凝縮されているといってよい。

　今度はもう少し個別の議論について考えてみよう。
　環境問題を自由論の中で考えることの意義は、とりわけ、大きな文脈の中で問題を捉えることを助けてくれるという点に見いだすことができる。環境問題をめぐる議論では、熱心のあまり環境保全を自己目的化してしまい、そのために周りに目が届かなくなっていることがしばしばある。このため、より大きな文脈の中での思考を取り戻し、何が本当に問題なのかを問い直す手がかりを与えてくれることの意味は大きい。

　たとえば、「強権的な体制下の途上国では、ひとたび国策として環境保全政策が取りあげられれば、強力に対策を推進することが可能となる。したがって、民主主義が根づく前に、環境保全政策を受け入れさせることが望ましい」というような主張がまことしやかに語られることがある。あるいは、「貧困の克服なくしては、環境改善はあり得ない」というように、環境改善という目的を達成するための条件として貧困問題を捉えるような議論にもしばしば出会う。これらはいずれも、環境保全をなぜ行う必要があるのかという思考を中断したまま、どうやれば環境対策をより進めることができるのかを論じているわけで、環境保全対策ははじめから優先課題として位置づけられている。

　しかし、民主主義や貧困にもまして、絶えず何より環境保全が重要なのだということは自明のことではないし、おそらく確実に誤りである。
　確かに、国家が強権的な体制のうちに環境保全政策を講じれば、対策は大きく進むことになるかもしれない。けれどもそれは、まさにその同じ理由によって、通常の民主主

義国家なら到底合意に至らないような、大きな痛みを社会にもたらす方法によるのかもしれない。たとえば、住民の生活の糧を強引に奪いとるかもしれないし、あるいは生活を根本的に変えてしまう強制移住を伴うかもしれない。それが望ましいことかどうかという問いは決して失われるべきではないが、にもかかわらず、環境保全を自己目的化してしまうと、そうした問いは隅に追いやられ、本当に望ましい社会のすがたを探しだせなくなる恐れがある。

　自由の問題として環境問題を捉える立場に立てば、そうしたことは起こらない。環境対策は先験的に最優先課題として位置づけられるわけではなく、まず真に自由の発展に貢献できるかどうかが問われ、その上ではじめて、その対策の是非が見極められるからである。

　あのローマクラブレポート『成長の限界』をめぐる議論について考えてみる。『成長の限界』は、環境問題に関して出版された書物の中で、まちがいなく最も大きな社会的影響力を持った書物のうちの一冊である。この書物は、環境派からは、地球の有限性を指摘した先見的なレポートであるとして、非常に高く評価されてきた。実際、環境派と目される論者の手によるもので、この『成長の限界』を好意的に論じていない書物にはほとんど出会うことができない。

　ところが反面、多くの経済学者などからは、この本はこっぴどく批判されてきた。時にそれは、ほとんど科学的文献ではないかのようにすら言われてきたのである。なぜかといえば、そこでは価格メカニズムが適切に考慮されていなかったからである。価格メカニズムを無視して、資源が底をつくなどといってみたところで意味はない。価格メカニズムがある以上、資源は決して枯渇しない。端的にいって『成長の限界』は誤っている。そう経済学者たちは主張した[39]。

　この肯定派と否定派のコントラストは、おどろくほどに鮮明である。経済学者などからの批判が環境派の耳に届かなかったわけではない。けれどもそれでも、環境派の『成長の限界』に対する評価がブレることはなかった。それは、「もしも価格メカニズムが働

---

39 なお、すでに調べたように、資源が決してなくならないのは事実だが、それは資源の枯渇の問題が存在しないということと同義ではない。したがってこれらの批判のあり方にも問題が少なくない。

終章　ヒントの限界と可能性

かなかったら」という条件の上での議論だと捉えればいいだけのことではないか、第一、価格メカニズムなど、理論のようにきちんと働くものではないはずだから、それを無視して考えることもひとつの方法だろう、というわけである。つまり、資源が枯渇するという警鐘を鳴らすことの方が、価格メカニズムについての注釈を加えることなどより、はるかに重要だという判断がそこにはある。

けれども環境派の言っていることに、本当に納得してしまっていいのだろうか？　幾分不正確なところはあるにせよ、何よりも大切なことは、まず警鐘を鳴らすことなのだろうか？「もしも価格メカニズムが働かなかったら」というのは、おそらく、完全に価格メカニズムが作動するという仮定と比べても、はるかに非現実的な仮定である。にもかかわらず、そうした事実をきちんと説明しないままに、わかりやすく警鐘を鳴らすことの方が重要なのだろうか？

自由を尊重する立場は、こうした環境派の考え方には与しない。環境問題を軽視しているからではない。そうではなくて、環境対策は自由の発展という文脈の中でこそ追求されなくてはならないと考えるからである。

想像してみよう。『成長の限界』の警鐘としての側面のみを知らされた若者は、資源の保護のために生涯を捧げようと決意したかもしれない。価格メカニズムをめぐる正確な情報を知っていれば、そうしなかったかもしれないのにである。つまり重要な情報の供給が意図的に制限されたことによって、彼は自らの進路をゆがめられてしまった可能性がある。だとすれば彼は、端的にいって、自由を奪われたのである。

つまり、環境派のスタンスは、多少厳しい言い方をすれば、情報を不適切なかたちで提供することによって、この若者の自由を奪うことになってもかまわない、と言っているに等しい。

自由論の立場では、そうしたことがあってはならないと考える。だからこそ、環境派の考え方に与することを潔しとはしないのである。警鐘を鳴らすことがいけないなどとは言っていない。論じているのは、たとえ警鐘を鳴らすにしても、価格メカニズ

ムの意味や『成長の限界』のモデルの限界を正しく伝え、それでもなお資源の問題は深刻な問題であると伝えるべきだということである。それでメッセージ力が弱まるにしても——いや弱まるからこそ——それが歩むべき道である。そう考えるのが、自由を尊重する立場の考え方である。

この『成長の限界』をめぐる議論と同じような議論を、すでに一度、本書で取りあげたことがある。それは、問題の大きさと対策の必要性との間には直接の関係はないのだという、あの悩ましい命題を論じた時のことである。

実は筆者は、「環境問題は深刻である。だから、環境問題に取り組もう」といった議論が多いのは、その論理の飛躍に気づいていない論者が多いからばかりではなく、その飛躍の事実をあからさまにしないようにとの意図を働かせている論者が多いからなのではないかと想像している。

彼らはこう考えているのかもしれない。「環境問題の深刻さと対策の必要性とは直接には結びつかないという事実は、その意味を正しく伝えることがとても困難であり、『誤解』につながる恐れが多分にある。だから、そうした危険を避けるためにも、こうした事実はあからさまにいわない方がいい」と。

だから告白すれば、あのような議論を紹介すると、「誤解」を懸念する識者から強い批判が出てくるのではないかとも考えた。

それでもあえて、先の事実を説明することとしたのである。なぜかといえば、その理由はまさに、自由の問題の中で環境問題を考えていたからである。

論理の飛躍がそこにある。ならばその事実はともかく伝えられる必要がある。それは、知ってしまった者にとって義務でさえある。自由尊重の立場はそう考える。重要な情報は、各個人の自由の基盤のひとつであり、情報を意図的に遠ざけようとすることは、他者の自由を妨げることにほかならないからである[40]。

以上見てきたように、環境問題を自由の問題として捉えようとする問題意識は、大き

---

40 ちなみにここには、個人が社会と直接に向き合えるひとつの可能性を見いだすことができるだろう。

な構図の中で環境問題を捉え返すことを要請する。そしてそれは、環境問題をめぐる議論に大きな修正をもたらす可能性がある。権利についての考え方、途上国への支援、情報公開の基本スタンスなどなどのさまざまな場面で、これまでにない捉え方、向き合い方が浮かびあがってくるかもしれない。

【ヒントその26：自由の問題としての環境問題】

■部分妥当の考え方を重視していくことは、ひとつの賢明な道である。
■我々は自由を求めている。
■本質的な自由の発展に向けて、環境問題に取り組むことが可能である。

第3節 統一理論を超えて ── 反照的均衡に向けて

統一理論の夢

　アインシュタインは夢を見た。
　重力も、電磁力も、核力も、すべての力を統一的かつエレガントに記述する、大統一理論を打ち立てるという夢である。彼はこのおおいなる野望をとうとう実現することはできなかったが、それでも終生、この夢にこだわり続けたという。

　分野こそ違え、経済学は、アインシュタインの果たせなかった夢をあたかも実現してしまったかのようである。あらゆることがらは、効用の名のもとに統一された。すべては効用によって記述できる。これが大統一理論でなくて何であろう？

　経済学の限界を乗り越えようとした本質的自由尊重の立場も、大統一理論を打ち立てようとする意志においては、経済学となんら変わるものではない。いや、経済学に効率性の外部を自覚する良心がわずかなりとも残っているとするなら、外部を想定していない分、本質的自由尊重の立場はより一層、大統一理論という名にふさわしいのかもしれない。もはや外部はない。すべては自由の問題の注釈でしかない。

　しかし、本当に統一は果たされたのだろうか？　もはやすべては自由の名のもとに汲みつくされてしまったのか？

　この問いに肯定的に答えることには、それ相応の覚悟がいる。なぜなら、もしもそれに然りと答えるなら、常に変わらず環境問題にばかり関心を向けるのは無責任なことだと言われても、返す言葉がないからである。
　環境問題は自由の問題としてしか語り得ることがなくなり、他のすべての問題と同一の地平に回収された。もはや固有性や独自性を持った規範は必要ない。環境問題は重要な社会問題のひとつにすぎない。

終章　ヒントの限界と可能性

　そう言い切ってしまっていいのだろうか？

　環境問題をめぐる言説は、大きな社会的規範の中での位置づけをほとんど思考してこなかったから、こうした問いを真摯に引き受けてこなかった。けれども、この問いの意味は重い。大統一理論の流れに立ち向かうことを放棄するのであれば、本来、その流れの中に回収されることを認めざるを得ないはずなのである。したがって、もしも環境問題を環境問題として問うことにこだわりがあるのなら、この、すべてを自由の議論と考えてしまっていいのかどうかという問いは、確かにまじめに考えてみなくてはならないはずの問いである。

　ならばこの問いにいかに答えるか？　実をいえば、筆者自身は、この問いに対して「否」と答えたいと思っている。つまり環境問題のすべてを自由の問題とみなすべきだとは考えていない。あれほど本質的自由尊重の立場をＰＲしておいた後なので意外に聞こえるかもしれないが、筆者は本心からそう思っている。もちろん環境問題ばかり論じていればいいと考えているわけではない。しかし、環境問題には、自由の問題に回収しつくされることのない、とても大切なことが残っているという確信がある。

　いや、筆者自身の個人的な主張や心情はここではなんら問題ではない。そのことはよく承知しているつもりである。だから、「すべては自由の問題として論じられるべきである」と答える人がいても、そのこと自体にここで異論を唱えるつもりはない。

　しかしそれでもなお、この大統一理論の説得力に関連して、最後に説明しておきたいことがある。それは、立派に見える理論が示されたからといって、その立派さだけを根拠にそれを受け入れてはいけない、たとえどれほどの説得力が備わっているように見えようとも、考え続けること、疑うことを簡単に放棄するべきではない、ということについてである。
　この、問いを失わないことの大切さ、これを本書の最後のテーマとしたい。本書は一貫して、考えること、すなわち問いかけを継続することの意義を論じてきた。したがってそれは、本書のまとめに代えて論じるにふさわしいテーマなはずである。

フレーミング

　もう一度繰り返しておくが、すべては本質的自由尊重の立場から論じられるべきであるという結論になったとしても、そのこと自体をここで問題視するつもりはない。自由尊重の観点から、絶えず社会問題の全体像の把握に努め、時には環境問題へ対処し、また別の時には社会保障に気を配り、さらにある時には貧困の問題に焦点をあてるということは、優れて奨励されるべき姿勢かもしれない。

　もしも底が透けるほどに内省を徹底し、それでも自由がすべてという議論に何も反発するものがないなら、そのことをネガティブに考えるべき理由は何もない。その時には自信を持って自由尊重の立場に立てばよい。
　ここで言っておきたいのは、ただ、本当にそこまでの徹底的な内省努力をしたと言い切れるのか、提示されたモデルに安直に身をゆだねてしまってはいないかということを、もう一度問うてみることが大切だということである。

　このことを強調するわけは、経済学的思考や本質的自由尊重の立場に限らず、およそモデルによる思考というものには、我々の思考を限定する力が備わっているからである。我々の思考を限定し、それによってモデル自身の説得力を必要以上に強めてしまう特質がある。だからこそ、モデルの説得力を受け入れる前には、一度は立ち止まってみる必要がある。

　このモデルによる思考の危険性は、フレーミングの問題と呼ぶことができる。フレーミングのフレームとは、絵や写真を飾る、あの額縁のことを意味している。つまりフレーミングとは、人びとの思考に額縁のような枠をはめ、その枠を通してしか、外の世界を見られなくしてしまう作用のことを指している。
　モデルによる思考とは、仮定や仮説をきちんと明示し、そこから論理整合的に議論を構築しようとする努力である。こうした努力によって、自身の思考を鍛えあげることが可能になるし、他者との生産的な討議も可能になる。それは確かに、ある断面からは物事を見やすくし、遠くまで見通すことを可能にする。
　けれども他方でそれは、世界に一定の枠をはめ、額縁の外側に目を届けにくくさせる

終章　ヒントの限界と可能性

ということでもある。モデルによる思考を論じた際に、モデル化という操作が世界の単純化を不可避的に伴うのだということを指摘した。フレーミングとは、まさにこの単純化から派生する問題を明示的に取りだした概念である。

モデルによる思考とフレーミングとは、いってみれば、同じことがらの別様の表現である。仮定と推論の過程とを明確にして論理性を重んじているという側面に光をあてれば、モデルによる思考と呼べることとなるし、一方で、視野の制約、限定という側面を照らし出せば、その同じことをフレーミングと名指すこともできる。

フレーミングの問題は、環境問題をめぐる議論の中では、CVM法の調査デザイン上の問題の一部などとして、非常に皮相的に捉えられることが多い。CVM法について説明した際、設問の表現、選択肢の数、あるいは選択肢の順番など、アンケートの示し方ひとつで回答が変わってくるかもしれないということを指摘した。これらがまさに、環境経済学のテキストでフレーミングの問題として取りあげられている問題の典型例であり、それ以外の文脈でフレーミングが語られることはほとんどない。

しかし実は、このフレーミングの問題は、こうしたものにとどまらない、もっとはるかに普遍的で、かつ本質的な問題である。およそモデルによる思考である限り、フレーミングの問題は不可避的に付随してくる。

なお、強調しておかなくてはならないことは、フレーミングが視野を限定するから問題だとはいっても、なにも批判の喪失を懸念しているわけではないということである。フレームとはモデルのことでもあり、したがって、論点を浮かびあがらせる作用があるから、むしろ批判を促すものとすらいってよい。したがって、批判がなくなってしまうといった心配をするには及ばない。

問題は、批判をも含めた議論全体の方向を規定してしまうという点にある。フレーミングによって、思考も、そしてそれへの批判も、視野が大きく限定される。そのことがフレーミングの問題の核心である。

「どの化学物質対策を優先すべきか？」という問題設定のフレームは、その設問のもとで導かれたA物質の対策を優先すべきとの結論に対し、いやいやB物質の問題の方が重

要だ、という反論を導くことはあるだろう。しかしそこでは、化学物質という概念から自由になり、化学物質という単位にこだわらない方がいいのではないかと問うてみることは、非常に困難になってくる。

　効率性の追求を尊重する考え方は、特定の社会の存在を前提とし、その社会の成員に注意を集中して考えるというフレームを持っている。このためこの考え方への批判として、その社会内部での平等性への配慮の不足を指摘することはたやすい。実際、効率性と平等性との対照に関しては、多くの議論がなされてきた。けれどもそうすると、社会には外部があるということ（具体的にいえば、たとえば他国や将来世代などの存在）が、同一の地平では論じられにくくなる。

　市場における自由な取引と国家によるその調整という対照構造の中で思考するフレームを受け入れる。すると、市場の失敗に焦点があてられすぎていれば、政府の失敗との相対比較をもっと重視すべきだという指摘はできる。しかし反面、社会が重層的な関係性の上に成り立っていること、そして、それぞれの関係性を見つめることにも重要な意義があることなどには目が届かなくなってしまう。

　公共財の問題も独占企業の問題も、市場の失敗としてくくってしまうフレームがある。すると、公共財の問題には、市場という装置を通してだけでは捉えきれない特徴があるのだという事実が見落とされる危険が生まれる。

　将来世代の問題を、割引率の選択問題として探求するフレームがある。こうした問題設定は、そもそも我々の出発点が、カタストロフィーの可能性、我々の責任、あるいは将来世代の固有価値への思いにあったことを見失わせるかもしれない。

　これらはいずれも、フレーミングの具体例である。フレームはフレームの中にある問題を非常にクリアに映しだす反面で、視野の広がりを制限する。問題への向き合い方だけではなく、その向き合い方に対する批判の仕方にも一定の枠をはめてしまう。もちろん枠の外側への目配りを完全に不可能にするというわけではないが、それが困難になることは間違いない。

　本質的自由尊重の立場は、モデルによる思考のひとつである。したがって、そのフレームのために気づきにくくなっている観点、しかもとても重要な観点がないとは言い

終章 ヒントの限界と可能性

切れない。本当は、環境問題にはその固有性や独自性があるにもかかわらず、それが見えにくくなっているだけかもしれない。そうした可能性がゼロではない以上、環境問題を本当に本質的自由尊重の立場に回収させてしまっていいものかどうか、もう一度よく考えてみるだけの余地は、確かに残されているのである。

　振り返ってみれば、環境問題も、独自の規範らしき命題をいくつも生産してきた。たとえば、「エコロジー」、「持続可能な開発」、「循環型社会の形成」などがそれである。そして多くの人びとが、それらを信頼に足る規範であると信じてきた。ならば、これらの考え方の基礎には何があったのか、そしてそこには、本質的自由尊重の立場だけでは捉えきれない何かが残されてはいないのかと問うてみることは無駄ではない。いや、それどころか、とても大切な作業なはずである[*41]。
　これらの言説が正当性を持ち得ると考えられたのはなぜなのか、その規範的説得力は何に由来しているのかを探しだし、そしてそれを本質的自由尊重の立場を支える自由の概念と対照させてみようということである。本質的自由尊重の立場に回収されるのは、その問いを突き詰めてからでも、遅きに失することはない[*42]。

---

41 環境問題をめぐる言説は、しばしば思考の硬直を経験し、「なぜ」という問いを喪失してきた。たとえばひとこと、「持続可能な開発」と宣言されれば、それが何を意味しているのか(What)、あるいはどうすればそれが達成できるのか(How)ということが問われることはあっても、なぜそれが規範として大切なのか(Why)ということが正面から問われることはほとんどなくなってしまう。「21世紀は環境の時代だ」とか、あるいは「戦争による環境破壊への反対を決議すべきだ」とか言われれば、それが何を意味しているのかも皆目見当がつかなかろうと、そうだと同調する他はない。グリーンGDP、環境効率性、環境リスクなどの環境指標も、なぜ環境にだけ焦点をあてる正当性があるのか、たとえば、GDPで適切に評価されないのは環境だけではないのに、なぜ「グリーン」だけをGDPに組み込めばいいかのような議論が正当化されるのか、その論拠が問われることは皆無である。
　しかし、「なぜ」という問いは大切である。本当に環境保全を求めるのなら、環境保全がさほど重要と思っていない人との対話こそが重要なはずだからである。「環境の時代だ」と繰り返せば、そうだそうだという人はいるだろうが、そして特定グループ内での連帯を強めることもできるだろうが、我々が本当に必要とするものは、そうした心地よさでないことは確かである。
42 環境問題の固有の特徴として、超長期的影響とか、不可逆性とか、時間的ズレ(タイムラグ)とかいったことが思い浮かぶかもしれない。しかし、そうした特徴を取りだしただけでは、ここでの要請に応えたことにはならない。なぜなら、そうした特徴が真に環境問題に固有のものなのか、あるいは環境問題のすべてをそうした特徴で根拠づけることが可能なのか、といった問題が残されているし、また、仮にそれらが環境問題固有の特徴であるにしても、そのことだけをもって、独自の規範を導く必要性が明らか

第3節　統一理論を超えて

　あるいは反対に、外に目を向けながら考えてみてもよい。なぜグリンピースの人びとは、小さなボートに命をかけて、無謀にもタンカーを追うのだろうか？　単なる変人だというレッテルを貼ってことをすませるのは簡単である。けれども彼らの多くは、そうした行動をしなければ、多くの冷たい視線を浴びることも、命を危険にさらすこともなく、十分に社会的に成功する可能性を持った人びとである。にもかかわらず、なぜそれほどまでに、経済学的にいえばあまりに非合理的な行動に、しかも冷静な思考の果てに、彼らは挑んでいくのだろう？　なぜ環境問題は、それほどまでに人びとに影響力を持ち得るのだろう？

　なぜ本心では大して環境問題なぞ重要ではないと思っている人まで、少なくとも表面的には「環境問題は大変重要です」と表明せざるを得ないのだろう？　国際的にも、国内的にも、よほどのことがない限り、公共の場で環境対策に正面から異論を唱えることは控えられる。そこに利得計算が働いているか否かということはここでは問題ではない。彼らすら無視できないと感じるほどの環境保全についてのノーム（規範）が広く社会を覆っているのはなぜなのだろうか、ということを指摘しているのである。

　なぜ複数の国で環境を党名に冠した政党が少なからぬ力を持ち、場合によっては内閣の一部を構成するまでになったのだろう？　もしも環境問題が多くの重要な社会的問題のひとつにすぎないのなら、これはとても不思議なことだ。環境問題が常に優先課題であるかのような公約が正当化され、しかもその主張が少なからぬ得票にまで結びつくのはなぜなのか？　すべてが自由の問題であり、我々が求めているのがその自由であるとするなら、そうした問題の切りだし方は正当化されないはずなのに。

　こうした現象の背景に、必ず、的確なものの見方や、あるいは尊敬すべき倫理的意志があると論じたいのではない。しかし、これらのことがらは、いままで述べてきた理論

になったとはいえないからである。ちなみに、いま列挙した特徴に関する限り、それらで環境問題を特徴づけることができたとしても、――それが環境問題の優先順位を相対的に高めることはあるにせよ――環境問題を自由の文脈の中で考えていくことは、無理なく可能なはずである。

終章　ヒントの限界と可能性

では汲みつくされないもの、しかもとても核心に近いものが、環境問題には残されているのではないか、という疑いを抱かせるのではないだろうか？

自身の心の奥底に、自由の問題に回収されてしまうことに対して、どうしても消し去ることのできない違和感が残っていることを発見するのなら、その違和感をそう簡単に蔑ろにしてはいけない。モデルによる思考は優れた方法論であるが、しかしそこには大きな危険も潜んでいる。モデルはフレームでもあるから、我々はそのフレームによって視野を制約させられ、何か大切なことを見落としているのかもしれないのである。

反照的均衡に向けて

ロールズという人がいる。彼は『正義論』（Rawls, 1971）という大著を著した人物である。

彼が著したこの書物は、およそ社会的な正義について論じるのなら決して避けて通ることができない、まさに記念碑的な著作である。この書物が与えた影響は、ロールズ産業という言葉が生まれたほどに、豊かで、そして幅の広いものだった。

彼がこの本の中で試みたこと、それは、公正としての正義を確保するためには、社会はいかなる社会的規範を構想すべきかを明らかにすることだった。この問いへの挑戦は、その困難さのゆえに、長い間、人びとが手をつけていないことだった。しかし彼は、深い知識とおおいなる情熱とを支えにして、膨大な時間を費やして、このはるかなる頂に挑んだのである。

彼は、アリストテレス、カント、ロック、ルソーといった、過去のありとあらゆる思想家の社会理論を徹底的に分析した。そしてその上で、少しずつ、しかし確実に、ひとつひとつのブロックを積みあげて巨大な塔を建築するかのように、理論を構築していった。

その果てに彼が手にしたもの、それは、ロールズの「正義の二原理」と呼ばれるところの原理であった。彼によれば、公正としての正義を社会に求めるとすれば、社会はこ

の「正義の二原理」を規範として掲げなくてはならない。

　彼はこの結論を導くにあたって、徹底的に論理的であろうとした。それが十分に成功したといえるかどうか、いまは問うまい。しかし少なくとも、彼がそれを意志したのは確かである。つまり彼は、どんな答えを導こうが、およそ批判のための批判なら簡単にできそうな、この難問への答えを導くにあたって、あくまで論理の力を信じ、徹底的に論理的であることによって、批判を迎え撃とうと決意した。要するに彼は、モデルによる思考に忠実であろうとしたわけである。

　彼が最終的に到達した「正義の二原理」がどのようなものであったのか、それはここでは問題ではない。ここでロールズを持ちだしたのは、そのことを説明するためではない。ここではむしろ、この論理的な努力を果たした後での、彼のとった態度について論じたい。

　彼はありとあらゆる先行理論を調べつくし、それらを批判的に吸収、あるいは再構築して議論を組み立て、しかも、寸分の漏れもないようにさまざまな角度から議論を検証し、その上で、「正義の二原理」を導いた。これだけの豊かな知識に基づいた、しかもそれだけの努力の成果としての結論であったなら、普通はどうだといって自慢したくもなるものだ。ここで議論を終えても、そうそう文句はつけられまい。
　ところが彼はそうしなかった。彼は徹底的に論理的であろうとしたし、そして論理の力を信じたのも確かだが、それでも彼は、それだけをよりどころとすることを潔しとしなかった。つまり彼は、モデルによる思考の意義を尊重しつつも、それにすっかり身をゆだねてしまうことを拒んだのである。

　彼が論理的に結論を導いた後でしたこと。それは、反照的均衡と彼自身が命名した方法論によって、彼の結論にさらに検討を加えることだった。

　「反照的均衡」(reflective equilibrium)——それは、次のような方法論のことである。

終章 ヒントの限界と可能性

　一般的にいって、社会的規範を導くためには、まったく異なる２つの道が可能である。ひとつは、モデルによる思考に忠実な方法、すなわち誰の目にも疑いようのないような前提条件からの徹底的な論理の積みあげによって結論を導くアプローチである。議論の精度に濃淡はあるにせよ、これまでに論じてきた経済学的考え方、社会選択理論、あるいは本質的自由尊重の立場は、いずれもモデルによる思考であるといってよい。

　もうひとつは、熟慮の末に直接的に与えられる道徳判断、つまり直覚的判断（わかりやすくいえば直感のことだ）のうちから本質的とはいえない部分を内省によってそぎ落とした後に残る、疑いようのない確信に頼って結論を導く方法である。

　この２つのまったく別のルートをたどってそれぞれに導かれる結論は、時に異なったものであるだろう。そしてそうだとすれば――自己統一のためにはどうしても結論はひとつである必要があるから――どのようにして結論をひとつにしぼるのかが問題となるに違いない。

　この場合、結論をひとつにまとめあげる方法にはおおまかにいって２つある。ひとつは、２つの結論のうち、より妥当だとみなせる方をそのまま最終的な規範とする方法である。はじめからひとつの道のみに頼って結論を導いてしまうという方法も、このグループに含めていいだろう。

　もう一方は、両者の違いを限りなく小さくする努力を徹底的に諦めないという方法である。つまり、２つの異なる結論をたがいに照らし合わせながら、それぞれの結論の導き方を納得がいくかたちで修正し続け、やがて、いずれの道を通っても等しい結論が導かれた時、はじめてその結論を最終の規範とするのである。

　そして反照的均衡の方法論とは、まさにこの後者の方法によって社会的規範を導こうとするものなのである。つまり、反照的均衡とは、論理の力と直覚的判断の力とをどこまでも等しく重んじ、決して一方を蔑ろにすることなく、最終的な結論を獲得しようとする努力である。

　ロールズは、この反照的均衡の努力を経た社会的規範であってはじめて、信頼に足るものとなり得るのだと確信していた。

　彼は言う。

　「行きつ戻りつすることで、時には契約環境の条件［論理構成上の前提となっている条

件]を変更し、時には我々の道徳判断に手を加えて原理に従わせながら、最終的に我々は、理性的な条件を表現し、同時に我々の熟慮によって十分に精錬された判断とマッチする原理を与えてくれる初期状況の記述［契約環境の条件にほぼ同じ］を発見するだろう、と私は考えている。この状態を私は反照的均衡と呼ぶのだ。それが均衡であるのは、最終的に我々の原理と判断が一致するからであり、それが反照的であるのは、我々の判断がどんな原理と一致するのか、そして、その原理を演繹する諸前提がなんなのかを、我々が知っているからである。」(Rawls, 1971; 邦訳 渡辺, 2001; ただし、[ ] は筆者による補足)

誤解を恐れずにあえて平たくいえば、ロールズは、この反照的均衡の方法によって、「理性」も、「感性」も、ともに大切にしながら結論を導くという要請を自らに課した。あれだけの論理的努力の果てになお、ロールズは決して理屈におぼれまい、自らの理論に酔ってしまうまい、と誓ったのである。

そしてこの反照的均衡の考え方こそ、本書の最後の考えるヒントである。およそ社会的規範を構想しようとするのであれば、この反照的均衡の考え方は心に留めておく意義がある。我々にとって、理性も感性もどちらも真にかけがえのないものであり、いずれの要素も決しておろそかにはできないからである。また、理性も感性も、どちらもそれ単独では決して完全なものではあり得ないからである。

実際のところ、論理的推論は全面的に信頼がおける方法論であるとは言い難い。たとえば先ほど見たように、論理的推論に必然的に付随するフレーミングの罠から自由になることはそれほどたやすいことではない。主張を行う側のみならず、それを批判する側もフレームの中で考えてしまうことが例外というよりは通則である。

また、理論なるものは、時に驚くほどに素朴で無反省な考え方に支えられている。たとえば、我々の現実をよく映しだしているからではなく、エレガントだからというだけで理論が信じられていることも、決して例外的なことではない。ちょうど、簡単であるということは真実だというような真に驚くべき神話によって、地動説を真実と等号で結んでしまったように……。

終章　ヒントの限界と可能性

　論理的推論は、こうした難点をおのずと抱え込む。だとすれば、論理的推論によって結論を導く途中で、我々のかけがえのない直覚的判断が、無自覚のうちに捨て去られているかもしれない。そうした判断が不適切だからという主体的評価からではなく、単に配慮を欠いたがために、それらを放棄してしまっているかもしれない。

　もちろん、俗に感性といわれているものなら、なんでも重要などと言っているわけではない。たとえば、内省的な努力をなんら経ていない「実感」などを、そのまま尊重せよと論じているわけではない。
　生のままの実感は、しばしば非常に危ういものである。たとえば工場のばい煙による被害が生じている「現場」を経験すれば、工場がいけないと決めつけたくなる。それが実感というものである。けれどもそれは、必ずしも適切な評価ではないということはすでに見た。
　しかも、実感は人それぞれ、つまり人は多様である。だから、自身にとって実感がどれほど説得力を持つにしても、そして、その実感を得るためにどれほど現場に触れたにしても、そのことをもって、直ちに自らの実感が優れたものだと結論づけるべきではない。たとえもしも、皆が同じ現場に触れる機会があったとしても、その実感が皆で共有される保証はまったくないからである。現場をよく見ていることだけをもって、あたかも自らの判断がより妥当なものであるといわんばかりの議論をする人もいるが、それは適切な態度だとは言い難い。
　したがってここで大切にすべきと論じている判断とは、こうした生の実感などを想定したものではない。

　ここで論じているのは、熟慮の果ての、直覚的な道徳判断のことである。現場で得た実感から始めてももちろんかまわないが、ともかく自らの判断を厳しく徹底的に問いつめて、単なる個人的な好き嫌いというべき側面、あるいは社会的規範の基礎とするに値しない部分を容赦なく徹底的にそぎ落とし、それでもなお、どうしても譲ることのできない、最後の最後に残った直覚的な道徳判断。その判断が、論理による結論に異論を申し立てているのなら、その違和感を決して蔑ろにしてはいけないということを論じている。

第3節　統一理論を超えて

　そもそも論理の力を頼って構築された理論であっても、最終的なよりどころとなっているのは、例外なく、個人的な直覚判断、もっといえば審美観といったものである。公理を公理と認めさせるものは、我々の直感でしかない。そうした意味で、論理的思考においても、我々の直覚的判断は、決定的に大切な役割を果たしている。いってしまえば、理性と感性との対立のように見えるものも、異なる直覚的判断どうしの対立、つまり、論理の基礎となっている直覚的判断とそれとはまったく別に与えられる直覚的判断との対立——もっといえば、個人の内に抱えられた矛盾——とみなしてかまわないほどなのである。
　ならばどうして、我々の最終的な直覚的道徳判断をおろそかにすることが許されよう？　なぜ、客観的で論理的であることが、個人の主観や直感よりも重要などと、簡単に結論してしまうことが認められよう？

　モデルによる思考はとても魅惑的なものだ。きれいだし、我々が気づいていなかったことをしばしばくっきりと映しだしてくれもする。しかしだからこそ、モデルというものを過度に信じてはいないか、警戒心を残しておくことが必要になる。なぜならモデルは、我々が欲した、魅惑的な「物語」のひとつにすぎないのかもしれないからである。そして我々には、物語の代償として失うわけにはいかないものがあるからである[43]。
　我々に直接に与えられる道徳判断を簡単に捨ててしまったら、我々はもはや我々で

43　我々は物語を欲する。単に物理的に生きるに飽き足らない、物語を欲するという過剰を抱え込んだ存在である。物語とはつまり、起承転結があったり、主人公が存在したり、ドラマチックであったり、あるいは過去が未来を映しだしていたりすることである。そうした物語を信奉することによって、世界を納得しやすいかたちで分節化しようとするのである。
　だから物語には、我々の道徳判断にぴったり合致していることそのものが、求められはしない。いや実をいえば、論理的であることすら必要とはされない。魅惑的な、物語性のある物語であることそのものが重要になる。物語は、そのために知的誠実さをしばしば脇におく。我々の現実を正しく取りだしていると本当にいえるのか、我々の道徳判断と齟齬をきたしてはいないのかといった問いそのものが失われる。
　出来合いの物語を繰り返してそこに身をゆだねたり、キーワードというラベルを貼ってレトリックを紡ぐことに安心したり、あるいはエレガントな論理や高級そうな数式で表現したり、そういった行為そのものがしばしば自己目的化してしまうのは、おそらくそのためである。

終章　ヒントの限界と可能性

はない。そう筆者は思う。我々の最終的なよりどころ、結局のところそれは、この直感——熟慮の末になお手放すことのできないものとしての判断——でしかない。

だからこそ、理性も、感性も、簡単には諦められない。どこまでもどこまでも、和解のための努力を続けていかなくてはならない。これが、反照的均衡の方法論のエッセンスであり、そこから汲みとるべき最も大切なメッセージである。

しかしそれでも万が一、どうしても理性と感性とを和解させることができなかったら、その時にはどうするのか。和解ができないことだってあるだろう。そう、読者は問うだろうか？

その時には、覚悟を決めるのである。つまり、抵抗感を覚えつつなお、論理の基礎となっている判断か、あるいは直接的に与えられる道徳判断か、そのいずれか一方の矯正を受け入れる。対立がなかったかのように、判断を中止し、蓋をしてしまうのではない。自覚的に、主体的にその修正を受け入れるのである。

この修正の覚悟は、実は反照的均衡を目指すための前提条件というべきものである。反照的均衡に向けた検討の出発点では、手持ちの理論に対する愛着を捨てる必要も、実感的な感情を排してしまう必要もない。理由は簡単で、そうしたところからしか出発できないからである。我々は、何かを跡づけたいから始めるのである。理論や感情を跡づけたいという動機それ自体を頭から否定するのは浅慮に違いあるまい。しかしながら、大切なのはその後である。最後の最後、どうしても理論や感情を跡づけることができないと悟った時、そのいずれかを自覚的に捨て去る覚悟を持つこと、その覚悟の上に立って検討を始めることが、反照的均衡の方法を実行するということの核心である。

ここに至って、問題はもう一度自由の問題へと接続することになるだろう。前節で、自由とは「～できる」ことの束であると論じた。けれども実は、それは自由の一断面であって、すべてではない。

たとえ多くの選択肢が与えられても、そこからの選択が自動化されたものだったとしたら、依然、我々は自由な存在ではない。本質的自由なるものが我々の手元に十分あ

ること、それは自由の必要条件ではあっても十分条件ではない。自由であるためには、我々は自動機械であることをやめなくてはならない。効用最大化マシーンをやめることはもちろん、外部から与えられる規範の自動的な適用機械であることもやめなくてはならない。自由とは、自らが内に抱える何ものかに抗って、その指示とは別の行為をなし得るという覚悟であり、実践である。真の意味で主体的であろうと意志すること——たとえ、常にすでに社会に絡め取られているとしても——そのことによってはじめて、我々は自由を手にすることができる*44。

　この意味で、反照的均衡の実践は、我々が自由な存在であることの宣言だといってよい。たとえどれほどの思い入れが理論や実感にあるにしても、最後の最後にはそれらを手放す覚悟を引き受けるということ、それが反照的均衡の方法に忠実であるということにほかならない。

　理性も感性も等しく重んじ、両者の和解の努力を決して放棄しないこと、けれどもその努力の極みにおいては、いずれかを自覚的に捨て去る覚悟を持つこと、これが反照的均衡の方法であり、ロールズの誠実であった。

　本書ではモデルによる思考の意義をたっぷりと調べてきた。議論の前提や仮定を明確に示し、そこから手順を踏んだ議論を構築していく手法を見てきた。このことによって、それまで気づかなかったいろいろなことが見えてくるし、自己統一や他者との対話を飛躍的に進展させることができる。日常においては、残念ながら議論の前提や仮定を曖昧にしたままの議論が多く、そのために思考がなかなか進展していかないことがままあるので、モデルによる思考の意義をいくら強調しても、強調しすぎということはないと考えたからである。

　しかし、ここまでくれば、モデルによる思考の意義については十分に伝達できたと期待してもいいだろう。だからこそ、最後はむしろ、モデルによる思考そのものに幾ばくかの（しかし決して小さくない）留保をつけておきたかったのである。なぜなら、先に直

---

44 これは、自由の発展に関して、社会が果たすべき役割と、個人の役割との間に、埋め難く、また、埋めるべきでもない溝があるということを意味している。前節では、社会的規範、つまり社会のあり方を論じた。ここで指摘しているのは、個人の自由とは何かということである。

終章　ヒントの限界と可能性

覚的判断と呼んだものには、このモデルによる思考に比肩し得るだけの重要性が、確かに存在するはずだからである。

　反照的均衡の方法論は、このかけがえのない我々の直覚的判断の存在をうっかり忘れてしまわないための備忘録である。これまで論じてきた考えるヒントの意味とその価値も、この反照的均衡のもとで、ようやくにして本当の輝きを得るだろう。そこではもはや、我々がモデルによる思考におぼれてしまう心配は限りなく小さい。そしてこの反照的均衡の方法は、我々が自由であることの証でもある。その実践によってこそ、我々の本当の自由の可能性が開かれる。

　さて、この反照的均衡の方法の意義と、そしてロールズの志への共感を伝えることができたなら、本書の「物語」はそろそろおしまいにしてもいいころである。
　反照的均衡の方法を実践しながら実際の環境問題をどのように考えていったらいいのか、それは、読者のための問いとして取っておくこととしたい。本書の意図は「環境問題に対してどう向き合うのが正しいのかといったことではなく、環境問題を考える手がかりを提供する」ことにあった。したがって、この問いを読者にきちんと手渡すことができたなら、本書の目的はひとまず果たされたことになる。

　問いは開かれている。
　そして旅は、まだ始まったばかりなのである。

【ヒントその27：統一理論を超えて】

■環境問題は大統一理論に回収されるべき問題であるのか否か、という問いが成立する。

■モデルによる思考は、我々の思考にフレームを与えるものでもある。

■論理への信頼は自己統一と対話のための前提である。他方、直覚は我々の存在そのものの一部である。したがって、そのいずれをも決して軽々に放棄することなく、反照的均衡を目指していかなくてはならない。

■自由であろうと意志すること、それが真の意味で「考える」ということである。

あとがき

　本書の完成にあたり、原稿の完成を４年近くも辛抱強く待ちつつ、しかも、ほとんど筆者の好きなように書かせてくださった清水弘文堂書房の社主礒貝浩氏、そして同書房のスタッフ、それから、厭うことなく多くの時間を割いて初稿に丁寧に目を通し、数多くの貴重なご指摘をしてくださった国立環境研究所の日引聡博士に深く感謝したい。
　そしてわけても、本書を出版するきっかけを筆者に与え、本書が完成するまでの間、陰に陽に励まし続けてくれたアン・マグドナルド氏に心より感謝する。

　筆者は、たくさんの思いを込めてこの本を書いた。単に経済学を紹介しようと思って書いたわけではない。だから、伝えたかったことが読者に正しく伝わるように、最後に長いエピローグをつけてきちんと説明しよう、実は本書を書いている間中、ずっとそう考えていた。

　けれども、結局それはやめにしようと思う。
　どうも言い訳じみてしまうだろうし、第一、本は本文をして語らしめるべきものだろう、と思い直したからである。
　だからもうこれ以上、説明を加えることはしない。

　ただ、いつの日か、成長した綾香がこの本を手にとり、本書が本当に伝えようとしたことを、いくらかでも汲みとってくれる日が来ることを夢見て、作業を終えることにしよう。

　猛暑の夏のさなかにもかかわらず、久しぶりのさわやかさに包まれたある日の夜、未来の君と、君の未来へ、願いを込めて……。

　　平成１６年　盛夏

参考文献

A

Anderson, G. D. and R. C. Bishop (1986) *Natural Resource Economics I and II*, Kluwer Academic Publishers.

Arrow, K. J. (1963) *Social Choice and Individual Values (2nd)*, Yale University Press.

Arrow, K. J. (1999) "Discounting, Morality, and Gaming," in P. R. Portney and J. P. Weyant ed., *Discounting and Intergenerational Equity*, Resources for the Future.

B

Baumol, W. J. and W. E. Oates (1988) *The Theory of Environmental Policy (2nd)*, Cambridge University Press.

Boscolo, M., J. R. Vincent and T. Panayotou (1998) "Discounting Costs and Benefits in Carbon Sequestration Projects," Development Discussion Paper No. 638, Harvard Institute for International Development, Harvard University.

Breyer, S. (1993) *Breaking the Vicious Circle*, Harvard University Press.

C

Coase, R. H. (1960) "The Problem of Social Cost," *The Journal of Law and Economics*, 3.

Cropper, M. L. and W. E. Oates (1992) "Environmental Economics: A Survey," *Journal of Economic Literature*, Vol. 30.

D

Delucchi, M. (1997) "The Social Cost of Motor Vehicle Use," *Annals of the American Academy of Political and Social Science*, Vol. 553.

Diamond, P. A. and J. A. Hausman (1994) "Contingent Valuation: Is Some Number Better Than No Number?," *Journal of Economic Perspectives*, Vol. 8, No. 4.

Dorfman, R. and N. S. Dorfman ed. (1993) *Economics of the Environment: Selected Readings (3rd)*, W. W. Norton & Company.

F

Fisher, A. C. (1981) *Resource and Environmental Economics*, Cambridge University Press.

Freeman Ⅲ, A. M. (1993) *The Measurement of Environmental and Resource Values: Theory and Methods*, Resources for the Future.
深谷昭三・寺崎峻輔編 (1983) 『善の本質と諸相』昭和堂.

G

蒲生昌志 (2002) 「化学物質の健康リスク評価と不確実性」科学, Vol. 72, No. 10.
後藤玲子 (2002) 『正義の経済哲学』東洋経済新報社.

H

Hanemann, W. M. (1991) "Willingness to Pay and Willingness to Accept: How Much Can They Differ?," *The American Economic Review*, Vol. 81, No. 3.
Hanemann, W. M. (1994) "Valuing the Environment through Contingent Valuation," *Journal of Economic Perspectives*, Vol. 8, No. 4.
Hanley, N., J. F. Shogren and B. White (1997) *Environmental Economics: In Theory and Practice*, Oxford University Press.
Hardin, G. (1968) "The Tragedy of the Commons," *Science*, Vol. 162.
Hare, R. M. (1952) *The Language of Morals*, Clarendon Press. (小泉仰・大久保正健訳『道徳の言語』勁草書房, 1982 年.)
Harvey, C. M. (1994) "The Reasonableness of Non-Constant Discounting," *Journal of Public Economics*, Vol. 53.
Hausman, D. M. and M. S. McPherson (1996) *Economic Analysis and Moral Philosophy*, Cambridge University Press.
H. M. Treasury (2003) *The Green Book: Appraisal and Evaluation in Central Government*, H. M. Treasury.

I

IPCC (1996) *Climate Change 1995: Economic and Social Dimensions of Climate Change*, Cambridge University Press. (天野明弘・西岡秀三監訳『IPCC 第 3 作業部会報告 地球温暖化の経済・政策学』中央法規出版, 1997 年.)
IPCC (2001) *Climate Change 2001: Impacts, Adaptation and Vulnerability*, Cambridge University Press.
IPCC (2002) *Climate Change 2001: Synthesis Report*, Cambridge University Press. (気象庁・環境省・経済産業省監修『IPCC 地球温暖化第三次レポート—気候変化 2001』中央法規出版, 2002 年.)

J

Johansson, P-O. (1991) *An Introduction to Modern Welfare Economics*, Cambridge University Press. (金沢哲雄訳『現代厚生経済学入門』勁草書房, 1995 年.)

Johansson, P-O. (1993) *Cost-Benefit Analysis of Environmental Change*, Cambridge University Press.

K

Kahneman, D., J. L. Knetsch and R. H. Thaler (1991) "The Endowment Effect, Loss Aversion, and Status Quo Bias," *Journal of Economic Perspectives*, Vol. 5, No. 1.

梶井厚志 (2002)『戦略的思考の技術』中央公論新社.

環境経済・政策学会 (1997)『環境倫理と市場経済』東洋経済新報社.

環境省 (1999)『平成 11 年版環境白書』.

環境庁 (1996)『平成 8 年版環境白書』.

川本隆史 (1995)『現代倫理学の冒険―社会理論のネットワーキングへ』創文社.

川本隆史 (1997)『ロールズ―正義の原理』講談社.

小島寛之 (2004)『確率的発想法』日本放送出版協会.

Kolstad, C. D. (1999) *Environmental Economics*, Oxford University Press. (細江守紀・藤田敏之監訳『環境経済学入門』有斐閣, 2001 年.)

Kopp, R. J. and P. R. Portney (1999) "Mock Referenda for Intergenerational Decisionmaking," in P. R. Portney and J. P. Weyant ed., *Discounting and Intergenerational Equity*, Resources for the Future.

Kreps, D. M. (1988) *Notes on the Theory of Choice*, Westview Press.

Kreps, D. M. (1990) *A Course in Microeconomic Theory*, Princeton University Press.

L

Lind, R. C. (1999) "Analysis for Intergenerational Decisionmaking," in P. R. Portney and J. P. Weyant ed., *Discounting and Intergenerational Equity*, Resources for the Future.

Litman, T. (1997) "Policy Implications of Full Social Costing," *Annals of the American Academy of Political and Social Science*, Vol. 553.

Loewenstein, G. and R. H. Thaler (1989) "Anomalies: Intertemporal Choice," *Journal of Economic Perspectives*, Vol. 3, No. 4.

M

間宮陽介 (1999)『市場社会の思想史』中央公論新社.

Mas-Colell, A., M. D. Whinston and J. R. Green (1995) *Microeconomic Theory*, Oxford University

Press.

松原望 (1997)『計量社会科学』東京大学出版会.
Meadows, D. H. et al. (1972) *The Limits to Growth*, Universe Books.(大来佐武郎監訳『成長の限界』ダイヤモンド社, 1972年.)
見田宗介 (1996)『現代社会の理論』岩波書店.

N

中西準子 (1994)『水の環境戦略』岩波書店.
中西準子 (2001)「環境影響と効用の比較評価に基づいた化学物質の管理原則」公開資料.
中西準子 (2002)「リスク解析が目指すもの」科学, Vol. 72, No. 10.
根井雅弘 (1994)『現代経済学への招待』丸善.
Newell, R. and W. Pizer (2001) *Discounting the Benefits of Climate Change Mitigation*, Pew Center on Global Climate Change.
日本リスク研究学会 (2000)『リスク学事典』TBSブリタニカ.
NOAA (1993) *Report of the NOAA Panel on Contingent Valuation*, Federal Register, Vol. 58, No. 10.

O

岡敏弘 (1999)『環境政策論』岩波書店.
岡敏弘 (2002)「リスク便益分析と倫理」科学, Vol. 72, No. 10.
奥野正寛・鈴村興太郎 (1985, 1988)『ミクロ経済学 I, II』岩波書店.
大来佐武郎監修 (1990)『講座[地球環境]第3巻 地球環境と経済』中央法規出版.

P

Panayotou, T. (1993) *Green Markets: The Economics of Sustainable Development*, ICS press.
Paulos, J. A. (1998) *Once Upon a Number: The Hidden Mathematical Logic of Stories*, Basic Books.(松浦俊輔訳『確率で言えば—日常に隠された数学』青土社, 2001年.)
Pearce, D. W. and A. Markandya (1989) *Environmental Policy Benefits: Monetary Valuation*, OECD.
Portney, P. R. (1994) "The Contingent Valuation Debate: Why Economists Should Care," *Journal of Economic Perspectives*, Vol. 8, No. 4.
Portney, P. R. and J. P. Weyant ed. (1999) *Discounting and Intergenerational Equity*, Resources for the Future.

R

Randall, A. (1983) "The Problem of Market Failure," *Natural Resources Journal*, Vol. 23.
Rawls, J. (1971) *A Theory of Justice*, The Belknap Press of Harvard University Press.

Rothschild, M. and J. E. Stiglitz (1970) "Increasing Risk: I. A Definition," *Journal of Economic Theory*, Vol. 2.

S

佐伯胖 (1980)『「決め方」の論理—社会的決定理論への招待』東京大学出版会.
佐伯胖・松原望編 (2000)『実践としての統計学』東京大学出版会.
佐々木毅・金泰昌編 (2002)『公共哲学 6 経済からみた公私問題』東京大学出版会.
佐和隆光 (1982)『経済学とは何だろうか』岩波書店.
佐和隆光・植田和弘編 (2002)『岩波講座 環境経済・政策学 第1巻 環境の経済理論』岩波書店.
Schelling, T. (1995) "Intergenerational Discounting," *Energy Policy*, Vol. 23, No. 4/5.
Sen, A. K. (1970) *Collective Choice and Social Welfare*, Holden-Day, Inc..(志田基与師監訳『集合的選択と社会的厚生』勁草書房, 2000年.)
Sen, A. K. (1982) *Choice, Welfare and Measurement*, Basil Blackwell Publisher.(大庭健・川本隆史抄訳『合理的な愚か者—経済学＝倫理学的探究』勁草書房, 1989年.)
Sen, A. K. (1985) *Commodities and Capabilities*, North-Holland.(鈴村興太郎訳『福祉の経済学—財と潜在能力』岩波書店, 1988年.)
Sen, A. K. (1987) *On Ethics & Economics*, Basil Blackwell Publishers.
Sen, A. K. (1990) "Individual Freedom as a Social Commitment," *The New York Review of Books*.(川本隆史訳「社会的コミットメントとしての個人の自由」みすず, Vol. 358, 1991年.)
Sen, A. K. (1992) *Inequality Reexamined*, Clarendon Press.(池本幸生・野上裕生・佐藤仁訳『不平等の再検討—潜在能力と自由』岩波書店, 1999年.)
Sen, A. K. (1995) "Rationality and Social Choice," *The American Economic Review*, Vol. 85.
Sen, A. K. (1997) *On Economic Inequality: Expanded Edition with a Substantial Annexe by James E. Foster and Amartya Sen*, Clarendon Press.
Sen, A. K. (1999) *Development as Freedom*, Alfred A. Knopf.(石塚雅彦訳『自由と経済開発』日本経済新聞社, 2000年.)
柴田弘文 (2002)『環境経済学』東洋経済新報社.
Stavins, R. N. ed. (2000) *Economics of the Environment: Selected Readings (4th)*, W. W. Norton & Company.
Stirling, A. and S. Mayer (2000) "A Precautionary Approach to Technology Appraisal?: A Multi-Criteria Mapping of Genetic Modification in UK Agriculture," *TA-Datenbank-Nachrichten*, Nr. 3.
Stokey, E. and R. Zeckhauser (1978) *A Primer for Policy Analysis*, W. W. Norton & Company.
鈴村興太郎 (1985)「消費者余剰と厚生評価」経済研究, Vol. 36, No. 1.
鈴村興太郎 (1989)「効率・衡平・誘因—行動主義的正義論の再検討」経済研究, Vol. 40, No. 1.

鈴村興太郎(1995)「厚生の個人間比較の《客観的》通用可能性について」経済研究, Vol. 46, No. 1.
鈴村興太郎(2002)「世代間衡平性の厚生経済学」経済研究, Vol. 53, No. 3.
鈴村興太郎・後藤玲子(2001)『アマルティア・セン—経済学と倫理学』実教出版.

T

Tietenberg, T. (1996) *Environmental and Natural Resource Economics (4th)*, HarperCollins College Publishers.
常木淳(2000)『費用便益分析の基礎』東京大学出版会.
Tversky, A. (1996) "Contrasting Rational and Psychological Principles of Choice," R. Zeckhauzer ed., *Wise Choice: Decisions, Games, and Negotiations*, Harvard Business School Press.

U

植田和弘(1998)『環境経済学への招待』丸善.
植田和弘ほか(1991)『環境経済学』有斐閣.
UNEP (1998) *Mitigation and Adaptation Cost Assessment: Concepts, Methods and Appropriate Use*, UNEP.
宇沢弘文(1974)『自動車の社会的費用』岩波書店

V

van den Bergh, J. CJM. ed. (1999) *Handbook of Environmental and Resource Economics*, Edward Elgar.
Viscusi, W. K. (1992) *Fatal Tradeoffs: Public & Private Responsibilities for Risk*, Oxford University Press.

W

渡辺幹雄(2000)『ロールズ正義論の行方—その全体系の批判的考察〈増補新装版〉』春秋社.
渡辺幹雄(2001)『ロールズ正義論再説—その問題と変遷の各論的考察』春秋社.
Weitzman, M. L. (1998) "Why the Far-Distant Future Should Be Discounted at Its Lowest Possible Rate," *Journal of Environmental Economics and Management*, Vol. 36.
Weitzman, M. L. (1999) "'Just Keep Discounting, But...'," in P. R. Portney and J. P. Weyant ed., *Discounting and Intergenerational Equity*, Resources for the Future.

Y

八木紀一郎(1993)『経済思想』日本経済新聞社.

索引

CVM法 261
NPV 353
PPP 177
VNM効用関数 303
win-win 状況 35
WTA 109, 113, 133
WTP 109, 113, 128

ア 行

一般均衡分析 155
一般不可能性定理 390
インセンティブ 198
受け入れ意思額（WTA） 114
エッジワースボックス 61, 97
オープンアクセス 216
汚染者負担原則（PPP） 177
オプション価値 248

カ 行

外部経済 164
外部効果 161
外部費用 164
外部不経済 161
外部不経済の内部化 174
確実性等価 305
学習 293
確率 319
仮言命法 85
仮想市場法（CVM法） 261

カタストロフィー 377
価値 116, 243
間隔尺度 41
環境クズネッツ曲線 89
環境リスク 309, 322
還元主義 27
完全情報主義 78
感度解析 333
完備性 49, 393
緩和策 292
機会費用 116
記述的 85
稀少性 31
基数 42
期待効用 303
期待損失 310
帰納法 93
規範的 85
客観 39, 330, 414
供給 127
共有地の悲劇 216
均衡 136
経済 10
経済学的コスト 106
契約曲線 97
ゲーム 341
結果主義 77
限界価値 68
限界効用 68
限界代替率 68
限界代替率の逓減 66
限界便益 129
顕示選好 52
公共財 208
厚生経済学の第一基本定理 156
厚生経済学の第二基本定理 158
公平 355
衡平 350

効用	51
効用関数	51
効用主義	79
効用の個人間比較の不可能性	53
功利主義	54
合理主義	78
効率性	63
コースの定理	196
個人主義	76
コミットメント	346
固有価値	248, 252

サ 行

財中心主義	425
サプライズ	331, 333
死荷重	147
時間整合性	363
市場	83, 127, 151
市場価値中心主義	75
市場の失敗	162
市場の不完全性	162
辞書的順序	43
自然主義的誤謬	92
次善の	219
私的費用	120
シナリオ分析	333
支払い意思額（WTP）	113
社会的決定関数	400
社会的厚生関数	394
社会的費用	120
社会的余剰	142
自由	55, 94, 399, 413, 458
自由至上主義	421
自由主義のパラドックス	399
囚人のジレンマ	343
主観	39, 330, 414

需要	127
純現在価値（NPV）	353
順序	43
消極的自由	421
消費者	73
消費者余剰	143
序数	42
所有権	181
推移性	49, 394
スタビリティー（安定性）	334
生産技術	82
生産者	82
生産者余剰	144
成長の限界	137, 441
政府の失敗	230
積極的自由	421
選好関係	48
選好順序	48
潜在的パレート改善	101
全体論（ホーリズム）	27
総合的判断	93
相互性	189
存在価値	248, 251
財	32

タ 行

代替性	59, 60
タイムラグ	377
弾性力	146
単調増加関数	42
強い意味の選好関係	49
定言命法	85
適応策	292
凸選好	65
トラベルコスト法	264
取引費用	162

ハ 行

配分	58
パレート	96, 98, 101, 395
パレート改善	98
パレート最適	96
反射性	49, 394
反照的均衡	453
非競合性	211
ピグー課税	175
非排除性	211
非飽和性	50
費用効果分析	277
平等	62, 381, 417, 427
費用便益分析	277
比率尺度	40
非利用価値	248, 250
不可逆性	384
不確実性	300, 324
部分均衡分析	155
部分妥当	413
普遍化可能性	360, 370
プライステーカー	342
フリーライダー	216
フレーミング	447
フレキシビリティー（柔軟性）	334
分配	58
ヘテロジニティー（異質性）	330
ヘドニック法	267
便益	82
本質的自由	418

マ 行

マキシミンルール	405
マックスマックス基準	334
ミニマックス基準	334
民主主義	390, 395
無差別	49
無差別曲線	60
無知（不可知）	329
モデル	13, 244, 418, 448

ヤ 行

| 善き生 | 388 |
| 予防的アプローチ | 294, 337 |

ラ 行

利益	82
リスク	300, 328
リスク愛好者	304
リスク一定の原則	309, 312
リスク回避者	304
リスク中立	304
リスクプレミアム	305
リスク・ベネフィット分析	311, 312
利他的価値	248, 251
利用価値	247, 250
倫理と効率	192
連続性	49
ロバストネス	333

ワ 行

| 割引係数 | 353 |
| 割引率 | 353 |

著者紹介■水野　理（みずの・おさむ）
1961年東京生まれ。京都大学卒。京都大学大学院、ハーバード大学大学院修了。環境省地球環境局勤務。化学物質管理、オゾン層保護、地球環境研究推進、自動車ＮＯｘ・ＰＭ法、海洋汚染防止対策などの担当を経て、現在、地球温暖化問題の国際交渉担当室室長。

連絡先：osamu.mizuno@nifty.ne.jp

清水弘文堂書房の本の注文方法

■電話注文 03-3770-1922 / 045-431-3566 ■FAX注文 045-431-3566 ■Eメール注文 shimizukobundo@mbj.nifty.com
（いずれも送料300円注文主負担）

電話・FAX・Eメール以外で清水弘文堂書房の本をご注文いただく場合には、もよりの本屋さんにご注文いただくか、本の定価（消費税込み）に送料300円を足した金額を郵便為替 00260-3-599939（為替口座 清水弘堂書房）でお振り込みくだされば、確認後、一週間以内に郵送にてお送りいたします（郵便為替でご注文いただく場合には、振り込み用紙に本の題名必記）。

環境問題を考えるヒント
ASAHI ECO BOOKS 9

発　行	二〇〇四年十月十五日　第一刷
著者	水野　理
発行者	池田弘一
発行所	アサヒビール株式会社
郵便番号	一三〇-八六〇二
住所	東京都墨田区吾妻橋一-二三-一
編集発売	株式会社清水弘文堂書房
郵便番号	一五三-〇〇四四
住所	東京都目黒区大橋一-三一-七　大橋スカイハイツ二〇七
Eメール	shimizukobundo@mbj.nifty.com
HP	http://homepage2.nifty.com/shimizukobundo
編集室	清水弘文堂書房ITセンター
郵便番号	二二二-〇〇一一
住所	横浜市港北区菊名三-三一-四　KIKUNA N HOUSE 3F
電話番号	〇四五-四三一-三五六六　FAX 〇四五-四三一-三五六六
郵便振替	〇〇二六〇-三-五九九三九
印刷所	株式会社ホーユー

□乱丁・落丁本はおとりかえいたします□

Copyright©2004 Osamu Mizuno　ISBN4-87950-565-X C0030

ASAHI ECO BOOKS 1

Conducting Environmental Impact Assessment in Developing Countries
環境影響評価のすべて

プラサッド・モダック　アシット・K・ビスワス著　　川瀬裕之　礒貝白日訳
ハードカバー上製本　A5版 416ページ　定価2940円（本体2800円＋税）

「時のアセスメント」流行りの今日、環境影響評価は、プロジェクト実施の必要条件。発展途上国が環境影響評価を実施するための理論書として国連大学が作成したこのテキストは、有明海の干拓堰、千葉県の三番瀬、長野県のダム、沖縄の海岸線埋め立てなどなどの日本の開発のあり方を見直すためにも有用。　　（国連大学出版局協力出版）

■序章■EIAの実施過程■EIA実施方法■EIAのツール■環境管理手法とモニタリング■EIAにおけるコミュニケーション■EIA報告書の作成と評価■EIAの発展■EIAのケーススタディ7例（フィリピン・スリランカ・タイ・インドネシア・エジプト）■

ASAHI ECO BOOKS 2

THOREAU ON WATER : REFLECTING HEAVEN
水によるセラピー

ヘンリー・デイヴィッド・ソロー　　仙名 紀訳
ハードカバー上製本　A5版 176ページ　定価1260円（本体1200円＋税）

古典的な名著『森の生活』のソローの心をもっとも動かしたのは、水のある風景だった──狂乱の21世紀にあって、アメリカ人はeメールにせっせと返事を書かなければならないし、カネを稼ぐ必要があるし、退職年金を増やすことにも気配りを迫られる。そのような時代にあって、自動車が発明されるより半世紀も前に、長いこと暮らしてきた陋屋の近くにある水辺を眺めながら、マサチューセッツ州東部の町コンコードに住んでいたナチュラリストが書き記した文章に思いを馳せるということに、どれほどの意味があるだろうか。この設問に対する答は無数にあるだろうが……。　　『まえがき』（デイヴィッド・ジェームズ・ダンカン）

ASAHI ECO BOOKS 3

THOREAU ON MOUNTAIN : ELEVATING OURSELVES
山によるセラピー

ヘンリー・デイヴィッド・ソロー　　仙名 紀訳

ハードカバー上製本　A5版176ページ　定価1260円（本体1200円＋税）

いま、なぜソローなのか？　名作『森の生活』の著者の癒しのアンソロジー3部作、第2弾！――感覚の鈍った手足を起き抜けに伸ばすように、私たちはこの新しい21世紀に当たって、山々や森の複雑な精神性と自分自身を敬うことを改めて学び直し、世界は私たちの足元にひれ伏しているのだなどという幻想に惑わされないように自戒したい。　『はじめに』（エドワード・ホグランド）より

■乱開発の行き過ぎを規制し、生態学エコロジーの原点に立ち戻り、人間性を回復する際のシンボルとして、ソローの影は国際的に大きさを増している。『訳者あとがき』（仙名 紀）より

ASAHI ECO BOOKS 4

Water for Urban Areas Challenges and Perspectives
水のリスクマネージメント――都市圏の水問題

ジューハ・I・ウィトォー　アシット・K・ビスワス編　　深澤雅子訳

ハードカバー上製本　A5版272ページ　定価2625円（本体2500円＋税）

21世紀に直面するであろう極めて重大な問題は、水である。今後40年前後で清潔な水を入手できるようにするということには、37億人を超える都市居住者に上下水道の普及を拡大していく必要を伴う。さらに、急成長している諸国の一層の環境破壊を防ぐには、産業生産量単位ごとの汚染を、現在から2030年までの間に90％程度減少させることが必要である。

（国連大学出版局協力出版）

■はじめに■序文■発展途上国都市圏における21世紀の水問題■首都・東京の水管理■関西主要都市圏における水質管理問題■インドの巨大都市ムンバイ、デリー、カルカッタ、チェンナイにおける用水管理■メキシコシティ首都圏の給水ならびに配水■巨大都市における廃水の管理と利用■都市圏の上下水道サービス提供において民間が果たす役割■緊急時の給水および災害に対する弱さ■結論■

ASAHI ECO BOOKS 5

THOREAU ON LAND: NATURE'S CANVAS
風景によるセラピー

ヘンリー・デイヴィッド・ソロー　　仙名 紀訳

ハードカバー上製本　A5版 272ページ　定価1890円（本体1800円＋税）

こんな世の中だから、ソロー！『森の生活』のソローのアンソロジー──『セラピー（心を癒す）本』3部作完結編！──ソロー(1917〜62)が、改めて脚光を浴びている。ナチュラリストとして、あるいはエコロジストとしての彼の著作や思想が、21世紀の現在、先駆者の業績として広く認知されてきたからだろう。もっと正確に言えば、彼は忘れられた存在だったわけではなく、根強い共感者はいたのだが、その人気や知名度が近年、大いにふくらみをもってきたのである。そのような時期に、ソローの自然に関するアンソロジー3冊がアサヒ・エコ・ブックスに加えられたのは、意味のあることだと考えている。　『訳者あとがき』(仙名 紀)より

ソローのスケッチ

ASAHI ECO BOOKS 6

ASAHI BEER'S FOREST KEEPERS
アサヒビールの森人たち

監修・写真 礒貝 浩　文 教蓮孝匡

ハードカバー上製本　A5版 288ページ　定価1995円（本体1900円＋税）

「豊かさ」って、なに？ この本の『ヒューマン・ドキュメンタリー』は、この主題を森で働く人たちを通して問いかけている。そう、「アサヒビールの森人たち」は、今の日本では数少ない、心豊かに日々を過ごしている幸せな人たちである。　　あん・まくどなるど『序──エコ・リンクスのことなど』より

「FSC認証をうけてからいろんな人が来られて『アサヒの森はええ森じゃ』言うてくれてですが、今の森を知っとっても昔の森のことも知らんと、そのよさもちゃんとわからんのんじゃないかのう、と思います」■「アサヒの森で今仕事をしとる人が元気なうちに、試験的にでも若い人に仕事に参入してもらえればええんですがねえ」■「〈環境〉ゆう言葉をよう聞きますが、このあたりじゃ『環境をようしよう』いう考えはあまり持たんもんですよ。きれいですけえね、空気も水も山も。『環境はよくてあたりまえ』ゆう感じで、そもそも意識することがないですよ」

ASAHI ECO BOOKS 7

WISDOM FROM A RAINFOREST

熱帯雨林の知恵

スチュワート・A・シュレーゲル著　仙名 紀訳

ハードカバー上製本　A5版 352ページ　定価 2100円（本体 2000円＋税）

私たちは森の世話をするために生まれた！
ティドゥライ族の基本的な宇宙観では、森——ないし自然一般——は、人間に豊かな生活を供給するために作られたものであり、人間は森と仲よく共生し、森が健全であることを見届けるために存在するのだった。

彼らの優しくて、人生に肯定的で、同情心に富んだ特性が、私の人生観を根本から変えた。私の考え方、感じ方、人間関係、そして経歴までも。遠隔の地で私が聞いた彼らの声を世界中の多くの人びとに伝えたいし、彼らが忍耐・協力・優しさ・静かさなどを雄弁に実践している姿を、私と同じように理解して欲しい。そして彼らの世界認識のなかには、「よりよき人生」を送るために、耳を傾けるべき教訓があることに気づいていただきたい。　（『序章』より）

ASAHI ECO BOOKS 8

Transboundary Freshwater Dispute Resolution

国際水紛争事典

ヘザー・L・ビーチ　ジェシー・ハムナー　J・ジョセフ・ヒューイット　エディ・カウフマン　アンジャ・クルキ　ジョー・A・オッペンハイマー　アーロン・T・ウォルフ共著
池座 剛　寺村ミシェル訳

ハードカバー上製本　A5版 256ページ　定価 2625円（本体 2500円＋税）

本書は、水の質や量をめぐる世界各地の問題、およびそれらに起因する紛争管理に関する文献を包括的に検証したものである。紛争解決に関しては、断片的な研究結果や非体系的で実験的な試みしか存在しなかったのが現状であった。本書で行われた国際水域に関する調査では、200以上の越境的な水域から収集された参考データや一般データが提供されている。　（国連大学出版局協力出版）

■この本であつかっている越境的な水域抗争解決のケーススタディ事例■
ダニューブ川流域　ユーフラテス川流域　ヨルダン川流域　ガンジス川論争　インダス川条約　メコン川委員会　ナイル川協定　プラタ川流域　サルウィン川流域　アメリカ合衆国・メキシコ共有帯水層　アラル海　カナダ・アメリカ合衆国国際共同委員会　レソト高原水計画

ASAHI ECO BOOKS 10

ECO-BEER Asahi Beer: One Company's Story of Environmental Management Initiatives
地球といっしょに「うまい！」をつくる

写真と文　二葉幾久

ハードカバー上製本　A5版 272ページ　定価1500円（本体1575円＋税）

アサヒビールの社員たちが、会社を環境保全型企業にするために地道に努力した記録。これから本気で環境問題に取り組もうとしている人や企業には、本書が役に立つかもしれない――。

「ゴミゼロ作戦」事始■完全ノンフロン化に挑戦■ISO14001認証取得第1号工場裏話など

ビールの場合は、水、麦、ホップ、それから酵母。全部、自然の恵みなんですね。その恵みをうまく組み合わせてつくりだしたひとつの芸術品……そうした類の飲み物なんですね。だから当然われわれは自然にたいしてそのお返しをしなければいけない。そういう気持ちをみんなが持っているかぎり、わたしどもの企業は発展していくのではないか、と思います。一切の不純物が入っていないんですよ、ビールというのは。すべては自然の恵みから。これこそが原点だと思います。
(瀬戸雄三・池田弘一『あとがき対談』より)

ASAHI ECO BOOKS 11

OJIBWA VOICES THROUGH THE FOREST
カナダの元祖・森人たち――グラシイ・ナロウズとホワイトドッグの先住民／『カナダのミナマタ?!』映像野帖

写真と文と訳　あん・まくどなるど　礒貝 浩

ハードカバー上製本　A5版 448ページ　定価2100円（本体2000円＋税）

水俣病は、大半の日本人にとって過ぎ去ったこと、つまり過去の事件である。人々はそう考えており、水俣病が現在の問題でもあるなどということは思いもよらない。しかし現実に、その思いもよらない苦悩の陰が、いまだに遠くカナダのちいさな町を覆っている。本書はそのことを明らかにしようとする。これは多くの日本人にとって、本当に驚くべき事実のはずである。日本人の公害の原点が、遠くカナダの地といまだにつながりを持っている。ほとんどの日本人は、本書を通じて、初めてその事実を知ることになるだろう。
『解説』(水野 理)より

■2004年度「カナダ首相出版賞」受賞作品■

G. PAM COMMUNICATIONS
清水弘文堂書房の学術・文学書ロングセラー
(2004年9月31日現在)

学術

形式論理学要説■寺沢恒信	840円（税5％込み　以下同様）
社会思想史入門■猪木正道	630円
ユング心理学入門■V・J・ノードバイ　C・S・ホール　岸田 秀訳	1260円
病める心　精神療法の窓から■R・A・リストン　西川好夫訳	1050円
白昼夢・イメージ・空想■J・L・シンガー　秋山信道・小山睦央訳	1680円
学習の心理学■E・R・ガスリー　富田達彦訳	2940円
J・デューイと実験主義哲学の精神■C・W・ヘンデル編　杉浦 宏訳	1050円
民主主義の倫理と教育■草谷晴夫	3360円
児童精神病理学■座間味宗和	4515円
文明の構造　イカルスの飛翔のゆくえ■宍戸 修	1260円
原始仏教から大乗仏教へ■佐々木現順	1995円
業（ごう）と運命■佐々木現順	1680円
パーリ「ダンマ」■（リプリント版）	3150円
両大戦間における国際関係史■E・H・カー　衛藤瀋吉・斎藤 孝訳	1890円
ビザンチン期における親族法の発達■栗生武夫	1575円
エズラ・パウンド■G・S・フレィザー　佐藤幸雄訳	1470円
フロイティズム■金子武蔵	893円
中間生物■小沢直宏	1834円
今なぜ民間非営利団体なのか■田淵節也編	2039円
明治法制史（2）■中村吉三郎	1155円
明治法制史（3）■中村吉三郎	945円
大正法制史■中村吉三郎	1050円
債権各論の骨■中村吉三郎	1260円
日本における哲学的観念論の発達史■三枝博音	2625円
政治哲学序説■今井仙一	1680円
条件反応のメカニズム■W・ヴィルヴィッカ　富田達彦訳	1260円

古代地中海世界　古代ギリシャ・ローマ史論集■伊藤　正　桂　正人　安永信二編
　　　　　　　　　　　　　　　　　　　　　　　　　　　　4893 円
実用重視の事業評価入門■マイケル・クイン・パットン
　　　　　　　　　　大森　彌監修　山本　泰・長尾眞文編　　3675 円
ロシアＣＩＳ南部の動乱■徳永晴美　　　　　　　　　　　　　2625 円

創作集団ぐるーぷ・ぱあめの本

日本って！？　ＰＡＲＴ１■あん・まくどなるど　　　　　　　2100 円
日本って！？　ＰＡＲＴ２■あん・まくどなるど　　　　　　　2000 円
とどかないさよなら■あん・まくどなるど　　　　　　　　　　1050 円
原日本人挽歌■あん・まくどなるど　　　　　　　　　　　　　1575 円
すっぱり東京■あん・まくどなるど著　二葉幾久訳　　　　　　1470 円
日本の農漁村とわたし■あん・まくどなるど　　　　　　　　　 700 円
泡の中の感動■瀬戸雄三　聞き手あん・まくどなるど　　　　　1890 円
海幸無限■宮原九一　聞き手あん・まくどなるど　　　　　　　1995 円
創業の思想　ニュービジネスの旗手たち■野田一夫　　　　　　1680 円
太平洋ひとりぼっち■堀江謙一　　　　　　　　　　　　　　　1890 円
飲みつ飲まれつ■森　怠風　　　　　　　　　　　　　　　　　1890 円
Ｃ・Ｗ・ニコルのおいしい博物誌■Ｃ・Ｗ・ニコル　　　　　　1680 円
Ｃ・Ｗ・ニコルのおいしい博物誌２■Ｃ・Ｗ・ニコル　　　　　1050 円
エコ・テロリスト■Ｃ・Ｗ・ニコル　　　　　　　　　　　　　1575 円
Ｃ・Ｗ・ニコルのおいしい交遊録■Ｃ・Ｗ・ニコル　竹内和世訳　1500 円
熟年旅三昧■小町文雄　　　　　　　　　　　　　　　　　　　1575 円
東西国境十万キロを行く！■礒貝　浩　　　　　　　　　　　　1427 円
旅は犬ずれ？　上■礒貝　浩　　　　　　　　　　　　　　　　1020 円
旅は犬ずれ？　中■礒貝　浩　　　　　　　　　　　　　　　　1224 円
じゃーにー・ふぁいたー■礒貝　浩　　　　　　　　　　　　　2000 円
ヌナブト■礒貝日月　　　　　　　　　　　　　　　　　　　　1575 円
eco - ing. info vol.1■ドリーム・チェイサーズ・サルーン制作　1050 円
北の国へ！！　NUNAVUT HANDBOOK■岸上伸啓監修　礒貝日月編　3150 円